Finanzierung und Besteuerung von Start-up-Unternehmen

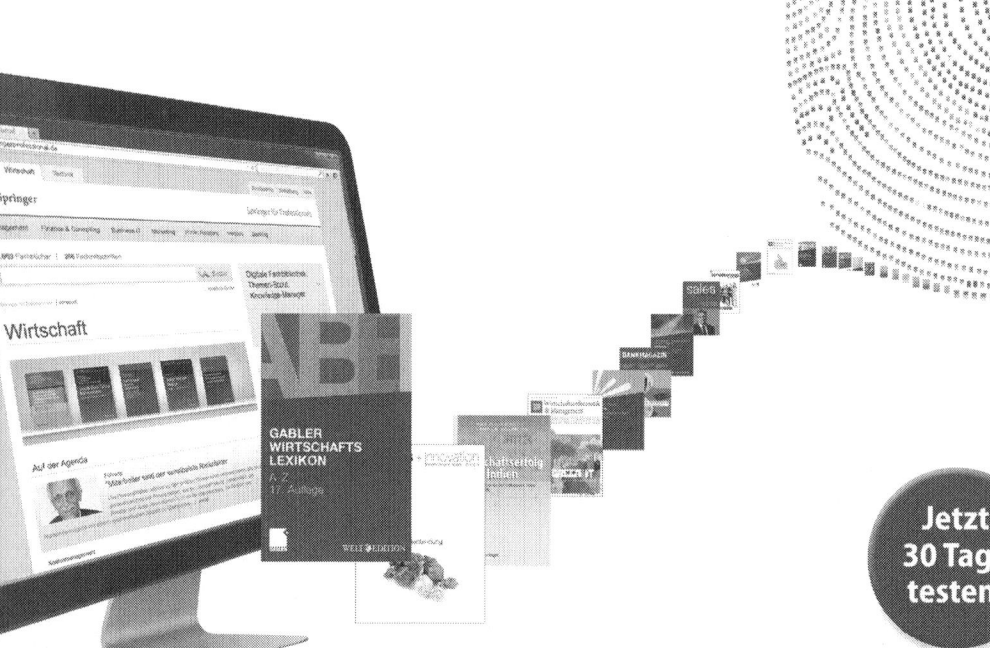 

Christopher Hahn
(Hrsg.)

Finanzierung und Besteuerung von Start-up-Unternehmen

Praxisbuch für erfolgreiche Gründer

 Springer Gabler

Herausgeber
Christopher Hahn
Berlin
Deutschland

ISBN 978-3-658-01370-7   ISBN 978-3-658-01371-4 (eBook)
DOI 10.1007/978-3-658-01371-4

Die Deutsche Nationalbibliothek verzeichnet diese Publikation in der Deutschen Nationalbibliografie; detaillierte bibliografische Daten sind im Internet über http://dnb.d-nb.de abrufbar.

Springer Gabler

Springer Gabler ist eine Marke von Springer DE. Springer DE ist Teil der Fachverlagsgruppe Springer Science+Business Media
www.springer-gabler.de

Vorwort

Liebe Gründerin,
lieber Gründer,
die „karge Garage" ist zum Sinnbild der oftmals nicht und nur in geringem Maße vorhandenen finanziellen Ressourcen geworden, mit denen fast jede(r) Gründer(in) in der Anfangsphase des Unternehmerlebens zu kämpfen hat. Ob das Geheimnis erfolgreicher Unternehmen, wie etwa *Apple* oder *Google*, tatsächlich in der fast schon legendären „Garagengründung" liegt, kann jedenfalls bezweifelt werden.

Als Bestandteil der Verwirklichung der „Gründervision" stellt eine adäquate Finanzierung allerdings die Basis jedweder operativen Tätigkeit dar. Die stets vorhandene Liquidität ist schließlich eine grundlegende Voraussetzung für den Erfolg und die Existenz des Unternehmens überhaupt. Sie ist Teil der Umsetzung der Idee und begründet und sichert unternehmerischen Erfolg.

In der wirtschaftswissenschaftlichen Literatur finden sich unzählige Werke zur Unternehmensfinanzierung, die den oder die Gründer(in) nicht selten zu Lasten allzu breiter theoretischer Abhandlungen im Dschungel aus Wagniskapitalgebern, Business Angels oder öffentlichen Fördermitteln stehen lassen.

Das vorliegende Buch verzichtet als Fach- und Praxiswerk für Gründer in diesem Sinne auf die Darstellung komplexer Investitionsrechnungen als auch Ausführungen zu betriebswirtschaftlichen Finanzierungstheorien. Dafür finden sich zahlreiche Erläuterungen praktischer, – gleichwohl akademischer – Natur sowie diverse Übersichten, die der Gründerin/dem Gründer als Leitfaden eine der wichtigsten Fragen überhaupt beantworten sollen, nämlich: Von wem bekommt man auf welche Weise Geld für sein gegründetes oder sich in der Gründung befindliche Unternehmen?

Dem nach den jeweiligen Finanzierungs- bzw. Unternehmensphasen gegliedertem Teil zur Finanzierung des Start-ups folgt die Darstellung der Besteuerungsgrundlagen. Auch diese sind wiederum durch praxisrelevante Hinweise ergänzt, etwa zu potenziellen „Steuerfallen", in die das Start-up bereits in den Anfangsphasen der Unternehmensgründung tappen kann bzw. die in späteren Unternehmensphasen – z. B. in Form von Steuernachzahlungen (Liquiditätsentzug!) – fortwirken können.

Die Gliederung in die betreffenden Finanzierungsphasen soll der Leserin/dem Leser ermöglichen, sich jeweils mit den zur konkreten Phase ihres/seines Unternehmens passenden Kapitalquellen auseinander zu setzen, ohne gleich das gesamte Buch lesen zu müssen.

Komplettiert wird das Werk durch die Ausführungen erfolgreicher Gründer, mittlerweile allesamt „Big Player" der Internetszene, zu relevanten Fragen der Finanzierung ihrer ersten „großen" Unternehmensgründung. Herzlichen Dank hierfür an Jan Beckers (HitFox Group), Fabian Heilemann (DailyDeal), Heiko Hubertz (Bigpoint) und Tim Schumacher (Sedo).

Außerordentlicher Dank gilt Herrn Dr. Klaus Schaffner, Head der Service Line „General Corporate/M&A" der Luther Rechtsanwaltsgesellschaft mbH, der großzügig die für die Entstehung dieses Buches erforderlichen kanzleiinternen Ressourcen geschaffen hat.

Herrn stud. iur. Ole Siemen, profunder Kenner der Start-up-Szene, gebührt schließlich ebenso ganz besonderer Dank für seine tat- und fachkräftige Unterstützung, insbesondere zum Thema Crowdinvesting sowie für seine umfassenden Recherchen zu öffentlichen Fördermitteln.

Diese Veröffentlichung hat ihr Ziel bereits dann erreicht, wenn die fachlichen Ausführungen, Übersichten sowie Einblicke in die Praxis erfolgreicher Gründer auch nur einer Leserin/einem Leser das notwenige Grundlagenwissen vermitteln, über die Finanzierung ihres/seines Start-ups informieren und planmäßig bzw. erfolgreich zu einem Exit oder einer einträglichen wirtschaftlichen Unternehmung hinführen. In der Hoffnung, dass dies bei möglichst vielen der Leserinnen und Leser der Fall sein wird, steht der Herausgeber dieses Buches allen Interessierten bei Fragen und Anmerkungen jederzeit gern zur Verfügung (frage@finanzierungstartup.de oder Facebook.com/finanzierungstartup).

Berlin, im Herbst 2013   Christopher Hahn

Inhaltsverzeichnis

Mitarbeiterverzeichnis

Dr. Christopher Hahn Rechtsanwalt, Luther Rechtsanwaltsgesellschaft mbH, Deutschland, E-Mail:christopher.hahn@luther-lawfirm.com

Daniel Naumann Wissenschaftlicher Mitarbeiter, Luther Rechtsanwaltsgesellschaft mbH, Deutschland, E-Mail: daniel.naumann@luther-lawfirm.com

Nino Ron Waberski Rechtsanwalt und Steuerberater, Luther Rechtsanwaltsgesellschaft mbH, Deutschland, E-Mail: nino.waberski@luther-lawfirm.com

Teil I
Einführung (Hahn)

Einleitung

1

Christopher Hahn

1.1 Entrepreneurship-boom?

Gründen ist „**in**". War bis vor einigen Jahren eine Karriere im Konzern das Ziel der Mehrzahl der Absolventen, so gewinnt man den Eindruck, dass gerade bei der jüngeren Generation der Wunsch nach einer unternehmerischen Tätigkeit immer mehr in den Vordergrund rückt. Ungeachtet des volkswirtschaftlichen Stellenwerts des Unternehmertums ist dabei der Gedanke, die eigene Persönlichkeit nur im Wege einer selbstbestimmten Tätigkeit entfalten zu können, eine maßgebliche Triebfeder. Unternehmensgründungen schaffen für die Gründer ein Höchstmaß an individueller Entfaltungsmöglichkeit und Selbstzufriedenheit sowie spiegelbildlich für die in einem Start-up beschäftigten Mitarbeiter (zumindest der ersten Generation) flache Hierarchien und somit kurze, der optimalen Selbstverwirklichung dienende Entscheidungswege. Darüber hinaus lassen sich mit einem erfolgreichen Geschäftsmodell im Internet innerhalb kürzester Zeit (zumindest theoretisch) erhebliche Gewinne bzw. überprofitable Exits generieren, von denen (teilweise jahrzehntelang am Markt bestehende) Unternehmen der old economy ungeachtet ihrer Innovationskraft und Marktdurchdringung nur träumen können.

Das Internet ermöglicht die **web-basierte Existenzgründung** von zuhause aus mit vergleichsweise geringem Kapitaleinsatz. Neue Akteure treffen auf diesem noch längst nicht vollständig erschlossenen Markt auf hervorragende Bedingungen. Der technische Fortschritt schreitet weiter voran und mit jeder neuen Entwicklung ergeben sich wiederum neue Geschäftsmodelle. Auch ist nach wie vor nicht die gesamte Bevölkerung online, von einer aktiven Teilnahme am E-Commerce ganz zu schweigen, sodass das Wachstumspotential weiter ungebrochen ist. Zudem ist es problemlos möglich, über das Internet den

C. Hahn (✉)
Luther Rechtsanwaltsgesellschaft mbH, Friedrichstraße 140,
10117 Berlin, Deutschland
E-Mail: christopher.hahn@luther-lawfirm.com

C. Hahn (Hrsg.), *Finanzierung und Besteuerung von Start-up-Unternehmen*,
DOI 10.1007/978-3-658-01371-4_1, © Springer Fachmedien Wiesbaden 2014

globalen Markt inklusive der vielversprechenden Schwellenländer zu erreichen. Kurzum: Unternehmensgründungen, insbesondere im Bereich Online oder Mobile, sind aussichtsreich wie selten zuvor.

Nach dem **Platzen der Dotcom-Blase** um die Jahrtausendwende geht die zweite Generation der Gründer erkennbar umsichtiger vor und baut verstärkt auf belastbare Geschäftsmodelle. Innovative Ideen werden mit solider Planung kombiniert, sodass sich auch Kapitalgeber mit dem Wagnis einer finanziellen Beteiligung leichter tun. Im Zusammenspiel von Unternehmergeist und den Möglichkeiten des Internet entstehen auch in Deutschland Start-ups, die nicht nur fremde Ideen kopieren („copy cats"), sondern eigene Innovationen umsetzen. Wer über ein gutes Konzept und Ehrgeiz verfügt, kann aus einer Idee ein Unternehmen machen. Dies gilt allerdings nur dann, wenn die Gründer bereits von Beginn an **die konkrete Umsetzung** der Idee fokussieren, die über den Erfolg oder Misserfolg des Start-ups entscheidet. Erforderlich hierfür ist ein profundes, durch eine **unternehmensphasengerechte Finanzierung** unterlegtes Business Development, welches die Umsetzung der Idee plant, begleitet und ständig anpasst.

1.2   Was ist ein Start-up?

Wenn vorliegend der Begriff „Start-up" fällt, versteht sich darunter grundsätzlich jedes junge Unternehmen ungeachtet seiner angebotenen Produkte bzw. Dienstleistungen, das sich im (Vor-) Gründungsprozess befindet und auf der Suche nach Finanzierungsmitteln ist (**Start-up im weiteren Sinne**). Gleichwohl hat sich im allgemeinen Sprachgebrauch der Begriff Start-up v. a. für **junge Wachstumsunternehmen** eingebürgert, die über ein besonderes **Innovationspotential** verfügen und dabei eine Tätigkeit im Bereich Internet/Web (v. a. Social Media, Mobile, Games) aufzunehmen beabsichtigen (**Start-up im engeren Sinne**). Bei Lektüre dieses Buches vermag somit die Leserin/der Leser geneigt sein, wenn er den Begriff „Start-up" liest, zuvorderst an ein Unternehmen bzw. eine Unternehmensgründung in den vorgenannten neuen Medien zu denken. Gleichwohl gilt ungeachtet des teilweise schon inflationären Gebrauchs des Begriffes „Start-up", dass die in diesem Buch vorgestellten, auf die jeweilige Unternehmensphase ausgerichteten Finanzierungsmöglichkeiten strukturell nicht danach differenzieren, welcher Branche das jeweilige Unternehmen zuzuordnen ist.

Ungeachtet dessen ist die Großzahl der vorgestellten Kapitalquellen ohnehin nur für (Jung-) Unternehmen geeignet, die aufgrund ihrer besonderen Innovationstärke (z. B. durch den Einsatz neuer Technologien bei der Entwicklung neuer Produkte bzw. die Ausarbeitung neuer, skalierbarer Geschäftsmodelle oder neuer Dienstleistungsangebote) und ihres überdurchschnittlichen Innovationspotentials über ein entsprechend ebenso **überdurchschnittliches Wachstums- und Renditepotential** verfügen und (allein) deshalb das besondere Interesse der hier aufgeführten Kapitalgeber auf sich lenken.

1.3 Start-up-Finanzierung

1.3.1 Liquidität, Liquidität, Liquidität

Dieses Buch widmet sich der **Finanzierung von Start-ups** und geht dabei auch auf zahlreiche flankierende Themen ein, deren Kenntnis entweder notwendig und/oder hilfreich ist, um eine entsprechende Finanzierungsquelle zu akquirieren. Sonstige betriebswirtschaftliche Fragestellungen einer Unternehmensgründung werden entsprechend nur dann am Rande erwähnt, sofern sie in der spezifischen Unternehmensphase mit der Finanzierung selbst in einem untrennbaren Zusammenhang stehen.

Für die Existenz eines Start-ups ist dessen **stets vorhandene, ausreichende Liquidität** überlebensnotwendig. Die Sicherstellung der Liquidität in jeder Unternehmensphase ist somit das wesentliche Motiv für eine Unternehmensfinanzierung sowie unter Berücksichtigung der vorhandenen Liquiditätslage gleichermaßen Korrektiv hinsichtlich der zu wählenden Finanzierungsstruktur sowie der Finanzierungsmittel. Eine bestimmte Kapitalquelle sollte also im Hinblick auf den zuletzt genannten Aspekt auch wirklich erst dann angezapft werden, wenn dies die Liquiditätslage tatsächlich erfordert.

1.3.2 Irrglauben der Start-up-Finanzierung

Der Leser der spezifischen Nachrichtenplattformen (insbesondere der „GSDS"-Leser; dieses Akronym soll für die in Deutschland wohl bekanntesten Plattformen „Gründerszene" (gruenderszene.de) sowie „Deutsche Startups" (deutsche-startups.de) stehen) könnte in Anbetracht der dort nahezu täglich berichteten Erfolgsmeldungen über große Finanzierungsrunden geneigt sein zu glauben, dass die Akquisition einer entsprechenden Beteiligungsfinanzierung, insbesondere von Wagniskapitalgesellschaften (VCs) *conditio sine qua non* für die Sicherung der Existenz eines erfolgreichen Start-ups ist.

Hierbei darf nicht außer Acht gelassen werden, dass VCs in der Praxis für nur einen verschwindend geringen Anteil des gesamten Gründungsfinanzierungvolumens verantwortlich sind. Die überwiegende Mehrzahl der im Ergebnis nicht minder erfolgreichen Start-ups hat sich demnach die zur Gründung erforderlichen finanziellen Mittel entweder von privater Hand („**Family and Friends**", auf diese Kapitalquelle greifen nach einer Studie der KfW aus 2012 über 25 % der Gründungen zurück) besorgt bzw. generiert idealerweise bereits nach vergleichsweise kurzer Zeit einen positiven Cashflow, der dem Start-up den Weg zum klassischen Fremdkapital von Banken öffnet. In der noch größeren Anzahl der Unternehmensgründungen sieht die Finanzierungssituation in der Praxis dergestalt aus (einer Studie der KfW aus dem Jahre 2012 zufolge in über 40 % der Unternehmensgründungen), dass die Unternehmen bereits in der Gründungsphase Fremdkapital durch klassische Bankdarlehen dadurch in Anspruch nehmen, dass sich der oder die Gründer mangels entsprechender Sicherheiten des noch jungen Unternehmens gegenüber dem Kapitalgeber durch eine persönliche (Mit-) Haftung persönlich verpflichten. Obgleich diese Form der Kapitalbeschaffung für ein Unternehmen in finanzierungstechnischer Sicht nicht der Idealfall ist, erfahren die Gründer auf diese Art und Weise ungeachtet der durch die Wahl einer juristischen Person als Unternehmensform eintretenden Haftungsbegrenzung, was es bedeutet, unternehmerisch tätig zu sein und somit auch persönlich für unternehmerische Entscheidungen einzustehen.

Die Start-up-Szene in Deutschland

2

Christopher Hahn

2.1 Von der Garage zur Verbandsgründung

Die sog. „**Digital Natives**" wachsen heute in einer Gemengelage aus Kreativität, Technik und stetiger Veränderung auf. Dieser Zeitgeist ist die inspiratorische Grundlage der florierenden **Start-up-Szene**. Was nach der Dotcom-Blase lange Zeit kritisch beäugt wurde, hat sich inzwischen etabliert und findet zunehmend den Weg in den Mainstream. Sowohl Medien als auch Politik und Konzerne richten ihre Aufmerksamkeit verstärkt auf Start-ups. Der Tenor der Berichterstattung in der Presse wechselte von Misstrauen zu Euphorie; entsprechend entwickelte sich auch die öffentliche Wahrnehmung.

In der Politik wird die Internetwirtschaft auf regionaler und nationaler Ebene umgarnt. Im Bund sollen bspw. Einstellungen ausländischer Fachkräfte erleichtert und so die Start-up-Szene unterstützt werden; lokal erhofft man sich positive Auswirkungen sowohl durch den nicht zu vernachlässigenden emotionalen Kreativfaktor als auch die real messbare Wirtschaftsleistung. Weitere Unterstützung kommt aus der old economy, deren Beteiligte ihre teilweisen digitalen Versäumnisse durch entsprechende onlinefokussierte Akquisitionen auszugleichen versuchen. Alles in allem wenden sich somit meinungsbildende Akteure den aufstrebenden Start-ups zu, sodass diese ihr Wachstum unter sich stetig verbessernden Bedingungen vorantreiben können.

Dementsprechend zeichnen sich bereits Entwicklungen ab, die von einer zunehmenden Professionalisierung und **Institutionalisierung der Gründerszene** zeugen. Die Start-ups gründen branchenspezifische Verbände und unterhalten Netzwerke. Hochschulen und Politik führen empirische Untersuchungen zur Start-up-Szene durch und größere Unternehmen stellen Inkubatoren und andere Unterstützung. Mit diesem Rückenwind fassen

C. Hahn (✉)
Luther Rechtsanwaltsgesellschaft mbH, Friedrichstraße 140,
10117 Berlin, Deutschland
E-Mail: christopher.hahn@luther-lawfirm.com

C. Hahn (Hrsg.), *Finanzierung und Besteuerung von Start-up-Unternehmen,*
DOI 10.1007/978-3-658-01371-4_2, © Springer Fachmedien Wiesbaden 2014

deutsche Start-ups immer öfter Europa und v. a. den Weltmarkt ins Auge (Gründerbarometer des Vereins Berliner Kaufleute und Industrieller e. V. (VBKI), S. 58, abrufbar
unter: http://www.vbki.de/sites/default/files/StartingUpBerlin%202013%20%20das%20
VBKI%20Gr%C3%BCnderbarometer.pdf). Die globale Internetwirtschaft befindet sich
beharrlich auf Erfolgskurs und in Deutschland gegründete Unternehmen versuchen, ihren
Anteil daran zu haben.

2.2   Start-up-Regionen

Innerhalb Deutschlands verteilt sich die Start-up-Szene hauptsächlich auf einige wenige
Regionen. In erster Linie sind dies Ballungsräume um die wichtigen Großstädte, doch
auch Hochschulen sind – teilweise dank integrierter Gründerzentren – Bestandteil der
Start-up-Szene.

2.2.1   Osten: Berlin

Die deutsche Hauptstadt ist bislang weniger für wirtschaftlichen Erfolg als für eine bedeutende Kreativszene („**Kreativstadt Berlin**") bekannt. Auf dieser Basis ist entstanden, was
für viele junge Menschen die idealen Lebensbedingungen und ein hohes Maß an Lebens-
qualität darstellt: bezahlbare Mieten und zahlreiche Möglichkeiten zur Freizeitgestaltung.
Der Standort Berlin bietet Start-ups also gute Argumente beim Werben um Mitarbeiter.
Des Weiteren sind hier bereits viele Mitstreiter ansässig, die teilweise schon weit über die
Start-up-Phase hinausgewachsen sind (VBKI Gründerbarometer, S. 9). Berlin ist über die
deutschen Grenzen hinaus als das Start-up-Zentrum Deutschlands, wenn nicht Europas
bekannt. Infolgedessen arbeiten in Berlin bereits mit steigender Tendenz zahlreiche ausländische IT-Fachkräfte verschiedenster Herkunft (VBKI Gründerbarometer, S. 48).
    Die lokale Vernetzung ist hervorragend (siehe 3.), ebenso wie inzwischen auch das
Standing gegenüber der Politik. Politiker aller Parteien bemühen sich in Berlin um die
Gunst der Start-ups und eine Verbesserung ihrer öffentlichen Wahrnehmung sowie ihrer
unternehmerischen Rahmenbedingungen – nicht zuletzt, weil man sich wohl auch erhofft,
dass etwas von der „Coolness" Berlins (VBKI Gründerbarometer, S. 28) und seiner Start-
ups auf die Politik abstrahlt. Im Gegenzug wünschen sich die Berliner Start-ups nicht nur
mehr Förderung, sondern v. a. weniger Bürokratie (VBKI Gründerbarometer, S. 30) und
niedrigere Hürden zur Zuwanderung talentierter Fachkräfte.
    Thematisch lassen sich die Geschäftsfelder der meisten Berliner Start-ups unter dem
Spektrum „Dienstleistungen" zusammenfassen, wobei vor allem Web- und App-Entwick-
ler stark vertreten sind (VBKI Gründerbarometer, S. 14).

▷   **Tipp:** Diesbezüglich findet sich eine ausführliche Link-Sammlung unter: http://
www.deutsche-Start-ups.de/Start-up-lotse-berlin/.

2.2.2   Süden: München

München wird in der Regel mit **High-Tech-Gründungen** in Verbindung gebracht. Diese sind aufgrund des hohen technischen Aufwands überdurchschnittlich kostenintensiv.
Häufig werden neue Entwicklungen der Spitzentechnologie, bspw. in der Medizintechnik,
mit IT-Anwendungen kombiniert, sodass auch der Aspekt der IT-Entwicklung eine Rolle spielt. Kooperationen mit den Hochschulen der Region tragen einen bedeutenden Teil
dazu bei, dass in Deutschlands Süden auf hohem Niveau gegründet wird. Dies spiegelt sich
auch in der verhältnismäßig hohen Konzentration von Risikokapitalgebern in der Region
wider.

▷   **Tipp:** Eine entsprechende Link-Sammlung kann unter: http://www.deutsche-
Start-ups.de/Start-up-lotse-muenchen/ eingesehen werden.

2.2.3   Westen: Rhein-Main-Gebiet

„Rhein-Main-Gebiet" ist der Überbegriff, unter den die westdeutsche Start-up-Szene geo-
graphisch gefasst werden kann. Zwar spielen hier mehrere Städte jeweils kleinere Rollen
(vor allem Düsseldorf, Frankfurt und Köln), doch liegen diese räumlich sehr eng beisam-
men. Der Fokus liegt ähnlich breit wie in Berlin auf internetnahen Dienstleistungen, allerdings lässt sich im Rhein-Main-Gebiet eine gewisse Spezialisierung auf **medienrelevante
Geschäftsmodelle** erkennen. Die Medienstadt Köln bietet einen hervorragenden Nährbo-
den für entsprechende Ideen; verbunden nicht zuletzt mit der Hoffnung auf einen Exit an
einen der dort ansässigen Medien-Konzerne. Auch ist Köln der Veranstaltungsort einiger
großer Start-up-Konferenzen.

▷   **Tipp:** Unter: http://www.deutsche-Start-ups.de/start-up-lotse-koeln/ finden
sich weitere Links.

2.2.4   Norden: Hamburg

Hamburgs Start-up-Landschaft ist eher unauffällig, was daran liegen mag, dass der Stadt
ein klares Profil („Medienstadt Köln", „Kreativstadt Berlin") fehlt. Stattdessen ist Hamburg
für hohe Mieten bekannt, was junge Gründer nicht unbedingt anzieht. Umso beeindru-
ckender sind aber die Internet-Unternehmen, die einst als Hamburger Start-ups begonnen haben und inzwischen große Unternehmen mit mehreren hundert Mitarbeitern sind.

Hervorzuheben ist hier v. a. die **Games-Branche**, die in Hamburg mit mehreren großen Akteuren vertreten ist.

> ▶ **Tipp:** Eine weiterführende Link-Sammlung kann unter: http://www.deutsche-Start-ups.de/Start-up-lotse-hamburg/ eingesehen werden.

2.2.5 Hochschulen

Obwohl die Fächer Betriebswirtschaftslehre und Informatik an praktisch jeder Hochschule gelehrt werden, tun sich einige von ihnen durch eine besonders hohe Gründerdichte unter ihren Absolventen hervor (http://www.gruenderszene.de/allgemein/top-Start-up-unis). Bei manchen liegt dies aufgrund ihrer speziellen Ausrichtung nahe: Die privaten Hochschulen Wissenschaftliche Hochschule für Unternehmensführung (WHU), Handelshochschule Leipzig (HHL) und European Business School (EBS) tragen den Willen zur unternehmerischen Tätigkeit bereits in ihren Namen. Entsprechend viele ihrer Absolventen gründen ein eigenes. Ebenso begehrt sind sie als (angehende) Führungskräfte bei Inkubatoren oder bereits etablierten Internetunternehmen.

Auch die Technischen Universitäten (TU) Berlins und Münchens haben ihren Anteil am deutschen Start-up-Boom. Aus der eigenen Forschung ein Unternehmen zu generieren, entspricht schließlich dem Ideal-Typus des technisch orientierten Gründers. Vergleichbare Erfolge können bspw. die Ludwig-Maximilians-Universität München (LMU) und die Freie Universität Berlin (FU) dank hochschuleigener Gründerzentren verzeichnen.

2.3 Vernetzung der Start-ups

2.3.1 Online

Als Teil einer äußerst internetaffinen Szene sind die meisten Start-up-Beteiligten selbst in den verschiedensten sozialen Netzwerken aktiv. Über diese privaten Kommunikationskanäle hinaus gibt es aber auch Webseiten, die sich auf die Veröffentlichung von Nachrichten aus der Start-up-Szene spezialisiert haben. Diese Portale finanzieren sich größtenteils durch Werbung. Ihr Anspruch ist eine möglichst umfassende Berichterstattung zu den relevanten Geschehnissen der (v. a. deutschen) Internetwirtschaft. Die dortigen Publikationen erreichen einen großen Teil der entsprechend interessierten Kreise und decken von der Entdeckung junger Start-ups mit vielversprechenden Geschäftsideen über die Beobachtung des aktuellen Marktgeschehens bis hin zur Kommentierung einzelner Deals ein breites Spektrum ab.

Besonders umfassend und informativ berichten:

- Gründerszene – www.gruenderszene.de
- Deutsche Start-ups – www.deutsche-startups.de
- Netzwertig.com – www.netzwertig.com

2.3.2 Veranstaltungen

Wie in jeder Wirtschaftsbranche kann die Bedeutung von Treffen im Real Life gar nicht genügend hervorgehoben werden – informelle Zusammenkünfte sind von großer Wichtigkeit für die Kontaktpflege und können auf entspannte Weise mehr Türen öffnen als manches stressige Business-Meeting oder gar eine rein virtuelle Kommunikation. Entsprechend zahlreich sind die Gelegenheiten, zu denen sich Start-up-Gründer versammeln. Besonders gut hat sich dies in Berlin etabliert; vom Investoren-Frühstück bis zum Dinner, von einer geselligen Runde bis zur Club-Party, in Berlin existieren die unterschiedlichen Möglichkeiten des informellen Gedankenaustausches und des Networkings. In der Zahl etwas geringer, doch gleichwohl qualitativ nicht schlechter, sind die Veranstaltungen in anderen Städten.

Die größten – jährlich stattfindenden – Events mit Bezug zur deutschen Start-up-Szene sind in Tab. 2.1 dargestellt.

Daneben haben sich in den Start-up-Zentren Deutschlands einige Veranstaltungsreihen etabliert, die etwas kleiner sind, dafür aber meist in kürzeren Zyklen stattfinden. Einige von ihnen dienen dem Austausch der Start-ups untereinander, andere haben das Zusammenfinden von Gründern und Investoren zum Ziel. Tab. 2.2 führt beispielhaft einige dieser Veranstaltungen auf.

2.3.3 Verbände

Die erwähnten Veranstaltungen und Branchentreffen dienen v. a. der Vernetzung der Start-up-Szene (Investoren und andere Beteiligte eingeschlossen) untereinander. Mit zunehmender Professionalisierung wächst jedoch auch das Bedürfnis einer Branche, sich zu institutionalisieren, um von außen, v. a. von der Politik, angemessen wahrgenommen zu werden. Die noch junge Internetwirtschaft erfordert dabei teilweise andere Rahmenbedingungen als die etablierten Unternehmen; bestimmte tradierte Regulierungen wirken kontraproduktiv und behindern größeren bzw. schnelleren Erfolg. In solchen Fällen ist eine organisierte Lobbyarbeit hilfreich, um den eigenen Interessen Gehör zu verschaffen.

Tatsächlich existieren bereits diverse Verbände, welche die Interessen der Internetszene teilen. So gibt es bereits seit 1995 sowohl den Bundesverband Digitale Wirtschaft (BVDW) als auch Eco – Verband der deutschen Internetwirtschaft. Seit 1999 besteht BIT-KOM, der Bundesverband Informationswirtschaft, Telekommunikation und neue Medien. Ins-

Tab. 2.1 Jährliche Events

Konferenz	Ort	Angebot
Heureka!	Berlin	Branchen-Konferenz der digitalen Wirtschaft mit Fokus auf Trends und zukünftigen Entwicklungen. Bietet außerdem Pitch-Sessions und Networking-Runden
NEXT	Berlin	Entscheidungsträger aus Wirtschaft und Forschung beraten über technische Innovationen und ihre Vermarktung. Inklusive Pitch vor potentiellen Investoren
Re:publica	Berlin	Ideen- und Erfahrungsaustausch der Netzgemeinde; Panels zu Blogs, Social Media und digitaler Gesellschaft. Ausrichtung eher (kultur)wissenschaftlich. Großes internationales Renommee
Startup camp	Berlin	Erfahrene Gründer und solche, die es noch werden wollen, treffen auf Investoren und Berater. Konferenz, Workshop und Pitch in einem
Developer Conference	Hamburg	Praxisvorträge, Workshops und Diskussionsrunden für jeden Webentwickler: Vom Studenten über den Berufseinsteiger bis hin zum CTO
Digital Marketing & Media Summit	Hamburg	Vorträge zur digitalen Kommunikation, Schwerpunkt auf Marketing via Social Media und Community-Management
CCC	Hamburg/Berlin	Der Chaos Communication Congress des Chaos Computer Clubs befasst sich vor allem mit Technologie und dessen (mitunter kritisierbaren) Einfluss auf die Gesellschaft
dmexco	Köln	Stark international ausgerichtete Konferenz zu digitaler Wirtschaft; Schwerpunkte sind Marketing, Medien und Technologie. Renommiert v. a. für Werbung und Kommunikation
Isarnetz	München	Startups und etablierte Akteure der digitalen Wirtschaft Münchens stellen sich vor, vernetzen sich und machen Synergien nutzbar
Munich venture summit	München	Alles über das Gründen eines Internet-Startups; Workshops, Networking und Keynotes von internationalen Speakern

besondere hinsichtlich des Geschäftsfeldes und der Fokussierung auf die jeweiligen Branchensegmente passen diese drei Interessenverbände hervorragend zur Start-up-Szene. Der Umstand, dass sie bereits seit einigen Jahren existieren, bringt den Vorteil gewachsener Netzwerke und langjährig erprobter Beziehungsgeflechte mit sich. Gleichzeitig ist ihr Alter aber auch das größte Problem, da sich viele Mitgliedsunternehmen in ganz anderen Entwicklungsphasen als Start-ups befinden und demzufolge andere Interessen verfolgen.

Tab. 2.2 Weitere Veranstaltungen

Veranstaltung	Ort	Angebot
Berlin 2.0	Berlin	Köpfe der Berliner Internetwirtschaft diskutieren in geschlossener Gesellschaft aktuelle und künftige Entwicklungen der Szene
Entrepreneurship Summit	Berlin	Gründungswillige treffen in Vorträgen und Workshops auf erfolgreiche Gründer, Mentoren und Business Angels. Ziel ist die Konzentration auf das Wesentliche: Finden, Umsetzen und Monetarisieren einer Idee
VentureLounge	Berlin/München/ Hamburg u. a.	Gründer auf Kapitalsuche pitchen vor Unternehmern, Beratern und Investoren
Echtzeit/ Spätschicht	Berlin/München/ (Hamburg)/Köln	Networking: Start-up-Gründer treffen auf Investoren und Business Angels (und andere Gründer)
eBizzTalk	Hamburg	Thematik: Einsatz und Entwicklung neuer Technologien. Zunächst Vorträge über aktuelle Themen der Internetwirtschaft, anschließend Networking
MunichBeta Meetup	München	Erfahrungsaustausch unter Start-up-Gründern jeder Art

So wurde zum Jahresende 2012 konsequenterweise der **Bundesverband Deutsche Startups (BVDS)** gegründet. Nicht zuletzt teilen wichtige Mitstreiter der Start-up-Szene ihren Sitz mit dem politischen Zentrum Berlin. Der BVDS möchte künftig als einheitlicher Ansprechpartner für die Politik agieren – eine sinnvolle Idee, die allerdings nur mit großer Akzeptanz innerhalb der Start-up-Szene verwirklicht werden kann. Darüber hinaus plant der BVDS, mit entsprechender Unterstützung der Start-ups auch Öffentlichkeitsarbeit zu betreiben und in der öffentlichen Wahrnehmung die Bedeutung von Unternehmensgründungen für Deutschland prominenter zu positionieren. Nicht nur Start-ups sollen davon profitieren, sondern letztlich das gesamte wirtschaftliche Ökosystem um sie herum, inklusive Investoren und anderen Unterstützern. Eine hohe Priorität räumt der BVDS auch dem Netzwerk-Gedanken ein: Auf der Agenda stehen sowohl die Vernetzung regionaler Start-up-Initiativen als auch der Kontakt zu anderen Branchenverbänden, (politischen) Institutionen und bereits etablierten Unternehmen.

2.4   Wirtschaftsfaktor

Bislang sind Erfolgsgeschichten à la Silicon Valley in Deutschland weiterhin selten (und vor allem in deutlich niedrigerem Maßstab) geblieben, dennoch gibt es auch in Deutschland durchaus visionäre und erfolgreiche Internet-Unternehmer.

2.4.1 Statistik

Nach einer Veröffentlichung des Amts für Statistik Berlin-Brandenburg sind indes nicht einmal 5 % der 2012 in Berlin gegründeten Unternehmen im Bereich IT tätig (http://www.statistik-berlin-brandenburg.de/Publikationen/Stat_Berichte/2013/SB_D01-02-00_2012j01_BE.pdf).

Angesichts des Hypes um die Start-up-Stadt Berlin ist dies zunächst ein sehr überraschender, weil bemerkenswert niedriger Wert. Allerdings wurden in dieser Statistik E-Commerce-Anbieter wie bspw. Zalando in die Rubrik „Einzelhandel" gezählt, sodass nicht alle infrage kommenden Start-ups bspw. als IT-Start-ups aufgeführt werden (http://venturevillage.eu/infographic-berlin-Start-up). Es ist also festzustellen, dass der innovative Charakter der Start-ups ihre Einordnung in traditionelle Klassifizierungen erschwert. Entsprechende Statistiken haben daher nur begrenzte Aussagekraft.

Validere Anhaltspunkte liefern Datensätze, die explizit der Erfassung von Start-ups dienen. Für die Berliner Start-up-Szene des Jahres 2012 liegt eine Untersuchung des Vereins Berliner Kaufleute und Industrieller (VBKI) vor, das sog. **Gründerbarometer**. Daraus geht einerseits hervor, dass die Berliner Start-ups größtenteils Jahresumsätze deutlich unter 500.000 EUR aufweisen (S. 57) und vor allem mit dem eigenen Überleben befasst sind (S. 55). Andererseits wird aber mit starkem Wachstum gerechnet (S. 60) und dementsprechend viel investiert (S. 61). Zudem planen 85 % der erfassten Start-ups Neueinstellungen (S. 62). Die Berliner Start-ups sind also aktuell noch kein bedeutender Wirtschaftsfaktor, streben aber eine solche Position an. Angesichts der absehbaren positiven Entwicklung der Internet-Wirtschaft ist davon auszugehen, dass dieses Ziel auch erreicht werden kann. Insbesondere Start-ups, die – ihren eigenen Angaben zufolge – den Weltmarkt ins Visier nehmen (Berlin: ca. 23 %, S. 58) oder wenigstens den europäischen Markt (14 %, ebd.), können mit Wachstum rechnen – und sich womöglich bald zu den schon jetzt knapp 9 % der Berliner Start-ups gesellen, die eigenen Angaben zufolge bereits in 2012 Umsätze jenseits der 10 Mio EUR. erzielten (S. 57).

Über die klassischen Start-ups hinaus ist das Internet an sich als Geschäftsfeld in Deutschland bereits äußerst erfolgreich. Eine Studie der Boston Consulting Group (BCG) kommt zu dem Ergebnis, dass die Internetwirtschaft in Deutschland schon 2010 immerhin 3 % des Bruttoinlandsproduktes (BIP) erwirtschaftete – rund 75 Mrd. EUR.

(http://www.bcg.de/media/PressReleaseDetails.aspx?id = tcm:89-100574).

Des Weiteren wird mit einem jährlichen Wachstum von etwa 8 % gerechnet, wonach die deutsche Internetwirtschaft bis zum Jahre 2016 mit 118 Mrd. EUR auf etwa 4 % des BIP anwachsen würde.

2.4.2 Investitionen

Ein weiterer Indikator für die wirtschaftliche Bedeutung sind die **getätigten Investitionen**. Die gesamten Investitionen durch Wagniskapitalgeber in deutsche Start-ups beliefen sich

2012 auf ca. **241 Mio**. EUR. Mehr als die Hälfte des bundesweit investierten Risikokapitals (ca. 133 Mio. EUR) floss dabei in Berliner IT- und Internetunternehmen, gefolgt von Start-ups aus Baden-Württemberg (24 Mio. EUR) und Bayern (ca. 19 Mio. EUR).

(http://www.bitkom.org/files/documents/BITKOM_Presseinfo_VC-Haupstadt_Berlin_29_04_2013.pdf).

Im Vergleich zu anderen globalen Start-up-Zentren wie den USA (lt. dem Bundesverband Deutscher Kapitalbeteiligungsgesellschaften (BVK) wurde dort in 2011 Wagniskapital in Höhe von **28,7 Mrd**. **USD** investiert), Großbritannien oder Israel ist das in 2012 in Deutschland bereitgestellte Risikokapital verschwindend gering. Dies zeigt einerseits, dass die deutsche Start-up-Szene noch nicht die „ganz großen Summen" bewegt – andererseits ist dies auch schlichtweg der eher typischen Risikoaversion deutscher Investoren geschuldet.

Sollen Start-ups in Deutschland allerdings auf lange Sicht einen merklichen Wirtschaftsfaktor darstellen, so müsste auch die Versorgung mit hinreichend Risikokapital, v. a. für wirkliche Innovationen und nicht nur für auf anderen Märkten bereits erprobte Geschäftsmodelle oder Kopien ebensolcher, gewährleistet sein.

Grundsätzliches zur Finanzierung

Christopher Hahn

> Die Finanzierung des Start-ups ist – neben einer guten **Geschäftsidee** und deren Umsetzung durch ein kompetentes, von dieser Idee überzeugtes **Gründerteam** – grundlegende Voraussetzung sowohl für den **Erfolg** als auch die **Existenz** des Unternehmens.

3.1 Vorbemerkungen

Als Bestandteil der Verwirklichung der „Gründervision" stellt eine adäquate Finanzierung die Basis jedweder **operativer Tätigkeit** dar.

Die Finanzierung bzw. die Frage nach der für das Start-up optimalen **Finanzierungsform** ist daher von Anfang an sorgfältig zu prüfen bzw. strukturiert anzugehen. Es gilt, diejenige Finanzierungsform zu finden, die nicht nur zum **Geschäftsmodell** des Start-ups passt, sondern darüber hinaus auch die jeweilige **Entwicklungs-** bzw. **Unternehmensphase** des Start-ups berücksichtigt.

Alle Finanzierungsformen haben den Zweck, die **Zahlungsfähigkeit** des Unternehmens in jeder Unternehmensphase zu sichern. Dabei ist zu berücksichtigen, dass gerade in der Anfangszeit hohe Investitionen in die **Technologie** sowie den **Unternehmensaufbau** anfallen. Die Frage, welches Finanzierungsmodell in dieser Phase das geeignetste ist, hängt neben der Höhe des erforderlichen Kapitals auch vom konkreten Geschäftsmodell

C. Hahn (✉)
Luther Rechtsanwaltsgesellschaft mbH, Friedrichstraße 140,
10117 Berlin, Deutschland
E-Mail: christopher.hahn@luther-lawfirm.com

C. Hahn (Hrsg.), *Finanzierung und Besteuerung von Start-up-Unternehmen,*
DOI 10.1007/978-3-658-01371-4_3, © Springer Fachmedien Wiesbaden 2014

ab. Immer dann, wenn es sich um eine forschungsintensive Gründung handelt, wird das Start-up regelmäßig gezwungen sein, auf einen **Finanzierungs-Mix**, insbesondere unter Einbeziehung **öffentlicher Fördermittel,** zurückzugreifen.

3.1.1 Strategieorientierte Finanzierungsmodelle

Die **Ausgestaltung** der Gründungsfinanzierung sowie sodann der ersten Finanzierungs-runde in Form der Wahl eines bestimmten Finanzierungsmodells prägt die zukünftige **Entwicklung** des Unternehmens und hat unmittelbare Auswirkungen auf das weitere **Unternehmenswachstum.** Sie terminiert den weiteren Handlungsspielraum der Gründer und somit die Strategie des Start-ups (vgl. Kollmann 2011, S. 163).

Die hier aufkommende Frage ist, ob die Gründer bereit sind, die durch mangelndes Eigenkapital gezogenen Grenzen der Entfaltung wirtschaftlicher Tätigkeit und tatsächlicher Handlungsspielräume durch die Nutzung verschiedener **Finanzierungsinstrumente** aktiv zu überwinden (Kollmann S. 163). Gerade in der **old economy** haben die zum Zeitpunkt der Gründung effektiv vorhandenen finanziellen Mittel die Gründungsidee sowie das gesamte Gründungsvorhaben in ihrem weiteren Aktionsradius bestimmt. Erst in Erfahrung und Kenntnis der innerhalb der **new economy** bzw. insbesondere der **net economy** möglichen Potenzierungseffekte hat sich bei den Gründern wie auch auf Kapitalgeberseite das Bewusstsein gefestigt, dass Geschäftsmodelle unabhängig von den zum Zeitpunkt der Gründung finanziellen Möglichkeiten strategisch geplant und umgesetzt werden können. Die Finanzierung einer Unternehmensgründung kann insoweit entweder strategiebestimmend („**strategy follows finance**") oder strategieerfüllend („**finance follows strategy**") erfolgen (Nathusius 2001, S. 27 ff.). Ein Überblick über die Modelle der Gründungsfinanzierung und der entsprechenden Strategien findet sich in Abb. 3.1.

3.1.1.1 Strategiebestimmende Gründungsfinanzierung („strategy follows finance")

Die strategiebestimmende Finanzierung ist insbesondere Gründungsvorhaben der **old economy** wesenseigen. Gründer akzeptieren dabei ihre beschränkten finanziellen Mittel als gegeben und entscheiden sich nur für ein Geschäftsmodell, das im Rahmen der vorhandenen Möglichkeiten realisiert werden kann (Kollmann 2011, S. 163).

Nach dieser Strategie ausgerichtete Gründungsvorhaben billigen das bei der Kreditvergabe restriktive Verhalten der Banken und limitieren die Gründungsidee durch den vorhandenen Kapitalbestand. Entsprechende Gründungsmodelle sind durch die Gründer selbst finanziert, wobei diesbezüglich wiederum zwischen einer reinen Selbstfinanzierung ohne vorhandenes Eigenkapital („**self feeding business**"/No-Buget-Modell) und der Selbstfinanzierung mit vorhandenem Eigenkapital („**bootstrap financing**"/Low-Budget-Modell) zu differenzieren ist (Kollmann 2011, S. 163 f.).

Der Unterschied besteht darin, dass der oder die Gründer neben ihrer eigenen Arbeitsleistung (Selbstfinanzierung ohne Eigenkapital) im letzteren Fall zusätzliches Kapital für

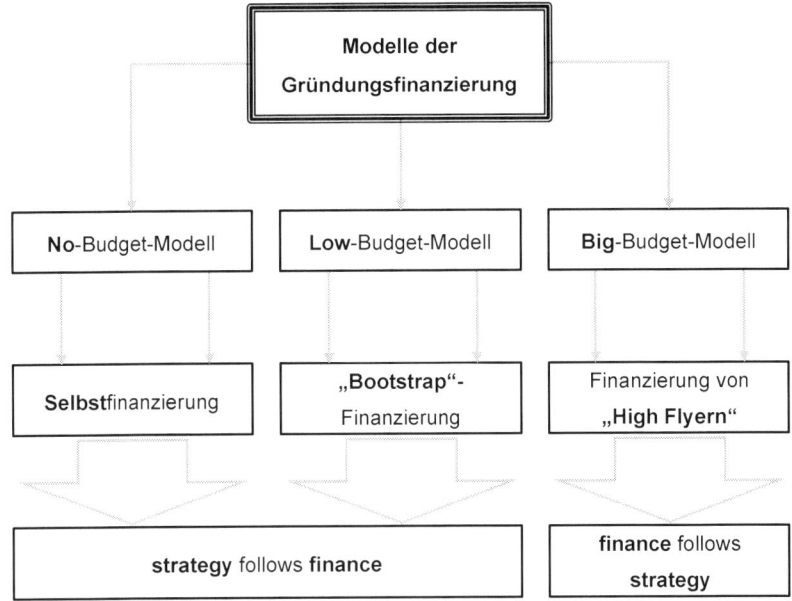

Abb. 3.1 Gründungsfinanzierung und –strategien

notwendige Investitionen aufbringen können, jedoch die gegebene Ressourcenknappheit im finanziellen Bereich durch eine bedingte „**Einschnürung**" der möglichen Vorgehensweise im Rahmen einer Unternehmensgründung (Nathusius 2001, S. 36; Kollmann 2011, S. 164, 169) ausreizen.

Für potentielle **High Flyer** kommt des Weiteren eine Finanzierung durch Eigenkapital in Betracht („**staged financing**"/**Big-Budget-Modell**), wobei die einem solchen Start-up zur Verfügung stehenden Kapitalmittel und -reserven – insbesondere im Vergleich zur „Bootstrap"-Finanzierung – sehr umfangreich sind (vgl. Börner und Grichnik 2005, S. 69 f.).

▶ Bei einem sog. **High Flyer** handelt es sich um ein Start-up mit überdurchschnittlich hohem Wachstumspotential. Die damit verbundenen außergewöhnlichen Renditechancen bei einem Wertanstieg der Beteiligung machen die Investition in das Start-up für Kapitalgeber besonders attraktiv.

3.1.1.1.1 Selbstfinanzierung ohne Eigenkapital

Unternehmensgründungen ohne Eigenkapital sind nicht erst im Bereich der **net economy** möglich geworden. Immer dann, wenn die Unternehmensidee durch die Erbringung individueller Dienst- oder sonstiger Leistungen der Gründer umgesetzt werden kann, sind sog. **No-Budget-Gründungen** gegeben.

Die Gründer können bei derartigen Vorhaben nicht auf **klassische** Finanzierungsinstrumente (Abb. 3.2 stellt die typischen Finanzierungsinstrumente der budgetorientierten

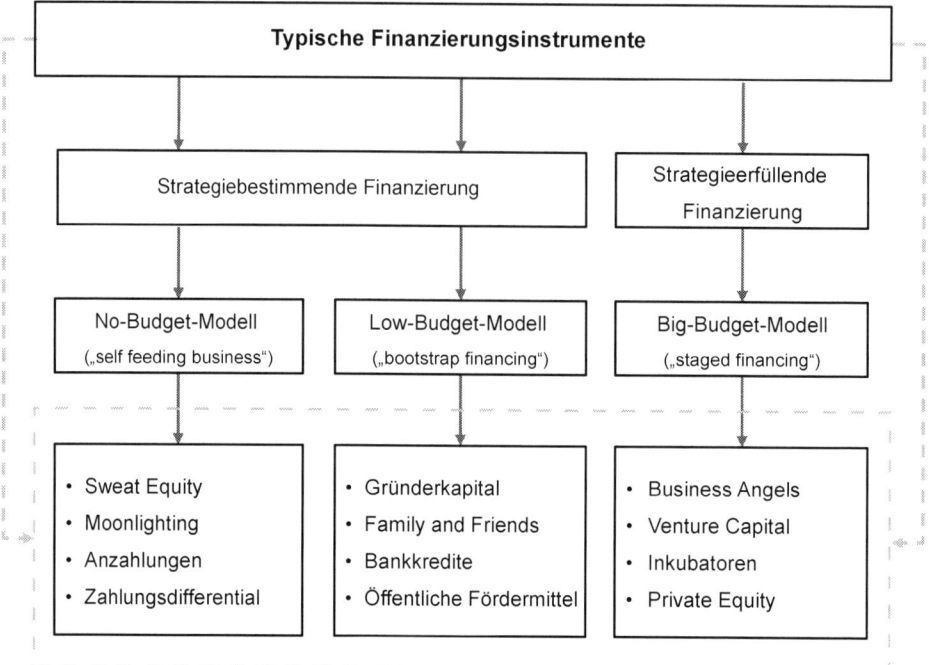

Abb. 3.2 Typische Finanzierungsinstrumente

Grundmodelle dar) bzw. solche im eigentlichen Sinne zurückgreifen, sondern müssen unter persönlichem Einsatz versuchen, aus dem berühmten „**Nichts**" Liquidität zu schaffen und gleichzeitig auf eine schnellstmögliche **Monetarisierung** sämtlicher erbrachter unternehmerischer Tätigkeit hinzuwirken. Im Rahmen einer Selbstfinanzierung haben die Gründer bspw. die im Folgenden aufgeführten Finanzierungsmöglichkeiten (hierzu s. Kollmann und Kuckertz 2003, S. 13):

- Unentgeltlicher Arbeitseinsatz der Gründer („**Sweat Equity**")
- Arbeit an der Unternehmensgründung bei gleichzeitiger Absicherung durch Einkünfte aus einer unselbstständigen Tätigkeit („**Moonlighting**")
- öffentliche Fördermittel
- von Kunden bereits geleistete **Anzahlungen** auf noch zu erbringende Leistungen
- Generierung von Liquidität durch Verkürzung der Zahlungsziele und Verschiebung der eigenen Zahlungsverpflichtungen möglichst weit in die Zukunft („**Zahlungsdifferential**")

Hinzuweisen ist in diesem Zusammenhang darauf, dass die anfängliche Kapitalisierung des Start-ups über **Crowdinvesting** (s. hierzu Kap. 7.3.) selbst dann nicht unter den Begriff der Selbstfinanzierung fällt, wenn die Gründer über kein Eigenkapital verfügen, da für die Zeit der intensiven Ausarbeitung eines für das Crowdinvesting nötigen Businessplans seinerseits finanzielle Mittel erforderlich sind.

3.1.1.1.2 Selbstfinanzierung mit Eigenkapital

Verfügen die Gründer über Eigenkapital aus eigenen Mitteln („**Gründerkapital**") oder von Familie und engen Bekannten im Sinne einer „**Family and Friends**"-Finanzierung, besteht die Möglichkeit, das Gründungsvorhaben zunächst ohne Rückgriff auf externe Kapitalquellen zu initiieren. Gerade in Zeiten des **Internets** bestehen insoweit erhebliche Potenzierungsmöglichkeiten, eine Unternehmensidee mit vergleichsweise geringem Einsatz finanzieller Mittel innerhalb teilweise kürzester Zeit zu launchen. Voraussetzung für den Erfolg einer solchen Vorgehensweise sind vertiefte Kenntnisse und Fertigkeiten im Hinblick auf **Marketingstrategien** (bspw. effizienter Einsatz von „viralem Marketing" bei e-Business Gründungen) sowie die Bereitschaft, die durch die Knappheit der finanziellen Ressourcen entstandene **Einschränkung** unternehmerischer Entfaltung hinzunehmen bzw. anderweitig zu kompensieren.

Darüber hinaus ist für eine erfolgreiche Eigenfinanzierung wichtig, dass das Start-up baldmöglichst in der Lage ist, auch mit einem geringen Einsatz von Mitteln einen positiven **Cashflow** zu generieren. Gelingt dies nicht und sind die privaten Mittel verbraucht, ist es für die Ausarbeitung einer Strategie zur Kapitalisierung über Fremdkapitalquellen, wie z. B. **Bankkredite** oder **öffentliche Fördermittel**, in aller Regel bereits zu spät.

Auch im Falle einer Eigenfinanzierung des Start-ups empfiehlt sich somit, – selbst bei Vorhandensein überdurchschnittlicher Eigenmittel – von Beginn an eine den konkreten Bedürfnissen des Start-ups entsprechende **Finanzierungsstrategie** auszuarbeiten und zu bestimmen.

3.1.1.2 Strategieerfüllende Gründungsfinanzierung („finance follows strategy")

Heutzutage unterwerfen sich Gründer regelmäßig nicht mehr den soeben dargestellten finanziellen Beschränkungen, sondern entwickeln ihre Geschäftsidee unabhängig von den vorhandenen finanziellen Möglichkeiten (Kollmann und Kuckertz 2003, S. 14).

Maßgeblich sind dabei das **Erfolgspotential** der Idee sowie die Fähigkeit, mögliche **Investoren** bzw. Kapitalgeber dafür zu begeistern. Gelingt es den Gründern, einen oder mehrere Kapitalgeber von ihrer Innovation zu überzeugen, kann aus einer anfänglichen No- oder Low-Budget-Finanzierung in der Praxis auch rasch eine – eigentlich nur für High Flyer vorstellbare (s. Kap. 3.1.1.1) – Big-Budget-Finanzierung werden. Hierbei können die Gründer dann – je nach Finanzierungsphase – auf Kapitalquellen wie bspw. **Business Angels** (s. Kap. 5.2.), **Venture Capital** (hierzu vgl. Kap. 5.4. und Kap. 7.2.1), **Inkubatoren** (s. Kap. 5.3.) und **Private Equity** (s. Kap. 5.5. sowie Kap. 8.2.1) zurückgreifen.

Um das Start-up zum Big-Budget-Modell zu befördern, müssen die Gründer jedenfalls vorab definieren, welche kritische Masse finanzieller Mittel erforderlich ist, um das avisierte Vorhaben erfolgreich – d. h. bis zum Erreichen des „**Break-Even-Point**", (hierzu s. oben Kap. 8) – durchführen zu können. Der erforderliche Finanzbedarf ergibt sich hierbei unmittelbar aus der Unternehmensidee. Wesensnotwendiges Vehikel des Vorgehens über eine solche strategiebestimmte Finanzierung ist das Erstellen eines **Businessplans** (hierzu s. Kap. 6.2.). Der Businessplan bildet dabei im Rahmen seiner Finanzplanung den

Abb. 3.3 Finanzplanung

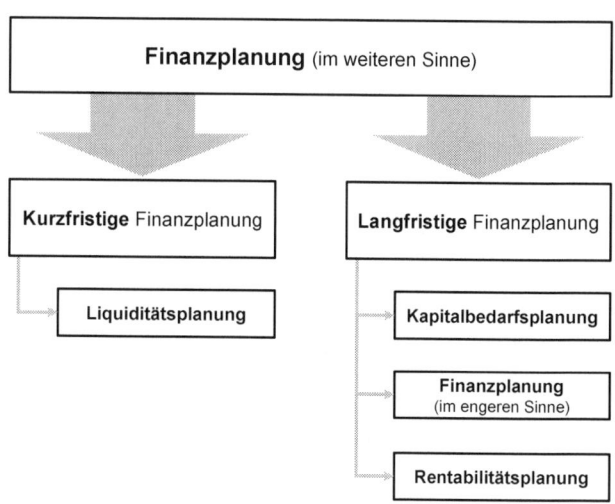

erforderlichen Bedarf finanzieller Ressourcen ab, welcher sich aus der vorweg darzustellenden Unternehmensidee sowie der von den Gründern beabsichtigten Strategie der Umsetzung ergibt.

3.1.2 Finanzplanung (im weiteren Sinne)

Für die meisten Unternehmen haben die **Rentabilität, Liquidität, Risikovermeidung** und **-minimierung** sowie die Erhaltung der unternehmerischen **Unabhängigkeit** oberste Priorität (Becker 2010, S. 9). Dies gilt v. a. auch für junge Wachstumsunternehmen/Start-ups. Um diese **finanzwirtschaftlichen Ziele** zu erreichen, bedarf es einer optimalen **Finanzplanung**.

Die Finanzplanung (im weiteren Sinne) dient der Ermittlung des **Finanzierungsbedarfs** in quantitativer Hinsicht; sie ermittelt den Kapitalbedarf des Unternehmens für die jeweilige Unternehmensphase und sichert dessen ständige **Liquidität**. Für die Gewährleistung letzterer wäre grundsätzlich die taggenaue Erfassung aller Einnahmen und Ausgaben für einen beliebig langen Planungszeitraum notwendig. Da dies weder zweckmäßig noch in der Praxis umsetzbar ist, muss dementsprechend zwischen der kurz- bzw. der langfristigen Finanzplanung differenziert werden (Becker 2010, S. 31; diesbezüglich s. auch Abb. 3.3).

Darüber hinaus ist die Finanzplanung auch zugleich qualitative Grundlage für die Finanzierung des Start-ups, da sie Voraussetzung für die Inanspruchnahme der verschiedenen **Finanzierungsquellen** ist. Die Finanzplanung fixiert somit die finanziellen Rahmenbedingungen der Unternehmensgründung sowie ihre weitere Entwicklung.

Eine gründliche Finanzplanung ist darüber hinaus ein unentbehrlicher Baustein des Businessplans, dessen **Finanzplan** (diesbezüglich s. Kap. 6.2.2.8) möglichen Investoren den Kapitalbedarf zur Gründung und zur Aufrechterhaltung der Liquidität des Unternehmens verdeutlichen sowie einen Überblick über die Rentabilität des Start-ups verschaffen soll. Eine vollständige Finanzplanung umfasst dementsprechend die Planung des Kapitalbedarfs sowie der Liquidität und Rentabilität des Unternehmenskonzepts.

Schließlich erfordert sie eine strukturierte, am ermittelten Kapitalbedarf orientierte **Finanzierungsplanung**, welche die Finanzierungsquelle(n) sowie die Finanzierungsstruktur festlegt.

3.1.2.1 Kurzfristige Finanzplanung/Liquiditätsplanung

Die kurzfristige Finanzplanung stellt die Zahlungsfähigkeit des Unternehmens sicher, sodass sie insofern auch als **Liquiditätsplanung** bezeichnet wird (Becker 2010, S. 31). Da die Verfügbarkeit „flüssiger" Mittel für das Start-up überlebenswichtig ist, kommt der Liquiditätsplanung unter den Teilbereichen der Finanzplanung die größte Bedeutung zu. Ohne hinreichende Liquidität kann der **Geschäftsbetrieb** des Unternehmens nicht aufrechterhalten werden. Darüber hinaus droht einem Unternehmen bei mangelnder Zahlungsfähigkeit die **Insolvenz**.

Eine **gründliche** und **fortlaufende** Liquiditätsplanung ist für jedes Start-up ein „Muss". Maßgeblich bei der Aufstellung der Liquiditätsplanung ist vor allem der prognostizierte monatliche Geldverbrauch, die sog. **„burn rate"**, also die Differenz der Einnahmen („Cash in") und der Ausgaben („Cash out") auf monatlicher Grundlage (Weitnauer 2011, S. 154). Aus dieser Differenz der erwarteten Einnahmen und Ausgaben lassen sich der monatliche **Überschuss** sowie ein etwaiger **Fehlbetrag** berechnen. Letzterer erfordert zum Ausgleich einen höheren Kapitalbedarf und ist somit durch ein höheres Finanzierungsvolumen zu kompensieren.

Bei der Ermittlung des **Liquiditätsbedarfs** haben die Gründer realistische Annahmen zugrunde zu legen, damit die Liquiditätsplanung ihre Indikatorfunktion für wichtige interne Entwicklungen und externe Veränderungen wie bspw. den Markteintritt eines neuen Mitbewerbers oder allgemeine konjunkturelle Einbrüche, die im Vorfeld weder beeinflussbar noch vorhersehbar sind, überhaupt erfüllen kann (Weitnauer 2011, S. 154). Überraschend auftretende **Liquiditätsengpässe** können sich schnell zu einer existenziellen Gefahr für das Unternehmen ausweiten.

Die Liquiditätsplanung ist insofern nicht nur Grundlage für die **Finanzierungsentscheidung** eines Investors, sondern dient darüber hinaus als Basis für die Finanzierungsbedingungen und Auswahl der konkreten **Finanzierungsinstrumente**. Ihr kommen – soweit sie realitätsnah durchgeführt wird – für das operative Geschäft folgende Aufgaben zu (s. hierzu Ertl 2003, S. 17 f.):

- Drohende Liquiditätsengpässe werden rechtzeitig erkannt; das Unternehmen verschafft sich einen zeitlichen Vorsprung, um **Gegenmaßnahmen** einzuleiten (z. B. Kapitalerhöhung, Erweiterung der Kreditlinien, Kostensenkung),

- **Informationsbedürfnisse** von externen Geschäftspartnern (z. B. Investoren, Banken, Gesellschafter) lassen sich besser befriedigen und
- **Ertragspotenziale** werden geschaffen (z. B. Ausnutzung von Skonto bei Lieferantenzahlungen; Terminkredite anstelle von teuren Kontokorrentkrediten).

Für unabsehbare externe Veränderungen ist insbesondere eine angemessene **Liquiditätsreserve** (planerisch) zu schaffen bzw. bereits bei der Ermittlung des Kapitalbedarfs entsprechend abzubilden. Eine ggf. erforderliche Nachfinanzierung aufgrund fehlerhafter Annahmen im Vorfeld kann für das Start-up nicht selten das „Aus" der unternehmerischen Tätigkeit darstellen.

Hintergrundinformation

Die Liquiditätsplanung ist also eine **kurzfristige** Detailplanung der in das Start-up fließenden bzw. der von dem Start-up zu leistenden Zahlungen. Charakteristisch für die Liquiditätsplanung ist, dass sie einen Planungshorizont von höchstens einem Jahr umfasst, hauptsächlich auf die Verfügbarkeit flüssiger Zahlungsmittel abzielt und mit den Daten der anderen betrieblichen Detailpläne (Kapitalbedarf, Rentabilität, usw.) korreliert (vgl. Becker 2010, S. 31).

3.1.2.2 Langfristige Finanzplanung

3.1.2.2.1 Kapitalbedarfsplanung

Gegenstand der **Kapitalbedarfsplanung** ist die Ermittlung des Kapitalbedarfs für einen festgelegten Zeitraum. Sie hängt insbesondere mit der Liquiditätsplanung untrennbar zusammen.

Die Kapitalbedarfsplanung beantwortet die Frage, **wie viel** Kapital das Unternehmen benötigt. Dazu sind alle Aufwendungen, die für Investitionen in das **Anlagevermögen** (Kap. 247 Abs. 2 HGB; darunter fallen alle Gegenstände, die dazu bestimmt sind, dauernd dem Geschäftsbetrieb zu dienen, also Büroeinrichtung, Investitionen in die Infrastruktur, Computer, Maschinen, etc.) sowie für Investitionen in das **Umlaufvermögen** (diejenigen Vermögensgegenstände des Unternehmens, die nicht dazu bestimmt sind, dauerhaft im Unternehmen zu verbleiben, wie z. B. die herzustellenden Produkte) zu berücksichtigen.

In die anfängliche Kapitalbedarfsplanung sind ferner sämtliche Aufwendungen für das **Personal** des Start-ups sowie die sonstigen **Gründungs-** und **Beratungskosten** wie Anwalts- und Notargebühren einzubeziehen.

3.1.2.2.2 Finanzierungsplanung (im engeren Sinne)

In der sich anschließenden **Finanzierungsplanung** (im engeren Sinne) ist der Frage nachzugehen, **wie** der im Vorfeld im Rahmen der Kapitalbedarfsplanung ermittelte Kapitalbedarf für das Unternehmen aufgebracht bzw. gedeckt werden soll. Dabei sind die verschiedenen **Finanzierungsquellen** und -**instrumente** zu eruieren sowie die **Finanzierungsstruktur** (insbesondere die Entscheidung, ob dem Unternehmen Fremd- oder Eigenkapital zugeführt werden soll) festzulegen.

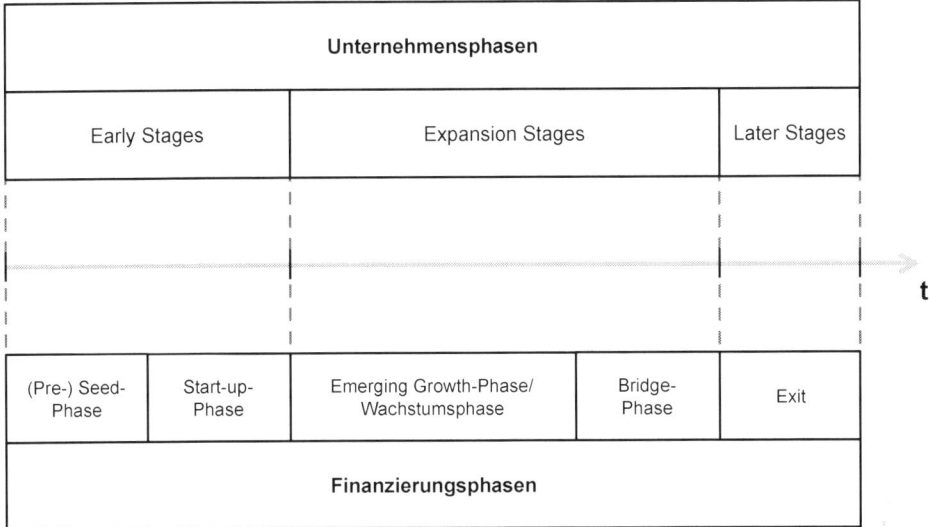

Abb. 3.4 Entwicklung der Unternehmensgründung und Finanzierungsphasen

3.1.2.2.3   Rentabilitätsplanung

Der **Rentabilitätsplan** zeigt schließlich auf, welche Auswirkungen die beabsichtigten Investitionen auf den prognostizierten **Umsatz**, die anzunehmenden **Kosten** und den zu erwartenden **Gewinn** des Unternehmens haben. Seine Annahmen bilden die Grundlage dafür, einen Investor von der wirtschaftlichen Tragfähigkeit des Unternehmens zu überzeugen. Schließlich ist die Vermehrung seines investierten Kapitals unmittelbar davon abhängig, in welcher Relation sich sein zu tätigendes Investment auf Basis der dem Rentabilitätsplan zu Grunde liegenden Planzahlen entwickelt. Infolgedessen gehört das Erreichen einer möglichst hohen Rentabilität zu den Primärzielen eines erwerbswirtschaftlich geführten Unternehmens (vgl. Becker 2010, S. 9).

3.2   Gründungs-/Finanzierungsphasen

Die Entwicklung der Unternehmensgründung ist typischerweise in verschiedene Phasen unterteilt. Diesen Unternehmensphasen stehen spiegelbildlich entsprechende Finanzierungsphasen gegenüber (vgl. dazu Abb. 3.4).

3.2.1   Early Stages ((Pre-) Seed-, Start-up-Phase)

Am Anfang jeder Unternehmensgründung steht die Idee. Sie muss zunächst gefunden und hinsichtlich der Erfolgsaussichten geprüft werden (**Phase der Ideenfindung**, Kollmann 2011, S. 90). Im weiteren Verlauf ist die Unternehmensidee zu plausibilisieren – also auf

Tab. 3.1 Überblick Early Stages

	(Pre-) Seed-Phase	Start-up-Phase
Tasks	Ausarbeitung der Geschäftsidee, diesbezüglich erste Forschungs- und Entwicklungsarbeiten Findung einer passenden (Unternehmens-)Rechtsform Erstellung eines Businessplans	Gründung des Unternehmens Strategische Ausrichtung des Unternehmens/Beginn der operativen Tätigkeit Suche nach Investoren (insbesondere Venture Capital)
Ziel	Optisch ansprechender und inhaltlich belastbarer Businessplan	Launch des Produkts/der Dienstleistung
Umsetzung Geschäftsidee	Erstellung eines Prototyps/eines vorläufigen Konzepts	Abschluss der Entwicklungsarbeiten/ Produktionsbeginn
Benötigtes Know-how	Vor allem im Bereich Technik/IT	In den Bereichen Technik/IT, Unternehmensgründung und -organisation
Umsatz	Keine Umsätze	Erste Umsätze
Gewinn/Verlust	Keine Gewinne/geringe Verluste	Keine bis wenige Gewinne/ sehr hohe Verluste
Kapitalbedarf	Oftmals noch gering	Mittel bis hoch
Unternehmerisches Risiko	Sehr hoch	Hoch

ihre konkrete Machbarkeit („feasibility") hin zu überprüfen – und der dazugehörige Businessplan zu erstellen (**Phase der Ideenformulierung**, Kollmann 2011, S. 90). In einem weiteren Schritt müssen der oder die Gründer die Idee konsequent umsetzen (**Phase der Ideenumsetzung**, Kollmann 2011, S. 90). Die vorgenannten Unternehmensphasen der Ideenfindung, -formulierung und -umsetzung werden im Bereich der Unternehmensfinanzierung als **Early Stage** bezeichnet und dabei wiederum in die Pre-Seed, Seed- und Start-up-Phase unterteilt (Pott und Pott 2012, S. 232). Ein Überblick über die wesentlichen Merkmale der Early Stages ist Tab. 3.1 zu entnehmen.

In der **Pre-Seed** und **Seed-Phase** (hierzu s. Kap. 6) ist in aller Regel noch kein Unternehmen gegründet wurden, sondern die Gründer fokussieren sich auf die Ideensuche bzw. die Planung und Ausgestaltung der Umsetzung des konkreten Geschäftsmodells (Börner und Grichnik 2005, S. 71 f.). Bereits in dieser frühen Phase, besteht ein Kapitalbedarf in Form initialer Betriebskosten zur Vorbereitung von z. B. Markt-, Akzeptanz-, und Machbarkeitsstudien (Börner und Grichnik 2005, S. 72). Üblicherweise verwenden die Gründer eigene ersparte Mittel oder greifen auf Kapital aus dem Familien-, Freundes- und/oder Bekanntenkreis zurück.

Viele Gründer schaffen bereits in dieser frühen Phase die erforderlichen rechtlichen Strukturen für das Unternehmen, gleichwohl ist auch in einem solchen Fall Voraussetzung, dass die Unternehmensidee, welche schließlich mit dem Unternehmensgegenstand der etwa zu gründenden juristischen Person (zu den für Start-ups besondere attraktiven Rechtsformen vgl. Kap. 6.1.2) korreliert, erfolgreich gefunden und formuliert worden ist. Des Weiteren gilt es in dieser Phase, einen ansprechenden und vor allem belastbaren **Businessplan** zu erstellen, der die „Weichen" für die Investorenakquisition stellt.

Erst in der **Start-up-Phase** (diesbezüglich s. Kap. 7) folgt die eigentliche Gründung des Unternehmens. Charakteristisch für dieses Stadium der Unternehmensgründung ist, dass auf der Grundlage des Businessplans das Produkt bzw. die Unternehmensidee entwickelt, das Gründungsteam zusammengestellt und der Markt erforscht wird. Die Start-up-Phase dient somit der **strategischen Ausrichtung** des Unternehmens und stellt die Weichen für die Aufnahme der **operativen Tätigkeit**. Da der Kapitalbedarf in dieser Finanzierungsphase bereits rapide ansteigt, empfiehlt sich eine Finanzierung durch Inkubatoren, Business Angels und ganz besonders **Venture Capital**. Als Gegenleistung für ein Investment wird der entsprechende Kapitalgeber regelmäßig eine Beteiligung an dem Start-up als Gesellschafter verlangen. Diesbezüglich müssen die Gründer gemeinsam mit dem Investor einen **Beteiligungsvertrag** (vgl. Kap. 7.2.1.3) aushandeln, der ihre ökonomischen, rechtlichen und vor allem finanziellen Interessen hinreichend wahrt.

3.2.2 Expansion Stages (Wachstumsfinanzierung)

Mit dem erfolgten **Launch** der Unternehmensidee bzw. des Produktes am Markt endet die eigentliche Start-up-Phase. Die Grenzen zwischen beiden Phasen sind zu diesen frühen Unternehmensphasen jedoch fließend.

Eines der strategischen Hauptziele des jungen Unternehmens in der nunmehrigen **Emerging Growth**- bzw. **Wachstumsphase** (hierzu s. Kap. 8; anhand der Tab. 3.2 werden die wichtigsten Merkmale dieses Stadiums dargelegt) besteht darin, den eigenen Wirkungsbereich (insbesondere durch den Ausbau des Vertriebs) auszuweiten und einen **Cash-Flow** zu generieren, der im besten Fall die anstehenden Wachstumsinvestitionen selbst finanzierten bzw. zumindest aber als Sicherheit genutzt werden kann. Damit lassen sich sodann perspektivisch neue Finanzierungsquellen (insbesondere eine Fremdfinanzierung) erschließen. Eine entsprechende Selbstfinanzierung ist in der Praxis dann möglich, wenn das Start-up die Gewinnschwelle, d. h. den sog. **Break-Even-Point**, überschreitet.

Für Start-ups mit überdurchschnittlichem Wachstumspotential – **High Flyer** – besteht in der Emerging Growth-Phase ferner die Möglichkeit der Vorbereitung des Börsengangs (**Bridge Phase/Pre-IPO**). Der Börsengang erfordert zwar noch weitere Investitionen in das Unternehmen, ermöglicht aber sowohl den Gründern als auch den Kapitalgebern im Ergebnis einen finanziell besonders lukrativen **Exit**.

Tab. 3.2 Überblick Expansion Stages

	Emerging Growth-Phase	Bridge-Phase
Tasks	Umfassende Marktdurchdringung Vertrieb auf- und ausbauen Unternehmensstruktur erweitern/verbessern (z.B. im Bereich Management, Human Resources, etc.)	Nochmalige Erweiterung des Vertriebs Ausbau der Produktion/Dienstleistungen (Diversifikation)
Ziel	Erreichen der Gewinnschwelle (Break-Even)	Börsengang (Initial Public Offering = IPO)
Umsetzung Geschäftsidee	Nationaler und internationaler Vertrieb des Produkts/der Dienstleistung	Nationale und internationale Expansion wird weiter verstärkt; evtl. Adaption neuer Produkte/Dienstleistungen
Benötigtes Know-how	Nationales und internationales Management	Vor allem im Finanzmarktsektor, darüber hinaus in den Bereichen Technik/IT, Wirtschaft
Umsatz	Starker Anstieg	Sehr starker Anstieg
Gewinn/Verlust	Gewinne übertreffen erstmals Verluste/Amortisation der Anfangsverluste	Hohe Gewinne/geringe Verluste
Kapitalbedarf	Sehr hoch	Sehr hoch
Unternehmerisches Risiko	Mittel bis gering	Sehr gering

Fazit

Die verschiedenen Modelle der Unternehmensfinanzierung werden – abhängig vom tatsächlichen Kapitalisierungsgrad des Unternehmens – grundsätzlich in das **No-Buget-**, das **Low-Budget-** sowie das **Big-Budget-Modell** unterteilt (vgl. Börner und Grichnik 2005, S. 71).

Für ein innovatives Start-up-Unternehmen ist der idealtypische Weg, dass die Gründer im Rahmen der **(Pre-) Seed-Phase** die Unternehmung als **No-Budget-Modell** beginnen und sich während der **Start-up-** bzw. in der **Emerging Growth-Phase** durch die Akquisition von Kapitalgebern zum **Big-Budget-Modell** vorarbeiten.

Literatur

Becker, H. P. 2010. *Investition und Finanzierung. Grundlagen der betrieblichen Finanzwirtschaft*. Gabler: Wiesbaden.

Börner, C. J., und D. Grichnik. 2005. *Entrepreneurial Finance. Kompendium der Gründungs- und Wachstumsfinanzierung*. Physica-Verlag: Heidelberg.

Ertl, M. 2003. Liquiditätsplanung – Grundlage eines Finanzierungs- und Liquiditäts-Risikomanagements. *BC* 2003:17–21.

Kollmann, T. 2011. *E-Entrepreneurship. Grundlagen der Unternehmensgründung in der Net Economy.* Gabler: Wiesbaden.

Kollmann, T., und A. Kuckertz. 2003. *E-Venture-Capital. Unternehmensfinanzierung in der Net Economy. Grundlagen und Fallstudien.* Gabler: Wiesbaden.

Nathusius, K. 2001. *Grundlagen der Gründungsfinanzierung. Instrumente – Prozesse – Beispiele.* Gabler: Wiesbaden.

Pott, O., und A. Pott. 2012. *Entrepreneurship. Unternehmensgründung, unternehmerisches Handeln und rechtliche Aspekte.* Springer: Berlin.

Weitnauer, W. 2011. *Handbuch Venture Capital. – Von der Innovation zum Börsengang –.* Beck: München.

Finanzierungsstruktur

4

Christopher Hahn

Die Wahl der richtigen **Finanzierungsstruktur** ist bereits in einem frühen Unternehmensstadium im Hinblick auf die Steigerung des Unternehmenswertes und die Bewertung im Stadium des Exits von Bedeutung (Weitnauer 2011, S. 153). Dies gilt nicht nur für die Aufrechterhaltung ständiger **Liquidität** des Start-ups, sondern ebenso in Bezug auf dessen **Entwicklungsgeschwindigkeit**, die maßgeblich davon abhängt, ob sich die Gründer auf die eigentliche Geschäftsentwicklung konzentrieren können, ohne sich fortlaufend um frisches Kapital bemühen zu müssen (Weitnauer 2011, S. 153).

Hinsichtlich der dem Start-up zur Verfügung stehenden Kapitalquellen muss grundsätzlich zwischen der **Kapitalquelle** (Innen-/Außenfinanzierung) sowie nach der **Rechtsstellung** der **Kapitalgeber** bzw. der **Haftungsqualität** (Eigen-/Fremdkapital) des in das Start-up fließenden Kapitals unterschieden werden (Werner und Kobabe 2007, S. 9). Diese Differenzierung ist Ausgangspunkt der Unternehmensfinanzierung. Einen Überblick über die diesbezüglich denkbaren Finanzierungsstrukturen gibt Abb. 4.1.

4.1 Kapitalherkunft

Zur Stärkung der Eigenkapitalbasis in der Seed- und Start-up-Phase sowie zur Finanzierung weiteren Wachstums in späteren Unternehmensphasen hat das Unternehmen grundsätzlich zwei Möglichkeiten: die **Innen**-und die **Außenfinanzierung**.

Eine starke **Eigenkapitalbasis** hat für die Finanzierung und für die Existenz des Start-ups höchste Priorität, da sie nicht nur die **Liquidität** des Unternehmens sichert, sondern

C. Hahn (✉)
Luther Rechtsanwaltsgesellschaft mbH, Friedrichstraße 140,
10117 Berlin, Deutschland
E-Mail: christopher.hahn@luther-lawfirm.com

C. Hahn (Hrsg.), *Finanzierung und Besteuerung von Start-up-Unternehmen,*
DOI 10.1007/978-3-658-01371-4_4, © Springer Fachmedien Wiesbaden 2014

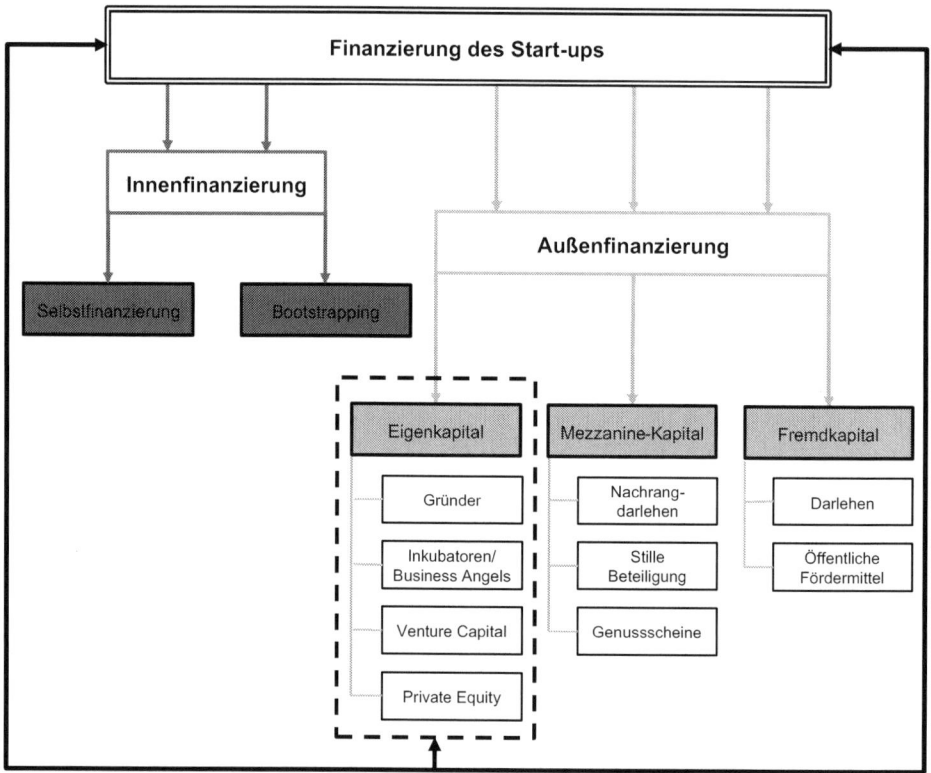

Abb. 4.1 Überblick Finanzierungsstrukturen

darüber auch die maßgebliche Kennziffer ist, um den Zugang zu **Fremdkapital** zu ermöglichen.

4.1.1 Innenfinanzierung

▶ **Definition:** Werden die zur Finanzierung verwendeten Mittel von dem Start-up **selbst erwirtschaftet** und stammen demnach aus dem **eigenen Umsatzprozess** des Unternehmens, ist eine sog. **Innenfinanzierung** gegeben (Römermann 2009, § 1, Rn. 71).

Von einer Innenfinanzierung spricht man, soweit das Start-up seine Eigenkapitalbasis aus Umsätzen oder sonstigen Erlösen dadurch stärkt, dass es Gewinne einbehält (**thesauriert**) und entsprechende Rücklagen bildet (Eilenberger und Haghani 2008, S. 10). Das Unternehmen erhält dementsprechend keine neue Liquidität von außen, sondern es werden **Finanzierungseffekte** durch vom Unternehmen selbst erwirtschaftete Finanzmittel erzielt (Werner und Kobabe 2007, S. 9, 27 ff.).

Eine Innenfinanzierung kommt demnach überhaupt erst dann in Betracht, wenn das Unternehmen **eigene** operative **Erlöse** generiert. Für Start-ups in der Gründungsphase ist eine Innenfinanzierung folglich nur denkbar, sofern das Geschäftsmodell bzw. der Wertschöpfungsprozess des Start-ups bereits aus sich heraus in der Lage ist, Umsätze zu erwirtschaften. In der Praxis wird dies nur bei Geschäftsmodellen der Fall sein, die eine extreme (potentielle) **Skalierbarkeit** aufweisen. Unter Skalierbarkeit versteht man insoweit grundsätzlich den Effekt, dass Erträge eines Unternehmens überproportional gegenüber dem Aufwand wachsen (können), also der erst- und einmalige Launch des Produktes bzw. der Unternehmensidee multiplikative Ertragseffekte nach sich zieht (vgl. Kollmann 2011, S. 203).

Neben dem in das Unternehmen fließenden **Cashflow** aus operativen Erlösen ist darüber hinaus weitere Voraussetzung für eine erfolgreiche Innenfinanzierung, dass die Aufwandssituation im Unternehmen **positiv** ist, also die zur Aufrechterhaltung des Geschäftsbetriebs erforderlichen Aufwände die generierten Erträge nicht übersteigen.

Die wesentlichen Kapitalquellen der Innenfinanzierung sind die **Selbstfinanzierung** – insbesondere durch Sweat Equity, Moonlighting und Anzahlungen (vgl. auch Kap. 3.1.1.1.1) – und das sog. **Bootstrapping** (diesbezüglich s. Kap. 5.1), bei dem es sich um eine finanzielle „Einschnürung" handelt, die sich insofern durch die Akquise verschiedener Ressourcen – ohne hierfür Geld zu leihen oder Eigenkapital aus traditionellen Quellen einzuwerben – auszeichnet (Schultz 2011, S. 108).

▶ **Wichtig:** Für die Start-up-Finanzierung sind die Mechanismen der Innenfinanzierung praktisch eher zu **vernachlässigen**, obgleich der wesentliche Vorteil einer Innenfinanzierung natürlich darin besteht, dass sich die Gründer des Unternehmens ihre vollständige **Autonomie** bewahren, da keine externe Dritte über Gewinnausschüttungen oder Zinszahlungen bedient werden müssen.

4.1.2 Außenfinanzierung

▶ **Definition:** Bei der Außenfinanzierung fließt dem Start-up Kapital von außen, also nicht aus dem betrieblichen Umsatzprozess, sondern – etwa bei einem als GmbH firmierenden Unternehmen aus Kapitaleinlagen zu (Römermann 2009, § 1, Rn. 71).

Lässt sich – was der praktische Regelfall ist – eine Innenfinanzierung mangels operativer Erlöse in der Anfangsphase nicht bewerkstelligen, besteht also eine Eigenkapitallücke, muss diese durch **externe Kapitalgeber** geschlossen werden, um die Überlebensfähigkeit des Start-ups und somit der Unternehmensidee zu sichern. Die Gründer haben dadurch die Möglichkeit, **liquide Mittel** in das Start-up einzubringen bzw. die **Eigenkapitalbasis** – welche für Folgefinanzierungen von elementarer Bedeutung ist – durch die Aufnahme von außerhalb des Unternehmens stehenden Investoren zu stärken (Eilenberger und Haghani 2008, S. 10).

Technologieorientierte bzw. in der IT-Branche firmierende Start-ups sind speziell in den **Early Stages** oftmals auf externes Kapital angewiesen, um ihren Kapitalbedarf zu de- cken (Schultz 2011, S. 111). Die Außenfinanzierung kann dabei in Form der klassischen Kreditfinanzierung (**Fremdfinanzierung**) oder als **Eigenfinanzierung** von außen in Form von Einlagen bzw. Beteiligungen erfolgen. Somit ist bspw. auch die Bereitstellung von Ka- pital durch die bisherigen Gesellschafter als Außenfinanzierung – genauer: als Eigenfinan- zierung von außen – zu qualifizieren (Werner und Kobabe 2007, S. 9).

Im Rahmen der Außenfinanzierung ist folglich zwischen Eigen- und Fremdfinan- zierung zu differenzieren, je nachdem, ob das Unternehmen frisches Eigenkapital oder Fremdkapital zur Verfügung gestellt bekommt. Darüber hinaus wird auch eine **Mezzani- ne-Finanzierung** – bei der es sich um eine Zwischenform der Eigen- und Fremdkapital- finanzierung handelt (Kollmann und Kuckertz 2003, S. 17) – von der Außenfinanzierung umfasst.

4.2 Haftungsqualität des Kapitals

Die Begriffe der Innen- und Außenfinanzierung sind streng von dem Begriffspaar Eigen- und Fremdfinanzierung bzw. Eigen- und Fremdkapital zu differenzieren. Im Gegensatz zu ersteren geben diese nicht Auskunft über die Kapitalherkunft, sondern über die Rechtsstellung der Kapitalgeber bzw. die Haftungsqualität der zur Verfü- gung gestellten Kapitals (Werner und Kobabe 2007, S. 10).

4.2.1 Eigenkapital

▶ **Definition:** Unter **Eigenkapital** versteht man diejenigen Finanzierungsmittel, die von den Gründern/Gesellschaftern eines Start-ups zu dessen Finanzierung aufgebracht wer- den (Kollmann und Kuckertz 2003, S. 16).

Die Eigenfinanzierung umfasst die Finanzierung des Unternehmens durch **Eigenkapital**. Das Eigenkapital trägt das höchste Haftungsrisiko, da es in der Rangstelle bei der Rück- zahlung im Falle einer Liquidation oder Insolvenz des Unternehmens ganz am Ende steht. Es dient somit dem **Gläubigerschutz**, da die Forderungen der Fremdkapitalgeber vor einer Rückzahlung an die Eigenkapitalgeber vorrangig zu befriedigen sind. Ohne Eigenkapital sind alle sonstigen, auf eine vorhandene Eigenkapitalbasis aufbauenden Finanzierungs- instrumente wie Fremdkapital (vgl. dazu Kap. 4.2.2) oder Mezzanine (s. Kap. 4.3 und Kap. 7.2.1.4) nicht zu bekommen (Weitnauer 2011. S. 156).

Bei bestehenden Unternehmen ist vom Begriff der Eigenfinanzierung auch die Innen- nanzierung (Selbstfinanzierung) durch die Einbehaltung erzielter Gewinne umfasst (Wer- ner und Kobabe 2007, S. 10).

Eigenkapitalgeber sind Kapitalgeber, die sich mit ihrem Investment bzw. ihrer Einlage in das Unternehmen einkaufen und entsprechende Anteile am Unternehmen übernehmen. Begrifflich wird diese Finanzierungsform auch als **Einlagenfinanzierung** bezeichnet. Darüber hinaus ist selbstverständlich auch das von den Gründern des Start-ups selbst bereitgestellte Kapital, welches diese durch Einlage privater Mittel aus ihrem Vermögen dem Unternehmen zuführen, Eigenkapital.

Das Eigenkapital ist stets dem Risiko eines **Totalverlusts** ausgesetzt. Dem Verlustrisiko des Eigenkapitals und seiner nachrangigen Behandlung bei der Befriedigung der Forderungen von Gläubigern folgt eine hohe Renditeerwartung der Kapitalgeber in Form erfolgsabhängiger Dividenden bzw. Gewinnausschüttungen. Im Gegensatz zum Fremdkapital wird Eigenkapital zinsfrei und ohne die Verpflichtung zu regelmäßigen Tilgungsleistungen dem Start-up überlassen. Es wird von Investoren unbefristet bereitgestellt und ist nicht an eine bestimmte Erfüllung gebunden (Kollmann 2011, S. 166).

Die Höhe des Eigenkapitals hat ferner unmittelbare Auswirkungen auf die Rentabilität des Start-ups. So ist der sog. „**Return of Investment**" (**RoI**), also die für Investoren maßgebliche Kennziffer zur finanzanalytischen Berechnung der Kapitalrendite, die sich aus dem Verhältnis des Gewinns zum eingesetzten Gesamtkapital errechnet, umso größer, je geringer das investierte Eigenkapital ist.

Der **Wert** des Eigenkapitals und somit die Rendite des Investments konkurriert ferner mit dem Unternehmenswert. Firmiert das Start-up als Kapitalgesellschaft (hierzu s. Kap. 6.1.2), haften die Eigenkapitalgeber **vollumfänglich** mit ihrer Einlage, also in Höhe des Kapitals, welches sie dem Start-up zuführen. Als Gegenleistung hierfür werden Eigenkapitalgeber – durch Abschluss eines entsprechenden Beteiligungsvertrags (vgl. Kap. 7.2.1.3) – regelmäßig an der Unternehmung **beteiligt**. Insofern erhalten sie unmittelbare Mitsprache-, Einsichts- und Kontrollrechte am Start-up. Die Einzelheiten und die Reichweite dieser Rechte können nicht pauschal bestimmt werden, sondern richten sich dabei individuell nach den Bestimmungen des Beteiligungsvertrages bzw. einer gesondert abzuschließenden Gesellschaftervereinbarung (diesbezüglich s. Kap. 7.2.1.3.3).

Zu den wichtigsten Finanzierungsquellen innerhalb einer Eigenkapitalfinanzierung gehören dabei:

- **Eigenleistungen** der Gründer/ Gesellschafter,
- **Inkubatoren** (s. Kap. 5.3),
- Business Angels (s. Kap. 5.2),
- **Venture Capital** (vgl. Kap. 5.4 und Kap. 7.2.1) sowie
- **Private Equity** (vgl. Kap. 5.5 und Kap. 8.2.1).

▷   **Wichtig:** Die Bedeutung von Eigenkapital ist in jeder Unternehmensphase **immens**. Eine solide Ausstattung mit Eigenkapital erhöht die Finanzkraft der Liquidität des Unternehmens und ist demzufolge einer der wichtigsten Erfolgsfaktoren für das unternehmerische Wachstum. Darüber hinaus trägt es durch seine uneingeschränkte Haftung ein größeres Risikopotential als Fremdkapital und stellt somit seinerseits eine bedeutende Sicherheit für Fremdkapitalgeber dar (Werner und Kobabe 2007, S. 14).

4.2.2 Fremdkapital

▶ **Definition:** Bei **Fremdkapital** handelt es sich um Mittel, die dem Start-up von externen Kapitalgebern unter der Maßgabe der Rückzahlung zur Verfügung gestellt werden (Kollmann und Kuckertz 2003, S. 17).

Als Fremdfinanzierung wird demgegenüber die Finanzierung mit Fremdkapital bezeichnet. Fremdkapitalgeber stellen dem Start-up unter der Maßgabe der Rückzahlung sowie gegen regelmäßige Zins- und Tilgungsleistungen für einen befristeten Zeitraum Kapital zur Verfügung (Weitnauer 2011, S. 156). Typische Finanzierungsinstrumente sind **Bankkredite** (s. Kap. 5.7) und **öffentliche Fördermittel** (vgl. Kap. 5.6). Unabhängig von Gewinn oder Verlust ist das Fremdkapital des Unternehmens im Falle einer Liquidation oder Insolvenz des Unternehmens vorrangig zu befriedigen. (Werner und Kobabe 2007, S. 8).

Aufgrund der für die Bereitstellung von Fremdkapital bestehenden **strengen** Anforderungen in Bezug auf die vom Empfänger zu gewährenden Sicherheiten, kommt eine entsprechende Finanzierung für das Start-up selbst als Unternehmen häufig erst dann in Betracht, wenn es über regelmäßige Einkünfte verfügt und somit selbst Kapital erwirtschaftet oder zumindest mit entsprechend Eigenkapital ausgestattet ist. Davon zu unterscheiden ist die Konstellation, dass die Gründer des Unternehmens persönliche Sicherheiten stellen und somit die Fremdfinanzierung ihres Unternehmens ermöglichen.

Der Fremdkapitalgeber erwirbt weder **Geschäftsanteile** noch sonstige **Mitsprache-** sowie **Kontrollrechte** am Start-up. Im Gegenzug besteht für den Investor keine Haftung. Dies hat zur Folge, dass die wirtschaftliche Entwicklung des Start-ups ohne Auswirkungen auf die Zahlungsansprüche des Fremdkapitalgebers ist. Allein die dem Investor zukommenden Zinszahlungen stellen als erfolgsunabhängige Rendite die Motivation zur Kapitalzuführung an das Start-up durch den Kapitalgeber dar.

Sofern die Gründer sowohl Eigen- als auch Fremdkapitalquellen zur Finanzierung ihres Start-ups in Betracht ziehen, sollten ihnen die **charakteristischen Unterschiede** der entsprechenden Finanzierungsstrukturen bekannt sein. Um dies zu erleichtern, zeigt Abb. 4.2 die wichtigsten Wesensmerkmale der Eigen- und Fremdkapitalfinanzierung auf.

▶ **Wichtig:** Der Rückgriff auf Fremdkapital hat gegenüber Eigenkapital den Vorteil, dass das Start-up keine Anteile an den Kapitalgeber abgeben muss und somit den bisherigen Gründern rechtlich keine Eigentums- und somit Mitspracherechte am Unternehmen verloren gehen (Kollmann 2011, S. 167). Nachteilig ist, dass Ansprüche der Fremdkapitalgeber gegenüber Ansprüchen der Eigenkapitalgeber vorrangig zu bedienen sind. Darüber hinaus können auch Fremdkapitalgeber nicht unerhebliche faktische Mitspracherechte innehaben, die umso intensiver ausgestaltet sind, je größer die Summe des bereitgestellten Kapitals ist.

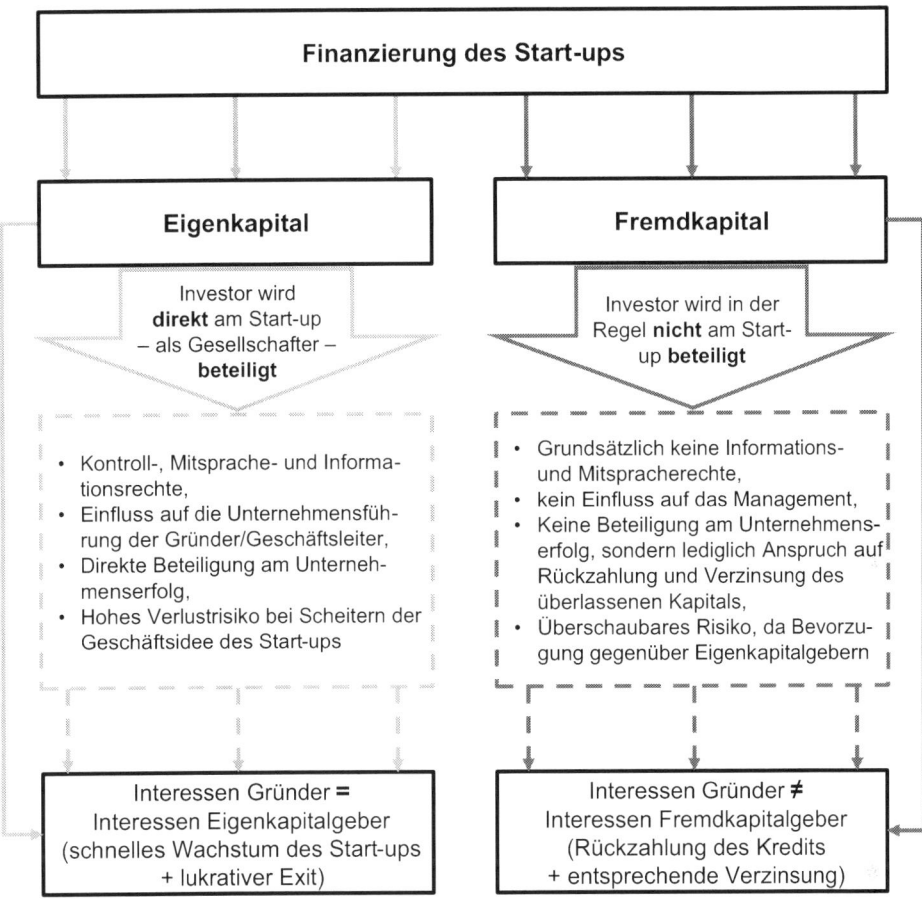

Abb. 4.2 Wesensmerkmale der Eigen- und Fremdkapitalfinanzierung

4.3   Mezzanine-Finanzierung

▸ **Definition:** Unter **Mezzanine-Kapital** versteht man eine Zwischenform von Eigen- und Fremdkapital, die insofern ein hybrides Finanzierungsinstrument darstellt (Kollmann und Kuckertz 2003, S. 17).

Eine Mischform von Eigen- und Fremdkapitalfinanzierung stellt die sog. **Mezzanine-Finanzierung** (von ital. „mezzo"=halb) dar (hierzu s. auch Kap. 7.2.1.4, zu den Unterschieden von Eigen-, Mezzanine- und Fremdkapital vgl. Tab. 4.1). Je nach Ausprägung kann diese Finanzierungsform in ihrer rechtlichen und wirtschaftlichen Ausgestaltung eher eigenkapitalähnlich in Form von Genussrechten/-scheinen oder atypisch stillen Beteiligungen gestaltet werden (sog. „**Equity Mezzanine**") oder als typische stille Beteiligung oder nachrangiges bzw. partiarisches Darlehen strukturell zum Fremdkapital tendieren (sog. „**Debt Mezzanine**").

Tab. 4.1 Unterschiede Eigen-, Mezzanine- und Fremdkapital

	Eigenkapital	Mezzanine-Kapital	Fremdkapital
Rechtsstellung des Investors	Gesellschafter des Start-ups	Gestaltungsabhängig, i.d.R. Gläubiger	Gläubiger des Start-ups
Haftung	Soweit Start-up als Kapitalgesellschaft firmiert in Höhe der geleisteten Einlage; ansonsten unbegrenzt	Gestaltungsabhängig, nur im Ausmaß des gewandelten Anspruchs	Keine Haftung, da Gläubigerstellung
„Gegenleistung" für das Investment	Geschäftsanteile, Beteiligung am Start-up (und der Geschäftsführung)	Rückzahlungspflicht, je nach Gestaltung darüber hinaus erfolgsabhängige Verzinsung	Rückzahlungspflicht und darüber hinausgehende Zinsen
Beteiligung am unternehmerischen Erfolg	Teilhabe an Gewinn und Verlust, Wertentwicklung der Geschäftsanteile und am Exit-Erlös	Erfolgsabhängige Verzinsungsanteile	Nein
Mitsprache-, Kontroll- und Informationsrechte (Einflussnahme auf die Geschäftsleitung)	Werden regelmäßig im Rahmen des Beteiligungsvertrags gewährt	Können gewährt werden	Werden in der Regel nicht gewährt (Ausnahme: „Covenants")
Zeitraum des Investments	In der Regel unbefristet	Befristetes Eigenkapital	Feste Laufzeit (Kündigung innerhalb vereinbarter Fristen möglich)
Sicherheiten erforderlich	Nein	In der Regel nicht erforderlich	Ja
Auswirkungen von Kapitalerhöhungen	„Verwässerung" der Einlage	Grundsätzlich keine „Verwässerung", (Ausnahme: Wandelung)	Keine Verwässerung
Rang	Nachrang gegenüber Fremd- und Mezzanine-Kapital	Nachrang gegenüber Fremdkapital	Vorrangig gegenüber allen anderen Kapitalarten

Die genaue Ausgestaltung bzw. Zusammensetzung einer mezzaninen Finanzierung folgt keinem festgelegten Muster, sondern unterliegt der individuellen Vereinbarung im Einzelfall. Attraktiv wird sie dadurch, dass sie sowohl aus Risiko- wie auch Renditegesichtspunkten einen interessanten Mittelweg zwischen den Kapitalformen darstellt (Kollmann 2011, S. 167).

Über entsprechende vertragliche Konstruktionen lässt sich einerseits („**fremdkapitalähnliches**") Eigenkapital beschaffen, dessen befristete Laufzeiten, fixierte Zinszahlungen und feste Rückzahlungsansprüche an sich für Fremdkapital typisch sind. Auf der anderen Seite fließt dem Unternehmen („**eigenkapitalähnliches**") Fremdkapital zu, dass jedoch abweichend vom Normalfall unternehmerische Kontroll- und Entscheidungsbefugnisse der Kapitalgeber mit sich bringt sowie Ansprüche auf Zahlung einer erfolgsabhängigen Dividende (im Gegensatz zu einer fixierten Zinszahlung) aufweist (Eilenberger und Haghani 2008, S. 86).

Aufgrund dieser Mischung aus Eigen- und Fremdfinanzierung besteht der Vorteil für Investoren darin, dass diese einerseits über bereitgestelltes Eigenkapital an Wertsteigerungen des Unternehmens beteiligt sind, dabei jedoch zugleich über die Finanzierungsbestandteile mit Fremdkapitalcharakter (variable) Rückzahlungsbedingungen des Kapitals festlegen können, ohne dass dieser Rückzahlungsanspruch von der ökonomischen Entwicklung des Start-ups beeinträchtigt wird.

Da das Mezzanine-Kapital **wirtschaftlich** Eigenkapital darstellt, verbessert sich das Verhältnis zwischen Eigen- und Fremdkapital und somit auch die Bilanzstruktur des Unternehmens. Die Sicherheiten des Unternehmens werden dadurch nicht beeinflusst, was dem Unternehmen zu einer besseren Kreditwürdigkeit verhilft.

> **Wichtig:** Aus der Perspektive der Gründer hat eine Mezzanine-Finanzierung den Vorteil, dass diese grundsätzlich „**günstiger**" – weniger Anteile am eigenen Unternehmen müssen den Investoren übertragen werden – als eine reine Eigenkapitalfinanzierung ist, da die geringere Risikoerwartung der Investoren – das bereitgestellte Fremdkapital ist ohnehin zurückzuzahlen sowie zu verzinsen – insgesamt zu einer verminderten Renditeforderung der Investoren führt (Kollmann 2011, S. 167). Darüber hinaus ist eine derartige Finanzierung immer dann von Vorteil, wenn die Gründer des Start-ups trotz eines sehr hohen Kapitalbedarfs verhindern wollen, dass sich ihre eigene Beteiligungsquote am Unternehmen dadurch vermindert, dass Investoren zu viele Geschäftsanteile übernehmen („**Verwässerung**").

Fazit

Da die **Innenfinanzierungspotentiale** der Gründer oftmals bereits in der **Seed-Phase** erschöpft sein werden, sollten diese schon innerhalb der **Early Stages** der Unternehmensgründung eine **Außenfinanzierung** mittels **Eigen-, Mezzanine- und Fremdkapital** in Betracht ziehen.

Die Vorteile des Fremdkapitals bestehen darin, dass die Gründer dem Kapitalgeber weder Geschäftsanteile überlassen noch Mitsprache-, Kontroll- und Informationsrechte einräumen müssen. Allerdings sind das überlassene Investment nach einer bestimmten Frist zurückzuzahlen sowie Zinsleistungen zu erbringen. Darüber hinaus wird ein Fremdkapitalgeber in der Praxis regelmäßig Sicherheiten verlangen. Demgegenüber steht das Eigenkapital dem Start-up dauerhaft zur Verfügung und muss in der Regel nicht zurückgezahlt werden.

Möchten die Gründer die Vorteile der Fremd- und der Eigenkapitalfinanzierung kombinieren, kann eine Finanzierung mittels Mezzanine-Kapital zweckmäßig sein. Bei einer derartigen Kapitalbeschaffung kommt es – wie so oft im Leben – auf die richtige „**Mischung**" der jeweiligen Finanzierungskomponenten an.

Literaturverzeichnis

Eilenberger, G. und S. Haghani. 2008. *Unternehmensfinanzierung zwischen Strategie und Rendite.* Berlin: Springer-Verlag.

Kollmann, T. 2011. *E-Entrepreneurship. Grundlagen der Unternehmensgründung in der Net Economy.* Wiesbaden: Gabler.

Kollmann, T. und A. Kuckertz. 2003. *E-Venture-Capital. Unternehmensfinanzierung in der Net Economy. Grundlagen und Fallstudien.* Wiesbaden: Gabler.

Römermann, V. 2009. *Münchner Anwalts Handbuch GmbH-Recht.* München: Verlag C. H. Beck.

Schultz, C. 2011. *Die Finanzierung technologieorientierter Unternehmen in Deutschland. Empirische Analysen der Kapitalverwendung und -herkunft in den Unternehmensphasen.* Wiesbaden: Gabler Verlag/ Springer Fachmedien.

Weitnauer, W. 2011. *Handbuch Venture Capital. – Von der Innovation zum Börsengang –.* München: Verlag C. H. Beck.

Werner, H. S. und R. Kobabe. 2007. *Handelsblatt Mittelstands-Bibliothek. Bd. 6: Finanzierung.* Stuttgart: Schäffer-Poeschel Verlag.

Kapitalgeber

5

Christopher Hahn

5.1 Selbstfinanzierung durch Bootstrapping

Das **Bootstrapping** (dt. „sich die Schuhe enger schnüren" bzw. „sich aus eigener Kraft hocharbeiten") ist eine Form der **Innen-/Eigenfinanzierung** (Kollmann und Kuckertz 2003, S. 19), die durch eine – aufgrund von Ressourcenknappheit im Kapitalbereich bedingte – (finanzielle) „**Einschnürung**" charakterisiert wird (Nathusius 2001, S. 36). Dabei greifen die Gründer zur Finanzierung des Start-ups in der Regel auf ihre eigenen **Ersparnisse** sowie auf die Unterstützung ihnen nahe stehender Personen („**Family and Friends**") zurück.

Für die meisten Start-ups wird die Selbstfinanzierung durch das **Bootstrapping** (hierzu vgl. auch Kap. 3.1.1.1) – allenfalls – in der (**Pre-**) **Seed-Phase** in Betracht kommen. Ausnahmen gelten jedoch für sog. „**life-style ventures**", also kleinere Start-ups, die mehr der Selbstverwirklichung der Gründer als der Schaffung einer nachhaltigen Unternehmung dienen (Kollmann und Kuckertz 2003, S. 19). Life-style ventures verzichten insofern oftmals gänzlich auf eine Außenfinanzierung, sodass die Gründer „**ihr**" Unternehmen allein anhand ihrer eigenen Werte und Prinzipien entwickeln können.

Durch das Bootstrapping wird das Start-up mithilfe der den Gründern zur Verfügung stehenden Ressourcen im Idealfall so weit aufgebaut, bis es sich – und natürlich auch den Lebensunterhalt der Gründer – durch die Erwirtschaftung eines positiven **Cash-Flows** selbst finanziert. Diese Strategie bietet generell den **Vorteil** (zu Vor- und Nachteilen des Bootstrapping s. auch Abb. 5.1), dass sich die Gründer voll und ganz auf die Entwicklung

C. Hahn (✉)
Luther Rechtsanwaltsgesellschaft mbH, Friedrichstraße 140,
10117 Berlin, Deutschland
E-Mail: christopher.hahn@luther-lawfirm.com

C. Hahn (Hrsg.), *Finanzierung und Besteuerung von Start-up-Unternehmen*,
DOI 10.1007/978-3-658-01371-4_5, © Springer Fachmedien Wiesbaden 2014

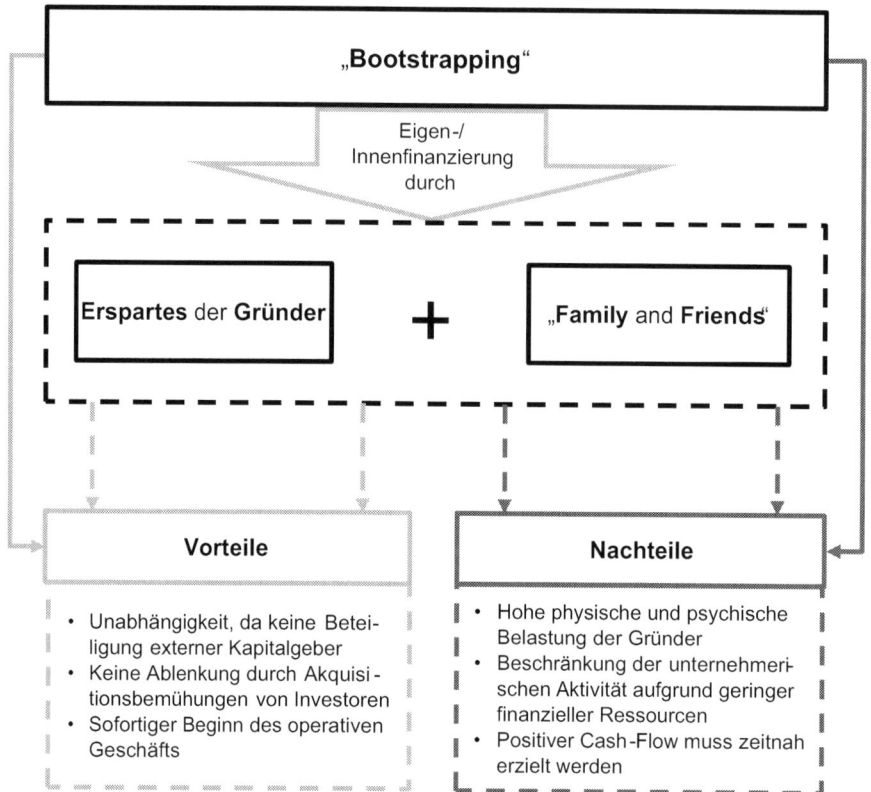

Abb. 5.1 Vor- und Nachteile des Bootstrappens

der Geschäftsidee konzentrieren können, da zeitintensive „**Ablenkungen**" – wie bspw. die Akquise von Investoren – aufgrund der eigenständigen Unternehmensfinanzierung regelmäßig nicht entstehen (Wolpers 2009a).

Die Fokussierung auf das „**Wesentliche**" mag in gewisser Weise von einem philosophischen Aspekt getragen sein, führt in der Praxis aber dazu, dass die Gründer – abgesehen von Mitarbeitern, Kunden und Lieferanten – niemandem außer sich selbst Rechenschaft schulden und demnach die vollständige Kontrolle über ihr Unternehmen behalten (Guggi 2012). Um diese **Unabhängigkeit** langfristig aufrecht zu halten, müssen die Gründer allerdings sofort mit dem **operativen Geschäftsbetrieb** beginnen.

Ein **Manko** des Bootstrappings ist, dass die unternehmerische Aktivität der Gründer durch die geringen finanziellen Mittel/Ressourcen begrenzt wird (Kollmann und Kuckertz 2003, S. 19). Für Gründer, deren Fokus mehr auf der **unternehmerischen Entwicklung** des Start-ups als auf der eigenen Entfaltung der Persönlichkeit durch die Unternehmung liegt, wird daher spätestens in der Start-up-Phase eine **Außenfinanzierung** notwendig werden. Schon innerhalb der (Pre-) Seed-Phase erfordern die allgemeinen Vorbereitungskosten zur Ideenfindung bzw. Ausformulierung in einem Businessplan – auch wenn eine unternehmerische Tätigkeit als solche noch gar nicht besteht – einen bestimmten Kapitalbedarf (Kollmann 2011, S. 90), der in der Regel nicht durch das Bootstrapping allein befriedigt werden kann. Gleiches gilt, sofern es dem Start-up nicht gelingt, zeitnah einen **positiven Cash-Flow** zu generieren.

Sollten die Gründer trotz dieser Nachteile eine dauerhafte Unternehmensfinanzierung durch das Bootstrapping in Betracht ziehen, gilt es folgendes zu beachten (hierzu ausführlich Wolpers 2009a):

- Bootstrapping setzt voraus, dass sich die Gründer sowohl mit ihrer Geschäftsidee als auch dem diese umsetzenden Start-up uneingeschränkt **identifizieren** können.
- Jungunternehmer mit Familie sollten vom Bootstrapping eher Abstand nehmen, da die ausschließliche Fokussierung auf die Umsetzung der Unternehmensidee sowohl zu starken **physischen** sowie **psychischen** Belastungen als auch zur **Vernachlässigung** sozialer Kontakte führen kann.
- **Ziel** des Bootstrappings ist das schnelle Generieren eines positiven **Cash-Flows**, wobei allgemein gilt: Cash-Flow kommt vor unternehmerischen Wachstum bzw. Wachstum kommt vor der Erwirtschaftung von Gewinnen. Diesbezüglich müssen die Gründer die **Ausreizung** von **Kreditlinien**, d. h. „früh kassieren und selbst spät zahlen", beherrschen (Kollmann und Kuckertz 2003, S. 19).
- Schließlich sollten **Misserfolge** von Anfang an eingeplant werden. Die Entwicklung eines „funktionierenden" Unternehmens bzw. eines positiven Cash-Flow kann – gerade wenn man nur über beschränkte Ressourcen verfügt –, in Abhängigkeit von der Geschäftsidee und der entsprechenden Nachfrage bis zu **24 Monate** andauern.
- Obgleich für das Bootstrapping der sparsame Einsatz der zur Verfügung stehenden finanziellen Mittel oberste Priorität hat, ist die Beratung durch einen Rechtsanwalt und/ oder Steuerberater dringend zu empfehlen (Wolpers 2009b): Ein **Rechtsanwalt** sollte bezüglicher aller Fragen des Gesellschafts-, AGB-, Marken-, Patent- sowie Onlinerechts in Anspruch genommen werden. Der **Steuerberater** zwingt die Gründer darüber hinaus sich mit dem administrativen Geschäft auseinanderzusetzen und unterstützt diese bei allen Auseinandersetzungen mit dem Finanzamt.

▷ Das Bootstrapping eignet sich für Gründer, denen **Unabhängigkeit** und der Gedanke, sein „eigener Chef zu sein", wichtiger als unternehmerisches **Wachstum** und ein attraktiver **Exit** ist. Gerade im **High-Tech-Sektor** bzw. der **IT-Branche**, in der aufwendige und teure Produktentwicklungen zwingend notwendig sind und ein umkämpfter Markt vorliegt, der ein rasches unternehmerisches Wachstum erfordert, stößt diese Finanzierungsform sehr schnell an ihre **Grenzen** (Kollmann und Kuckertz 2003, S. 19 f.), sodass ein Zufluss von externem Kapital erforderlich wird.

▷ Dennoch wird der elementare Gedanke des Bootstrappings, Kapital so **effizient** wie möglich einzusetzen, jedem zukünftigen Eigenkapitalinvestor und Fremdkapitalgeber sehr **sympathisch** sein (Guggi 2012) und kann dementsprechend für die künftige Anwerbung von Investoren helfen.

5.2   Private Investoren (Business Angels)

5.2.1   Business Angels

> **Business Angels** sind Privatpersonen, die dem Start-up innerhalb der **Early Stages**
> der Unternehmensgründung sowohl benötigtes **Kapital** als auch unternehmerisches
> **Know-how** zur Verfügung stellen (Börner und Grichnik 2005, S. 92). Als Gegen-
> leistung erhalten sie Geschäftsanteile am Start-up und werden am Wertzuwachs des
> Unternehmens beteiligt.

Business Angels investieren **eigenes** Kapital – nicht das Geld von Anlegern – in das Start-
up und sind daher **persönlich** am Erfolg des Unternehmens interessiert bzw. von dessen weiterer Entwicklung betroffen. Bei der Gestaltung ihrer Beteiligungen haben Business Angels sämtliche **Freiheiten** und sind dabei nicht etwa an Gremienvorbehalte von
Investmentgesellschaften oder anderweitige Restriktionen gebunden. Über die Zufuhr
von „schnellem" Kapital hinaus stellen die Business Angels in aller Regel ihr spezifisches
Know-how – oftmals in Form **unternehmerischer Erfahrung** – zur Verfügung. Auch sind
Beteiligungsmodelle möglich, wonach dem Start-up, neben der Bereitstellung von Kapital, weitere unmittelbare anderweitige geldwerte Vorteile, etwa in Form von Mediadienst-
leistungen, zufließen. Derartige Leistungen können vertraglich bspw. über die Errichtung
einer stillen Beteiligung (vgl. dazu sogleich Kap. 5.2.2.2) oder unmittelbar in den Beteiligungsvertrag aufgenommen werden. Gerade das von Business Angels bereitgestellte „immaterielle Kapital" in Form von Beziehungen und Kontakten kann ein entscheidender
Faktor für die Folgefinanzierung des Unternehmens sein, sofern der Business Angel über
vertiefte Kontakte zu möglichen weiteren Kapitalgebern verfügt.

Wegen der skizzierten Unabhängigkeit von Business Angels können diese als ausglei-
chendes Element darüber hinaus zwischen den häufig **divergierenden Interessen** von
Gründern („Herr im Haus"-Mentalität) und Finanzinvestoren (Kontroll- und Mitsprache-
befugnisse) wirken (Weitnauer 2011, S. 209).

Haben die Gründer keine persönlichen Beziehungen oder Kontakte zu bestehenden
Business Angels, können diese in Deutschland über das „**Business Angels Netzwerk
Deutschland e.V.**" (BAND) aufgefunden werden. Mit Hilfe des Netzwerks des BAND haben Jungunternehmer die Möglichkeit, ihre Unternehmensidee gegenüber dort zusam-
mengeschlossenen Business Angels zu präsentieren.

5.2.2   Form der Beteiligung

Business Angels stellen dem Unternehmen (in aller Regel) **Eigenkapital** zur Verfügung,
sie werden daher **Gesellschafter** am Start-up. Die Beteiligungen kann entweder persönlich oder über eine Beteiligungsgesellschaft des Business Angels erfolgen. Beteiligungen

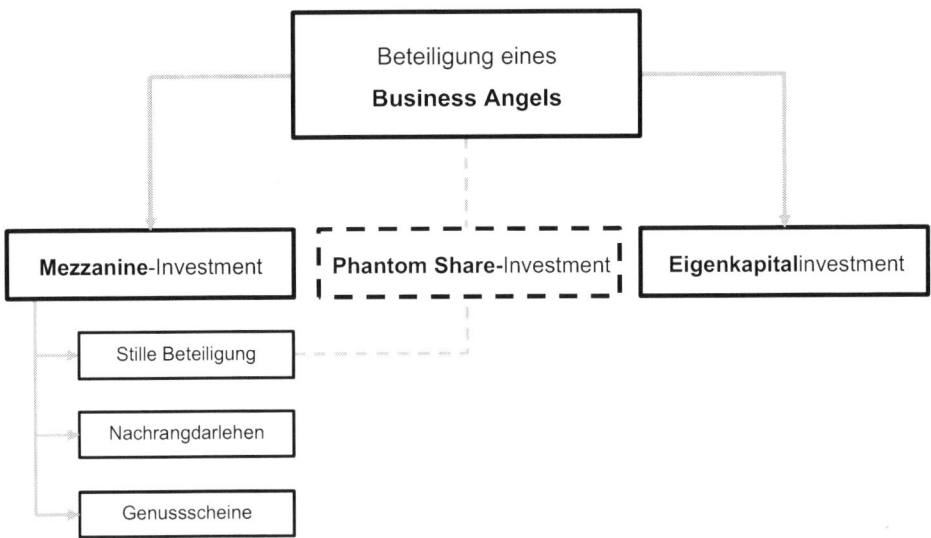

Abb. 5.2 Beteiligungsstrukturen Business Angels

über eine Kapitalgesellschaft des Business Angels erfolgen insbesondere aus **steuerlichen** Gründen, da nach geltender Rechtslage Veräußerungsgewinne, die Business Angels aus ihren Beteiligungen erzielen, gleichermaßen wie die Ausschüttungen des Unternehmens, im Ergebnis zu 95 % steuerbefreit sind (vgl. unten Kap. 10.3.3.4 und 3.3.5). Soweit Business Angels also darauf bestehen, ihr Investment nur über eine Beteiligungsgesellschaft zu tätigen, erfolgt dies in der Regel nicht wegen fehlender Bereitschaft persönlichen Engagements und/oder Haftung für die Beteiligung, sondern vielmehr aus steuerlichen Gründen.

Typische Beteiligungsformen eines Business Angels an dem zu finanzierenden Start-up werden in Abb. 5.2 dargestellt. Die Beteiligungsstrukturen Stille Beteiligung, Nachrangdarlehen und Genussscheine stellen dabei keine reine Eigenkapitalbeteiligung, sondern ein mezzanines Investment dar (vgl. oben Kap. 7.2.1.4.3).

5.2.2.1 Eigenkapitalinvestment

Über ein klassisches **Eigenkapitalinvestment**, im Rahmen dessen der Business Angel zum Gesellschafter des Start-ups mit allen gesellschaftsrechtlichen Mitsprache- und Kontrollbefugnissen wird, bringt dieser sein **Commitment** zum Ausdruck, voll und ganz hinter dem Unternehmen zu stehen und sich auch wirklich als Sparringpartner bzw. Mitunternehmer zu betrachten. Der Umfang der Mitspracherechte des Business Angels ergibt sich aus der Höhe seines Investments und somit seiner Beteiligung am **Stammkapital** (GmbH) oder **Grundkapital** (AG), also seiner Beteiligungsquote am Start-up. Demzufolge ist die Verhandlung der Gründer mit dem Business Angel über die **Höhe** der Einstiegsbewertung des Start-ups zum Zeitpunkt seiner Beteiligung von zentraler Bedeutung.

Innerhalb der Verhandlungen hinsichtlich der Höhe der Beteiligung des Business Angels ist selbstverständlich auch der **Wert** der individuellen Dienstleistungen des Investors angemessen zu berücksichtigen, die er in das Unternehmen einzubringen bereit ist. Bei aller Wichtigkeit von Kapital für das junge Unternehmen, das dessen Überlebensfähigkeit bzw. die Entwicklung des Geschäftsmodells ermöglicht, dürfen Gründer nicht den Wert des immateriellen Kapitals, also der besonderen **Beratungskompetenz** des Business Angels vernachlässigen. In diesem Zusammenhang sollten sich die Gründer im Gegenzug für das finanzielle Commitment des Business Angels verpflichtet sehen, dieses bei der Frage der Bewertung seiner speziellen Beratungs- und sonstigen Leistungen angemessen zu berücksichtigen.

Ungeachtet dessen müssen die Gründer in jedem Fall darauf hinwirken, dass der Business Angel die von ihm versprochene Beratungskompetenz auch tatsächlich einbringt. Über entsprechende **Rückübertragungsoptionen** im Beteiligungsvertrag ist dies vertraglich sicherzustellen. Jungunternehmer befürchten in diesem Zusammenhang häufig, bei der sofortigen Übertragung von Geschäftsanteilen im Beteiligungsvertrag gegen eine erst in der Zukunft zu erbringende Beratungsleistung des Business Angels unangemessenen in Vorleistung zu gehen. Aufgrund der eben geschilderten Vereinbarung von Rückübertragungsoptionen sollte dies jedoch nicht auf allzu große Bedenken stoßen, da schließlich der Business Angel mit seinem Kapital unmittelbar und persönlich für die Unternehmensidee und mithin auch für die Gründer persönlich in Vorleistung tritt, ohne eine entsprechende Erfolgsgarantie zu haben.

Gerade bei einer persönlichen Beteiligung eines Dritten sollte der Grundsatz „**Vertrauen gegen Vertrauen**" gelten. Der Business Angel ist schließlich bereit, das entsprechende Risiko zu tragen. Der Vertrauensgrundsatz gilt darüber hinaus auch für Fälle, in denen sich neben einem Business Angel weitere private Investoren am Start-up beteiligen. Insoweit ist zwingende Voraussetzung für eine erfolgreiche Zusammenarbeit aller Beteiligten, dass der Einstieg der jeweiligen Investoren zu jeweils identischen Konditionen – insbesondere zu identischen Einstiegsbewertungen – erfolgt (vgl. Weitnauer 2011, S. 210). Neben diesen auszuhandelnden „**hard facts**" empfiehlt es sich, darauf zu achten, dass die persönliche Chemie mit dem jeweiligen Business Angel stimmt („**soft facts**") und sich nicht bereits in einem frühen Stadium Anhaltspunkte für mögliche künftige Konflikte ergeben. Dies gilt insbesondere vor dem Hintergrund, dass der Business Angel in Zukunft als Gesellschafter des Unternehmens dessen strategische Ausrichtung – ungeachtet seiner in der Praxis meist vorliegenden Minderheitsbeteiligung – zu einem Teil mitbestimmen kann und in der Regel auch mitbestimmen wird.

5.2.2.2 Stille Beteiligung

Auch bei einer sog. **stillen Beteiligung** (§ 230 HGB und vgl. Kap. 7.2.1.4.3.1) erbringt der Business Angel als stiller Gesellschafter seine Einlage in Form der Zuführung von Kapital. Allerdings tritt der stille Gesellschafter im Rahmen einer solchen Beteiligung nach außen **nicht** in Erscheinung. Darüber hinaus nimmt der Business Angel im Falle der Strukturierung seines Investments im Wege einer stillen Beteiligung nur in **Höhe** der von ihm **geleisteten Einlage** am Verlust des Unternehmens teil (§ 232 Abs. 2 S. 1 HGB). Nicht möglich ist jedoch, den stillen Gesellschafter vom **Gewinn** der Gesellschaft **auszuschließen**

(§ 231 Abs. 2 HGB). Die zwischen dem stillen Gesellschafter und dem Start-up durch den Abschluss eines Gesellschaftsvertrages entstehende stille Gesellschaft ist eine sog. reine **Innengesellschaft**, die im Außenverhältnis, d. h. über das Verhältnis der Gesellschafter hinaus, keine Rechtswirkungen hat. Dies bedeutet, dass der stille Gesellschafter im Außenverhältnis selbst **Gläubiger** der Gesellschaft über seine Gewinnbeteiligung ist.

Der Abschluss des Gesellschaftsvertrages über eine stille Gesellschaftsbeteiligung an einer GmbH ist formfrei möglich, entsteht also grds. bereits durch die **mündliche Einigung** zwischen dem Gründer des Unternehmens und dem stillen Gesellschafter. Gleichwohl ist die **Schriftform** des Vertrages über die stille Gesellschaft aus Gründen der Rechtssicherheit unbedingt zu empfehlen.

Im Ergebnis handelt es sich bei der stillen Gesellschaft entgegen ihrer Bezeichnung nicht um eine klassische gesellschaftsrechtliche Verbindung, sondern vielmehr um eine **schuldrechtliche Rechtsbeziehung** zwischen dem stillen Gesellschafter und dem Start-up.

Daneben lassen sich über eine stille Beteiligung auch die Beratungsleistungen eines Business Angels abbilden, da diese gleichermaßen wie eine entsprechende Kapitalzufuhr als Einlage einer stillen Beteiligung vereinbart werden können (§ 230 HGB i. V. m. § 706 Abs. 3 BGB). Die vom Business Angel erwartete Leistung (Kontingent an Dienstleistungen in Form zu leistender Stunden oder „Beratertage") kann entweder vorab mit einem bestimmten Barwert der Einlage vereinbart oder aber nach Erbringung seiner Leistung in bestimmten periodischen Zeitabschnitten bewertet werden und dann zu einer fortlaufenden Aufstockung der Bareinlage bis zu einem bestimmten Höchstbetrag führen (Weitnauer 2011, S. 210 f.).

5.2.2.3 Nachrangdarlehen

Eine weitere im Rahmen der Start-up-Finanzierung existierende Finanzierungsform ist die Gewährung eines **Nachrangdarlehens** (diesbezüglich s. ebenfalls Kap. 7.2.1.4.3.1) durch den Business Angel. Nachrangdarlehen bedeutet, dass die Rückzahlungsansprüche des Business Angels bzw. des Kapitalgebers aus dem gewährten Darlehen im Falle einer Insolvenz des Unternehmens nachrangig, also erst nach Befriedigung der übrigen Gläubiger, bedient werden. Rechtstechnisch wird dies im Darlehensvertrag durch eine sog. **Rangrücktrittserklärung** des Kapitalgebers erreicht, wonach dieser mit seinem Rückzahlungsanspruch hinter die Forderungen der anderen Gläubiger zurücktritt (Werner und Kobabe 2007, S. 195).

Auch wenn die Gewährung eines entsprechenden Darlehens einer klassischen Kreditfinanzierung ähnelt, hat bei einem Nachrangdarlehen das vom Business Angel eingebrachte Kapital aufgrund seiner Haftungsintensität einen ähnlichen Charakter wie das **vollhaftende Eigenkapital** (Breithaupt und Ottersbach 2010, Teil 1. C. § 1, Rn. 18). Aufgrund der fehlenden Besicherung und der Nachrangigkeit gegenüber anderen Gläubigern haben die Gründer neben einer fixen Vergütung in der Regel auch einen **Risikoaufschlag** für die Überlassung zu bezahlen. Dieser Risikoaufschlag ist jedoch nur dann zu entrichten, wenn das Unternehmen Gewinne abwirft, sodass die Finanzierungskosten für das Start-up bei positiver Unternehmensentwicklung höher sind, als wenn diese in die negative Richtung geht. Vorteil eines Nachrangdarlehens für das Unternehmen ist, dass die Kosten für das im Wege eines Nachrangdarlehens gewährte Kapital **steuerlich abzugsfähig** sind und bei entsprechender rechtlicher Ausgestaltung als die Steuerlast mindernde Betriebsausgabe anerkannt werden (Breithaupt und Ottersbach 2010, Teil 1. C. § 1, Rn. 18).

Kein Nachrangdarlehen, sondern eine stille Beteiligung ist hingegen gegeben, soweit die Gründer und der Kapitalgeber erkennbar die **gleichen Ziele** verfolgen und diese auch ausdrücklich vertraglich festlegen. Eine stille Beteiligung kann somit selbst dann rechtlich vorliegen, wenn die Vereinbarung zur Finanzierung zwischen dem Start-up und dem Kapitalgeber zwar ausdrücklich als „**Darlehensvertrag**" bezeichnet ist, dabei aber zugleich dem Kapitalgeber weitreichende Mitspracherechte im Hinblick auf die Verfolgung des Unternehmensgegenstandes einräumt (Werner und Kobabe 2007, S. 196).

Neben dem erwähnten Risikoaufschlag in Form einer höheren Verzinsung des Nachrangdarlehens wird darüber hinaus regelmäßig vereinbart, dass der Nachrangkapitalgeber bei einem Exit entweder durch Ausübung eines entsprechenden **Optionsrechts** („**Equity-Kicker**", vgl. hierzu auch die Ausführungen unter Kap 7.2.1.4.2) Geschäftsanteile zugeteilt bekommt oder eine prozentualen Anteil am **Exit-Erlös** erhält (Weitnauer 2011, S. 158).

5.2.2.4 Genussscheine

Eine etwas atypische und fast schon antiquierte Variante der Beteiligung eines Business Angels ist der Abschluss eines **Genussrechtsvertrages** (diesbezüglich vgl. auch § 7.2.1.4.3.2) zwischen der Gesellschaft und dem Business Angel als Genussrechtskapitalgeber. Hierzu erhält der Business Angel einen Genussschein von der Gesellschaft, der die typischen **Vermögensrechte** (insbesondere Beteiligung am Gewinn und Verlust sowie eine etwaige Verzinsung) **verbrieft**. Demgegenüber verpflichtet sich der Business Angel gegenüber der Gesellschaft zur Erbringung der im Genussrechtsvertrag festgelegten Beratungs- und/oder Geldleistungen.

Beim Genussrecht handelt es sich um ein reines Vermögensrecht. Abweichend von der stillen Gesellschaft ist das Rechtsverhältnis zwischen dem Unternehmen und dem Genussrechtsinhaber demnach nicht gesellschaftsrechtlicher, sondern allein **schuldrechtlicher** Natur. Der Kapitalgeber erhält weder einen Anteil am Unternehmen noch eine sonstige Gesellschafterstellung, sondern stellt dem Unternehmen für einen bestimmten Zeitraum – als Gegenleistung für die Genussrechte – Kapital zur Verfügung und wird zu dessen Gläubiger (vgl. Saenger et al. 2011, § 12, Rn. 367).

Hintergrund der Existenz von Genussrechten ist grds. der Bedarf an haftendem Kapital, das am Gewinn beteiligt ist, darüber hinaus jedoch keine Eigentums- und Mitspracherechte begründet (Werner und Kobabe 2007, S. 184). Maßgeblich sind jedoch allein die im Vorfeld von der Gesellschaft festgelegten **Genussrechtsbedingungen**, bei deren inhaltlicher Ausgestaltung die Gesellschaft viel Gestaltungspielraum hat. Interessant an der Variante eines Investments über einen Genussrechtsvertrag – und in der Praxis oft nicht genügend bedacht – ist die Tatsache, dass eine solche Vereinbarung nicht der notariellen Beurkundung bedarf, der Business Angel jedoch eine der klassischen Aktie vergleichbare verbriefte

Variante in Form eines Genussscheins erhält und somit sein Investment **anonym**, **schnell** und **ohne Eintragung** in öffentliche Register tätigen kann.

Wird der Genussscheininhaber am Gewinn und Verlust beteiligt und handelt es sich um eine langfristige oder unbefristete Beteiligung, so haben die durch die Genussschein-ausgabe beschafften Mittel Eigenkapitalcharakter (Breithaupt und Ottersbach 2010, Teil 1. C. § 1, Rn. 20). Ausschüttungen auf das Genussrechtskapital können darüber hinaus eben-so wie die Ausschüttungen auf Fremdkapital als gewinnmindernde Aufwendungen behan-delt werden (Breithaupt und Ottersbach 2010, Teil 1. C. § 1, Rn. 20).

5.2.2.5 Phantom Share-Investment

Ähnlich der Mitarbeiterbeteiligung (hierzu s. Kap. 7.2.1.3.4.3) sog. Schlüsselpersonen („**key-persons**") am Start-up selbst, kann eine Beteiligung eines Business Angels auch in Form einer Phantom Share-Vereinbarung erfolgen. Diese Variante ermöglicht ein schnelles und anonymes (keine Eintragung in öffentliche Register), unbürokratisches (keine Beur-kundungspflicht) Investment des Business Angels, welches im Einzelfall dem Interesse der Parteien entsprechen kann. Nicht immer ist die „**starke**" Position eines in die Gesellschaf-terliste des Handelsregisters eingetragenen Gesellschafters von Investorenseite gewollt. Bei Abschluss einer Phantom Share-Vereinbarung wird der Business Angel schuldrechtlich vermögensmäßig so gestellt, als wäre er in einer bestimmten Anzahl der Geschäftsantei-le des Start-ups („**virtuelle Geschäftsanteile**") an diesem beteiligt. Der Investor erhält in diesem Zuge das vertragliche Recht auf Zahlung einer Gewinnausschüttung sowie auf Be-teiligungen an Wertsteigerungen des Start-ups.

5.2.2.5.1 Zahlung einer Gewinnausschüttung

Eine Gewinnausschüttung erfolgt dergestalt, dass sich das Start-up schuldrechtlich ver-pflichtet, dem Investor einen entsprechenden Betrag **auszuzahlen**, der dem Produkt der pro Geschäftsanteil der Gesellschaft beschlossenen Gewinnausschüttung multipliziert mit der Anzahl der virtuellen Geschäftsanteile entspricht.

5.2.2.5.2 Beteiligung an Wertsteigerungen des Start-ups

In der Berechnung etwas komplizierter, weil weniger transparent, ist die Beteiligung des Investors an der **Wertsteigerung** des Unternehmens, da die tatsächliche Wertsteigerung erst berechnet werden muss und sich nicht wie etwa bei einer AG aus dem Börsenwert des Unternehmens ergibt. Hierzu ist zunächst der aktuelle Unternehmenswert des Start-ups zum Zeitpunkt des Investments zwischen den Parteien zu fixieren und somit der anteili-ge Wert pro virtuellem Geschäftsanteil festzulegen. Ferner bedarf es einer ausdrücklichen Vereinbarung, zu welchem Zeitpunkt der Investor seine virtuellen Geschäftsanteile an die Gesellschaft zurückgeben und auch die Wertsteigerung seiner virtuellen Geschäftsanteile realisieren, also ausüben kann. Im Rahmen einer derartigen Vereinbarung ist insbesonde-re auf die stets zu sichernde Liquidität sowie auf andere gewichtige Belange des Start-ups angemessen Rücksicht zu nehmen.

So ist bspw. Vorsorge zu treffen, dass der Business Angel seine virtuellen Geschäftsanteile nicht zu einem, insbesondere in Bezug auf das (Folge-) Investment weiterer (VC-) Investoren **ungünstigen** Zeitpunkt wahrzunehmen beabsichtigt. Übt der Investor seine virtuellen Geschäftsanteile aus, ist das Start-up schuldrechtlich verpflichtet, die Differenz zwischen dem Wert eines Geschäftsanteils im Zeitpunkt der Ausübung der virtuellen Geschäftsanteile und dem im Vorfeld vereinbarten Wert eines Geschäftsanteils im Zeitpunkt der Gewährung an den Investor zu zahlen. Die Bestimmung des **tatsächlichen** Unternehmenswerts, der den aktuellen Wert des jeweiligen Geschäftsanteils bestimmt, ist bereits in der Phantom Share-Vereinbarung zu treffen und anhand vorab festgelegter Kriterien zu verobjektivieren. Maßgeblicher Bezugspunkt für die Unternehmensbewertung kann insoweit etwa der letzte vorausgehende **Bilanzstichtag** sein, zu dem basierend auf den Jahresabschluss eine Bewertung stattzufinden hat. Ferner hat die Vereinbarung im Sinne einer optimalen Störfallvorsorge eine Regelung für den Fall zu treffen, dass sich der Investor und die Gründer auf keinen einheitlichen Wert des Unternehmens zum Zeitpunkt der Ausübung der Phantom Shares einigen können.

5.2.2.5.3   Rechtsnatur

Im Ergebnis handelt es sich hierbei um eine sog. **typische stille Beteiligung** (§ 230 HGB), im Rahmen derer der Investor nicht an der Geschäftsführung beteiligt, sondern allein auf **Informationsrechte** (§ 233 HGB) beschränkt ist. Ein Business Angel, der dem Start-up Risikokapital zur Verfügung stellt, wird sich allein mit dem vorgenannten Informationsrecht einer typischen stillen Beteiligung selten zufrieden geben und nur schwerlich auf – der Höhe seines Investments entsprechende – **Mitspracherechte** in Bezug auf die Geschäftsführung verzichten wollen. Wird daher darüber hinaus vereinbart, dass der stille Gesellschafter zumindest indirekt an der Geschäftsführung mitwirken sowie Informations-und Kontrollrechte ausüben kann, handelt es sich um eine sog. **atypisch** ausgestaltete stille Beteiligung. Letztere Variante wird bei einem Phantom Share Investment – im Gegensatz zu einem entsprechenden Modell der Mitarbeiterbeteiligung – der Regelfall sein.

5.2.3   Die Akquise eines Business Angels

Der deutsche Business Angels **Markt** ist vielfältig und weit verzweigt. Start-ups auf der Suche nach Business Angels (diesbezüglich vgl. auch Abb. 5.3) sollten daher die im Folgenden aufgeführten Hinweise zwingend beachten (die im Folgenden wiedergegebenen Hinweise entstammen allesamt dem Ratgeber „**Der Weg zum Business Angel**" des Business Angels Netzwerk Deutschland e.V., abrufbar unter http://www.business-angels.de/default. aspx/G/111327/L/1031/R/-1/T/134296/A/1/ID/134296, Zugriff am 30.10.2013).

5.2.3.1   Optimale Vorbereitung

Voraussetzung für die Erstansprache eines Business Angels ist ein von seiner Idee **begeistertes** Gründerteam, das seinen **Zielmarkt** fest im Blick hat, weiß, wo seine **Kunden** sind und womit es **Geld** verdienen will. Patente sollten beantragt, eventuelle Prototypen

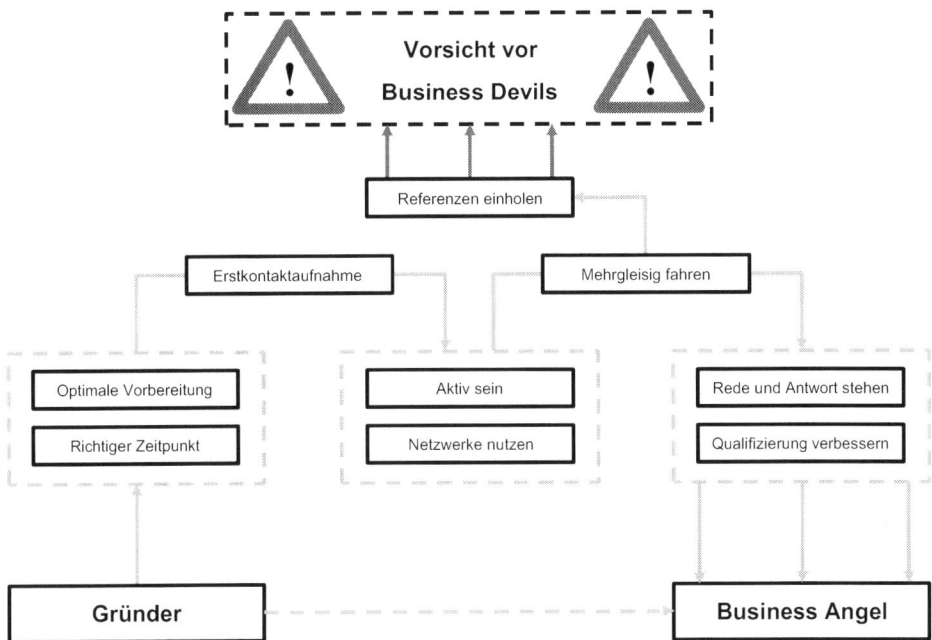

Abb. 5.3 Akquise eines Business Angels

erstellt sowie Marketing- und Vertriebspartner angesprochen sein. Gründer müssen sich genau überlegen, was sie von ihrem Business Angel erwarten. Dass darüber hinaus ein vollständiger – im Optimalfall durch die erfolgreiche Teilnahme an einem einschlägigen Businessplan Wettbewerb „**geadelter**" – Businessplan vorhanden sein sollte, versteht sich von selbst.

5.2.3.2 Richtigen Zeitpunkt wählen

Wer zu früh und/oder schlecht vorbereitet Kontakt zu Business Angels sucht, läuft Gefahr, „**verbrannt**" zu werden. Business Angels sind bestens vernetzt, ein „misslungener" erster Auftritt in der Szene ist schnell kommuniziert. Wer hingegen zu spät kommt, verpasst die Chance, mit ausreichend Kapital an den Start zu gehen und damit die Basis für Wachstum zu legen. Viele Business Angels handeln nach dem Motto des sprichwörtlichen „frühen Vogels", andere wollen schon mehr sehen. Letztlich ist der Zeitpunkt der Akquise eines Business Angels vom **Finanzbedarf** des Start-ups in der jeweiligen Gründungsphase abhängig.

5.2.3.3 Erste Kontaktaufnahme über den BAND One Pager

Die Website vom BAND **http://www.business-angels.de/**ist für Kapital suchende Start-ups ein sehr gutes Einfallstor in den Business Angels Markt. Dort steht der BAND One Pager zum Download bereit, das von nahezu allen deutschen Business Angels Netzwerken für die erste Kontaktaufnahme akzeptierte Formular. Start-ups füllen den One Pager aus und senden ihn hiernach an **band@business-angels.de**. Dort wird das Formular einer

Plausibilitätsprüfung unterzogen und an alle BAND Mitglieder weitergeleitet. So erreicht das Start-up Unternehmen mit einer einzigen Mail mehr als 40 Investorennetzwerke. Im Idealfall werden die Manager dieser Netzwerke nach Erhalt des One Pagers direkt Kontakt zu dem betreffenden Unternehmen aufnehmen.

5.2.3.4   Aktiv sein – niemals abwarten

Für den Fall, das sich nach dem Versand des BAND One Pagers niemand beim Kapital suchenden Unternehmen meldet, heißt es, **selbst aktiv** werden. Auf der BAND-Website sind alle deutschen Business Angels Netzwerke mit **Kontaktdaten** und **Kurzprofil** gelistet. Da der One Pager bei den Netzwerken bereits vorliegt, kann die Ansprache gezielt erfolgen.

5.2.3.5   Mehrwert von Business Angels Netzwerken nutzen

Business Angels Netzwerke anzusprechen, lohnt sich in jedem Fall. Zum einen garantieren sie eine gewisse **Seriosität** ihrer Angels, zum anderen profitiert jedes Unternehmen von dem professionellen **Feedback** der Netzwerkmanager. In diesem Zusammenhang werden bspw. Schwachstellen identifiziert und Ablehnungen begründet. Start-ups mit positivem **Screeningergebnis** erhalten über das Netzwerk Kontakt zu einer Vielzahl ganz unterschiedlicher Business Angels.

5.2.3.6   Mehrgleisig fahren

Einen Business Angel in das Start-up zu holen, ist eine zentrale Stellschraube für den **Aufbau** des jungen Unternehmens. Das geht nicht von jetzt auf gleich, sondern dauert in der Regel mehrere Monate. Niemand sollte glauben, dass es ausreicht, ein oder zwei Versuche zu starten. Schon gar nicht sollte man sich vom ersten „Nein" **entmutigen** lassen. Inzwischen gibt es in Deutschland eine Vielzahl ganz unterschiedlicher **Matchingveranstaltungen**. Nicht jede ist für jedes Unternehmen geeignet. Deshalb empfiehlt es sich, Veranstaltungen – mit denen sich die Gründer und/oder deren Geschäftsidee identifizieren können – gezielt auszuwählen und zu besuchen.

5.2.3.7   Rede und Antwort stehen

Business Angels wissen, dass junge Unternehmen niemals **perfekt** sein können. Dennoch geben sie ihr Geld, ihre Zeit und ihr Know-how. Sie haben also ein **Recht** darauf zu erfahren, wie es um das Unternehmen steht. Deshalb sollte das Unternehmerteam sich allen Fragen gegenüber aufgeschlossen zeigen, Kritik akzeptieren und Probleme offen ansprechen. Aber das gilt auch umgekehrt. Gründer sollten genau prüfen, **wem** sie vertrauen.

5.2.3.8   Vorsicht vor Business Devils

Wie überall gibt es auch unter den Business Angels **schwarze Schafe**. Business Devils geben vor, Business Angels zu sein. Insofern versprechen sie viel, halten aber nur wenig und geben kaum Auskünfte über sich selbst.

5.2.3.9   Referenzen einholen

Den besten Schutz gegen Business Devils bietet die **Nachfrage** bei den Portfoliounternehmen des in Frage kommenden Business Angels. Wird von dort Positives berichtet, stimmt die Chemie zwischen Gründerteam und Business Angel und passt der „Know-how-Flügel" zum Unternehmen, sollte der Unterzeichnung eines **LOI** (**Letter of Intent**, hierzu s. Kap. 7.2.1.2.1) nichts mehr im Wege stehen.

5.2.3.10 Qualifizierungsangebote nutzen

Um gewappnet zu sein – und zwar nicht nur für die Stolpersteine der Erstansprache eines Business Angels, sondern vor allem für die folgenden schwierigen Phasen der Unternehmensbewertung und der Vertragsgestaltung –, empfiehlt sich die Teilnahme an **Weiterbildungsseminaren**, die speziell für die Bedürfnisse Kapital suchender Unternehmen in der Frühphase konzipiert sind („**Investment Readiness**" Programme).

▶ **Business Angels** beteiligen sich bevorzugt in den Frühphasen (**Early Stages**) der Unternehmensgründung – also hauptsächlich in der (**Pre-**)**Seed-** und teilweise auch noch in der **Start-up-Phase** – an einem Start-up. Durch die Bezeichnung „Angel" wird angedeutet, dass die Unterstützung des jungen Unternehmens von **zwei Flügeln** – nämlich der Kapitalüberlassung als solcher und der zusätzlich Unterstützung durch unternehmerisches Know-how – „**getragen**" wird (Kollmann und Kuckertz 2003, S. 20). Da die (erfolgreiche) Umsetzung der Geschäftsidee in den Early Stages allerdings noch vage ist und Business Angels durch ihr Investment in der Regel hohe Risiken eingehen, werden sie **Mitbestimmungs-**, **Kontroll-** und **Informationsrechte** verlangen. Ein weiterer Nachteil von Business-Angels ist, dass diese – sobald sie ihr Investment dem Start-up ausgezahlt haben – oftmals kein weiteres Kapital „**nachschießen**". Aufgrund der niedrigen **Unternehmensbewertung** in den Frühphasen haben die Gründer damit rechnen, Business Angels oftmals verhältnismäßig **viele Geschäftsanteile** für ein vergleichsweise **geringes Investment** überlassen zu müssen.

5.3 Inkubatoren/Accelerators

Inkubatoren (auch bekannt als „**accelerators**") investieren zwar selbst auch Kapital in das Start-up, zeichnen sich aber regelmäßig vielmehr dadurch aus, dass sie jungen Unternehmen Ideen, Teams, Prozesse und Ideenkontakte als Gegenleistung für eine Beteiligung am Start-up liefern. Da Inkubatoren zusätzlich bei der operativen Umsetzung der Geschäftsidee helfen, werden sie in der Gründerszene oftmals auch als eine Art „**Full-Service-Dienstleister**" für Start-ups angesehen (Kaczmarek 2013), die das Unternehmen ab den frühesten **Gründungsphasen** unterstützen und deren Beistand auf **Dauer** angelegt ist.

Im Unterschied zu den klassischen Venture Capital-Gebern, die dem Start-up in erster
Linie Eigenkapital zur Verfügung stellen und dazu flankierend das Unternehmen (eingeschränkt) an ihren sonstigen Ressourcen teilhaben lassen (hierzu sogleich Kap. 5.4.),
liegt der Schwerpunkt der Tätigkeit eines **Inkubators** zuvorderst im allumfassenden **Coaching** und in der Zurverfügungstellung von **Dienstleistungen**. Allerdings wird auch der
Inkubator häufig versuchen, Investoren zu finden, die das benötigte Kapital zur Verfügung
stellen können. Inkubatoren verstehen sich als umfassende Provider, die den Gründern
eine Art **Dienstleistungszentrum** zur Verfügung stellen, indem ihnen in der Gründungsphase beim Aufbau unternehmerischer Strukturen erfahrene Experten zur Seite stehen
(Weitnauer 2011, S. 206). Die wesentlichen Dienstleistungen eines Inkubators reichen von
der Finanzierungsvermittlung, Beratung und Coaching einschließlich der Vermittlung
externer Beratungsleistungen, Kontaktvermittlung und Bereitstellung von Büroflächen
und Infrastruktur bis hin zur operativen Unterstützung, technischer Realisierung, Con-
trolling, Administration, Recruiting von Mitarbeitern, PR, Marketing und Webdesign/
Media (Weitnauer 2011, S. 207).

Als **Gegenleistung** für sein Dienstleistungsportfolio erwartet der Inkubator in aller Regel die **Übertragung** von **Geschäftsanteilen** am Start-up. Diese ist logische Konsequenz
daraus, dass das Start-up in der Frühphase nicht über eigene finanzielle Mittel verfügt, um
die Dienstleistungen des Inkubators zu vergüten. Gerade aufgrund der Tatsache, dass die
Gründer insoweit in **Vorleistung** gehen, als der Inkubator seine Gegenleistung für die an
ihn übertragenen Geschäftsanteile erst noch in der Zukunft zu erbringen hat, haben sich
die Gründer intensiv über die Reputation des Inkubators zu informieren und dafür Sorge zu tragen, dass ihre Beteiligung einer **fairen Unternehmensbewertung** entspricht, die
nicht die weiteren Finanzierungsrunden blockiert (Weitnauer 2011, S. 207).

Die eigentliche **Finanzierung** des Start-ups kann schließlich entweder über einen **Dritten** (Investor), der vom Inkubator vermittelt wird, oder vom **Inkubator selbst** erfolgen. In
diesem Falle sucht sich der Inkubator seinerseits Investoren, welche entsprechend Kapital
bereitstellen.

▶   Die Unternehmensfinanzierung durch **Inkubatoren** hat für Gründer den **Vor-
     teil**, dass sie bei allen im Zusammenhang mit der Findung und Umsetzung der
     Geschäftsidee auftretenden Problemen bzw. Fragestellungen **Unterstützung**
     durch die Inkubatoren erfahren. Dies hat – im Unterschied zu klassischen Kapi-
     talgebern wie Business Angels oder Venture-Capital-Gebern, die zwar auch
     Gesellschafter des Unternehmens werden, diesen jedoch als Gegenleistung
     unmittelbar und (in aller Regel) sofort **Eigenkapital** zur Verfügung stellen
     – jedoch den **Nachteil**, dass der Inkubator Kapital (wenn überhaupt) oftmals
     nur in **geringem** Umfang zur Verfügung stellt. Soweit Gründer auf dieses
     Dienstleistungs-Konzept zurückgreifen wollen, müssen sie die **Seriosität** und
     Reputation des Inkubators im Vorfeld umfassend und vor allem **selbst** recher-
     chieren. Insofern sollten sie ihre Entscheidung für oder gegen einen Inkubator
     an folgenden Kriterien ausrichten (diesbezüglich vgl. Weitnauer 2011, S. 207):

- Ist der Inkubator auf eine bestimmte **Branche** ausgerichtet und passt diese Ausrichtung auf das eigene Unternehmen?
- Welche **Dienstleistungen** in welcher **Qualität** bietet der Inkubator an?
- Wie hoch ist der vom Inkubator hierfür geforderte **Anteil** am Grundkapital des Start-ups?
- Wie stark sind das **Unternehmensportfolio** des Inkubators und das **Netzwerk** an strategischen Partnern/externen Beratern und wie gut ist der **Zugang** dorthin?
- Wie sind **Struktur** und **Kooperationsmechanismen** des internen/externen Netzwerks des Inkubators?

5.4 Venture Capital Gesellschaften

Unter **Venture Capital** ist die Beteiligungsfinanzierung an jungen Unternehmen zu verstehen, die für den Investor sowohl mit **großen Verlustrisiken** als auch **großen Gewinnchancen** verbunden ist. Kapitalgeber überlassen Start-ups dabei **hohe Investitionssummen** und erhalten hierfür **Geschäftsanteile** und **Mitbestimmungsrechte**. Das Investment erfolgt in der Hoffnung, dass das Start-up **expandiert** und/oder wirtschaftlich **wächst** und der Venture Capital-Geber seine Geschäftsanteile nach fünf bis acht Jahren – unter Realisierung möglichst **hoher Gewinne/Erlöse** – wieder veräußern kann (Börner und Grichnik 2005, S. 90).

5.4.1 Venture Capital

Venture Capital (kurz „**VC**") wird auch als **Risiko**- oder **Wagniskapital** bezeichnet (diesbezüglich vgl. auch Kap. 7.2.1). VC stellt neben einer Finanzierung durch Business Angels eine weitere Möglichkeit der Eigenkapitalfinanzierung – von Außen – dar (zum Verhältnis von Venture Capital und Business Angels s. Tab. 5.1). Es ermöglicht Unternehmen in ihrer Frühphase, das für die Entwicklung ihrer Idee erforderliche Kapital zu beschaffen. Da in den **Early Stages** die **üblichen** Finanzierungsquellen – wie bspw. **Banken** – nicht zur Verfügung stehen, da sie zur Übernahme des in dieser Phase gewöhnlich nicht absicherbaren Finanzierungsrisikos nicht bereit bzw. wegen der an sie selbst gestellten Eigenkapitalanforderungen außer Stande sind, ist Venture Capital für Start-ups und Gründer von **elementarer Bedeutung** (Weitnauer 2011, S. 4). Neben klassischen Start-ups greifen aber auch bereits etablierte Unternehmen auf Venture Capital als Quelle zur Wachstumsfinanzierung zurück.

Von einer klassischen Bankenfinanzierung unterscheidet sich die VC-Finanzierung dadurch, dass sich der VC-Geber ohne Stellung von **Sicherheiten** durch den VC-Nehmer langfristig – in der Regel für einen Zeitraum von drei bis sieben Jahren – zur Finanzierung des unternehmerischen Vorhabens bzw. des unternehmerischen Risikos (Venture) in Form

Tab. 5.1 Vergleich Business Angels und Venture Capital

	Business Angel	Venture Capital
• *Zeitpunkt des Investments*	Early Stages: *(Pre-)Seed-* und teilweise auch Start-up-Phase	Grds. in allen Phasen, hauptsächlich aber innerhalb der *Start-up-* und *Emerging Growth-Phase*
• *Umfang des Investments*	*Kapital* und/oder *Know-how*	*Kapital* sowie gelegentlich *Know-how*
• *Risikobereitschaft*	*Hoch* bis *sehr hoch*	*Hoch*
• *Investitionssumme*	Vergleichsweise *gering*	Sehr *groß*
• *Möglichkeit einer Folgeinvestition („Nachschuss")*	In der Regel *Nein*	Oftmals *Ja*
• *Abschluss eines Beteiligungsvertrags*	*Ja*	*Ja*
• *Einfluss auf die Geschäftsführung*	*Gering*	*Hoch*
• *Gewährung von Mitbestimmungs-rechten*	*Ja*	*Ja*
• *Zweck des Investments*	Gewinnerzielungsabsicht + Nichtfinanzielle Absichten/ Unterstützung von Freunden und Familie (*monetäre* und/ oder *nicht monetäre* Ziele)	Gewinnerzielungsabsicht (*monetäre* Ziele)
• *Ortsbindung des Investments*	Investition erfolgt nur in einem bestimmten *Radius*	Deutschland/-Weltweite Investments/*Keine Ortsbindung*

haftenden Eigenkapitals bereit erklärt. Innerhalb einer VC-Finanzierung sind die Gründer zur **Rückzahlung** und **Verzinsung** des Investments **nicht** verpflichtet (Weitnauer 2011, S. 4). Der VC-Geber trägt mithin das unternehmerische **Risiko** des Start-ups als haftender Mitgesellschafter und ist im Gegenzug am Erfolg des Unternehmens unmittelbar beteiligt.

5.4.2 VC-Gesellschaften

VC-Gesellschaften tätigen ihre Investments auf der Grundlage von bei (institutionellen) Anlegern gesammelten Kapitals, welches sie in einem **Fonds** verwalten. Dabei sind sie – im Gegensatz zu autonom handelnden Business Angels – hinsichtlich ihrer Investmententscheidungen in aller Regel an bestimmte Investitionskriterien, welche das Start-up zwingend zu erfüllen hat, gebunden.

Die VC-Gesellschaften handeln insoweit als **Intermediär** zwischen den Investoren/Anlegern und den Start-ups. Ein tatsächliches Mitspracherecht der Anleger, in welche Unternehmen die VC-Gesellschaften das Kapital investieren sollen, besteht allerdings nicht.

Demgegenüber verfügen VC-Gesellschaften in aller Regel über **größere** Finanzmittel als Business Angels, da sie ihren Kapitalstock aus einer Mehrzahl von Investoren füllen. Während einige VC-Fonds nur in der Seed-Phase tätig werden, investieren andere wiederum allein in der Expansions- und Wachstumsphase eines Unternehmens. Neben dieser Differenzierung nach dem **Stadium** der Unternehmensentwicklung, fokussieren sich andere Fonds auf bestimmte Wirtschaftszweige, tätigen also nur branchenspezifische Investments wie bspw. Biotech oder IT (Weitnauer 2011, S. 6).

Ähnlich wie Business Angels stellen VC-Gesellschaften den Gründern neben Kapital auch **Beratungsleistungen** zur Verfügung. Schon aufgrund ihres Eigeninteresses an einem möglichst schnellen und hohen Wertzuwachs des Start-ups sind sie daran interessiert, ihre eigenen Erfahrungen in das junge Unternehmen einzubringen (Pott und Pott 2012, S. 252).

Wenn Gründer an VC- Gesellschaften herantreten, müssen sie stets bedenken, dass jegliches Investment bzw. jegliche Beteiligung auf einen **Exit** ausgerichtet ist. Dies geht mit extrem hohen Renditeerwartungen einher, die nicht selten zwischen 20 bis 40 % pro Jahr liegen (Werner und Kobabe 2007, S. 55). Dergestalte – überdurchschnittliche – **Renditeerwartungen** sowie die Fokussierung auf einen Exit begründen regelmäßig ein **straffes Verhältnis** zwischen dem VC-Geber und den Gründern in Hinsicht auf die Einräumung von Mitbestimmungsrechten und sonstigen im Beteiligungsvertrag festgelegten sowie die Stellung des VC-Unternehmens begünstigende Klauseln (bspw. die Vereinbarung einer sog. **Liquidationspräferenz**, vgl. hierzu die Ausführungen unter Kap. 7.2.1.3.3.5). Die Mitsprache- und Kontrollrechte, die VC-Gesellschaften neben ihren Geschäftsanteilen an Unternehmen erhalten, übersteigen in aller Regel den Umfang, den diese eigentlich aus der – der Höhe ihres Investments entsprechenden – Anzahl der Geschäftsanteile ausüben könnten. Dessen ungeachtet gehen VC-Gesellschaften nur **Minderheitsbeteiligungen** am Start-up ein. Die Gründer selbst bleiben immer Mehrheitsgesellschafter des Unternehmens, da gegenüber dem Gründerteam nicht der Eindruck erweckt werden soll, die Unternehmung selbst übernehmen zu wollen (Pott und Pott 2012, S. 252).

Die konkreten Rechte und Pflichten der VC-Gesellschaft richten sich nach den vertraglichen Vereinbarungen, die die Gründer mit der VC-Gesellschaft im Rahmen des **Beteiligungsvertrags** treffen (s. oben Kap. 7.2.1.3). Auch bei einer VC-Finanzierung in der Frühphase des Start-ups gilt, dass der **Businessplan** (diesbezüglich vgl. Kap. 6.2.) bei der Auswahl der in das Beteiligungsportfolio des VC-Gebers aufzunehmenden Unternehmen ein wichtiges Selektionskriterium darstellt.

5.4.3 Öffentliche VC-Fonds

Öffentliche VC-Fonds finanzieren Unternehmensgründungen in der Regel nur dann, wenn sich mit ihnen auch ein sog. **Lead Investor**, der meist ein institutioneller Kapitalgeber ist, beteiligt. Die Beteiligung eines privaten Investors, der zumindest in gleicher Höhe wie der öffentliche VC-Fonds Risikokapital zur Verfügung stellt, ist aus europa-/beihilferechtlichen Gründen erforderlich (Weitnauer 2011, S. 8).

Öffentliche VC-Fonds sind **mittelständische Beteiligungsgesellschaften** oder (halb-) staatliche Fördereinrichtungen, die ihre Arbeit in den meisten Fällen im politischen Auftrag leisten (Weitnauer 2011, S. 8). Interessant ist die Ansprache von öffentlichen VC-Fonds zur Kapitalbeschaffung wiederum vor allem für Start-ups in den Frühphasen/**Early Stages**. Die **Doppelstruktur,** bestehend aus dem Investment eines öffentlichen Kapitalgebers und dem eines weiteren Lead-Investors, ist sowohl für das Start-up – da dieses einen größeren Mittelzufluss erwarten kann – als auch für renditeorientierte Beteiligungsgesellschaften vorteilhaft, da diese durch das Co-Investment ihr **Risiko-Ertragsprofil** insgesamt verbessern können (Weitnauer 2011, S. 8).

5.4.4   Corporate Venture Capital (CVC)

Eine weitere Form einer Venture Capital Beteiligung lässt sich unter den Begriff Corporate Venture Capital (**CVC**) fassen. Das zu investierende Kapital stammt hier von großen (Industrie-) Unternehmen selbst, die nicht im Finanzsektor tätig sind. In aller Regel handelt es sich dabei um Tochtergesellschaften großer **Konzerne**, die für den Mutterkonzern in Anlehnung an dessen Kerngeschäft strategische Investments tätigen. Sie setzen Corporate Venture Capital gezielt als **Instrument** für eine aktive Konzernentwicklung und zur Wahrung eigener strategischer Interessen ein (Werner und Kobabe 2007, S. 57).

Bekannte Corporate Venture Gesellschaften sind bspw. Seven Ventures (ProSieben-Sat.1), T-Venture (Telekom), Axel Springer Venture (Verlag Axel Springer) oder HV Holtzbrinck Ventures (Verlag Holtzbrinck), um nur einige zu nennen. Im Gegensatz zum klassischen Venture Capital, dessen Zurverfügungstellung allein mit dem Ziel größtmöglicher Rendite im Falle eines Exits erfolgt, sichern sich auf diese Weise industrielle (und eben nicht institutionelle Finanz-) Investoren den Zugang zu technologischen Innovationen („**window on technology**") bzw. zu neuen Absatz- und Kundenkreisen.

Für das kapitalsuchende Start-up liegt der besondere Vorteil einer Corporate Venture Capital Finanzierung neben der Bereitstellung von Kapital vor allem in den Ressourcen des CVC-Gebers selbst. Dies kann etwa in Form von Medialeistungen („**Media-for-Revenue**" bzw. „**Media-for-Equity**") oder der Integration in die Marketing-/Vertriebskanäle des Mutterkonzerns oder durch den Abschluss von Kooperationsvereinbarungen erfolgen. Darüber hinaus führt das Investment eines namhaften CVC-Gebers in aller Regel zu einer immensen Steigerung des **Renommees** des Start-ups selbst. Umgekehrt bedeutet das Engagement eines CVC-Gebers für das Start-up allerdings erfahrungsgemäß, dass andere CVC-Geber nicht mehr zu einem Engagement bereit sind. Auch gilt es zu vermeiden, dass ungewollt Know-how vom Start-up an den CVC-Geber abfließt.

▶   Für Start-ups ist die Beteiligungsfinanzierung durch **Venture Capital** von überragender Bedeutung. Gerade in der High-Tech- und IT-Branche können Unternehmen die Schwelle zur Gewinnerzielung – den sog. „**Break-Even-Point**" – in der Regel nur durch die finanzielle Unterstützung eines VC-Gebers erreichen.

Ein weiterer Vorteil einer VC-Finanzierung ist, dass die Gründer das Investment **nicht zurückzahlen** müssen, keine **Verzinsung** schulden und dem VC-Geber darüber hinaus auch keine – wie bei Bankkrediten notwendig – **Sicherheiten** stellen müssen. Im Gegenzug werden die Gründer den VC-Gebern **Mitbestimmungs**- und **Informationsrechte** einräumen, die Kapitalgeber an der **Geschäftsführung beteiligen** und/oder zumindest eine **Beeinflussung** der Geschäftsführung dulden sowie regelmäßig **Reportings** über erreichte/nicht erreichte Unternehmensziele („**Milestones**") abhalten müssen. Venture Capital bringt das Start-up zwar „**zum Laufen**", kostet die Gründer aber einen großen Teil ihrer (unternehmerischen) **Unabhängigkeit**.

5.5   Private Equity

Private Equity bezeichnet Beteiligungskapital, das in Start-ups investiert wird, um deren unternehmerisches Wachstum – insbesondere in den **Expansion Stages** – zu unterstützen (Breithaupt und Ottersbach 2010, Teil 1. C. § 2, Rn. 60). Ziel der Kapitalgeber ist dabei, dem Unternehmen mithilfe der Finanzierung zu ermöglichen, die Gewinnschwelle (**Break-Even-Point**) zu überschreiten, dadurch unternehmerisches Wachstum zu generieren und schließlich den Wert der Geschäftsanteile zu erhöhen. Da der Private Equity-Geber (als Gegenleistung für das Investment) selbst Anteile an dem Start-up erworben hat, steigert er den Wert seiner eigenen Beteiligung. Erreicht der Unternehmenswert des Start-ups die von den Investoren angestrebte Höhe, werden die Private Equity-Geber versuchen, durch die **Veräußerung** ihrer Geschäftsanteile oder eine **Rekapitalisierung** größtmögliche Gewinne zu erzielen.

Hat das Start-up mit dem **operativen Geschäft** begonnen und sich – durch steigende Nachfrage nach dem angebotenen Produkt und/oder der angebotenen Dienstleistung sowie den damit verbundenen wachsenden Umsätzen – am Markt **etabliert**, können die Gründer nunmehr auch auf eine **Private Equity-Finanzierung** zurückgreifen (hierzu s. Kap. 8.2.1). Da eine derartige Kapitalüberlassung erst in den Expansion-Stages erfolgen kann, kommt die Akquise von Private Equity-Investoren für Gründer folglich erst ab der **Emerging Growth-Phase** in Betracht.

Private Equity-Geber **kaufen** Unternehmensanteile und finanzieren das Start-up im Gegenzug mit sehr **hohen Krediten** (vgl. Martinek et al. 2010, § 48, Rn. 29). Im engeren Sinne bezeichnet Private Equity dabei Beteiligungskapital, das ein Unternehmen ohne Einschaltung von Börsen aufnimmt. Insofern kann Private Equity im Deutschen als „**außerbörsliches Eigenkapital**" verstanden werden. Durch dieses sammelt ein Finanzinvestor – auch Private Equity-Gesellschaft genannt – Kapital von vermögenden Privatpersonen und institutionellen Anlegern ein und erwirbt damit Unternehmensbeteiligungen (Martinek et al. 2010, § 48, Rn. 29).

Eine Private Equity-Finanzierung kann in der Praxis als

- **Management Buy-Out** (MBO) bzw. **Management Buy-In** (MBI),
- **Leverage Buy-Out** (LBO) oder
- **Rekapitalisierung**

ausgestaltet sein.

5.5.1   Management Buy-Out (MBO)/Management Buy-In (MBI)

Ein Private Equity-Investment kann zunächst so vollzogen werden, dass der oder die **Geschäftsführer** die **Mehrheit** der Geschäftsanteile der übrigen Gesellschafter bzw. Gründer **aufkaufen**. Da für eine solche Transaktion erhebliche finanzielle Ressourcen notwendig sind, greift das Management dabei auf die finanzielle Unterstützung eines Private Equity-Gebers zurück und beteiligt ihn als Gegenleistung an der Unternehmung. Die Übernahme der Anteile des Start-ups kann dabei nach zwei Modellen erfolgen: Entweder als **unmittelbare Übernahme** der Geschäftsanteile durch die **Geschäftsführer selbst** oder als **mittelbare Übernahme** durch eine neu zu gründende **Gesellschaft** (Beisel und Klumpp 2009, Kap. 13, Rn. 3 f.).

Erwirbt die derzeitige Geschäftsführung die Mehrheit der Geschäftsanteile des Start-ups, handelt es sich um einen **MBO**. Beteiligen sich hingegen unternehmensfremde Manager an dem Start-up, spricht man von einem **MBI**. Vorzugswürdig ist insoweit der MBO, da das aktuell firmierende Management die Branche, die Konkurrenz und natürlich auch das eigene Unternehmen in der Regel sehr gut kennt (Breithaupt und Ottersbach 2010, Teil 1. C. § 2, Rn. 64).

5.5.2   Leverage Buy Out (LBO)

Ein **LBO** (diesbezüglich s. auch Kap. 8.2.1.1) ist grds. als MBO/MBI ausgestaltet, bei dem die Übernahme der Geschäftsanteile durch **Fremdkapital** finanziert wird (Beisel und Klumpp 2009, Kap. 13, Rn. 1). Unter einem **Leverage** (= „Hebel") versteht man in diesem Zusammenhang das Verhältnis von Eigen- zu Fremdkapital, das zum einen das für den Erwerb eines Unternehmens zur Verfügung stehende **Kapital vervielfacht** und darüber hinaus die **Renditen** der Beteiligten – im Erfolgsfall – deutlich **erhöht** (Breithaupt und Ottersbach 2010, Teil 1. C. § 2, Rn. 65).

5.5.3   Rekapitalisierung

Innerhalb einer **Rekapitalisierung** ersetzt der Investor nach dem Erwerb der Geschäftsanteile des Start-ups dessen **Eigen-** durch **Fremdkapital** bzw. löst **Kapitalrücklagen** auf und zahlt sich das selbst Kapital zurück. Die Höhe der Beteiligung bleibt dadurch unverändert und die schnelle Rückzahlung des eingesetzten Eigenkapitals wirkt sich positiv auf die Rendite des Private Equity-Gebers aus (Breithaupt und Ottersbach 2010, Teil 1. C. § 2, Rn. 67).

▶ Neben **Venture Capital** handelt es sich bei **Private Equity** um eine der **wichtigsten Kapitalquellen** für Start-ups, um unternehmerisches Wachstum zu generieren, den Wert der Geschäftsanteile zu erhöhen und schließlich den **Break-Even-Point** zu erreichen. Obgleich eine Finanzierung durch Venture Capital bereits ab der **Start-up-Phase** möglich ist, wohingegen ein Private Equity-Investment frühestens in der **Emerging Growth-Phase** in Betracht kommt, haben beide Finanzierungsarten gemeinsam, dass der Kapitalgeber dem Start-up das Investment überlässt, um als Gegenleistung Geschäftsanteile an dem Start-up zu erhalten und am unternehmerischen Wachstum teilhaben zu können. Insofern existiert keine scharfe Trennung zwischen Private Equity und Venture Capital (Breithaupt und Ottersbach 2010, Teil 1. C. § 2, Rn. 61), beide vermengen sich in der Praxis oftmals.

5.6 Öffentliche Fördermittel

Der **gesamtwirtschaftliche Stellenwert** junger (Technologie-) Unternehmen hat mittlerweile umfassende Förderprogramme der öffentlichen Hand hervorgerufen, die Start-ups durch die Bereitstellung von **Eigenkapital** unterstützen (vgl. Kollmann und Kuckertz 2003, S. 29). Die Notwendigkeit einer solchen Förderung wird insbesondere dann deutlich, wenn das Start-up im **High-Tech-Sektor** oder der **IT-Branche** firmiert. Charakteristisch für öffentliche Fördermittel ist, dass die Finanzierung zwar an bestimmte **Bedingungen** geknüpft ist, in der Regel aber **nicht zurückgezahlt** werden muss. Darüber hinaus können Gründer auf diese Form der Kapitalbeschaffung grds. in **allen Phasen** der Unternehmensentwicklung zurückgreifen.

5.6.1 Grundsätzliches

Die Inanspruchnahme öffentlicher Fördermittel kann neben der Finanzierung über Eigenkapital oder Bankkredite ein wichtiger **Bestandteil** eines **gesamtheitlichen Finanzierungskonzepts** des Start-ups sein (Weitnauer 2011, S. 193). Das Spektrum der Fördermittel umfasst hierbei neben Kreditprogrammen bspw. auch innovative Programme zur Stärkung der **Eigenkapitalbasis**. Insbesondere durch Letztere hat das Start-up überhaupt erst die Möglichkeit, an **Fremdkapital** in Form von Krediten **zu gelangen**, die es ohne die öffentliche Förderung – gerade wegen seiner unzureichenden Eigenkapitalquote – nicht erhalten würde.

Nicht selten ist der Förderantrag dabei auch bei dem Kreditinstitut zu stellen, welches den Antrag als Vermittler an den Fördermittelgeber weiterleitet und zugleich im Falle einer positiven Entscheidung die Auszahlung unmittelbar bewirkt.

Auf Seite der Fördermittelgeber ist besonders häufig die **Kreditanstalt für Wiederaufbau (KfW)**, die der Aufsicht des Bundesfinanzministeriums untersteht, anzutreffen. Die KfW wurde nach dem Zweiten Weltkrieg zum Wiederaufbau der deutschen Wirtschaft gegründet und dient heute der gesamtwirtschaftlichen Wachstumsförderung. Neben der vergleichsweise niedrigschwelligen Finanzierung von Existenzgründungen stemmt sie auch weitaus größere Finanzierungsvolumina und leistet somit einen wichtigen Beitrag zum gesamtdeutschen Wirtschaftswachstum.

Die KfW gewährt ihre Kredite **nicht direkt** an den Antragsteller, sondern über ein **Kreditinstitut**. Dieses entscheidet bereits im Vorfeld über Weiterleitung an die KfW und ggf. zu stellende Sicherheiten. Die Kooperation zwischen dem Antragsteller und der bearbeitenden Bank ist somit entscheidend, um das Kreditinstitut von der Umsetzbarkeit und Rentabilität des Unternehmenskonzeptes zu überzeugen bzw. damit dieses eine Antragstellung bei der KfW überhaupt erst veranlasst. Der eigentliche Antrag besteht dann aus einem Vordruck, der gemeinsam mit dem Bankberater des Antragstellers ausgefüllt wird. Die klassischen Kreditinstitute haben insoweit eine interessante **Intermediärfunktion** zwischen Beschaffung und Bereitstellung des Kapitals.

Auch andere Bundesministerien tragen zur Unternehmensförderung bei; so existieren bspw. eigene Programme des **Bundesministeriums für Wirtschaft und Technik (BMWi)** sowie des **Bundesministeriums für Bildung und Forschung (BMBF)**. Auch die **Länder** verfügen über besondere Einrichtungen, welche die jeweiligen Regionen stärken sollen. Als Beispiel sei hier die Investitionsbank Berlin (IBB) genannt, die der deutschen (Start-up-) Hauptstadt finanzielle Unterstützung gewährleistet.

Je nach Branche, Umsatzzahlen oder Größe eines Unternehmens kommen verschiedene Förderprogramme infrage. Entscheidend ist, für welchen Zweck die Mittel konkret eingesetzt werden sollen – so erfordern die meisten Programme als Grundvoraussetzung das Vorhandensein eines innovativen Projekts.

Das Fördermittel selbst wird meist dem Unternehmen direkt gewährt; eine Ausnahme hiervon bildet etwa der im Mai 2013 neu eingeführte **Investitionszuschuss Wagniskapital**, der im Falle der Förderfähigkeit eines Investitionsvorhabens unmittelbar dem Investor in Form eines Zuschusses ausbezahlt wird.

5.6.2 Zuwendungsformen

Unabhängig vom Zweck der Zuwendung lassen sich Fördermittel ihrer Form nach wie folgt unterscheiden (hierzu vgl. Weitnauer 2011, S. 194; Werner und Kobabe 2007, S. 98):

- Zuwendung in Form „**verlorener**", nicht rückzahlbarer **Zuschüsse**,
- **Darlehen**, dessen Verzinsung unter den üblichen Marktzinsen liegt,
- **offene** oder **stille Beteiligungen**, deren Konditionen bezüglich Verzinsung und Gewinnbeteiligung ebenfalls unter dem Marktüblichen liegen,

- **Subventionierung** von Zins- und Tilgungsleistungen, die zu einer Entlastung des Cash-Flow des Unternehmens führt,
- Übernahme von Finanzierungsrisiken durch **Haftungsfreistellungen** für Banken mittels Bürgschaften, indem die Banken von der Haftung für die Rückzahlung bei Zahlungsunfähigkeit des Unternehmens anteilig freigestellt werden sowie
- **Refinanzierungsprogramme** für Banken.

5.6.3 Rahmenbedingungen

Es bestehen grundsätzliche Bedingungen zur Inanspruchnahme öffentlicher Fördermittel, welche vom antragstellenden Unternehmen zu beachten sind.

Die wichtigste Voraussetzung zur Inanspruchnahme öffentlicher Fördermittel ist, dass der **Zeitpunkt** der **Antragstellung** stets vor dem **Beginn des konkreten Vorhabens** liegen muss. Im Rahmen von Beteiligungs- oder Investitionsförderungen bedeutet dies, dass der Antrag für das konkrete Fördermittel stets vor **Abschluss** des **Beteiligungsvertrages** gestellt werden muss.

Ferner gilt, dass ein konkretes unternehmerisches Projekt nur **einmal** gefördert werden kann, wobei es jedoch möglich ist, das Gründungsvorhaben des Start-ups in verschiedene Projekte zu unterteilen und damit auch diverse Förderprogramme **kumuliert** zu nutzen (Weitnauer 2011, S. 194).

Bereits im Rahmen der Gründung sollten Start-ups ihre **Förderfähigkeit** für öffentliche Mittel bspw. bei der Ausgestaltung ihrer gesellschaftsrechtlichen Strukturen nicht unberücksichtigt lassen. So ist etwa für alle Fördermittel eine wesentliche Voraussetzung, dass sich das zu fördernde Unternehmen **nicht** im **Mehrheitsbesitz** einer **anderen Kapitalgesellschaft** befindet. Entsprechende Gestaltungen – in denen etwa das Start-up seinerseits von einer den Gründern zuzurechnenden vermögensverwaltenden Kapitalgesellschaft gehalten wird – mögen den Gründern zwar **steuerrechtliche** Vorteile bringen, machen das Start-up aber nicht selten förderunfähig.

In jedem Fall sind die konkreten Förderrichtlinien detailliert zu studieren, um eine verbindliche Aussage über die Förderfähigkeit des Unternehmens bzw. des Investitionsvorhabens treffen zu können.

5.6.4 Förderphasen

Jeder klassischen **Finanzierungsphase** lassen sich bestimmte Förderprogramme zuordnen, welche auf diese zugeschnitten sind. Dabei gilt, dass einige der Programme, die nachfolgend erst im Rahmen einer späteren Finanzierungsphase aufgeführt sind, grds. bereits in den Early Stages eingesetzt werden können – eine auf die Early Stages ausgerichtete Förderung demgegenüber aber nicht mehr in den Expansion Stages gewährt wird.

5.6.4.1   Early Stages
5.6.4.1.1   ERP-Gründerkredit Startgeld der KfW

Das Startgeld ist ein Kredit in Höhe von bis zu 100.000 EUR der von kleinen und mittleren Unternehmen (**KMU**) zur Förderung von Neugründungen sowie zur Festigung des Unternehmens in Anspruch genommen werden kann. Ein Eigenkapitalanteil ist nicht notwendig. Antragsberechtigt sind Existenzgründer (auch freiberuflich oder im Nebenerwerb), Unternehmensnachfolger und Gesellschafter junger Unternehmen. Wichtigste Bedingung für die Antragsberechtigung ist eine maximal drei Jahre im Vorfeld der Antragstellung aufgenommene Geschäftstätigkeit. Sind mehrere Gründer beteiligt, so kann jeder einzelne Gründer das Startgeld beantragen, wodurch die Gesamtfördersumme für das Start-up kumuliert werden kann.

Bei Gewährung des Startgelds kann der Beginn der Tilgung je nach Laufzeit bis zu zwei Jahre nach Auszahlung hinausgezögert werden. Während der gesamten Laufzeit gilt in jedem Fall eine Zinsbindung; bei außerplanmäßiger Tilgung wird eine Vorfälligkeitsentschädigung berechnet. Für die Rückzahlung haftet der Kreditnehmer persönlich bzw. bei Unternehmen mit beschränkter Haftungsform die Anteilseigner entsprechend ihrer Beteiligungsquote.

▶   www.kfw.de/inlandsfoerderung/Unternehmen/Gründen-Erweitern/
Finanzierungsangebote/ERP-Gründerkredit-Startgeld-(067).

5.6.4.1.2   ERP-Gründerkredit Universell der KfW

Mit dem Gründerkredit Universell unterstützt die KfW Investitionsvorhaben in Höhe von bis zu 10 Mio. EUR. Unternehmer bzw. Unternehmen, die maximal drei Jahre am Markt firmieren, können von dem Programm profitieren, sofern sie höchstens 250 Mitarbeiter und einen Jahresumsatz von maximal 50 Mio. EUR haben. Zur Förderung zugelassen sind Vorhaben nahezu aller Art, insbesondere auch Ausgaben zur Aufrechterhaltung des laufenden Betriebs wie bspw. Personalkosten, Mieten oder Marketingmaßnahmen. Ausgeschlossen hingegen sind vor allem Investitionen in Anlagen für erneuerbare Energien, Landwirtschafts- und Fischereibetriebe sowie Sanierungsfälle.

Der Kredit wird bei einer Laufzeit von bis zu 20 Jahren (je nach Bonität und Laufzeit) ab 1 % effektiv verzinst, wobei bis zu drei tilgungsfreie Anlaufjahre gewährt werden. Der Gründerkredit Universell kann flexibel mit anderen öffentlichen Förderprogrammen kombiniert werden. Der Antragsteller muss nicht zwangsläufig eigene Mittel in die Finanzierung einbringen, da der Kredit eine hundertprozentige Finanzierung ermöglicht. Die Besicherung wird mit dem kreditgebenden Institut individuell vereinbart. Da dieses Förderprogramm die jeweilige Bank allerdings nicht von der Rückzahlungshaftung bei Ausfall des geförderten Unternehmens freistellt, sind die individuellen Anforderungen an potentielle Kreditnehmer entsprechend höher.

▶   www.kfw.de/inlandsfoerderung/Privatpersonen/Gründen-Erweitern/
Förderprodukte/ERP-Gründerkredit-Universell-(068).

5.6.4.1.3 ERP-Kapital für Gründung der KfW

Das ERP-Kapital unterstützt Existenzgründer beim Gründen und Einrichten eines Unternehmens. Die maximale Höhe des Kredits ist auf 500.000 EUR beschränkt, wobei der Kreditnehmer mindestens 10 % der Summe selbst aufbringen muss.

Das Unternehmen darf höchstens drei Jahre bestehen (Ausnahme: Übernahme der Geschäftsführung bzw. eines gesamten Unternehmens) und muss die KMU-Kriterien erfüllen (max. 250 Mitarbeiter, max. 50 Mio. EUR Umsatz bzw. 43 Mio. EUR Bilanzsumme). Förderfähig sind Investitionen zur Beschaffung neuer Anlagen, Maschinen oder auch Patente/Lizenzen, nicht aber die Finanzierung des laufenden Betriebs. Der Kredit hat eine Laufzeit von 15 Jahren.

Die Antragstellung muss wiederum durch ein Kreditinstitut erfolgen, welches zu 100 % von der Rückzahlungshaftung freigestellt wird. Da es sich bei ERP-Kapital rechtlich um ein Nachrangdarlehen handelt, hat es den Charakter von Eigenkapital und erleichtert somit die Aufnahme weiterer Kredite. Zudem profitiert der Gründer von sieben Jahren Tilgungsfreiheit und niedrigen Zinsen, die für zehn Jahre festeschrieben sind. Die weiteren Konditionen stimmen im Wesentlichen mit denen des ERP-Startgelds überein.

▹ www.kfw.de/inlandsfoerderung/Unternehmen/Gründen-Erweitern/
   Finanzierungsangebote/ERP-Kapital-für-Gründung-(058).

5.6.4.1.4 ERP-Startfonds der KfW

Im Rahmen des Startfonds beteiligt sich die KfW mit Eigenkapital in Höhe von bis zu 5 Mio. EUR an Technologie-Unternehmen. Diese müssen ein innovatives Produkt anbieten, dessen Entwicklung eigenständig erbracht wurde. Auch bestimmte Verfahren oder Dienstleistungen können diese Voraussetzung erfüllen, sofern sie bislang nicht am Markt angeboten werden. Die Gründung des Unternehmens darf nicht vor mehr als zehn Jahren erfolgt sein, die Zahl der Mitarbeiter darf 50 nicht übersteigen und der Umsatz muss unter 10 Mio. EUR liegen.

Zur Inanspruchnahme des ERP-Startfonds ist ein **weiterer Kapitalgeber erforderlich**, der als **Leadinvestor** agiert. Die **KfW** als **Co-Investor** orientiert sich hinsichtlich Höhe und Laufzeit ihrer Beteiligung an der des Leadinvestors. Dieser hat also weitgehenden Einfluss auf die Konditionen, darf sich aber keine Sicherheiten stellen lassen. Nach Abschluss der Finanzierung soll der Leadinvestor die Unternehmensführung in allen relevanten Belangen betreuen und ggf. beraten, während die KfW hiervon in der Regel Abstand nimmt. Weitere Details regelt ein Kooperationsvertrag zwischen dem Leadinvestor und der KfW, der üblicherweise auch eine Vergütung für das Mitbetreuen des KfW-Anteils vorsieht.

Auch bezüglich Zeitpunkt und Höhe der Auszahlung des Beteiligungskapitals folgt die KfW dem Leadinvestor. Das Startfonds-Programm ist auf langfristige Investitionen ausgelegt und strebt letztlich einen gleichzeitigen Exit mit dem Leadinvestor an.

▹ www.kfw.de/inlandsfoerderung/Unternehmen/Gründen-Erweitern/
   Finanzierungsangebote/ERP-Startfonds-(136).

5.6.4.1.5 EXIST-Gründerstipendium des BMWi

Mit dem EXIST-Gründerstipendium werden Gründer aus Forschung und Wissenschaft gefördert. Sowohl Studierende als auch Wissenschaftliche Mitarbeiter kommen für die Teilnahme infrage, sofern sie an öffentlichen, nicht gewinnorientierten Forschungseinrichtungen oder Hochschulen beschäftigt sind (Absolventen und ehemalige Mitarbeiter sind ebenfalls förderberechtigt, sofern ihr Abschluss bzw. Arbeitsverhältnis nicht länger als fünf Jahre zurückliegt.).

Wichtig ist eine enge Kooperation mit der Hochschule bzw. Forschungseinrichtung: Diese beantragt das Stipendium beim Projektträger und stellt den Stipendiaten im Erfolgsfall einen Arbeitsplatz sowie ggf. benötigte Technik, Labore etc. zur Verfügung. Stipendiaten erhalten zudem einen monatlichen Beitrag zum Lebensunterhalt in Höhe von 800 EUR (Studierende) bis 2.500 EUR (promovierte Absolventen), außerdem können Sachausgaben mit bis zu 10.000 EUR und Coachings mit maximal 5.000 EUR gefördert werden.

Während der Laufzeit des Stipendiums kann auf die Betreuung und Beratung durch einen Hochschullehrer, der sich als Mentor zu Verfügung stellt, zurückgegriffen werden. Mit ihm muss binnen eines Monats nach Gewährung des Gründerstipendiums ein sogenannter Coachingfahrplan erstellt werden; nach zehn Monaten muss zudem ein vollständiger Businessplan vorliegen.

▶   www.exist.de/exist-gruenderstipendium/.

5.6.4.1.6 EXIST-Forschungstransfer des BMWi

Das EXIST-Forschungstransfer-Programm zielt auf Unternehmensgründungen aus der Wissenschaft. Es ist in zwei Förderphasen unterteilt. Die erste Phase dient der Weiterentwicklung von Forschungsergebnissen, die potentielle Grundlagen für Unternehmensgründungen sind. Die zweite Phase baut darauf auf und soll Produkte zur Marktreife führen.

Für die **erste Förderphase** kommen Forscherteams an Hochschulen (und außeruniversitären Forschungseinrichtungen) infrage, wenn sie aus ihrer Forschungstätigkeit heraus eine Geschäftsidee entwickeln. Bei erfolgreicher Antragstellung können Personalkosten (maximal vier Stellen) sowie zusätzliche Sachkosten bis zu einem Betrag von 70.000 EUR übernommen werden. Mit diesen Mitteln soll die Geschäftsidee auf ihre technische Realisierbarkeit hin überprüft, ggf. ein Prototyp entwickelt und ein Businessplan ausgearbeitet werden. Im besten Fall steht am Ende die Unternehmensgründung.

Auf Grundlage der ersten Phase gegründete Unternehmen kommen wiederum für die **zweite Förderungsphase** in Betracht, die maximal 18 Monate dauert. Bei der Realisierung ihrer technologiegetriebenen Geschäftsidee werden sie in dieser Folgephase mit bis zu 150.000 EUR in Form eines nicht rückzuzahlungspflichtigen Zuschusses gefördert. Voraussetzung ist, dass das Unternehmen eigene Mittel sowie ggf. Beteiligungskapital in Höhe eines Drittels (50.000 EUR) des EXIST-Zuschusses zur Verfügung stellt.

Ziel der zweiten Phase sind die Marktreife des Produkts sowie die Aufnahme der operativen Geschäftstätigkeit. Ferner sollen darüber hinaus im Idealfall die Voraussetzungen für eine externe Anschlussfinanzierung geschaffen werden.

Die Bewerbung ist ausschließlich im Januar sowie im Juli eines jeden Jahres möglich. Antragsberechtigt für die erste Förderphase ist ausschließlich die jeweilige Hochschule bzw. Forschungseinrichtung, mit der die gründungswilligen Forscher folglich eng kooperieren müssen. Die Antragstellung für die zweite Förderphase erfolgt durch das gegründete oder sich in der Gründung befindliche Unternehmen.

▶   www.exist.de/exist-forschungstransfer.

5.6.4.1.7 High-Tech Gründerfonds

Der High-Tech Gründerfonds ist eine Public-Private Partnership (hierunter ist die vertragliche Zusammenarbeit zwischen der öffentlichen Hand und einem privatrechtlich organisierten Unternehmen zu verstehen), wobei der weitaus größere Teil des Investitionsvolumens durch den Bund getragen wird. Der Fonds investiert Venture Capital in technologie-orientierte Start-ups, welche die Entwicklung innovativer Produkte planen oder bereits damit begonnen haben. Die Finanzierung soll die Kosten für Forschung und Entwicklung abdecken und schließlich zu einem Prototypen oder zur Markteinführung führen. Dem Start-up werden dafür zunächst 500.000 EUR zur Verfügung gestellt, die im Erfolgsfall auf bis zu 2 Mio. EUR aufgestockt werden können.

Unternehmen sind antragsberechtigt, sofern sie maximal ein Jahr alt sind, nicht mehr als 250 Mitarbeiter bzw. 50 Mio. EUR Jahresumsatz aufweisen und zumindest eine Niederlassung in Deutschland haben. Das Geschäftsmodell sollte auf einer technologischen Neuentwicklung basieren, wobei die entsprechenden Patente und sonstigen Schutzrechte dem Unternehmen uneingeschränkt und exklusiv zur Verfügung stehen müssen. Zudem werden hohe Ansprüche an die Erfolgsaussichten des Produkts gestellt. Es muss einen klar umrissenen Zielmarkt vorweisen können, der hohe Eintrittsbarrieren für Wettbewerber und vor allem ein weit überdurchschnittliches Wachstumspotential verspricht. Das Unternehmen sollte ferner über außerordentliche Alleinstellungsmerkmale (= Unique Selling Point/USP) verfügen.

Das Bewerbungsverfahren sieht vor, dass zunächst ein Businessplan eingereicht wird – ggf. unter Zuhilfenahme eines Coaches des High-Tech Gründerfonds. Nach einem persönlichen Gespräch mit den Gründern wird diesen im Erfolgsfall ein Term Sheet mit den Beteiligungskonditionen angeboten. Nach dessen Unterzeichnung wird eine Due Diligence durchgeführt, die sich nochmals detailliert mit allen Aspekten des Geschäftsmodells auseinandersetzt. Vor allem betriebswirtschaftliche Faktoren wie die Analyse des Finanzbedarfs und die langfristige Tragfähigkeit des Geschäftsmodells sind hierbei elementar. Bei erneut positiver Einschätzung gelangt das Konzept vor das zuständige Investitionskomitee, welches – u. a. nach einer Unternehmenspräsentation (Pitch) durch das Gründerteam – über die endgültige Finanzierungszusage entscheidet.

Im ersten Schritt werden 15 % der Gesellschaftsanteile für bis zu 500.000 EUR erworben, wobei Eigenmittel in Höhe von 20 % (neue Bundesländer: 10 %) erforderlich sind. Der Beitrag des High-Tech Gründerfonds besteht aus einer Kombination von offener Beteiligung und (nachrangigem) Darlehen. Letzteres hat eine Laufzeit von sieben Jahren, wobei die Zinsen i. H. v. 10 % erst nach vier Jahren gezahlt werden müssen. Die Beteiligung von Side-Investoren ist ausdrücklich erwünscht.

Die Förderung durch den High-Tech Gründerfonds beinhaltet außerdem ein Coaching der Unternehmensführung. Es besteht die Möglichkeit einer Anschlussfinanzierung in Höhe von bis zu 1,5 Mio. EUR. Zudem ist das Programm so konzipiert, dass weitere Forschungszuschüsse in Anspruch genommen werden können.

▶   www.high-tech-gruenderfonds.de.

5.6.4.1.8   German Silicon Valley Accelerator des BMWi

Der German Silicon Valley Accelerator (GSVA) ermöglicht pro Quartal bis zu sieben (vor Herbst 2013: vier) deutschen Start-ups einen dreimonatigen Aufenthalt im Silicon Valley. Das Programm gewährleistet dabei eine umfassende Unterstützung von der Visa-Beantragung bis hin zur Bereitstellung von Büroräumen und deren Ausstattung. Für Lebenshaltungs- und Reisekosten müssen die Teilnehmer hingegen selbst aufkommen.

Über die gesamte Projektdauer wird eine Vielzahl von Veranstaltungen und Seminaren angeboten. Vor Ort stehen dabei Mentoren und Coaches als Ansprechpartner bereit. Der Aufenthalt im Silicon Valley soll maßgeblich dem Knüpfen von Kontakten zu potentiellen Geschäftspartnern bzw. bei Bedarf auch zu möglichen Mitarbeitern dienen. Darüber hinaus können die Start-ups ihr Netzwerk um Multiplikatoren erweitern und sich nicht zuletzt durch den „Geist des Silicon Valley" inspirieren lassen.

Voraussetzung für die Teilnahme ist eine Geschäftstätigkeit im Bereich der Informations- und Kommunikationstechnologie. Zudem sollte das Start-up nicht älter als drei Jahre sein und sich in einer Phase befinden, in der eine Teilnahme am GSVA wirtschaftlich sinnvoll ist. Demzufolge muss das Geschäftsmodell problemlos (international) skalierbar sein und ernsthafte Wachstumschancen auf dem US-Markt aufweisen.

Die Bewerbung erfolgt online und wird durch einen Ausschuss überprüft. Zu den wichtigsten Kriterien gehören dabei nicht nur die Innovationskraft des Start-ups, sondern vor allem die tatsächlichen Erfolgschancen auf dem (Welt-) Markt. Dabei spielen externe Faktoren, bspw. die Größe des Marktes und mögliche Wettbewerber, ebenso eine Rolle wie interne Faktoren, z. B. die Kompetenz des Start-up-Teams und seine Geschäftserfahrung. Wer sich um die Unterstützung des GSVA bewirbt, muss den Ausschuss also sowohl von den eigenen unternehmerischen Fähigkeiten als auch von den Erfolgsaussichten des Start-ups überzeugen.

▶   www.germanaccelerator.com.

5.6.4.1.9   ProFIT der IBB

In Berlin ansässige Gründer können auf das Programm zur Förderung von Forschung, Innovationen und Technologien der Investitionsbank Berlin zurückgreifen. Für eine Förderung kommen Ideen mit innovativem Charakter, welche die Wettbewerbsfähigkeit des Unternehmens steigern, infrage. Das ProFIT-Programm besteht in zwei verschiedenen Ausprägungen:

Die **ProFIT-Frühphasenfinanzierung** richtet sich an technologieorientierte Gründer, die erst noch eine Unternehmensinfrastruktur sowie Personalkapazitäten aufbauen müssen. Neben der Förderung von bis zu 100 % der Ausgaben ist auch die sachliche Kompetenz der IBB hervorzuheben, die als Ansprechpartner zur Verfügung steht und Feedback durch unabhängige Gutachter verspricht.

Die **ProFIT-Projektförderung** kann von KMU und Forschungseinrichtungen in Anspruch genommen werden, die ein innovatives Projekt zur Marktreife führen wollen. Förderungsfähig sind Ausgaben, die im Rahmen technisch innovativer Forschung anfallen. Für die Phasen der Forschung und Entwicklung sind nicht zurückzuzahlende Zuschüsse verfügbar, während die Markteinführung mit (zinsverbilligten) Darlehen unterstützt wird.

▶   www.ibb.de/desktopdefault.aspx/tabid-228/.

5.6.4.1.10   IBB-Beteiligungsgesellschaft

Die Beteiligungsgesellschaft der Investitionsbank Berlin verwaltet die Fonds „VC Fonds Berlin", „VC Fonds Technologie Berlin" sowie den „VC Fonds Kreativwirtschaft Berlin", wobei aktuell nur aus den letzteren investiert wird. Mit ihnen soll jungen Berliner Unternehmen der Zugang zu Eigenkapital erleichtert werden. Insbesondere Start-ups mit hohem Finanzierungsbedarf können hiervon profitieren, da das Engagement der IBB oftmals weitere Investments Dritter vermittelt. So übernimmt die IBB häufig die Rolle des Lead-Investors und verwaltet die Beteiligungen anderer Investoren mit. Zugleich ist sie aber auch als Co- oder Side-Investor beteiligt.

Für die Finanzierung durch die IBB-Beteiligungsgesellschaft kommen Berliner Start-ups infrage, die zum Strukturwandel des Standorts beitragen können. Der Fokus liegt dabei auf den Branchen Informations- und Kommunikationstechnologie, Lebenswissenschaften und Industrie-Technologie. Eine Investition setzt voraus, dass das Unternehmen die KMU-Kriterien erfüllt (weniger als 250 Mitarbeiter; Jahresumsatz unter 50 Mio. EUR) und sich mehrheitlich im Besitz der aktiven Gesellschafter befindet. Das Produkt sollte mindestens ein technologisches Alleinstellungsmerkmal oder einen bedeutenden Entwicklungsvorsprung aufweisen, sodass mittelfristig mit Wachstum und entsprechender Wertsteigerung gerechnet werden kann.

Zwecks Bewerbung wird zunächst lediglich eine Kurzbeschreibung des Unternehmens bzw. – soweit vorhanden – ein Businessplan an die IBB gesendet. Nach erfolgreicher Vorprüfung wird bereits nach ein bis zwei Wochen ein erstes Gespräch terminiert. Dem folgt eine ausführliche Due Diligence, die im Optimalfall nach weiteren drei bis vier Wochen zur Abgabe eines Beteiligungsangebots führt.

Die Konditionen der IBB sehen vor, dass sich andere Investoren mindestens in gleicher Höhe wie die IBB-Beteiligungsgesellschaft beteiligen. Das Investment ist in juristischer Sicht als offene Beteiligung ausgestaltet, wobei je nach Kapitalbedarf sowie Unternehmenssituation eine zusätzliche stille Beteiligung oder ein Gesellschafterdarlehen – ohne die Stellung von Sicherheiten durch die Gesellschafter – gewährt werden kann.

Die Höchstsumme einer Beteiligung für die erste Finanzierungsrunde beträgt 1,5 Mio. EUR. Zwar wird ein Exit innerhalb von fünf bis sieben Jahren angestrebt, gleichwohl ist eine Erhöhung des Engagements auf bis zu 3 Mio. EUR in weiteren Finanzierungsrunden möglich.

▶ www.ibb-bet.de.

5.6.4.1.11 Investitionszuschuss Wagniskapital

Seit Mai 2013 können Start-ups bereits in der Seed-Phase von einem besonderen (mittelbaren) Förderinstrument, dem **Investitionszuschuss Wagniskapital**, profitieren. Der Investitionszuschuss hat zum Ziel, die Finanzierungsbedingungen junger, innovativer Unternehmen dadurch zu verbessern, indem er für private Investoren – insbesondere Business Angels – den Anreiz schafft, solchen Unternehmen privates Wagniskapital in Form von Eigenkapital zur Verfügung zu stellen. Darüber hinaus sollen ausweislich der Richtlinie mehr Menschen mit unternehmerischer Orientierung für risikobehaftete Beteiligungen an jungen innovativen Unternehmen begeistert sowie bereits investierende Business Angel dazu angeregt werden, häufiger und mehr Wagniskapital in Start-ups zu investieren.

Rechtsgrundlage des Investitionszuschusses ist die entsprechende „Richtlinie zur Bezuschussung von Wagniskapital privater Investoren für junge innovative Unternehmen" des Bundesministeriums für Wirtschaft und Technologie vom 24. April 2013 (www.bafa.de/bafa/de/wirtschaftsfoerderung/investitionszuschuss_wagniskapital/rechtsgrundlagen/richtlinie.pdf). Die Förderrichtlinie gilt zunächst bis Ende 2016.

5.6.4.1.11.1 Die Eckpunkte der Förderung

Gefördert werden private Investoren (natürliche Personen), die Gesellschaftsanteile an jungen innovativen Unternehmen erwerben. Die Anteile müssen vollumfänglich an den Chancen und Risiken des Start-ups beteiligt bzw. im Rahmen einer Kapitalerhöhung neu ausgegeben sein. Der Erwerb bereits bestehender, etwa von den Gründern gehaltener Anteile, kommt somit nicht in Betracht.

Der private Investor erhält 20 % des Kaufpreises für den Anteilserwerb über den Zuschuss zurückerstattet, sofern er die Beteiligung für mindestens drei Jahre hält. Veräußert der Investor seine Anteile vor Ablauf der Mindesthaltedauer, ist der gewährte Zuschuss zurückzuzahlen.

Darüber hinaus muss der Investor dem Unternehmen mindestens 10.000 EUR zur Verfügung stellen. Die Bereitstellung des Kapitals muss auf der Grundlage eines dem Investor vom Unternehmen vorgelegten Businessplans erfolgen und darf nicht kreditfinanziert sein. Ist die Zahlung des Kaufpreises an die Erreichung von sog. Milestones durch das Unternehmen geknüpft, muss jede einzelne Zahlung des Investors (pro erreichtem Meilenstein) mindestens 10.000 EUR betragen. Jeder Investor kann pro Jahr Zuschüsse für Anteilskäufe in Höhe von bis zu 250.000 EUR beantragen. Pro Unternehmen können Anteile im Wert von bis zu 1 Mio. EUR pro Jahr bezuschusst werden.

Der Antrag auf Förderung ist in jedem Fall vor Abschluss eines entsprechenden Beteiligungs- bzw. Gesellschaftsvertrages zu stellen. Erfolgt der Anteilserwerb vor der Bewilligung des Investitionszuschusses, ist eine (rückwirkende) Förderung ausgeschlossen.

5.6.4.1.11.2 Vorteile für Unternehmen und Investor

Im Rahmen der Antragstellung wird dem Start-up die Förderfähigkeit für den Investitionszuschuss Wagniskapital bescheinigt. Diese Bescheinigung kann zusammen mit Informationen über den Investitionszuschuss Wagniskapital konkret für die Akquise von Investoren eingesetzt werden. Damit vergrößern sich die Chancen, eine Finanzierung über Wagniskapital zu erhalten.

Für den Investor wird das Risiko einer Kapitalbeteiligung durch den Investitionszuschuss Wagniskapital verringert. Der Investor bekommt 20 % der Summe zurückerstattet, mit der er sich an dem Start-up beteiligt. Seine Gesellschaftsanteile verbleiben dagegen komplett bei ihm. Verkauft der Investor nach einer Mindesthaltedauer von drei Jahren seine Anteile, ist er nicht verpflichtet, den Zuschuss zurückzahlen.

5.6.4.1.11.3 Fördervoraussetzungen für das Start-up

Damit die Anteile, die der Investor am Start-up erwirbt, bezuschusst werden können, muss das Unternehmen einige Förderbedingungen erfüllen. Dazu zählt, dass es sich um ein **kleines**, **unabhängiges** und **innovatives Unternehmen** handelt. Das Unternehmen muss eine Kapitalgesellschaft mit Hauptsitz in der EU sein, die wenigstens eine Zweigniederlassung oder Betriebsstätte in Deutschland hat und im Handelsregister eingetragen ist.

Als **klein** gilt das Unternehmen ausweislich der Bestimmungen in der Anlage der Förderrichtlinien, wenn es über weniger als 50 Mitarbeiter (Vollzeit) verfügt und einen Jahresumsatz oder eine Jahresbilanzsumme von höchstens 10 Mio. EUR hat.

Unabhängig ist das Unternehmen, wenn es von keinem Dritten (Unternehmen oder Person) beherrscht wird. Insbesondere darf das Unternehmen nicht zu mehr als 50 % im Besitz eines anderen Unternehmens sein (Ziff. VII. Abs. 2 der Anlage A zur Richtlinie). Um die Unabhängigkeit des Unternehmens als wesentliche Voraussetzung der Inanspruchnahme des Investitionszuschusses nicht zu gefährden, haben die Gründer somit von Beginn an dafür Sorge zu tragen, dass keine Vereinbarungen bestehen, die seine Unabhängigkeit in der Zukunft infrage stellen, ungeachtet dessen, ob diese Vereinbarungen rechtlich durchsetzbar sind oder nicht. Auch die Konstellation, dass die Gründer selbst die Mehrheit der Geschäftsanteile am Start-up ihrerseits (etwa aus steuerlichen Gründen) über eine dazwischen geschaltete Kapitalgesellschaft halten, kann dazu führen, dass das Unternehmen selbst als nicht unabhängig im Sinne der Investitionszuschussförderung gilt.

Das Start-up muss weiter – gemäß Handelsregisterauszug – einer **innovativen Branche** angehören. Dabei muss das Unternehmen mehr als 75 % seiner Geschäftätigkeit in einer solchen Branche abwickeln. Bei der Anmeldung des Unternehmens zum Handelsregister ist in Bezug auf den Unternehmensgegenstand bzw. bereits zuvor bei der Fassung des im Gesellschaftsvertrag festgelegten Gesellschaftszwecks idealerweise dafür Sorge zu tragen, dass sich das Start-up ohne Zweifel einer solchen innovativen Branche (z. B. „Erbringung von Dienstleistungen der Informationstechnologie", „Informationsdienstleistungen", „kreative, künstlerische und unterhaltende Tätigkeiten") zuordnen lässt. Die (hauptsächliche) Geschäftstätigkeit des Start-ups ist im Antragsformular entsprechend der Wirtschaftszweigklassifikation der amtlichen Statistik des Statistischen Bundesamtes anzugeben. Eine genaue Lektüre der Erläuterungen und Definitionen zu der Richtlinie, welche dieser als Anlage beigefügt sind und hilfreiche Informationen geben, ist somit unerlässlich.

Schließlich darf es sich bei dem zu fördernden Unternehmen nicht um ein „Unternehmen in Schwierigkeiten" im EU-rechtlichen Sinne (Mitteilung der EU-Kommission (2004/C244/02) bzw. der Verordnung Nr. 800/2008 der Kommission (Allgemeine Gruppenfreistellungsverordnung, Amtsblatt der EU L 214/3 vom 9. August 2008) handeln. Für Start-ups dürfte diese Voraussetzung – ungeachtet ihrer grds. vorhandenen angespannten Finanzsituation in den Frühphasen – in aller Regel nicht erfüllt sein, da die Erläuterungen der Richtlinie Unternehmen, die jünger als drei Jahre sind, bereits definitorisch von dieser Kategorie herausnehmen. Schließlich darf das Unternehmen nicht an einer Börse gelistet sein.

5.6.4.1.11.4   Voraussetzungen für den Investor

Der Investor muss eine natürliche Person mit Hauptwohnsitz in der EU sein, die nicht mit dem Unternehmen verbunden ist. Dies bedeutet, dass der Kapitalgeber im Zeitraum von zwei Jahren vor dem Eingehen seiner Beteiligung und bis zum Ende der Mindesthaltedauer (drei Jahre ab Unterzeichnung des Gesellschaftsvertrages) etwa nicht Angestellter des Unternehmens (gewesen) sein darf oder bereits bspw. mehr 25 % der Stimmrechte des Unternehmens hält. Auf die Frage der Verbundenheit des Investors mit dem Unternehmen ist besondere Sorgfalt zu legen, auch hierbei sind die Erläuterungen der Richtlinie genauestens zu prüfen und zu befolgen. Dies gilt insbesondere dann, wenn der Investor bereits Beratungs- oder andere Dienstleistungen für das Unternehmen im Vorfeld der Antragstellung erbracht hat, die eine Verbundenheit im Sinne der Förderrichtlinien begründen könnten.

Alternativ kann der Investor die Anteile am Unternehmen auch über eine GmbH als Vehikel erwerben, bei der er der alleinige Anteilseigner ist. Der Geschäftszweck der GmbH muss das Eingehen und Halten von Beteiligungen sein.

Es bleibt abzuwarten, ob der Investor sein Investment auch über eine UG (haftungsbeschränkt) als Beteiligungsvehikel tätigen darf, führt doch die Richtlinie allein und ausdrücklich die Rechtsform der GmbH als zuwendungsberechtigte Kapitalgesellschaft an. Entscheidend wird zunächst sein, wie das BAFA als Genehmigungsbehörde über entsprechende Anträge entscheiden wird. Da es sich bei der UG juristisch jedoch ebenso um eine Kapitalgesellschaft wie eine GmbH mit einem nur geringeren Stammkapital unter Anwendung einiger Sondervorschriften des GmbH-Rechts handelt (s. § 5a GmbHG), spricht grds. nichts dagegen, auch eine haftungsbeschränkte Unternehmergesellschaft als zuwendungsberechtigt zu erachten.

Die Beteiligung muss erstmalig am Unternehmen erfolgen, bereits vorhandene Gesellschafter können den Investitionszuschuss daher nicht in Anspruch nehmen.

Die Einhaltung der Voraussetzungen für die Zuschussgewährung ist während der dreijährigen Mindesthaltedauer nachzuweisen.

Ferner ist Voraussetzung, dass der Anteilserwerb des Investors wirtschaftlich motiviert ist, also mit dem Ziel erfolgt, Gewinne durch einen späteren Verkauf der Anteile oder Dividenden zu erzielen. Mit dieser Vorgabe sollen solche Investoren von der Förderung ausgeschlossen werden, die Anteile ausschließlich zu dem Zweck erwerben, hierfür den Investitionszuschuss in Anspruch zu nehmen.

5.6.4.1.11.5 Antragsverfahren

Zur Inanspruchnahme des Investitionszuschusses ist ein Online-Antrag beim Bundesamt für Wirtschaft und Ausfuhrkontrolle (BAFA) einzureichen. Das BAFA bescheinigt sodann die Förderfähigkeit. Anschließend stellt der Investor beim BAFA ebenfalls online einen Antrag. Das BAFA prüft diesen Antrag formal und erteilt dem Investor einen Bescheid. Nachdem der Investor die Zahlung für die Anteile vorgenommen hat, fordert er die Erstattung von 20 % der Investitionssumme beim BAFA an. Hierfür muss dann auch der Gesellschaftsvertrag vorliegen, aus dem die Beteiligung hervorgeht. Im Rahmen der üblicherweise gesellschaftsvertraglich festgelegten Verpflichtungen zur Geheimhaltung ist somit bereits bei der Gestaltung des Beteiligungs- bzw. Gesellschaftsvertrages zu berücksichtigen, dass dem Investor die Übermittlung der vorgenannten Verträge zur Antragstellung an das BAFA ohne Verstoß gegen diese Verpflichtungen möglich ist.

Beteiligt sich der Investor schon bei der Gründung des Unternehmens, reicht zuerst der Investor seinen Antrag ein. Das Unternehmen stellt dann seinen Antrag auf Förderfähigkeit, wenn es gegründet und in das Handelsregister eingetragen ist.

▷   www.bafa.de/bafa/de/wirtschaftsfoerderung/investitionszuschuss_wagniskapital/.

5.6.4.2 Expansion Stages
5.6.4.2.1 ERP-Innovationsprogramm der KfW

Das ERP-Innovationsprogramm soll Unternehmen durch Kredite bei der Neu- und Weiterentwicklung von innovativen Produkten, deren anfängliche Entwicklung mit eigenem Personal oder wenigstens durch einen wesentlichen eigenen Beitrag vorangetrieben wurde, unterstützen. Es besteht aus zwei Teilen, die auch unabhängig voneinander in Anspruch genommen werden können: Teil I finanziert die Entwicklung, Teil II die Markteinführung.

Gefördert werden Unternehmen, die ihre Geschäftstätigkeit vor mindestens zwei Jahren aufgenommen haben und deren Jahresumsatz höchstens 500 Mio. EUR beträgt.

Die Konditionen des Innovationsprogramms (u. a. Maximalsumme, Zinssatz, Ausreichung als klassischer Kredit oder als Nachrangdarlehen) werden individuell festgelegt. Von besonders guten Konditionen profitieren bspw. Projekte, welche die Energiewende mit innovativen Technologien unterstützen, etwa zur effizienten Energieerzeugung oder -übertragung.

▶   www.kfw.de/inlandsfoerderung/Unternehmen/Innovation/
        Finanzierungsangebote/ERP-Innovationsprogramm-(180–185-190–195).

5.6.4.2.2   ERP-Beteiligungsprogramm der KfW

Mit dem Beteiligungsprogramm erhalten private, in Deutschland ansässige Kapitalbeteiligungsgesellschaften günstige Refinanzierungskredite.

Als Beteiligungsnehmer können Unternehmen fungieren, deren Umsatz 50 Mio. EUR
(in Ausnahmefällen: 75 Mio. EUR) im Jahr nicht übersteigt. Die Höhe des Investments
darf höchstens 1,25 Mio. EUR (in Ausnahmefällen: 2,5 Mio. EUR) betragen, wobei das
vorhandene Eigenkapital der Gesellschaft nicht überschritten werden soll. Die Laufzeit des
Kredits beträgt bis zu zehn Jahre in den alten Bundesländern und maximal dreizehn Jahre
in den neuen Bundesländern und Berlin.

Die Details der Beteiligung werden zwischen dem Unternehmen und dem Kapitalgeber
vereinbart, während die Konditionen des Kredits zwischen dem Kapitalgeber und der KfW
bzw. dem ausgewählten Kreditinstitut ausgehandelt werden.

▶   www.kfw.de/inlandsfoerderung/Unternehmen/Unternehmen-erweitern-festigen/
        Finanzierungsangebote/ERP-Beteiligungsprogramm-(100–104).

5.6.4.2.3   KMU-innovativ des BMBF

Das Bundesministerium für Bildung und Forschung (BMBF) unterstützt kleine und mittlere Unternehmen (KMU) bei Forschungs- und Entwicklungsvorhaben. Ziel ist eine technologische Vorreiterrolle des deutschen Mittelstands, weshalb das Programm vor allem
auf zukunftsfähige Spitzenforschung ausgerichtet ist.

Für das Programm kommen u. a. Projekte aus den Technologiefeldern Biotechnologie,
Nanotechnologie, Informations- und Kommunikationstechnologien, Produktionstechnologie oder Medizintechnik infrage.

Zum Qualifikationsprofil des Programms gehören insbesondere Anwendungsnähe und
Innovationshöhe, also sowohl wirtschaftliches als auch technologisches Potential des angestrebten Produkts. Das Forschungsvorhaben sollte ferner nicht nur für das Unternehmen,
sondern (in einem gewissen Maße) auch für die Gesellschaft von Relevanz sein.

Die Bewerbung ist online möglich und erfordert zunächst eine Projektskizze. Halbjährlich (im April und Oktober) werden die eingereichten Skizzen bewertet und selektiert.
Bei Erfolg ist sodann ein Förderantrag zu stellen, der wiederum nach Innovationsgrad,
technischer Ausführung und Beitragsleistung zur Lösung aktueller gesellschaftlicher Fragestellungen beurteilt wird. Bei entsprechender Eignung ergeht dann ein positiver Bewilligungsbescheid.

Erfolgreiche Bewerber erhalten nicht rückzahlungspflichtige Zuschüsse, wobei erwartet
wird, dass 50 % der zuwendungsfähigen Kosten selbst finanziert werden. Die Auszahlung
der Fördermittel erfolgt sukzessive mit dem Projektfortschritt; in der Regel über einen
Zeitraum von zwei bis drei Jahren. Nach Abschluss des Forschungsvorhabens ist ein Bericht zu erstellen und die weitere Verwertung der Ergebnisse zu erläutern.

▷   www.bmbf.de/de/20635.

5.6.4.2.4   ZIM des BMWi

Das Zentrale Innovationsprogramm Mittelstand (ZIM) des Bundesministeriums für Wirtschaft und Technologie (BMWi) ist ein umfassendes Förderprogramm für Kleine und Mittelständische Unternehmen (KMU). Es ist nicht auf bestimmte Branchen beschränkt und unterstützt insofern auch Unternehmen des Handwerks sowie der freien Berufe.

Die drei Fördermodule Kooperationsprojekte, Netzwerkprojekte und Einzelprojekte ermöglichen sowohl einzelbetriebliche als auch unternehmensübergreifende Anträge, ebenso können (gemeinnützige) Forschungseinrichtungen beteiligt sein. Zwar variieren die genauen Voraussetzungen je nach Fördermodul, allen gemeinsam ist jedoch die Bedingung, dass mindestens ein KMU eingebunden sein muss. Zudem muss das Projekt mit einem erheblichen technischen Risiko behaftet sein und ohne die Förderung nur deutlich später (oder gar nicht) umgesetzt werden können. Ein gewisses Mindestmaß an Innovation – zumindest unternehmensintern – wird vorausgesetzt.

Bei Bewilligung des Antrags erfolgt die Förderung in Form eines nicht zurückzuzahlenden Zuschusses, dessen Gesamthöhe von der Art des Projekts abhängt: Forschungs- und Entwicklungsprojekte können mit bis zu 350.000 EUR, Management- und Kooperationsnetzwerke ebenfalls mit bis zu 350.000 EUR und innovationsunterstützende Dienst- und Beratungsleistungen in der Regel mit bis zu 50.000 EUR gefördert werden. Ein bestimmter Anteil ist aus eigenen Mitteln beizusteuern; die genaue Höhe des Fördersatzes ist dabei variabel.

▷   www.zim-bmwi.de.

▷   Öffentliche Fördermittel haben den **Vorteil**, dass das „Investment" in der Regel ohne die Verpflichtung zur **Rückzahlung** geleistet wird. Bis die Fördermittel letztendlich ausgezahlt werden, müssen die Gründer häufig allerdings einige **bürokratische Hürden** nehmen, sodass sich für ambitionierte Gründer oftmals die Frage stellt, ob der Nutzen den Aufwand lohnt (Kaczmarek 2013). Ein weiteres **Manko** kann darin bestehen, dass einige Fördermittel lediglich flankierend zu dem Investment einem bereits akquirierten **Lead-Investors** geleistet werden. Haben die Gründer bereits einen privaten Kapitalgeber gefunden, werden sie in der Praxis eine weitere Eigenkapitalfinanzierung der Finanzierung durch öffentliche Fördermittel regelmäßig vorziehen.

5.7   Banken

Banken (Sparkassen, genossenschaftliche Institute sowie private Banken) sind klassische **Fremdkapitalgeber**.

Als **Eigenkapitalgeber** kommen Banken grds. **nicht** infrage, da sie zur Übernahme des nicht sicherbaren Finanzierungsrisikos von Start-ups nicht bereit bzw. wegen der an sie

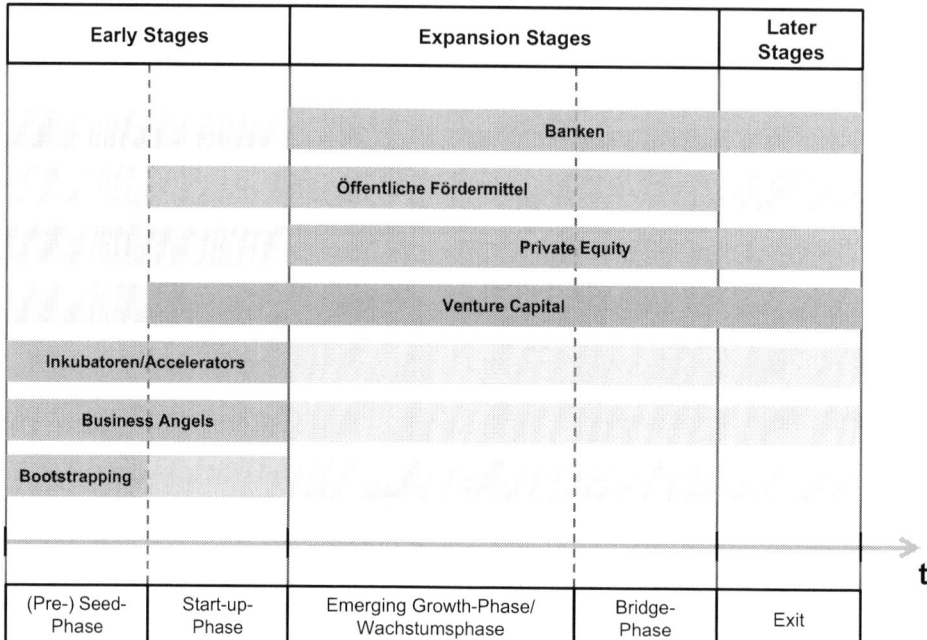

Early Stages		Expansion Stages		Later Stages

Abb. 5.4 Kapitalgeber und Gründungsphasen

selbst gestellten Eigenkapitalanforderungen („Basel II") gar nicht erst nicht im Stande sind (Weitnauer 2011, S. 4). Vorab kalkulierte Totalverluste – etwa durch Überkompensation einzelner überdurchschnittlich profitabler Investments bzw. Kreditbeziehungen – ihrer finanziellen Engagements sind für Banken dementsprechend tabu. In ihrer Funktion als Finanzintermediäre sind sie mit vielen Risiken konfrontiert und müssen bei der Vergabe für Kredite in ihrer Gesamtheit dafür Vorsorge treffen, dass diese Risiken die Solvenz des gesamten Finanzsektors nicht gefährden (Pott und Pott 2012, S. 241).

Direkte Beteiligungen als Vollgesellschafter an kleineren und mittleren Unternehmen gehen Banken – wenn überhaupt – nur mittelbar über darauf spezialisierte Beteiligungsgesellschaften ein (Werner und Kobabe 2007, S. 38).Wie vorweg angesprochen, spielen Banken jedoch mittlerweile auch eine erhebliche Rolle in ihrer Funktion als Vermittler öffentlicher Förderprogramme (s. soeben Kap. 5.6.). In dieser Funktion dienen sie dem jungen Unternehmen als direktes **Bindeglied** zum bankeneigenen Kreditgeschäft, wobei zahlreiche Förderprogramme ihrerseits unmittelbar die Eigenkapitalbasis stärken.

Zusammenfassung

Für jede **Gründungsphase** des Start-ups existiert ein passender **Kapitalgeber** (hierzu s. auch Abb. 5.4). Innerhalb der **Early Stages**, in der es auf die Findung der Geschäftsidee, der Wahl einer passenden Rechtsform sowie den Launch des Unternehmens ankommt, können Gründer – im Rahmen des sog. **Bootstrappings** – zunächst auf **eigene**

Ersparnisse und eine finanzielle Unterstützung von Verwandten und Bekannten („**Family and Friends**") zurückgreifen. Neben dem Bootstrapping ist in den Frühphasen eine Akquise von **Business Angels** und **Inkubatoren/Accelerators** zweckmäßig. Diese Kapitalgeber haben gemeinsam, dass sie dem Start-up finanzielle Mittel, Know-how und sonstige Dienstleistungen – im Gegenzug für Geschäftsanteile und eine damit verbundene Beteiligung am Unternehmen – überlassen.

Sobald das Start-up mit dem eigentlichen operativen Geschäft beginnt, steigen die Kosten rapide an. Insofern können die Gründer bereits in der **Start-up-Phase** auf **Venture Capital** und **Öffentliche Fördermittel** zurückgreifen, während für das Erreichen des **Break-Even-Point** innerhalb der **Emerging Growth-Phase** regelmäßig **Private Equity** erforderlich ist. Bei Venture Capital und Private Equity erfolgt die Beteiligung dadurch, dass der Investor dem Start-up – wiederum gegen Abgabe von Geschäftsanteilen und einer entsprechenden Unternehmensbeteiligung – Kapital überlässt. Obgleich VC- und Private Equity-Geber dem Start-up wesentlich mehr finanzielle Mittel als Business Angels und Inkubatoren zur Verfügung stellen, werden sie im Vergleich zu Business Angels und Inkubatoren weniger Geschäftsanteile erhalten, da die **Unternehmensbewertung** mit zunehmender Reputation des Start-ups am Markt steigt und die Anteile am Unternehmen dementsprechend **wertvoller** sind. Dieser „**rote Faden**" der Beteiligungsfinanzierung – also Kapitalbereitstellung ohne Rückzahlungsverpflichtung als Gegenleistung für eine Überlassung von Geschäftsanteilen – zieht sich durch den gesamten Lebenszyklus des Start-ups.

Von diesem roten Faden weicht – abgesehen von dem Bootstrapping – lediglich die klassische **Fremdkapitalfinanzierung** durch **Banken** ab. Im Gegensatz zur Beteiligungsfinanzierung kommt es Kreditgebern nämlich nicht auf die Überlassung von Geschäftsanteilen, sondern vielmehr auf die Rückzahlung und Verzinsung des Darlehens an. Da Banken für die Gewährung eines Kredits in der Regel Sicherheiten verlangen werden, kommt diese Finanzierungsform erst in den **Expansion Stages** und/oder in den **Later Stages** in Betracht.

Literatur

Beisel, W., und H.-H. Klumpp. 2009. *Der Unternehmenskauf. Gesamtdarstellung der zivil- und steuerrechtlichen Vorgänge einschließlich gesellschafts-, arbeits- und kartellrechtlicher Fragen bei der Übertragung eines Unternehmens*. München: Beck.

Börner, C. J. und D. Grichnik. 2005. *Entrepreneurial Finance. Kompendium der Gründungs- und Wachstumsfinanzierung*. Heidelberg: Physica-Verlag.

Breithaupt, J., und J. H. Ottersbach. 2010. *Kompendium Gesellschaftsrecht. Formwahl – Gestaltung – Muster für die Praxis*. München: C. H. Beck.

Guggi, P. 2012. Bootstrapping und Venture Capital. http://www.gruenderszene.de/finanzen/ lean-finance-von-bootstrapping-zu-venture-capital. Zugegriffen: 20. Juni 2013.

Kaczmarek, J. 2013. Welcher Investor ist der richtige? http://www.gruenderszene.de/allgemein/investor-finden#disqus_thread. Zugegriffen: 7. Mai 2013.

Kollmann, T. 2011. *E-Entrepreneurship. Grundlagen der Unternehmensgründung in der Net Economy.* Wiesbaden: Gabler.

Kollmann, T., und A. Kuckertz. 2003. *E-Venture-Capital. Unternehmensfinanzierung in der Net Economy. Grundlagen und Fallstudien.* Wiesbaden: Gabler.

Martinek, M., F.-J. Semler, S. Habermeier, und E. Flohr. 2010. *Handbuch des Vertriebsrechts.* München: Verlag C. H. Beck.

Nathusius, K. 2001. *Grundlagen der Gründungsfinanzierung. Instrumente – Prozesse – Beispiele.* Wiesbaden: Gabler.

Pott, O., und A. Pott. 2012. *Entrepreneurship. Unternehmensgründung, unternehmerisches Handeln und rechtliche Aspekte.* Berlin: Springer.

Saenger, I., L. Aderhold, K. Lenkaitis, und G. Speckmann. 2011. *Handels- und Gesellschaftsrecht. Praxishandbuch.* Baden-Baden: Nomos.

Weitnauer, W. 2011. *Handbuch Venture Capital. – Von der Innovation zum Börsengang.* München: Verlag C. H. Beck.

Werner, H. S., und R. Kobabe. 2007. *Handelsblatt Mittelstands-Bibliothek. Bd. 6: Finanzierung.* Stuttgart: Schäffer-Poeschel.

Wolpers, S. 2009a. Bootstrapping: Not, Tugend oder Lebensstil? – Teil 1. http://www.gruenderszene. de/allgemein/bootstrapping-not-tugend-oder-lebensstil-teil-1. Zugegriffen: 22. Juni 2013.

Wolpers, S. 2009b. Bootstrapping: „Geld sparen" und „Geld nicht ausgeben" sind zweierlei – Teil 2. http://www.gruenderszene.de/allgemein/bootstrapping-%E2 %80 %9Egeld-sparen%E2 %80 %9C-und-%E2 %80 %9Egeld-nicht-ausgeben%E2 %80 %9C-sind-zweierlei-teil-2. Zugegriffen: 25. Juni 2013.

Teil III
Finanzierungs-/Gründungsphasen
(Hahn/Naumann)

Jede Wachstumsphase des Unternehmens erfordert eine auf das Entwicklungsstadium des Start-ups abgestimmte Wahl der Finanzierungsmittel. Stehen in den frühen Phasen der unternehmerischen Aktivität bzw. deren Vorbereitung externe Kapitalquellen nur äußerst beschränkt zur Verfügung, spielen im Rahmen späterer Finanzierungsrunden – neben der Wahl der Kapitalquelle – auch strategische Überlegungen im Hinblick auf die Strukturierung der Finanzierung eine Rolle.

Die Finanzierungsphasen des Start-ups kongruieren mit dem Lebenszyklus eines Unternehmens, der sich in drei Stadien unterteilen lässt (s. hierzu Abb. 6.1). Der Gründungsphase folgt idealerweise die Phase unternehmerischen Wachstums (Expansions- oder Wachstumsphase), welche im besten Fall nach Ausarbeitung und Forcierung einer entsprechenden Exit-Strategie in die Veräußerung des Unternehmens mündet (Exit-Phase). Spiegelbildlich lassen sich die Frühphasenfinanzierung („early stages"), die Wachstums- bzw. Expansionsphasenfinanzierung („expansion stages") sowie schließlich die Übernahmefinanzierung bzw. Existenzsicherungsfinanzierung („later stages") unterscheiden. Die jeweilige Finanzierungsphase folgt dabei als Automatismus aus der konkreten wirtschaftlichen und perspektivischen Situation des Unternehmens.

(Pre-) Seed-Phase

6

Christopher Hahn und Daniel Naumann

Die **(Pre-) Seed-Phase** umfasst den Zeitraum vor dem eigentlichen Gründungsakt. In diesem Stadium fassen die Gründer den Gründungsentschluss und erstellen das Unternehmenskonzept sowie den Businessplan. Wichtige Entscheidungen bezüglich Standort und Rechtsform des Start-ups sind zu treffen. Insbesondere müssen die Gründer die Finanzierungsmöglichkeiten abwägen und erste Investitionen zum Start des Unternehmens tätigen. Schließlich sind die berufliche und wirtschaftliche Existenz der Gründer zu bedenken und entsprechende Entscheidungen zu treffen (Reichle 2010, S. 18) (Abb. 6.1).

In der **Frühfinanzierungsphase** (Seed-Phase), also dem Stadium vor unmittelbarer Aufnahme der eigentlichen operativen Tätigkeit, benötigt das Start-up Kapital, um die Entwicklung der Unternehmensidee voranzubringen (zum Ablauf der Seed-Phase s. Abb. 6.2). Die Phase dient zuvorderst der Findung und Formulierung der Unternehmensidee (Kollmann 2011, S. 90).

Der Beginn des Frühfinanzierungsstadiums überschneidet sich grundsätzlich mit der Ausarbeitungsphase des **Businessplans**. Das Unternehmen bzw. die Unternehmensidee benötigt auch dann Kapital, wenn der eigentliche formelle Gründungsakt noch nicht

C. Hahn (✉)
Luther Rechtsanwaltsgesellschaft mbH, Friedrichstraße 140,
10117 Berlin, Deutschland
E-Mail: christopher.hahn@luther-lawfirm.com

D. Naumann
Luther Rechtsanwaltsgesellschaft mbH, Grimmaische Straße 25,
04109 Leipzig, Deutschland
E-Mail: daniel.naumann@luther-lawfirm.com

C. Hahn (Hrsg.), *Finanzierung und Besteuerung von Start-up-Unternehmen,*
DOI 10.1007/978-3-658-01371-4_6, © Springer Fachmedien Wiesbaden 2014

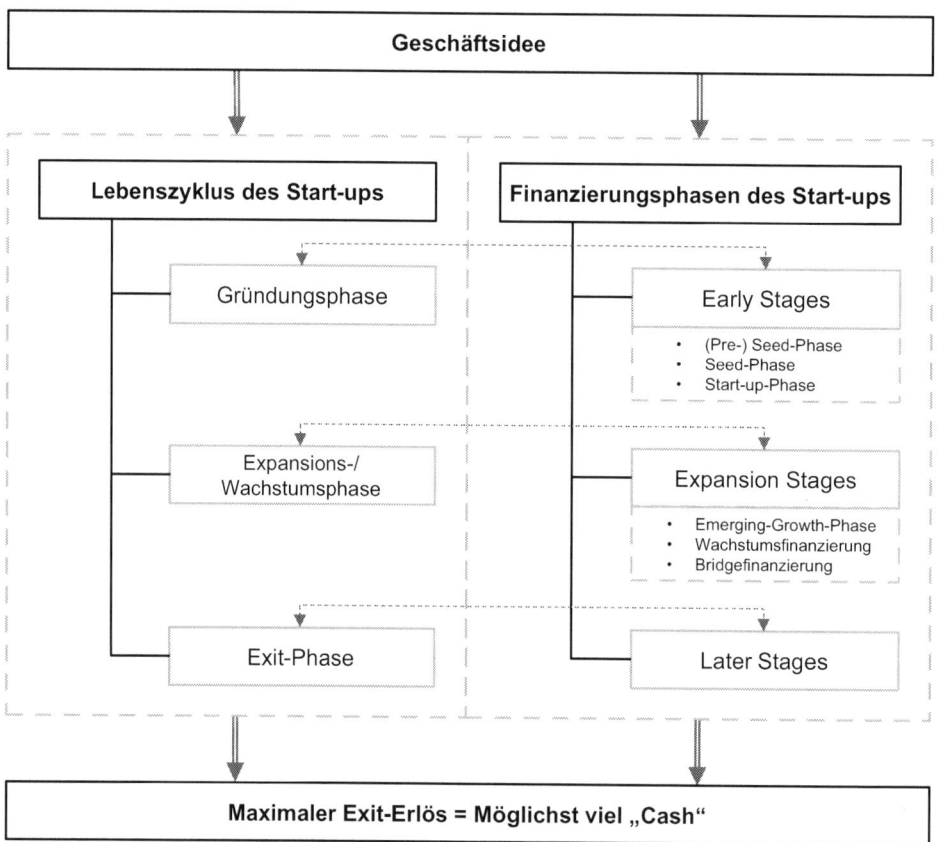

Abb. 6.1 Finanzierungs- Gründungsphasen

vollzogen ist. Gerade die Erstellung des Businessplans sollte im Idealfall nicht als ein der Unternehmensgründung vorgeschalteter Akt verstanden, sondern vielmehr als eine Frühphase des Unternehmens selbst betrachtet werden. Das Kapital, das benötigt wird, um den Gründern den finanziellen Spielraum zu schaffen, den Businessplan überhaupt konzentriert ausarbeiten zu können, ist demnach als ein nicht unwesentlicher Bestandteil einer Frühphasenfinanzierung zu verstehen.

Es liegt auf der Hand, dass Kapital nur bei außerordentlicher Risikobereitschaft der Kapitalgeber zur Verfügung gestellt werden kann. So wird es in der Praxis stets erforderlich sein, die Erstellung des Businessplans durch eigene Mittel („**Bootstrapping**", s. hierzu Kap. 5.1.) oder mittels einer „**Friends and Family**"-Finanzierung sicherzustellen, um überhaupt eine reelle Chance zu haben, externe Kapitalgeber zu erreichen. Gelegentlich wird diese der eigentlichen unternehmensbezogenen Tätigkeit vorangeschaltete Phase auch als „**Pre-Seed-Phase**" bezeichnet (Kollmann 2011, S. 166). Hierunter fallen insbesondere

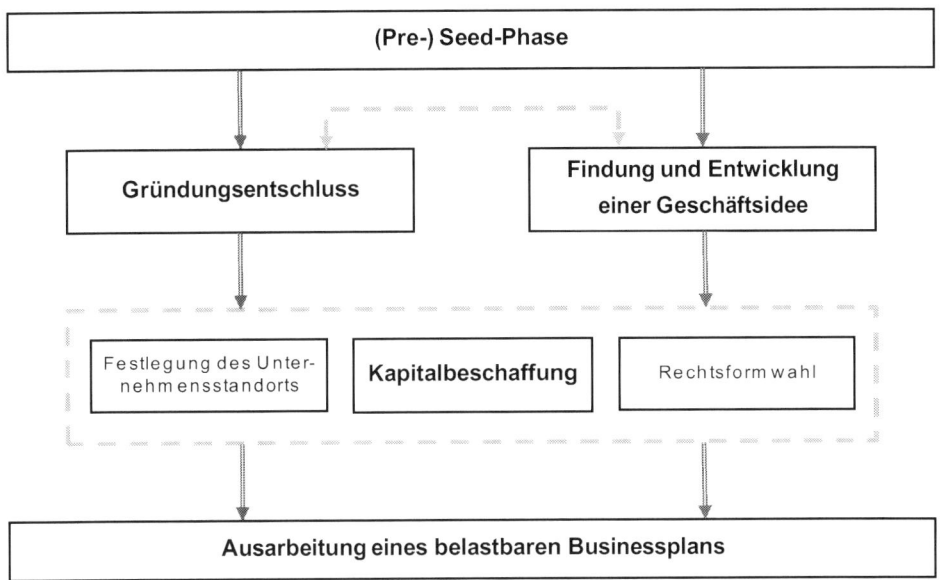

Abb. 6.2 Ablauf der Seed-Phase

Kosten der Gründer für Reisen, Recherchen oder sonstige zur Ideenfindung erforderlichen Aufwendungen (Kollmann 2011, S. 168). Die Wahl der konkreten Finanzierungsmittel ist innerhalb der Pre-Seed wie auch der Seed-Phase – ungeachtet der Schwierigkeiten einer genauen begrifflichen Abgrenzung – jedoch identisch.

In diesem Stadium müssen die Gründer im Rahmen ihrer Finanzierungsbemühungen ferner danach differenzieren, ob das Team zunächst finanzielle Mittel allein zur Erstellung des Businessplans benötigt (und erst im Anschluss daran entschieden werden soll/kann, ob eine praktische Umsetzung der Dienstleistung bzw. Entwicklung des Produkts lohnt) oder ob das Kapital sogleich die Ausreifung der Unternehmensidee bis hin zur Entwicklung eines Prototyps ermöglichen soll.

Selbst risikobereite Kapitalgeber werden ein Investment in dieser frühen Phase nur äußerst zurückhaltend tätigen. Gerade deswegen ist es in der Frühphase erforderlich, dass das Start-up mögliche Investoren einerseits von der Hingabe und Leidenschaft („**Commitment**") seiner Gründer überzeugen kann und den Kapitalgebern andererseits einen größtmöglichen Einblick in die unternehmerische Vision der Gründer gewährt.

▷ In der **Seed-Phase** erfolgen erste Gründungsinvestitionen und erste Finanzierungsverträge werden geschlossen. Die Phase umfasst darüber hinaus sowohl den juristischen Gründungsakt als auch die Bereitstellung von Produktionsfaktoren (Reichle 2010, S. 18).

6.1 Rechtsformwahl

▶ Unter **Rechtsform** versteht man die rechtliche Organisationsform des Start-ups, die unmittelbare Auswirkungen auf die Rechte und Pflichten des Unternehmens sowie aller Beteiligten hat. In der Praxis firmieren Start-ups häufig als Kapitalgesellschaften, insbesondere in der Form der GmbH bzw. der UG.

In aller Regel ist kein Investor bereit, das zur Finanzierung notwendige Kapital dem Gründer persönlich zur Verwendung zu überlassen. Um von Kapitalgebern „ernst genommen" zu werden – und damit die Basis für eine langfristige und erfolgreiche Finanzierung zu schaffen – ist es erforderlich, das Start-up in eine juristische Konstruktion zu „betten", die als „Vehikel" für eine Finanzierung geeignet ist. Hierzu müssen die Gründer eine passende Rechtsform für das Start-up finden. Die Wahl der Rechtsform, in der das Start-up künftig firmieren soll, ist eine grundlegende Entscheidung, die die Gründer in der Frühphase der Unternehmensgründung zu treffen haben. Persönliche Gründe spielen hierfür ebenso eine Rolle wie ökonomische und juristische Erwägungen (Priester und Mayer 2009, Kap. 2, Rn. 1).

Die Gründer werden selten die perfekte Organisationsform finden. Deshalb müssen die zur Verfügung stehenden Rechtsformen dahingehend abgewogen werden, dass für diejenige, bei der die Vor- die Nachteile (zumindest summarisch) überwiegen, optiert wird (vgl. Kollmann 2011, S. 227). Der so gefundene Kompromiss muss auch nach der getroffenen Rechtsformwahl in regelmäßigen Abständen auf etwaige – interne oder externe – Änderungen der Rahmenbedingungen dahingehend überprüft werden, ob diese eine Umwandlung des Start-ups in eine andere Rechtsform rechtfertigen. Mögliche Faktoren für eine Anpassung der Rechtsform können bspw. der Ein- oder Austritt von Gesellschaftern, die Berufsunfähigkeit eines geschäftsführenden Gesellschafters, Veränderungen der wirtschaftlichen Marktgegebenheiten oder Änderungen auf dem Gebiet des Steuer- oder Gesellschaftsrechts sein (Römermann 2009, § 1, Rn. 1).

Als Faustformel gilt der Grundsatz, spätestens alle drei bis fünf Jahre eine Überprüfung der Unternehmensform durchzuführen (vgl. Breithaupt und Ottersbach 2010, Teil 1. A. § 1, Rn. 1).

6.1.1 Vorüberlegungen

Das Gesellschaftsrecht stellt den Gründern eine Vielzahl von Rechtsformen zur Verfügung (s. Abb. 6.3). Diese Vielzahl wird allerdings durch den „numerus clausus" der Gesellschaftsformen beschränkt.

Der **numerus clausus** im Gesellschaftsrecht begrenzt die Wahl der den Gründern zur Verfügung stehenden Rechtsformen auf die gesetzlich vorgesehenen Gesellschaftsformen (vgl. Gummert 2005, Kap. 1, Rn. 1). Daneben wird die freie Wahl der Rechtsform durch einen sog. **Rechtsformzwang** ein-

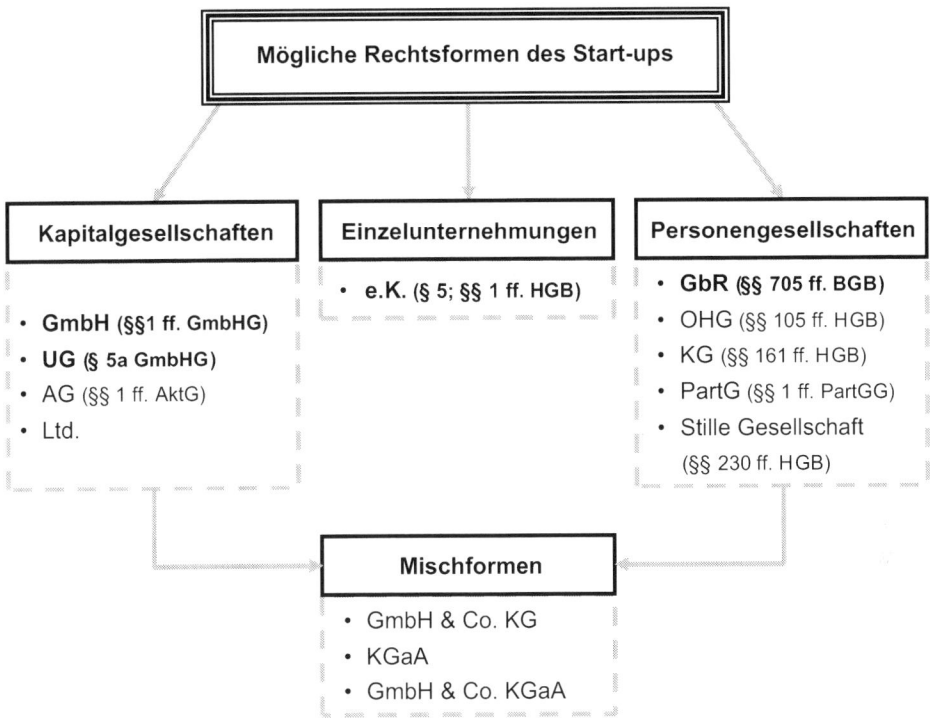

Abb. 6.3 Mögliche Rechtsformen des Start-ups

geschränkt. Soll demnach das Start-up als GbR firmieren und wird das vermarktete Produkt gleichzeitig auf die Ausübung eines Handelsgewerbes (s. Kap. 1 Abs. 2 HGB) ausgerichtet, entsteht kraft Gesetzes (vgl. § 105 Abs. 1 HGB) eine OHG (Gummert 2005, Kap. 1, Rn. 12).

Da es für die Wahl der passenden Rechtsform kein Patentrezept gibt, müssen die Gründer vor ihrer Entscheidung eine umfassende Bestandsaufnahme der ihre Unternehmung betreffenden Kriterien vornehmen (Römermann 2009, Kap. 1, Rn. 6). Dabei sind folgende Aspekte zu berücksichtigen (hierzu s. Abb. 6.4):

Zunächst müssen sich die Gründer verständigen, wer bzw. wie viele Personen das Start-up leiten. Sollen nicht alle Gründer an der Geschäftsführung beteiligt werden, ist als nächstes zu klären, ob bzw. in welcher Intensität diese die Geschäftsführer überwachen und ggf. sogar – durch Mitbestimmungsrechte im Sinne gesellschaftsvertraglicher Zustimmungsvorbehalte – beeinflussen dürfen. Die Abstimmung hängt oftmals von der jeweiligen Anzahl der Gründer ab, wobei die Schwierigkeit, eine für alle Parteien befriedigende Kompetenzverteilung zu finden, mit zunehmender Personenstärke der Gründer erfahrungsgemäß ansteigt. In diesem Zusammenhang sollte auch bedacht werden, ob der Aus- oder Einstieg von Gründern bzw. neuen Gesellschaftern (Gesellschafterwechsel) an bestimmte Bedingungen geknüpft wird, um diesen zu erschweren und dadurch den Zusammenhalt des ursprünglichen „Kernteams" zu stärken. Des Weiteren müssen die

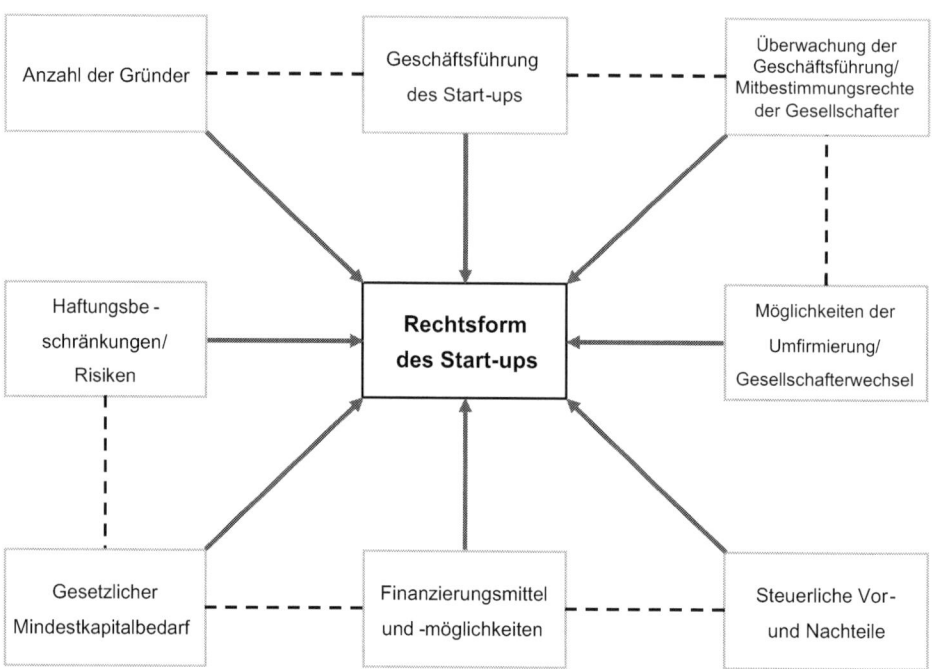

Abb. 6.4 Entscheidungskriterien für die Rechtsformwahl

Gründer – insbesondere anhand der mit dem Geschäftsbetrieb des Start-ups verbundenen Risiken – abwägen, inwiefern sie eine persönliche Haftung in Kauf nehmen oder eine Haftungsbeschränkung durch die Rechtsformwahl nutzen wollen.

In Bezug auf die Haftung gilt der allgemeine Grundsatz, dass bei Personengesellschaften jeder Gesellschafter persönlich, bei Kapitalgesellschaften dagegen lediglich das Gesellschaftsvermögen haftet. Bei Kapitalgesellschaften ist wiederum zu beachten, dass für den Haftungsfall – vorsorglich – eine bestimmte Mindesthaftungssumme (Stammkapital) zur Verfügung gestellt werden muss. Dieses Stammkapital beträgt bei der GmbH bspw. 25.000 EUR (s. § 5 Abs. 1 GmbHG). Soweit es in dieser Frühphase schon absehbar ist, sollten die Gründer auch den zukünftigen Kapitalbedarf des Start-ups abschätzen und eine damit im Zusammenhang stehende Beteiligung von Investoren – z. B. durch eine Erhöhung des Stammkapitals (vgl. auch Kap. 7.2.1.2.4) – in ihre Überlegungen einfließen lassen. Ferner müssen die steuerlichen Vor- bzw. Nachteile der jeweiligen Rechtsform beachtet werden (Johann 2009). Daneben können Kriterien wie die Möglichkeiten einer späteren Umfirmierung, der Gründungsaufwand sowie aber auch rechtsformabhängige Imagefragen die Rechtsformwahl beeinflussen (Römermann 2009, Kap. 1, Rn. 14 f.). Schließlich ergeben sich in der Praxis weitere die Rechtsformwahl prägende Selektionsfaktoren aus der von dem Start-up bereitgestellten Dienstleistung und/oder dem angebotenen Produkt. Hierbei spielt bspw. eine gewichtige Rolle, ob die potentiellen Abnehmer allein auf die persönliche, individuelle Kompetenz des Gründers vertrauen oder aber das Produkt selbst aufgrund seines ihm eigenen Nutzens in Anspruch nehmen, mit der Folge, auf eine persönliche Haftung des Gründers in aller Regel überhaupt keinen besonderen Wert zu legen.

Um die Entscheidungsfindung zu vereinfachen, finden sich nachfolgend die wesentlichen Charakteristika der – für Start-ups – besonders geeigneten Rechtsformen.

6.1.2   Kapitalgesellschaften

Wesentliches Merkmal aller **Kapitalgesellschaften** ist das eingezahlte Haftkapital („Stammkapital"), das – als rechtlich verselbständigte Haftungsmasse – eigenständig neben den Gesellschaftern steht (Saenger et al. 2011, Kap. 4, Rn. 43). Kapitalgesellschaften gelangen erst durch die Eintragung ins Handelsregister (für die GmbH s. § 11 Abs. 1 GmbHG) zur Entstehung (Baumbach und Hueck 2013, Kap. 7, Rn. 1).

Da die Gesellschafter von Kapitalgesellschaften in der Regel nicht persönlich haften, ist dieser Organisationstypus für Gründer besonders attraktiv. Kapitalgesellschaften handeln als juristische Person bzw. Körperschaft durch eigenständige Organe. Zu diesen zählen die Geschäftsführung, die Gesellschafterversammlung und – abhängig von den gesetzlichen Vorgaben und der Ausgestaltung des Gesellschaftsvertrags/der Satzung – ein Aufsichts- oder Beirat (Johann 2009).

Die wichtigsten Rechtsformen unter den Kapitalgesellschaften sind die AG und die GmbH. Unter Kostengesichtspunkten hat die AG – im Vergleich zur GmbH – für Start-ups allerdings den Nachteil, dass bei der Gründung einer AG ein Grundkapital in Höhe von mindestens 50.000 EUR notwendig ist, während für die GmbH ein Stammkapital von lediglich 25.000 EUR (§ 5 Abs. 1 GmbHG) ausreicht. Weitere in diesem Zusammenhang bestehende Defizite der AG sind (hierzu s. Saenger et al. 2011, Kap. 4, Rn. 64 ff.), dass

- bei der AG die Bildung eines Aufsichtsrats zwingend gesetzlich vorgeschrieben (§§ 95 ff. AktG) ist, wohingegen bei der GmbH ein solcher freiwillig (fakultativ) errichtet werden kann (§ 52 GmbHG) und
- die AG durch einen umfassenden Verwaltungsaufwand (z. B. Gründungsbericht nach § 32 AktG, Gründungsprüfung gemäß §§ 33 bis 35 AktG oder die Notwendigkeit der notariellen Beurkundung von Beschlüssen der Hauptversammlung nach § 130 AktG) generell sehr hohe (Verwaltungs-) Kosten verursacht.

In der Seed-Phase stehen dem Start-up häufig nur eingeschränkt finanzielle Mittel zur Verfügung, sodass die AG für junge Unternehmen in der Praxis regelmäßig uninteressant ist. Aufgrund dieser vergleichsweise geringen Bedeutung der AG in der Finanzierungspraxis von Start-ups beschränkt sich die nachfolgende Darstellung der in Betracht kommenden rechtlichen Organisationsformen einer zu gründenden Kapitalgesellschaft auf die GmbH und die UG.

6.1.2.1 Gesellschaft mit beschränkter Haftung (GmbH)

Nach einer Studie des VBKI (Verein Berliner Kaufleute und Industrieller e. V.) firmierten im Januar 2013 mehr als die Hälfte aller in Berlin ansässigen Start-ups als GmbH (die Studie kann unter: www.vbki.de eingeshen werden. Die GmbH ist somit die praktisch relevanteste Rechtsform für junge Unternehmen.

Eine GmbH kann „zu jedem gesetzlichen Zweck durch eine oder mehrere Personen errichtet werden" (§ 1 GmbHG), d. h. die Gründung einer Ein-Mann- oder Ein-Personen-GmbH ist zulässig. Charakteristisch für diese Form der GmbH ist, dass sich alle Geschäftsanteile in der Hand eines Gesellschafters befinden (vgl. §§ 35 Abs. 3; 48 Abs. 3 GmbHG), der häufig auch gleichzeitig als Geschäftsführer firmiert (Baumbach und Hueck 2013, § 1, Rn. 49 f.). Für einen einzelnen Gründer kommt die Ein-Personen-GmbH insbesondere dann in Betracht, wenn er die Geschäftsidee des Start-ups eigenständig entwickelt hat und aus dieser auch selbst den maximalen Profit erzielen möchte. In einer solchen Fallgestaltung kann es durchaus sinnvoll sein, das Start-up – in der Rechtsform der GmbH – alleine zu gründen und hiernach das zur Umsetzung der Geschäftsidee erforderliche Team aufzubauen. Natürlich besteht auch nach der Gründung einer Ein-Personen-GmbH die Möglichkeit, weitere Gesellschafter durch Anteilserwerb oder Kapitalerhöhung (diesbezüglich s. Kap. 7.2.1.2.4) an dem Start-up zu beteiligen.

Die GmbH ist eine eigenständige juristische Person (§ 13 Abs. 1 GmbHG) und besteht als solche auch bei einem Wechsel ihrer Gesellschafter fort (Saenger et al. 2011, § 4, Rn. 44). Die Gesellschafter haften nicht für die Verbindlichkeiten der GmbH, da die GmbH über ein eigenes Haftungsvermögen verfügt, das die Gesellschafter ihr in Form von Stammeinlagen bzw. Stammkapital überlassen haben (Breithaupt und Ottersbach 2010, Teil 1. A. Kap. 1, Rn. 77). Der zur Gründung der GmbH erforderliche Gesellschaftsvertrag muss von allen Gesellschaftern unterzeichnet werden und bedarf zu seiner Wirksamkeit zusätzlich der notariellen Beurkundung (§ 2 Abs. 1 GmbHG). Obgleich das Gesetz einen bestimmten Mindestinhalt des Gesellschaftsvertrages vorgibt (s. § 3 GmbHG und s. auch § 7.2.3.1.3.1), können die Gesellschafter die Satzung darüber hinaus frei gestalten und an eine Vielzahl der jeweiligen branchen- oder produktspezifischen Erfordernisse des Start-ups anpassen (vgl. Saenger et al. 2011, Kap. 4, Rn. 44).

Innerhalb der Gesellschafterversammlung bestimmen die Gesellschafter über den ihnen zugewiesenen Aufgabenkreis (§ 46 GmbHG) sowie – sofern entsprechende Regelungen getroffen wurden – über im Gesellschaftsvertrag festgelegten Bereiche, wobei die einfache Mehrheit zur Annahme einer Beschlussfassung genügt (§ 47 Abs. 1 GmbHG). Bei Abstimmungen in der Gesellschafterversammlung gewährt jeder Euro eines Geschäftsanteils eine Stimme (§ 47 Abs. 2 GmbHG). Ebenfalls abhängig von der Höhe der Beteiligung eines Gesellschafters am Stammkapital ist die Gewinnausschüttung der Gesellschaft, die im Rahmen der Gesellschafterversammlung beschlossen wird (Saenger et al. 2011, § 4, Rn. 48).

Je nachdem, wie die Gründungsgesellschafter das benötigte Stammkapital aufbringen wollen, kann die Gründung der GmbH als Bargründung (= Leistung des Stammkapitals in Geld), Sachgründung (= Leistung durch Einbringung von Sachen, z. B. Grundstücken, Maschinen, etc.) oder Mischgründung (= Leistung teilweise in Geld und teilweise durch die Einbringung von Sachen) erfolgen.

Daneben besteht die Möglichkeit, die GmbH im vereinfachten Verfahren (vgl. § 2 Abs. 1a GmbHG) unter Verwendung eines gesetzlichen Musterprotokolls (als Gesellschaftsvertrag) zu gründen, wobei der Begriff „vereinfacht" allerdings nicht bedeutet, dass die Gründung selbst unmittelbare zeitliche oder anderweitige Vorzüge gegenüber dem „normalen" Gründungsverfahren aufweist (Priester und Mayer 2009, § 4, Rn. 15).

So enthält das Musterprotokoll nur die nach § 3 Abs. 1 GmbHG erforderlichen Mindestangaben, sodass im Übrigen die gesetzlichen Vorschriften des GmbHG zur Anwendung kommen. Über die Vorgaben im Musterprotokoll hinausgehende individuelle Absprachen können allerdings nicht vereinbart werden, sodass die „vereinfachte" Gründung unter Verwendung des gesetzlichen Musterprotokolls in der Praxis allenfalls für die Ein-Mann-GmbH, bei der keine Interessenkonflikte zwischen mehreren Gesellschaftern denkbar sind, zu empfehlen ist.

▷ Die **Vorteile** der **GmbH** sind zum einen die Haftungsbeschränkung auf das Gesellschaftsvermögen (§ 13 Abs. 2 GmbHG) und zum anderen die umfangreichen Ausgestaltungsmöglichkeiten des Gesellschaftsvertrages, die fast alle Individualanforderungen des Start-ups berücksichtigen (vgl. Saenger et al. 2011, Kap. 4, Rn. 50). Die Rechtsform der GmbH eignet sich insbesondere zur Beschaffung „frischen" Eigenkapitals, was bspw. durch die Aufnahme neuer Gesellschafter und eine damit verbundene Erhöhung des Stammkapitals der Gesellschaft (s. hierzu Kap. 7.2.1.2.4) realisiert werden kann. Demgegenüber limitiert die Haftungsbeschränkung – und der entsprechende Mangel an Sicherheiten – eine Fremdkapitalfinanzierung (vgl. Kollmann 2011, S. 236). Dieser Umstand stellt in der Praxis allerdings keinen echten Nachteil dar, da für die meisten Start-ups eine Finanzierung durch Fremdkapital, gerade wegen der Notwendigkeit der Bereitstellung von Sicherungsmitteln, im Vergleich zur Eigenkapitalfinanzierung generell ausscheidet.

6.1.2.2 Unternehmergesellschaft (haftungsbeschränkt)

Neben der GmbH ist die sog. Unternehmergesellschaft (UG) geeignet für Start-up-Gründer, die zu Beginn über nur geringes Eigenkapital verfügen. Bei dieser Kapitalgesellschaftsform handelt es sich dem Grunde nach um eine GmbH (zu den Unterschieden zwischen UG und GmbH s. Tab. 6.1), deren Haftungskapital das gesetzlich geforderte Mindestmaß von 25.000 EUR (§ 5 Abs. 1 GmbHG) unterschreitet. Aus diesem Grund muss sie die Bezeichnung „Unternehmergesellschaft" (haftungsbeschränkt) oder „UG" (haftungsbeschränkt) führen (§ 5a Abs. 1 GmbHG). Weil die UG insofern bereits mit einem Stammka-

Tab. 6.1 Unterschiede GmbH und UG

	UG	GmbH
Notwendiges Stammkapital	€ 1,00 bis € 24.999,00 (§ 5a Abs. 1 GmbHG)	Mindestens € 25.000,00 (§ 5 Abs. 1 GmbHG)
Voraussetzung für die Anmeldung im Handelsregister	Einzahlung des Stammkapitals in vollständiger Höhe (§ 5a Abs. 2 S. 1 GmbHG)	Einzahlung muss wenigstens die Hälfte des Mindeststammkapitals, also € 12.500,00 betragen
Art und Weise der Leistung des Stammkapitals	Grds. nur durch Bareinlagen möglich (§ 5a Abs. 2 S. 2 GmbHG); Sacheinlagen sind nur dann zulässig, sofern die UG durch diese das Mindeststammkapital der GmbH (€ 25.000,00) erreicht	Leistung des Stammkapitals durch Bar-, Sach- und/oder Mischeinlagen möglich
Bildung von Rücklagen	Bei erfolgreichen Geschäftsbetrieb ist die Bildung von (jährlichen) Rücklagen zwingend erforderlich (§ 5a Abs. 3 GmbHG)	Bei der GmbH gibt es keine gesetzliche Verpflichtung zur Bildung von Rücklagen
Zwingende Einberufung der Gesellschafterversammlung	Unverzüglich bei drohender Zahlungsunfähigkeit (§ 5a Abs. 4 GmbHG)	Unverzüglich bei Verlust der Hälfte des Stammkapitals (§ 49 Abs. 3 GmbHG)

Erreicht die UG ein Stammkapital von € 25.000,00, entspricht sie rechtlich vollständig der GmbH und kann auch als solche firmieren oder den Namen UG (haftungsbeschränkt) weiterführen (§ 5a Abs. 5 GmbHG)

pital von einem Euro gegründet werden kann, wird sie vielfach auch als „1-Euro-GmbH" oder „Mini-GmbH" bezeichnet (Römermann 2009, Kap. 4, Rn. 1).

Im Gegensatz zur GmbH – bei der die Anmeldung zum Handelsregister möglich ist, sobald das Stammkapital zumindest in Höhe von 12.500 EUR einbezahlt wurde (§ 7 Abs. 2 S. 2 GmbHG) – darf die Anmeldung der UG zum Handelsregister erst bei vollständiger Leistung des Stammkapitals erfolgen (§ 5a Abs. 2 S. 1 GmbHG). Sacheinlagen sind grundsätzlich nicht zulässig (§ 5a Abs. 2 S. 2 GmbHG), es sei denn, die Gesellschaft erreicht durch die Sacheinlage das Mindeststammkapital der GmbH (s. hierzu auch Kap. 7.2.1.2.4.3).

Durch das geringere Stammkapital werden zudem die Vorgaben zur (zwangsweisen) Einberufung einer Gesellschafterversammlung erweitert: Diese ist nicht erst bei Verlust der Hälfte des Stammkapitals (s. § 49 Abs. 3 GmbHG) – also sobald das Vermögen der Gesellschaft infolge von Verlusten das Stammkapital nicht mehr wenigstens zur Hälfte deckt (Hauschka 2010, Kap. 10, Rn. 93) –, sondern bereits bei drohender Zahlungsunfähigkeit unverzüglich (§ 5a Abs. 4 GmbHG) einzuberufen (Hirte 2008, S. 762).

Als weiterer Nachteil gegenüber der GmbH kann sich die gesetzliche Verpflichtung zur kontinuierlichen Rücklage von 25 % des um etwaige Verlustvorträge geminderten Jahresüberschusses (§ 5a Abs. 3 S. 1 GmbHG) erweisen. Eine derartige gesetzliche Vorgabe zur Bildung von Rücklagen gibt es bei der GmbH nicht (Ziemons und Jaeger 2013, § 29, Rn. 23). Verstöße der UG gegen diese Verpflichtung führen zur Nichtigkeit der Feststellung des Jahresabschlusses und entsprechender Gewinnverwendungsbeschlüsse (Saenger et al. 2011, Kap. 4, Rn. 54). Andererseits endet die Pflicht, sobald die UG durch die Rücklagen das Mindeststammkapital der GmbH in Höhe von 25.000 EUR erreicht hat (vgl. § 5a Abs. 5 GmbHG), was etwa durch Umwandlung der gesetzlichen Rücklage in Kapital oder auch durch eine effektive Kapitalerhöhung bewirkt werden kann (Hirte 2008, S. 762).

Im Übrigen gelten die oben zur GmbH gemachten Ausführungen (s. Kap. 6.1.2.1) für die UG entsprechend.

▶ Die Möglichkeit der Reduzierung des Stammkapitals auf bis zu einem Euro ist die größte **Stärke** der **UG** gegenüber der GmbH. Dieser (vermeintliche) Vorteil stellt gleichermaßen aber auch die größte **Schwäche** dieser Rechtsform dar: Firmiert ein Start-up mit einem Stammkapital von lediglich einem Euro und kann somit effektiv nicht einmal die Gründungskosten (Notar, Eintragung ins Handelsregister) decken, besteht die latente Gefahr, dass die Gesellschaft bei Zustellung der ersten Rechnung bereits „insolvenzreif" ist (Johann 2009). Betrachtet man dieses Manko im Zusammenhang mit den weiteren Defiziten gegenüber der GmbH (vollständige Einzahlung des Stammkapitals, grds. nur Bareinlagen möglich sowie die Pflicht zur Bildung von jährlichen Rücklagen („Thesaurierung")), sollten sich Gründer sorgfältig überlegen, ob das reduzierte Stammkapital die oben genannten Nachteile rechtfertigt. Zur Führung einer „ernsthaft" intendierten Unternehmung ist es im Zweifel jedenfalls zweckmäßiger, eine GmbH mit einem Stammkapital von zunächst 12.500 EUR (s. § 7 Abs. 2 S. 2 GmbHG) zu gründen. Hinsichtlich der Finanzierungsmöglichkeiten eignet sich die UG – ebenso wie die GmbH – besonders zur weiteren Eigenkapitalbeschaffung durch die Aufnahme neuer oder stiller Gesellschafter. Eine Fremdkapitalfinanzierung ist durch die Reduzierung des Stammkapitals und dem damit verbundenen Fehlen von Sicherheiten kaum machbar (vgl. Kollmann 2011, S. 238).

6.1.2.3 Limited

Als weiteres Konkurrenzmodell zur deutschen GmbH ist die englische private company limited by shares („Limited") anzusehen (Bayer und Hoffmann 2007, S. 414). Infolge der Rechtsprechung des EuGH zur Niederlassungsfreiheit und der damit verbundenen Möglichkeit, eine nach dem Recht eines EG- oder EWR-Staates gegründete Gesellschaft auch in anderen Mitgliedstaaten als solche anzuerkennen, können Start-ups in Deutschland auch als Limited firmieren (Römermann 2009, § 1, Rn. 53).

Die Limited ist eine juristische Person nach englischem Recht. Strukturell ist sie ebenfalls mit der deutschen GmbH vergleichbar, da in dem Gründungsvertrag der Limited („memorandum of association") ein festes Grundkapital bestimmt werden muss. Allerdings ist ein Mindestkapital nicht vorgeschrieben (Saenger et al. 2011, Kap. 4, Rn. 75). Durch die nicht vorgegebene Höhe des Haftungskapitals hat die Limited gegenüber der UG keine wirklichen Vorteile. Diesbezüglich gelten die zur UG gemachten Ausführungen für die Limited entsprechend.

▸ **Hauptargument gegen** die **Limited** ist deren schlechtes Image bei Gläubigern, Kunden und Banken (Bayer und Hoffmann 2007, S. 416) sowie die Tatsache, dass auf sie englisches Gesellschaftsrecht Anwendung findet. Aus diesem Grund wird ein in Deutschland als Limited firmierendes Start-up auf Business-Angels, VC- wie auch Mezzanine-Kapitalgeber eher abschreckend wirken. Gründern, die das zur Errichtung einer GmbH erforderliche Mindestkapital nicht aufbringen können, ist folglich die Rechtsform der UG zu empfehlen.

6.1.3 Personengesellschaften

Bei **Personengesellschaften** schließen sich mindestens zwei Personen zur Erreichung eines gemeinsamen Zwecks zusammen (vgl. § 705 BGB). Die Gesellschafter einer Personengesellschaft haften für die Gesellschaftsverbindlichkeiten persönlich mit ihrem Privatvermögen, da die Gesellschaft als solche – im Unterschied zu Kapitalgesellschaften – über kein fest eingezahltes Haftungskapital verfügt. Grundform der Personengesellschaften ist die Gesellschaft des bürgerlichen Rechts (sog. „GbR" oder auch „BGB-Gesellschaft").

Bei der Entwicklung der Personengesellschaft ging der Gesetzgeber von einer Gesellschaft mit einem kleinen Kreis von Gesellschaftern aus, deren Zusammenschluss aufgrund von persönlichem Vertrauen erfolgt. Demzufolge geht das Personengesellschaftsrecht grds. davon aus, dass der Bestand der Gesellschaft von der Zusammensetzung und dem Zusammenhalt des Gesellschafterkreises abhängt (Gummert 2005, § 1, Rn. 20). Im Gegensatz zu Kapitalgesellschaften, für die das Gesetz bestimmte Mindestinhalte des Gesellschaftsvertrages vorsieht (z. B. § 3 GmbHG oder § 23 AktG, s. auch § 7 2.1.3.1.3), genießen die Gesellschafter einer Personengesellschaft hinsichtlich der Gestaltung des Gesellschaftsvertrages größtmögliche Freiheit. Infolgedessen ist der Inhalt des Gesellschaftsvertrages bei Streitfragen auch stets nach dem tatsächlichen Willen der Gesellschafter auszulegen (BGH NJW 1993, S. 3193).

Im Unterschied zu den Kapitalgesellschaften verfügen Personengesellschaften über keine zusätzlichen Organe wie den oder die Geschäftsführer, die Gesellschafterversammlung, den Aufsichtsrat oder sonstige Beiräte. Die Geschäftsführung und Vertretung der Gesellschaft wird vielmehr von den Gesellschaftern selbst übernommen („Selbstorganschaft", vgl. Saenger et al. 2011, Kap. 4, Rn. 10).

Darüber hinaus ist das Gesellschaftsvermögen der Personengesellschaft als Gesamt-handsvermögen einzuordnen und dementsprechend auch gesamthänderisch an alle Gesellschafter gebunden. Für Gesellschaftsverbindlichkeiten haften die Gesellschafter persönlich (Gummert 2005, Kap. 1, Rn. 25).

Solange das Start-up nicht auf die Führung eines Handelsgewerbes ausgerichtet ist, kommt für die Gründer die Rechtsform der GbR in Betracht. Diese Rechtsform ist attraktiv, weil die Gründung formfrei ist und den Gründern folglich keine oder zumindest lediglich geringe Gründungskosten entstehen (Saenger et al. 2011, Kap. 4, Rn. 8).

6.1.3.1 Gesellschaft bürgerlichen Rechts (GbR)

Die GbR (§§ 705 ff. BGB) stellt die Grundform aller Personengesellschaften dar. Dies bedeutet, dass eine GbR immer dann „automatisch" von Gesetzes wegen vorliegt bzw. entsteht, wenn sich zwei Personen gegenseitig verpflichten, die Erreichung eines gemeinsamen Zwecks in einer vertraglich bestimmten Weise zu fördern. Eines darüber hinausgehenden Rechtsaktes, der explizit auf die Gründung einer GbR gerichtet ist, bedarf es nicht.

Der Zusammenschluss von Gründern beruht regelmäßig auf einem persönlichen Vertrauen der Beteiligten, das in der Regel nur dann besteht, soweit die Gründer über ihre geschäftlichen Beziehungen hinaus auch privaten Kontakt pflegen. Aufgrund dieses besonderen Vertrauens beschränkt sich die Anzahl der Gesellschafter der GbR häufig auf geringe Mitgliederzahlen, wenigstens jedoch zwei (vgl. Römermann 2009, Kap. 1, Rn. 24).

Eine weitere Ausprägung des Vertrauensprinzips bewirkt, dass ein Austritt eines Gesellschafters grds. zur Auflösung der gesamten GbR führt (vgl. §§ 723 ff. BGB). Diese Regelung ist allerdings dispositiv (s. § 736 Abs. 1 BGB) und kann folglich abbedungen werden. Insofern ist auch die Übertragung der Gesellschaftsanteile auf Dritte grundsätzlich nicht vorgesehen (§§ 719 Abs. 1, 717 S. 1 BGB). Etwas anderes gilt nur dann, sofern alle Gesellschafter mit einer abweichenden Regelung einverstanden sind oder eine solche Vorgehensweise im Gesellschaftsvertrags vereinbart wurde (Römermann 2009, Kap. 1, Rn. 24).

Nach dem – dem Grunde nach für alle Personengesellschaften geltenden – Prinzip der Selbstorganschaft, steht die Geschäftsführung den Gesellschaftern gemeinschaftlich zu (§ 709 Abs. 1 BGB). Da eine solche Gesamtgeschäftsführung in der Praxis oftmals nicht praktikabel ist, gestattet das Gesetz auch die Übertragung der Geschäftsführung auf einzelne oder mehrere Gesellschafter (vgl. §§ 710 S. 1, 711 BGB). Eine entsprechende Vereinbarung kann ebenso hinsichtlich der Vertretungsbefugnis (s. § 714 BGB) getroffen werden (Breithaupt und Ottersbach 2010, Teil 1. A. Kap. 1, Rn. 42).

Die GbR entsteht, ohne dass es der Einhaltung einer Form bedarf. Die Pflicht zur notariellen Beurkundung (und damit zur Einhaltung einer gesetzlich vorgeschriebenen Form) besteht aber dann, wenn die Gründung der GbR unter Einbringung von Grundstücken (s. § 311b Abs. 1 S. 1 BGB) oder GmbH-Anteilen (§ 15 Abs. 3 GmbHG) erfolgt (Breithaupt und Ottersbach 2010, Teil 1. A. § 1, Rn. 40).

Schließlich gilt für die GbR der Grundsatz der unmittelbaren Außenhaftung, d. h. die Gesellschafter haften für die Gesellschaftsverbindlichkeiten grds. unmittelbar mit ihrem Privatvermögen (Römermann 2009, Kap. 1, Rn. 24).

Tab. 6.2 Vergleich GbR, OHG und KG

	GbR	**OHG**	**KG**
Kapitalbedarf bei Gründung	Keine bzw. allenfalls geringe Kosten		
Formbedürftigkeit (z.B. notarielle Beurkundung) des Gesellschaftsvertrags	Grds. besteht kein Formerfordernis		
Eintragung ins Handelsregister erforderlich	Nein	Ja	
Haftung	Unbegrenzte und persönliche Haftung aller Gesellschafter		Unbegrenzte und persönliche Haftung der Komplementäre, Kommanditisten haften nur bis zur Höhe ihrer Geschäftseinlage
Geschäftsführung **Vertretung**	Alle Gesellschafter gemeinsam	Jeder Gesellschafter einzeln	Jeder Komplementär einzeln

▶ Eine Eigenkapitalfinanzierung kann bspw. durch Venture Capital (vgl. Kap. 7.2.1) erfolgen, wobei der VC-Geber als Gegenleistung für sein Investment eine Beteiligung an dem Gesamthandsvermögen der Gesellschaft verlangen wird. Das Gesamthandsvermögen ist das gesamthänderisch gebundene Gesellschaftsvermögen (§ 718 BGB) der GbR. Nach § 719 Abs. 1 BGB kann ein Gesellschafter allerdings nicht über seinen Anteil an dem Gesellschaftsvermögen verfügen und ist darüber hinaus auch nicht berechtigt, vor Beendigung des Gesellschaftsvertrages Teilung zu verlangen. Dieser Umstand macht ein Investment in ein als GbR organisiertes Start-up regelmäßig unattraktiv. Denkbar – aber mangels Sicherheiten oft nicht durchführbar – ist ferner eine Fremdkapitalfinanzierung z. B. durch Bankkredite.

6.1.3.2 Offene Handelsgesellschaft (OHG) und Kommanditgesellschaft (KG)

Ist die GbR auf die Ausführung eines Handelsgewerbes ausgerichtet, entsteht kraft Gesetzes eine OHG (§ 105 Abs. 1 HGB). Diese ist bei dem Gericht, in dessen Bezirk sich der Gesellschaftssitz befindet, zur Eintragung ins Handelsregister anzumelden (§ 106 Abs. 1 HGB). Im Unterschied zur GbR ist jeder Gesellschafter der OHG zur Vertretung der Gesellschaft berechtigt (§ 125 OHG).

Bei einem als OHG firmierenden Start-up haftet jeder Gesellschafter mit seinem Privatvermögen für die Verbindlichkeiten der Gesellschaft (§ 128 S. 1 HGB). Da diese Regelung für manche Gründer zu rigide sein kann, besteht ferner die Möglichkeit, das Start-up als KG (§§ 161 ff. HGB) firmieren zu lassen. In Divergenz zur OHG (zu Gemeinsamkeiten und Unterschieden der GbR, OHG und KG s. auch Tab. 6.2) haften bei der KG nur die geschäftsführenden Gesellschafter (sog. „Komplementäre") mit ihrem gesamten Vermögen – persönlich – für die Verbindlichkeiten der Gesellschaft (§ 161 Abs. 1 HGB). Demgegenüber ist die Haftung der sog. „Kommanditisten" auf die Höhe ihrer jeweiligen Geschäftseinlage begrenzt (§ 171 Abs. 1 HGB). Diese Haftungsbeschränkung führt allerdings dazu, dass die Kommanditisten sowohl von der Geschäftsführung (s. § 164 S. 1 HGB) als auch von der Vertretung der Gesellschaft (§ 170 HGB) ausgeschlossen sind.

6.1.3.3 Mischformen

Neben den klassischen Personengesellschaftsformen besteht darüber hinaus die Möglichkeit, Personen- und Kapitalgesellschaften zu sog. Mischformen zu kombinieren. Hierzu zählen insbesondere die GmbH-/UG- und AG & Co. KG (Römermann 2009, Kap. 1, Rn. 20). Diese Mischformen haben alle gemeinsam, dass ihr Komplementär – also der für die Gesellschaftsverbindlichkeiten unbegrenzt und persönlich haftende Gesellschafter – eine Kapitalgesellschaft in der Rechtsform der GmbH/UG oder AG ist.

6.1.4 Einzelunternehmung

Handelt ein Gründer lediglich als Einzelperson und möchte er das Start-up ohne die Beteiligung weiterer Gründer führen, so kann er – neben der Ein-Personen-GmbH (vgl. Kap. 6.1.2.1) – als Einzelunternehmer firmieren.

Hierfür wird der Gründer im Rechtsverkehr als eingetragener Kaufmann (e.K.) auftreten. Ein **Kaufmann** zeichnet sich durch den Betrieb eines Handelsgewerbes aus (§ 1 Abs. 1 HGB), wobei unter „Gewerbe" eine auf Dauer angelegte, selbstständige Tätigkeit, die mit einer Gewinnerzielungsabsicht betrieben wird, zu verstehen ist (Saenger et al. 2011, Kap. 5, Rn. 329).

Bei Gründung des Einzelunternehmens besteht das Gesamtvermögen des Unternehmensgründers ausschließlich aus dem Privatvermögen, das nach der Gründung zu Betriebsvermögen wird. Auch nach dieser Umwandlung bleibt das dem Unternehmen gewidmete Betriebsvermögen Teil des Gesamtvermögens des Einzelunternehmers (Breithaupt und Ottersbach 2010, Teil 1. A. § 1, Rn. 6). Da der Einzelunternehmer für Verbindlichkeiten der Unternehmung persönlich und unbegrenzt haftet, gehören sowohl das Privat- als auch das Betriebsvermögen zur Haftungsmasse (Kollmann 2011, S. 230).

6.2 Der Businessplan

Der Businessplan ist ein wesensnotwendiger Bestandteil der Start-up-Finanzierung. Er bildet als grundsätzliche Voraussetzung zur Kapitalbeschaffung das **Fundament** der **Finanzierung** bzw. **deren Rahmen** und sichert die **operative Umsetzung** des Start-ups. Ohne eine hinreichende Finanzierung kann kein Unternehmen – so einzigartig sein **USP** auch sein mag – wirtschaftlich erfolgreich sein oder existieren. Gerade innovative Ideen profitieren zu ihrer Umsetzung allein von der Güte und Ausgestaltung des Businessplans, der die Idee gegenüber möglichen Gesellschaftern, strategischen Partnern sowie sonstigen Investoren schriftlich fixiert und diesen oft als alleiniges Dokument zur Entscheidungsgrundlage für ein Investment dient. Allein auf Grundlage des Businessplans hat das Start-up die Möglichkeit, sein Potential darzulegen und auf diese Weise Eigenkapital zu erhalten. Was „**hard facts**" wie Umsatzerlöse perspektivisch im weiteren Unternehmensstadium zur Beschaffung von Fremdkapital sein werden, ist in der Gründungsphase der Businessplan.

▶ **USP** steht für „**unique selling point**" oder „**unique selling proposition**". Hierunter sind hervorstechende Eigenschaften des Produkts und/oder der Dienstleistung zu verstehen, durch die sich das Start-up von Konkurrenzunternehmen abheben kann. Der USP ist somit das „Verkaufsargument" für das Start-up.

Selbst wenn die Gründungsfinanzierung durch eigene Mittel – etwa im Rahmen einer sog. Friends and Family-Finanzierung – bewerkstelligt wird, und der Gründer demnach nicht auf eine Plausibilisierung seiner Idee gegenüber Dritten angewiesen ist, dient der Businessplan dem Start-up gewissermaßen als **Backup** der **Unternehmensidee**. Bereits seine sorgfältige Ausarbeitung und Erstellung führt den Gründern exemplarisch das aufzunehmende operative Geschäft vor Augen und überprüft die Idee ihrerseits auf ihre potentielle Marktfähigkeit. Der Businessplan ist somit eine vorweggenommene, der operativen Tätigkeit des Unternehmens antizipierte schriftliche **Dokumentation** des **Business Developments**.

Der Geschäftsplan ist demnach kein notwendiges Übel. Ganz im Gegenteil: Er ist ein der Unternehmensgründung bzw. der Aufnahme der operativen Tätigkeit **vorgelagertes unabdingbares Instrument unternehmerischer Tätigkeit**. Er verschafft dem Gründungsteam möglicherweise Erkenntnisse, welche sich im „**trial and error**"-Betrieb erst zu einem späteren Zeitpunkt zeigen würden und beugt somit einem Scheitern des Start-ups vor. Der Businessplan sollte also von den Gründern nicht als lästige Pflicht, sondern als notwendiges Business-Tool eines professionellen Business Developments bzw. Managements verstanden werden.

6.2.1 Begriff

Ein Businessplan – der auch als **Geschäfts-** oder **Gründungsplan** bezeichnet wird – ist die **schriftliche Fixierung** des **betriebswirtschaftlichen Konzepts** und der **Realisierungsstrategie** der **Unternehmensgründung** (Kuckertz 2006, S. 70). Abhängig von der Teamstärke der Gründer enthält er detaillierte Zielformulierungen für den Einsatz einzelner Produktionsfaktoren, Wettbewerbsabgrenzungen im Marketing und legt Strategien hinsichtlich der Entwicklung und Ausgestaltung

- des Produkts bzw. der Dienstleistung,
- des Personals,
- von Patenten,
- von Investitionen sowie
- zukünftigen Kapitalbedürfnissen

fest (vgl. Breithaupt und Ottersbach 2010, Teil 1. C. Kap. 1, Rn. 5). Die Umsetzung der Unternehmensidee durch den Businessplan erfolgt in der Regel über einen Zeithorizont von **drei** bis **fünf Jahren** (Kuckertz 2006, S. 70). Die ersten drei Jahre sind am detailliertesten zu bearbeiten, wobei das erste Jahr in Monatsschritten, das zweite Jahr in Quartalsschritten, das dritte Jahr in Halbjahresschritten und die übrigen Jahre in Ganzjahresschritten betrachtet werden sollten.

6.2.2 Inhalt und Form

Gerade im Bereich der Start-up-Finanzierung können auf die **optische Gestaltung** des inhaltlich ausgereiften Businessplans nicht genügend Zeit und persönliche Ressourcen investiert werden.

Ungeachtet der Tatsache, dass die Entscheidung über ein Investment selbstverständlich mit dem Inhalt des Plans steht und fällt, ist die visuelle Aufmachung des Businessplans in Anbetracht der großen Zahl von Ideen, die alltäglich mit der Bitte um wohlwollende Prüfung an Kapitalgeber herangetragen werden, von überragender Bedeutung. Da bspw. ein Investmentmanager einer größeren Venture-Capital-Gesellschaft täglich eine Vielzahl von Businessplänen zur Finanzierungsentscheidung vorgelegt bekommt, ist es absolut notwendig, sich bereits auf den ersten Blick positiv von der Masse abzuheben (Reichelmann 2013).

Hilfreich ist, dem Businessplan ein entsprechendes **Begleitschreiben** beizufügen, welches sich idealerweise unmittelbar an den **persönlichen Ansprechpartner** des Kapitalgebers richtet (Reichelmann 2013). Die Gründer haben dadurch die Möglichkeit, fernab der üblichen Formalien des Businessplans persönliche Worte zu ihrer Unternehmensidee sowie ihrer individuellen, persönlichen Motivation zu finden. Wenn nicht bereits im Vorfeld ein (zumindest telefonischer) Kontakt zu dem die finale Investmentscheidung treffenden oder zumindest vorbereitenden Ansprechpartner besteht, sollte der persönliche Ansprechpartner im Vorfeld anderweitig ausfindig gemacht werden.

Da sich die optische Ausgestaltung der Geschäftspläne in der Praxis elementar unterscheidet, stellt die optisch visuelle Aufbereitung des Businessplans ein **Kernkriterium** für die Begeisterung der Kapitalgeber dar. Ein ansprechendes äußeres Erscheinungsbild und die Professionalität des Start-ups bedingen sich gegenseitig bzw. spiegeln sich gegenseitig

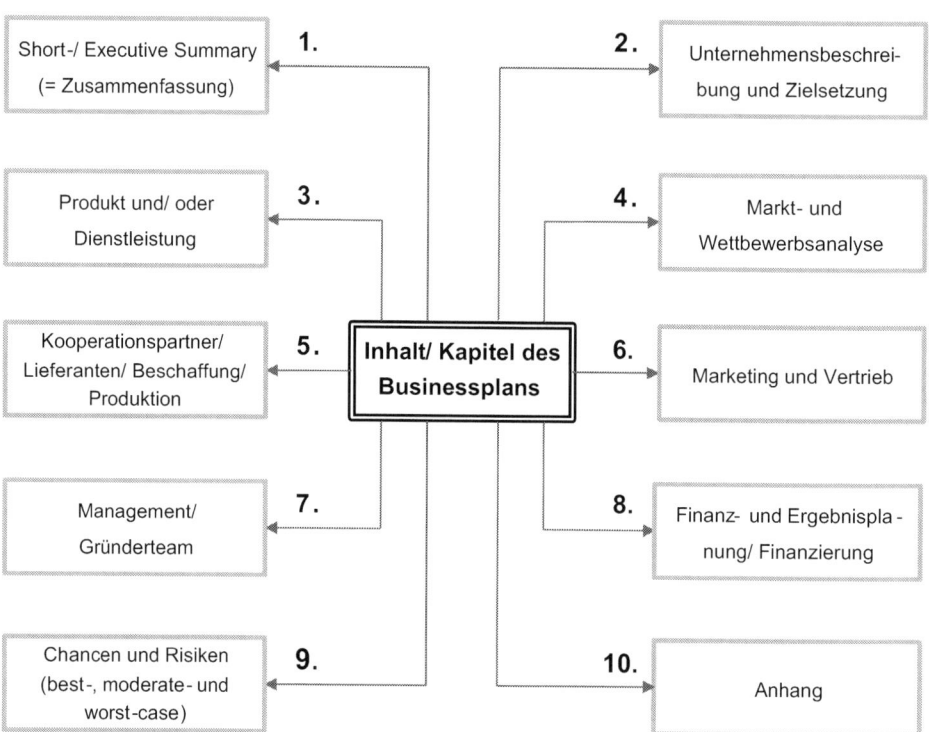

Abb. 6.5 Mindestinhalt des Businessplans

wider. Eine exzellente optische Darstellung zeugt in diesem Zusammenhang bereits von der Stärke in Bezug auf die spätere Unternehmensdarstellung und Unternehmenskommunikation durch die Gründer.

Die Qualität und Professionalität der Ausgestaltung bzw. Darstellung des Businessplans ist mithin ein signifikantes Indiz dafür, wie ernst es die Gründer mit ihrer Unternehmensidee meinen (Reichelmann 2013). So liegt es auf der Hand, dass Businesspläne mit formellen und gestalterischen Defiziten nahezu ungelesen aussortiert werden, da Gründern, die nicht einmal die nötige Portion Fleiß zur Ausarbeitung und Gestaltung des Businessplans aufbringen, schlichtweg nicht zugetraut wird, die Unternehmensidee erfolgreich operativ umsetzen zu können.

Inhaltlich hat der Businessplan alle Informationen zu enthalten (hierzu s. auch Abb. 6.5), die für eine Investmententscheidung des Kapitalgebers notwendig sind. Ziel eines jeden (Risiko-) Kapitalgebers ist der gewinnbringende Verkauf seines Investments. Insoweit sollte der Businessplan zumindest indirekt zum Ausdruck bringen bzw. dem Adressaten signalisieren, dass das Unternehmen auch für Mitbewerber von Interesse sein könnte („**antizipierte Exit-Strategie**"). Eine allzu direkte Fokussierung im frühen Stadium eines Businessplans im Hinblick auf die Geeignetheit und Ausrichtung des Unternehmens für einen späteren Verkauf sollte jedoch unterbleiben, da die Kapitalgeber insoweit den Eindruck gewinnen könnten, dass die Gründer als „Unternehmer" nicht vollumfänglich hinter ihrer Unternehmensidee stehen, sondern allein der perspektivische Gewinn bei einem Exit die Triebfeder ihres unternehmerischen Handelns ist.

Der Erwartungshorizont des Kapitalgebers (Business Angel, VC-Gesellschaft, etc.) ist somit zugleich das Leitbild wie auch der Maßstab für die in den Plan aufzunehmenden und darzustellenden Informationen. Zweckmäßig ist, wenn die Gründer versuchen, bei jeder ihrer Formulierungen die **Perspektive** eines **potentiellen Investors** einzunehmen. Von dieser Sichtweise aus besteht eine höhere Wahrscheinlichkeit, den USP der Geschäftsidee sowie die für die Investorenseite maßgeblichen Kunden- bzw. Marktbedürfnisse besser zu fokussieren.

Des Weiteren sollte der Plan eine klare, **strukturierte Gliederung** haben und in verschiedene Kapitel unterteilt sein. Hierbei empfiehlt sich folgende Aufteilung:

- Short-/Executive Summary (Zusammenfassung)
- Unternehmensbeschreibung und Zielsetzung
- Produkt und/oder Dienstleistung
- Markt- und Wettbewerbsanalyse
- Kooperationspartner, Lieferanten, Beschaffung und Produktion
- Marketing und Vertrieb
- Management/Gründerteam
- Finanz-und Ergebnisplanung/Finanzierung
- Chancen und Risiken (best-, moderate- und worst-case Szenario)
- Anhang

Damit sich der Adressat des Businessplans einen guten Überblick verschaffen kann, sollte dem Businessplan ein Inhaltsverzeichnis angefügt werden. Dass der Geschäftsplan keine Rechtschreibfehler oder grammatikalischen Schwächen aufweist, ist selbstverständlich.

Ferner sollte der Businessplan verständlich geschrieben sein, damit auch ein Laie, der mit der Unternehmensvision der Gründer erstmalig konfrontiert wird, die Idee nachzuvollziehen kann. Hinsichtlich der zu verwendenden **Fachsprache** müssen die Ersteller des Businessplans in jedem Fall die entsprechende betriebswirtschaftliche Fachterminologie wie selbstverständlich verwenden, sich also notfalls im Vorfeld die erforderlichen Kenntnisse durch Lektüre entsprechender Fachliteratur verschaffen bzw. wieder ins Gedächtnis rufen. Es wirkt unprofessionell, wenn ein Businessplan, also ein betriebswirtschaftlicher Geschäftsplan, betriebswirtschaftliche Termini falsch benutzt oder anstelle einschlägiger – zum unternehmerischen Allgemeinwissen gehörender – betriebswirtschaftlicher Fachausdrücke Formulierungen aus der Laiensprache verwendet.

Den Gründern wird oftmals empfohlen, den Businessplan in betont sachlicher Sprache zu verfassen. Grundsätzlich ist dem auch zuzustimmen, da eine sachliche Sprache die Verständlichkeit der Formulierungen fördert. Gleichwohl darf nicht vergessen werden, dass Business Angels oder VC-Geber von den Gründern und deren **Leidenschaft** für die Unternehmensidee „mitgenommen" werden möchten (vgl. hierzu auch Kap. 7.2.1.1.1).

Schließlich sollen sie sich unmittelbar an dem im Businessplan vorgestellten Unternehmen beteiligen. So ist es im Ergebnis durchaus hilfreich, die Vision des Unternehmens „emotional" darzulegen. Ein anderer Weg wäre es, sich im Businessplan tatsächlich auf die harten Fakten zu konzentrieren, und die dem Unternehmen zu Grunde liegende Vision, von der die Leidenschaft und Begeisterung der Gründer getragen werden, in eine dem Businessplan als Anlage beigefügte **Unternehmenspräsentation** aufzunehmen.

Die vorstehenden Ausführungen dürfen gleichwohl nicht dazu verleiten, auf die Verifizierung der Ausführungen zu verzichten. Eine allzu optimistische Darstellung der Unternehmensidee, die auf eine differenzierte Ausgestaltung (**worst-**, **moderate-**, **best-case**) verzichtet, führt zu einer mangelnden Glaubwürdigkeit des Gründerteams und somit negativen Einschätzung ihrer unternehmerischen Kompetenzen.

Im Übrigen empfiehlt es sich, den Businessplan (einschließlich Anhang) auf höchstens 30 Seiten zu begrenzen. Hier ist zu berücksichtigen, dass die Adressaten des Plans täglich nicht selten 100 Geschäftsideen vorgelegt bekommen und somit gar nicht in der Lage sind, sich mit längeren Abhandlungen über das zu gründende Unternehmen zu beschäftigen.

Viele **öffentliche Förderprogramme** stellen die in einem Businessplan anzusprechenden Punkte explizit dar und geben diesbezüglich ausdrückliche Hinweise, wo bzw. in welcher Intensität der Schwerpunkt gelegt werden soll, um in die engere Auswahl für das jeweilige Förderprogramm zu kommen. Darüber hinaus gibt es eine Vielzahl von Hilfsangeboten, die die Gründer bei der Ausarbeitung Ihres Businessplans unterstützen: Hierzu gehören vor allem die Kammern – insbesondere die Industrie- und Handelskammer (**IHK**) –, **Businessplanwettbewerbe**, die **Gründerinitiativen** vor Ort und auch die Beratungsangebote der **KfW**-Bankengruppe.

Speziell Businessplanwettbewerbe ermöglichen den Gründern, über einen längeren Zeitraum mit entsprechender **fachlicher Expertise** (Gründungsberater, Kapitalgeber, Rechtsanwälte, Steuerberater, etc.) den Geschäftsplan zu erstellen. Eine wichtige Regel ist allerdings: Rat und Hilfe sind zwar unverzichtbar. Gleichwohl müssen die Gründer jede Information und jedes Detail selbst durchdacht haben, um auch ohne Unterstützung den Überblick zu behalten sowie für Investoren ihre Glaubwürdigkeit zu bewahren.

Zusammenfassend ist ein **guter Businessplan** (s. hierzu Abbildung 6.6) deshalb

- aussagekräftig
- klar gegliedert
- gut verständlich
- kurz und knapp (nicht zu verwechseln mit mangelnder inhaltlicher Tiefe)
- leicht lesbar
- basierend auf einer umfassenden Recherche und Datengrundlage

und ganz wichtig

- optisch exzellent gestaltet sowie
- unter angemessener Wahrung der Verifizierbarkeit und Plausibilität der Daten die Leidenschaft und Begeisterung der Gründer auf den Adressaten projizierend.

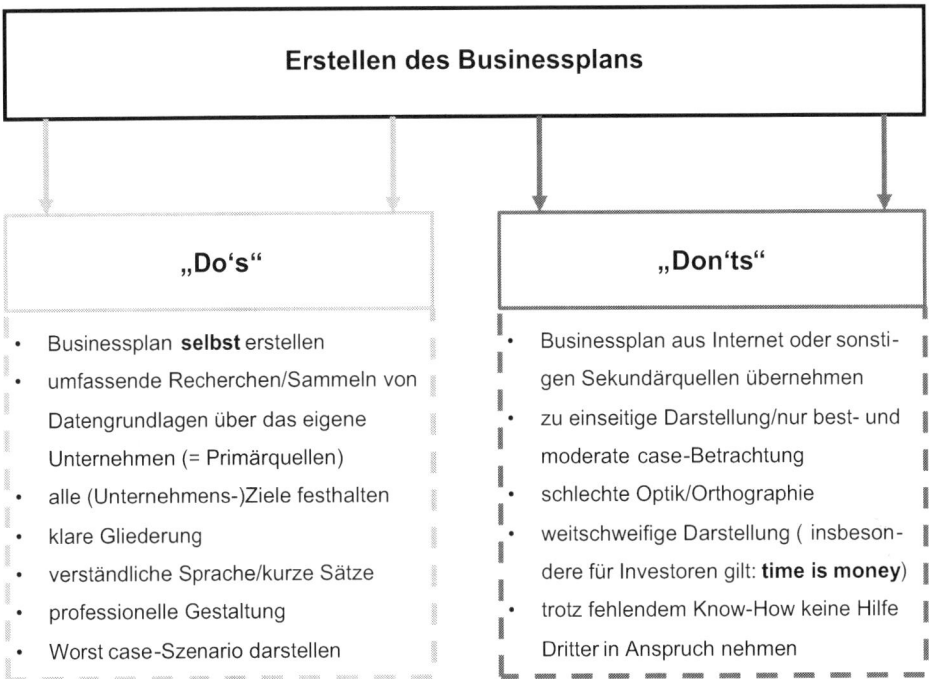

Abb. 6.6 „Do's" und „Don'ts" bei der Erstellung des Businessplans

Ein **schlechter Businessplan** hingegen

- wurde (zum Großteil) nicht von den Gründern selbst verfasst
- zeugt von fehlenden Kenntnissen über Markt und Wettbewerbsverhältnisse, indem er zu optimistisch bzw. zu einseitig formuliert ist (nur best- und/oder moderate case-Betrachtung)
- enthält keine überzeugende optische Präsentation
- ist unklar, unverständlich, nicht überschaubar.

Der Aufbau des Businessplans folgt einem mehr oder weniger **einheitlichen Muster**. Im Internet sind zahlreiche Handreichungen und Inspirationen kostenlos verfügbar. Bereits hier sei jedoch angesprochen, dass die im Internet verfügbaren Vorlagen keinesfalls ohne tiefgreifende eigene Überarbeitungen übernommen werden sollten. Jeder potentielle Investor würde dies nach Lektüre der ersten Seiten sofort bemerken!

6.2.2.1 Executive Summary

▶ Unter **Executive Summary** versteht man die Zusammenfassung des Businessplans, die ein Kurzprofil des Start-ups sowie dessen wesentliche Unternehmensziele widergibt (Kollmann und Kuckertz 2003, S. 44).

Die Executive Summary des Businessplans kann im besten Fall bereits den Investor von der Geschäfts**idee** überzeugen. Folglich sollte er nach der Lektüre der Zusammenfassung schon begeistert sein bzw. die Geschäftsidee so interessant finden, dass er zum Weiterlesen motiviert wird. Der Executive Summary kommt somit eine **Teaser**-Funktion zu.

In der Praxis möchten bzw. können potentielle Investoren auf das Lesen eines Plans nur wenige Minuten verwenden und sind deshalb darauf angewiesen, in der Zusammenfassung alle wesentlichen Informationen über das Start-up zu erhalten. Nach dem Studium der Summary entscheidet sich zwar in der Regel nicht, ob der Investor bereit ist, in das ihm vorgelegte Geschäftsmodell verbindlich zu investieren. Es entscheidet sich allerdings sehr wohl, ob der Adressat den Businessplan zur Seite legt und sich somit mit den übrigen Kapiteln gar nicht mehr beschäftigt. Die Executive Summary hat daher eine immense Bedeutung in Bezug auf die Negativselektion der Finanzierung.

Die Zusammenfassung sollte zwei Seiten keinesfalls überschreiten. Durch die Lektüre der Summary sollte der Investor einen grundlegenden Eindruck von der Idee, ihrer Machbarkeit („**feasibility**") sowie der hinter der Idee stehenden Vision (**USP**, **Nutzen** für die Kunden/User) erhalten. Neben der klassischen Executive Summary kann es hilfreich sein, dem Leser zusätzlich eine „**Short Summary**" anzubieten, in der die Unternehmensidee in vier bis fünf Sätzen umrissen wird (Reichelmann 2013). Dies ermöglicht einem potentiellen Investor, die Kernidee des Unternehmens schneller zu erfassen.

Bei der Ausarbeitung des Businessplans empfiehlt es sich, die auf die wesentlichen Fakten des Businessplans komprimierte Zusammenfassung erst nach Fertigstellung der übrigen Kapitel des Geschäftsplans anzufertigen. Andererseits ist es – aufgrund des Leitbildcharakters der Summary für den gesamten Plan – auch zweckmäßig, die Zusammenfassung vorab als „Marschroute" zu formulieren und sodann (nach Fertigstellung der übrigen Kapitel) mit den dort detailliert ausgearbeiteten Daten und Erkenntnissen abzugleichen wie auch zu plausibilisieren. Letzteres ist unbedingt notwendig, um sicherzustellen, dass sich die Executive Summary und der Rest des Businessplanes nicht widersprechen, da ansonsten die Glaubwürdigkeit des Businessplans und des Start-ups insgesamt nicht mehr gewährleistet wäre.

Die Executive Summary ist keine Inhaltsangabe oder Einleitung des Plans. Sie ist vielmehr eine eigenständige Darstellung der Geschäftsidee, die überblicksartig die Vision sowie die Zielsetzungen und strategische Grundausrichtung des Unternehmens darstellt. Die Zusammenfassung gibt ferner einen groben Ausblick über die aus der Geschäftsidee erwarteten Vorteile, die Marktsituation sowie Absatzchancen. Auch sollten knappe Ausführungen zur Erfahrung und Qualifikation des Gründerteams aufgenommen werden. Aus-

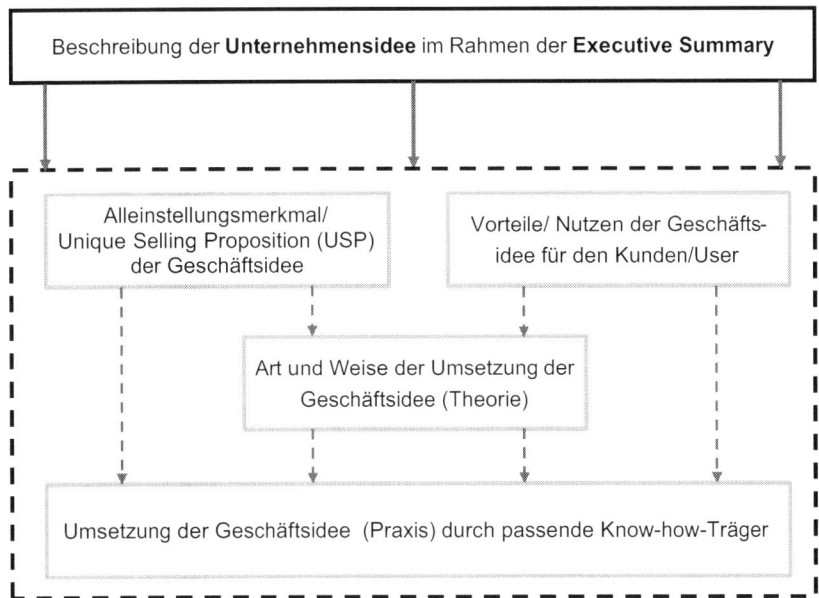

Abb. 6.7 Beschreibung der Geschäftsidee

sagen zum Kapitalbedarf sollten innerhalb der Summary äußerst knapp bemessen werden, dabei jedoch dem Adressaten einen Eindruck vermitteln, in welcher Größenordnung sich ein potentielles Investment bewegen müsste. Indes ist es nicht notwendig, in der Zusammenfassung bereits die Rentabilität bzw. Profitabilität eines möglichen Exits anzusprechen. Diese ergibt sich aus der Finanz-und Ergebnisplanung des Businessplans und stellt eine eigenständige Bewertung des Investors dar, welche der Ersteller des Businessplans nicht vorab antizipieren muss.

Die Beschreibung der Idee sowie der hinter dieser liegenden Vision ist der zentrale Punkt der Zusammenfassung. Die Gründer haben sich dabei mit der Frage zu beschäftigen, was das Start-up anbieten möchte und welches Alleinstellungsmerkmal der Geschäftsidee welchen veritablen Kundenvorteil generiert. Bei der Ausarbeitung bzw. Findung der vorgenannten Punkte (diesbezüglich s. auch Abb. 6.7) hilft es, wenn sich das Gründerteam anhand der klassischen **W-Fragen** orientiert:

Was ist die Idee bzw. deren Alleinstellungsmerkmal?

Warum gibt es die Idee bzw. welchen Vorteil bringt sie für Kunden/User?

Wie soll die Umsetzung erfolgen?

Wer ist aufgrund welcher Erfahrung und Qualifikation in der Lage, die drei vorgenannten Punkte zu „beantworten", indem er sie zielorientiert und erfolgreich realisiert?

Die Kernfragen helfen dabei, die Beschreibung der Geschäftsidee auf das Wesentliche zu fokussieren. Darüber hinaus dienen sie während der Ausarbeitung der übrigen Kapitel des Businessplans als hilfreiches Backup für die Gründer, das ihnen eine ständige Kontrolle der Wesentlichkeit ihrer Ausführungen ermöglicht.

Als weiteres Kontrollinstrument für die richtige Fokussierung bei der Executive Summary dient der sog. **Elevator Pitch** (hierzu vgl. auch Kap. 7.2.1.1.1), die „Aufzugspräsentation" (Pott und Pott 2012, S. 200). Hierzu stellt sich das Gründungsteam vor, die eigene Geschäftsidee während der kurzen Fahrzeit eines Aufzugs (ca. 30 bis 60 s) einem Investor präsentieren zu müssen. Gelingt es dem Gründer, den Adressaten (im Rollenspiel also die Mitglieder des Gründungsteams) während der Aufzugsfahrt von der Geschäftsidee zu überzeugen, indem die Inhalte der Zusammenfassung des Businessplans verständlich und strukturiert ohne Ausschweifungen in Fachvokabular oder sonstige Worthülsen mündlich dargestellt werden können, spricht dies für die Qualität der Executive Summary. Qualität und somit Erfolg eines Elevator Pitchs wie auch der Executive Summary begründen sich also gleichermaßen in der Kürze und Prägnanz sowie der emotionalen Überzeugungskraft der Darstellung. Der Elevator Pitch bildet demnach das verbalisierte Pendant zu der schriftlich fixierten Executive Summary im Businessplan.

6.2.2.2 Unternehmensbeschreibung und Zielsetzung

Im Rahmen der **Unternehmensbeschreibung** und **Zielsetzung** wird die Geschäftsidee eingehend beschrieben, Ziele des Start-ups und diesbezügliche Maßnahmen werden dargestellt sowie die aktuelle wie auch die zukünftig geplante Gesellschafterstruktur skizziert (Kollmann und Kuckertz 2003, S. 44).

Die unternehmerische Idee bzw. die hinter dieser stehende Innovation (vgl. „**Was?**") bilden das Kernelement dieses Abschnitts des Businessplans. Es ist zugleich das erste selbständige Kapitel des Geschäftsplans und gewährt, aufbauend auf den Teaser der Executive Summary, einen vertieften Einblick in die Idee sowie die Vision unternehmerischen Erfolgs der Gründer. Potentielle Investoren werden von der Idee nur dann „mitgenommen", wenn ihr Alleinstellungsmerkmal gegenüber Produkten oder Dienstleistungen der Konkurrenz („**USP**") hinreichend herausgestellt wird.

Die Ausführungen sollten bestenfalls so gestaltet sein, dass der den Businessplan lesende potentielle Investor sofort bereit wäre, das Produkt bzw. die Dienstleistung die Unternehmensidee in eigener Person selbst zu erwerben bzw. in Anspruch zu nehmen (s. „**Warum?**").

Bei der Formulierung der Unternehmensbeschreibung sind Fachausdrücke, Formen oder technische Details tunlichst zu vermeiden. Das Wichtigste für eine positive Investmententscheidung ist, dass der Adressat sämtliche Ausführungen der Gründer verstehen kann und infolgedessen verinnerlicht.

Die Beschreibung des zu gründenden Unternehmens besteht in der Darstellung der unternehmerischen Vision. Diese ist eher emotionaler Natur, also von „weichen Faktoren" bestimmt. Der Leser des Plans sollte von der Idee mitgerissen werden und persönlich davon überzeugt sein, dass für ihre unternehmerische Umsetzung ein Bedürfnis besteht. Folglich gilt es hier, mit „**soft facts**" Begeisterung zu wecken. Diese Begeisterung muss im weiteren Verlauf des Businessplans mit für den Investor verifizierbaren harten Zahlen („**hard facts**") untermauert werden.

Mit der Darstellung der Vision einher geht auch eine knappe Einschätzung der unternehmerischen Zukunft. Die Gründer haben sich hierbei mit der Zielsetzung Ihres Unternehmens auseinanderzusetzen. Auch kann es nicht schaden, bereits hier Szenarien oder Strategien zur Erreichung der unternehmerischen Ziele aufzuführen. So ist für den potentiellen Investor von Interesse, welchen Platz das zu finanzierende Unternehmen im Marktumfeld und Wettbewerb einnehmen möchte und welche Überlegungen bestehen, sich in diesem Umfeld gegenüber Konkurrenzunternehmen zu positionieren bzw. durchzusetzen.

6.2.2.3   Produkt/Dienstleistung

Bei der Darstellung des **Produkts/der Dienstleistung** des Start-ups müssen sich die Gründer mit der Konkurrenz beschäftigen und die Vorzüge der eigenen Unternehmensidee gegenüber jener herausarbeiten. Hierfür ist die Auseinandersetzung mit den Vermarktungsmöglichkeiten des ausgearbeiteten Produkts bzw. der geplanten Dienstleistung notwendig (Breithaupt und Ottersbach 2010, Teil 1. A. Kap. 1 Rn. 8).

Der Abschnitt „Produkt/Dienstleistung" setzt das Kapitel „Unternehmensbeschreibung und Zielsetzung" inhaltlich fort, weil das Produkt/die Dienstleistung die Pfeiler bzw. Umsatzträger des Unternehmens sowie seiner Zielsetzungen sind. Diese Kernpunkte der unternehmerischen Idee sind nunmehr vollumfänglich auszuarbeiten. Das Produkt bzw. die Dienstleistung sind dabei so zu beschreiben, dass der Investor sowohl die einzelnen Produktionsschritte als auch die Phasen der Leistungserbringung von Beginn an nachvollziehen kann. Er muss in die Lage versetzt werden, aus der inneren Perspektive eines Mitglieds des Gründungsteams die einzelnen Schritte bis zum Endprodukt bzw. bis zur finalen, den Kunden angebotenen Dienstleistung zu verstehen. Hierzu ist erforderlich, dass die Geschäftsidee den potentiellen Investor durch eine deutliche, vollständige und detaillierte Beschreibung des Produkts bzw. der Dienstleistung begeistert und er in die Lage versetzt wird, den entsprechenden Kundennutzen (im besten Fall bei sich selbst) zu erkennen.

Besondere Aufmerksamkeit ist hier auf die Verknüpfung zwischen dem Produkt/der Dienstleistung und dem das diese in Anspruch nehmenden Kunden zu verwenden. Einfach ausgedrückt: das beste Produkt oder die innovativste Dienstleistung helfen nichts, wenn diese nicht auf die Bedürfnisse der sie beanspruchenden Abnehmer ausgerichtet sind und folglich keine Abnehmer finden. Den Investor interessierende operative Umsätze des Start-ups werden schließlich allein und nur allein dadurch generiert, dass Kunden existieren, die mit den Produkten bzw. Dienstleistungen des Unternehmens ihren jeweiligen Bedarf tatsächlich decken (Weitnauer 2011, S. 125).

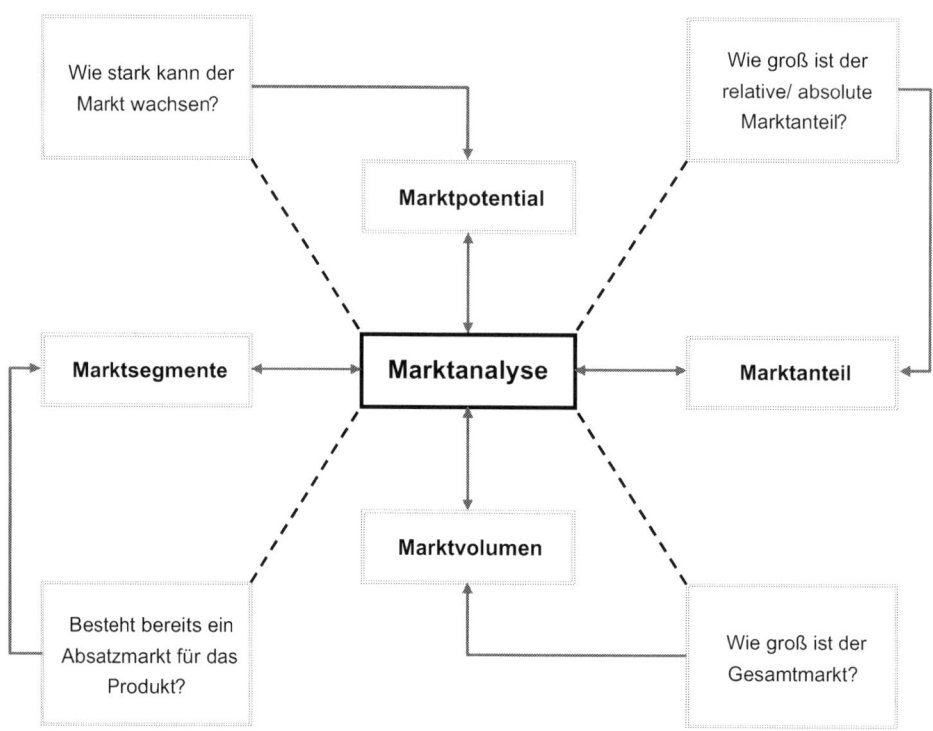

Abb. 6.8 Marktanalyse

6.2.2.4   Markt- und Wettbewerbsanalyse

> Im Rahmen der **Markt- und Wettbewerbsanalyse** sind die Kundenstruktur sowie das Wettbewerbsumfeld – inklusive Marktvolumen wie auch Marktpotential – zu ermitteln und zu analysieren (Kollmann und Kuckertz 2003, S. 44).

Jede Idee ist nur so gut wie die **Akzeptanz** des Marktes, sie aufzunehmen. Zur Beurteilung der perspektivischen Wertsteigerung des Start-ups sind daher die **Marktsituation** sowie das aktuelle und prospektive **Marktpotential** intensiv zu untersuchen und im Businessplan darzustellen (zur Marktanalyse s. auch Abb. 6.8). Eine detaillierte Auseinandersetzung mit den Marktteilnehmern (Wettbewerber, Lieferanten und Kunden) ist daher unerlässlich. Hierbei ist zu bedenken, dass die in diesem Kapitel explorierten Marktanteile die Basis für die spätere Finanz-und Ergebnisplanung sind (Weitnauer 2011, S. 126). Insofern dürfen Betrachtungen der zu erwartenden Entwicklung der Branche und des Wettbewerbs ebenso wenig fehlen wie (hierzu vgl. Pott und Pott 2012, S. 226):

- Angaben zu vergleichbaren Produkten/Dienstleistungen,
- die Bewertung von ähnlichen Innovationen und

- eine Analyse der Gefahr durch mögliche Substitutionsprodukte, also Produkte die dieselben oder ähnliche Bedürfnisse befriedigen, wie das vom Start-up angebotene Produkt.

Zur Aufarbeitung des Marktumfelds ist der Gesamtmarkt in unterschiedliche Branchen (**Marktsegmente**) zu unterteilen. Der Empfänger des Businessplans kann sich so zunächst ein Bild über den Gesamtmarkt und erst in einem zweiten Schritt Kenntnisse über das von den Gründern avisierte Marktsegment verschaffen. Die zur Unternehmensgründung beabsichtigte Branche lässt sich nach dem Kaufverhalten der Kunden, Regionen sowie demographischen und psychographischen Kriterien einteilen (Pott und Pott 2012, S. 201). So ist eine denkbare Branche: „Alle User aus Deutschland im Alter zwischen 15 und 21 Jahren ohne eigenes Einkommen und Interesse an Social Media-implementierten Games".

Spätestens bei der Analyse des Marktes sowie des Wettbewerbs ist auf eine sachliche, emotionsfreie Sprache zu achten. Insofern ist es zweckmäßig, in diesem Kapitel eine geeignete Kombination von Textpassagen, Zahlenmaterial und entsprechend aufbereiteten Grafiken zu benutzen. Je besser unabhängige Informationsquellen von kompetenter dritter, möglichst unabhängiger Seite (Studien von Bundes-, Branchen- oder anderweitiger Interessenverbänden, Veröffentlichungen und Zahlenmaterial der öffentlichen Hand, wirtschaftswissenschaftliche Veröffentlichungen in Zeitschriften) die Ausführungen und Einschätzungen der Gründer untermauern, desto überzeugender wirkt der Businessplan auf Investoren (Weitnauer 2011, S. 127). Ist Informationsmaterial aus externen Quellen wegen der Besonderheiten der vom Gründerteam geplanten Geschäftsidee nicht verfügbar, müssen die entsprechenden Analysen des Marktes und des Wettbewerbs von den Gründern individuell geschätzt und zugleich ausführlich erläutert werden.

Zur Untersuchung der unterschiedlichen Branchen bzw. des jeweiligen Kundensegments spielen das Marktpotential, das Marktvolumen sowie der relative Marktanteil eine Rolle.

Unter **Marktpotential** ist die Gesamtheit der möglich absetzbaren Produktmengen in einem bestimmten Markt zu verstehen. Das Marktpotential gibt daher Aufschluss über die höchstmöglich zu erwartende Marktnachfrage. Alle potentiellen Nachfrager, welche theoretisch als Käufer bzw. User (aufgrund ihres Alters, ihres Einkommens, ihres Wohnortes, etc.) infrage kommen, sind darunter zu fassen.

Das **Marktvolumen** hingegen gibt über die tatsächliche Nachfrage innerhalb des Marktpotentials Auskunft. Es ist eine wesentliche Aufgabe des Marketings sowie der verschiedenen individuellen Marketinginstrumente, das Marktvolumen positiv zu eigenen Gunsten zu beeinflussen, sodass die sog. Nachfragebarrieren, die aufgrund des Unterschieds zwischen Bedarf und Nachfrage vorhanden sind, möglichst minimiert werden.

Der **relative Marktanteil** ist der konkrete Indikator für die Marktstellung des Unternehmens. Dieser volkswirtschaftliche Indikator betrachtet den Umsatz- bzw. Marktanteil des eigenen Unternehmens im Verhältnis zum Umsatz- bzw. Marktanteil des größten Wettbewerbers der Branche. Der absolute Marktanteil gibt hingegen Aufschluss über den Anteil des Umsatzes des Unternehmens am Gesamtumsatz der Branche (Marktvolumen). Lässt sich das Produkt bzw. die Idee der Gründer aufgrund ihres besonderen Alleinstellungsmerkmals überhaupt keinem bestehenden Marktvolumen und somit auch keinem (geschätzten) Marktanteil zuordnen, hat der Businessplan an dieser Stelle die wahrscheinlichen Reaktionen potentieller Wettbewerber im Zeitablauf und entsprechend darauf von den Gründern geplante Abwehrmaßnahmen möglichst detailliert aufzuzeigen (Weitnauer 2011, S. 127). Auch wenn die Gründer von der Einzigartigkeit und Konkurrenzlosigkeit ihrer Idee überzeugt sind bzw. die Idee schlichtweg einmalig ist, entbindet dies nicht davon, den Markt und Wettbewerb umfassend zu sondieren.

Hinter den vorgenannten volkswirtschaftlichen Kennzahlen verstecken sich der Vereinfachung halber letztlich Antworten auf folgende Fragen (Pott und Pott 2012, S. 202 f.):

- Wie groß ist der Gesamtmarkt?
- Wie stark kann der Gesamtmarkt wachsen?
- Besteht bereits ein Absatzmarkt für das neue Produkt/die neue Idee oder muss dieser erst geschaffen werden?
- Wie groß ist der geplante relative und wie groß der geplante absolute Marktanteil?

6.2.2.5 Kooperationspartner, Lieferanten, Beschaffung und Produktion

Die Beschaffungsseite des Start-ups, also die Frage, welche Kooperationspartner und Lieferanten unabdingbar sind, um die Geschäftsidee überhaupt umsetzen zu können und somit die Käufer bzw. User zielführend und erfolgreich bedienen zu können, ist streng genommen eine Frage der **Marktanalyse**. Schließlich sind auch die Lieferanten Teilnehmer des Marktes. Dessen ungeachtet geht dieser Punkt bei der gedanklichen Betrachtung bzw. im Businessplan der Gründer allzu oft unter. Es empfiehlt sich daher, der **Beschaffungsstrategie** des Start-ups mit allen Facetten (Kooperationspartner, Lieferanten, Produktion) ein eigenes Kapitel des Businessplans zu widmen.

Während sich jeder Businessplan in der Regel ausführlich mit dem potentiellen Absatz, also dem **Verkauf** des Produktes befasst, fehlen in der Regel weitergehende Ausführungen zur Beschaffungsseite, also zum **Einkauf** der Güter und Dienstleistungen, die überhaupt die konkrete Verbindung des jeweiligen Produktes mit dem Markt ermöglicht. Eine unzureichende Koordination der Prozesse des Start-ups mit Lieferanten und anderen notwendigen Kooperationspartnern verursacht jedoch gegebenenfalls höhere Kosten und stellt somit die dem Businessplan zugrunde gelegte Finanzierungskalkulation des gesamten Unternehmens infrage.

Insbesondere bei einer im Rahmen der Markt- und Wettbewerbsanalyse ausgearbeiteten **hohen Abhängigkeit** von Lieferanten, ist dieser Umstand als ein **Risikofaktor** der Geschäftsidee im Bereich Beschaffung zu nennen und ausführlich zu erläutern.

Zur Ausarbeitung der Beschaffungsseite sind folgende Fragen hilfreich (Pott und Pott 2012, S. 211):

- Welches sind die wichtigsten Lieferanten?
- Wie viele Lieferanten gibt es?
- Wie groß ist die Abhängigkeit von diesen Lieferanten?

- Wie ist die Qualität der Lieferanten bzw. der von diesen angebotenen Produkte?
- Bestehen zwischen Lieferanten und Wettbewerbern Exklusivverträge?
- Welche Mengen sollen produziert werden?
- Welche Produktionskapazitäten und welche Auslastungen werden angestrebt?

Haben die Gründer die vorgenannten Fragen recherchiert, dienen die gefundenen Ergebnisse als Entscheidungsgrundlage für die Beschaffungsstrategie des Start-ups. Hier ist sodann zu überlegen, ob die fremdbezogenen Güter bzw. Dienstleistungen durch genau einen Lieferanten („**Single Sourcing**"), zwei Lieferanten („**Dual Sourcing**") oder mehr Lieferanten („**Multiple Sourcing**") bezogen werden sollen. Ferner müssen die Gründer herausarbeiten, ob die benötigten Güter/Dienstleistungen aus dem lokalen Umfeld des Start-ups („**Local Sourcing**") oder länderübergreifend bzw. weltweit („**Global Sourcing**") bezogen werden können.

Beschaffungsstrategien

Entscheiden sich die Gründer, die zur Produktion notwendigen Güter von lediglich einem Lieferanten (**Single Sourcing**) zu beziehen, hat dies den Vorteil, dass die Ware – durch die bei umfangreichen Bestellungen in der Regel gewährten Mengenrabatte – zu günstigen Einkaufspreisen bezogen werden kann. Vor diesem Hintergrund kann die Auswahl und Pflege des „richtigen" Lieferanten zwar zum entscheidenden Wettbewerbsvorteil, gleichzeitig aber auch zur Quelle von Risiken werden. Zu den letztgenannten gehören bspw. Lieferengpässe und auch die mit dem „Single Sourcing" verbundene Abhängigkeit gegenüber dem Lieferanten (Hauschka 2010, Kap. 19, Rn. 30).

Möchten die Gründer eine derartige Abhängigkeit und/oder Lieferengpässe vermeiden, empfiehlt es sich, die notwendigen Güter von zwei Lieferanten zu beziehen (**Dual Sourcing**). Bei dieser Methode der Warenbeschaffung werden häufig langfristige Kooperationsbeziehungen eingegangen, um die gleichen Vorteile wie beim Single Sourcing, insbesondere günstige Einkaufspreise, zu erreichen.

Befürchten die Gründer auch beim Dual Sourcing Lieferengpässe, kommt zur Vermeidung dieser im Übrigen die Inanspruchnahme von mehreren Lieferanten in Betracht (**Multiple Sourcing**). Da bei einer derartigen Beschaffungsmethode Mengenrabatte wahrscheinlich nicht mehr vereinbart werden können, steigen zwangsläufig die Kosten. Diese Preissteigerung können die Gründer allerdings durch einen umfassenden Vergleich der zur Verfügung stehenden Lieferanten und der von diesen angebotenen Preise und Zusatzleistungen (z. B. Know-how-Übertragungen und/oder Produktionsanpassungen) kompensieren.

6.2.2.6 Marketing und Vertrieb

Ein erfolgreiches **Marketing**- bzw. **Vertriebskonzept** setzt zunächst eine Analyse der Zielgruppe, an die sich das Produkt/die Dienstleistung des Start-ups richtet, voraus (Breithaupt und Ottersbach 2010, Teil 1. A. Kap. 1 Rn. 9). In einem zweiten Schritt ist der Marketingplan inklusive angestrebter Wettbewerbsposition, zu veranschlagender Preise sowie bereitgestellter Service- und Garantieleistungen zu erstellen. Diesbezüglich müssen werbliche Aktivitäten wie auch Promotionkampagnen dargelegt werden (Kollmann und Kuckertz 2003, S. 44).

Die **Marketingstrategie** bzw. insbesondere die **Markteintrittsstrategie** des Start-ups entscheidet über dessen **Erfolg** oder **Misserfolg**. Der Zugang zum jeweiligen Kunden bzw. User ist ausschlaggebend für die wirtschaftliche Leistungsfähigkeit des Unternehmens. Auch wenn eine Idee aufgrund ihrer Einzigartigkeit ein großes Marktpotential hat, wird sie sich im Ergebnis dennoch verlaufen, sofern die möglichen Käufer/User in den einschlägigen Marketingkanälen – aufgrund einer fehlerhaften Marketingstrategie (Markteintritt) – von der Existenz des Produkts bzw. der Dienstleistung des Start-ups nichts erfahren.

Gerade im Bereich **Internet** existieren unzählige Start-ups mit innovativen (Mobile-) Anwendungen, deren fehlerhafte oder schlichtweg nicht bedachte Marketingstrategie ihr Potenzial nicht ansatzweise zur Entfaltung kommen lässt. Wird hier jedoch die kritische Masse („Mindestanzahl") von Käufern/Usern nicht innerhalb eines relativ kurzen Zeitraums generiert, ist das über die Gründungsfinanzierung erhaltende Kapital in aller Regel verbraucht. Weiteres Kapital fließt nicht, da ein wie auch immer geartetes Wachstumspotential des Start-ups aufgrund des gescheiterten Markteintritts objektiv nicht zu erkennen ist bzw. die Machbarkeit des gesamten Produkts infrage gestellt wird. Dessen ungeachtet bestehen gerade im Bereich Internet besonders interessante, weil reichweitenintensive Marketingausrichtungen (etwa **virales Marketing**, **Interactive Branding**, etc.), auf die mittlerweile auch Start-ups mit klassischen „physischen" Dienstleistungen und Produkten zurückgreifen (müssen).

Die Anforderungen an Planung, Vorbereitung und Durchführung des Markteintritts in das jeweilige Marktsegment dürfen in keinem Fall unterschätzt werden. Insbesondere ist zu berücksichtigen, dass die finanziellen Aufwendungen für einen erfolgreichen und nachhaltigen Markteintritt erfahrungsgemäß meist um ein Vielfaches höher liegen als diejenigen Kosten für die Entwicklung des eigentlichen Produkts und/oder die Umsetzung und Ausarbeitung der eigentlichen Unternehmensidee (Weitnauer 2011, S. 128). Da die Entwicklung der Unternehmensidee und deren Markteintritt jedoch untrennbar miteinander verbunden sind, ist die finanzielle Basis für einen erfolgreichen Markteintritt über die Gründungsfinanzierung und somit primär über den Businessplan zu realisieren.

In diesem Kapitel sind somit konkrete Strategien zur Kundengewinnung zu definieren sowie Wege zur Umsatz- und Gewinngenerierung aufzuzeigen. Die Gründer haben auszuführen, mit welchen Strategien und Maßnahmen die entscheidenden Vorteile der Produkte und/oder Dienstleistungen in die Marketingziele, also in aller Regel in gewinnbringende Umsatzerlöse bzw. Rendite für den Investor, umgesetzt werden können (vgl. Weitnauer 2011, S. 128). Die Marketingplanung hat dabei alle Strategien und Maßnahmen zur Erreichung der Marketingziele zu enthalten. Ferner können in diesem Kapitel sämtliche flankierenden Maßnahmen, die die Markteintrittsstrategie unterstützen sollen, zusammenfassend kurz aufgezeigt werden.

Im Rahmen der strategischen Marketingplanung sind die Marketingziele für bis zu fünf Jahre zu bestimmen, wohingegen die operative Marketingplanung mit einem sehr kurzfristigen Planungszeitraum von bis zu maximal einem Jahr kalkuliert (Pott und Pott 2012, S. 204). Es sind die relevanten Branchen oder Segmente, in denen das Start-up tätig sein wird, festzulegen, die Zielmärkte zu betrachten sowie die Zielkunden und die Frage der konkreten adäquaten Preisgestaltung für die jeweiligen Produkte oder Leistungen

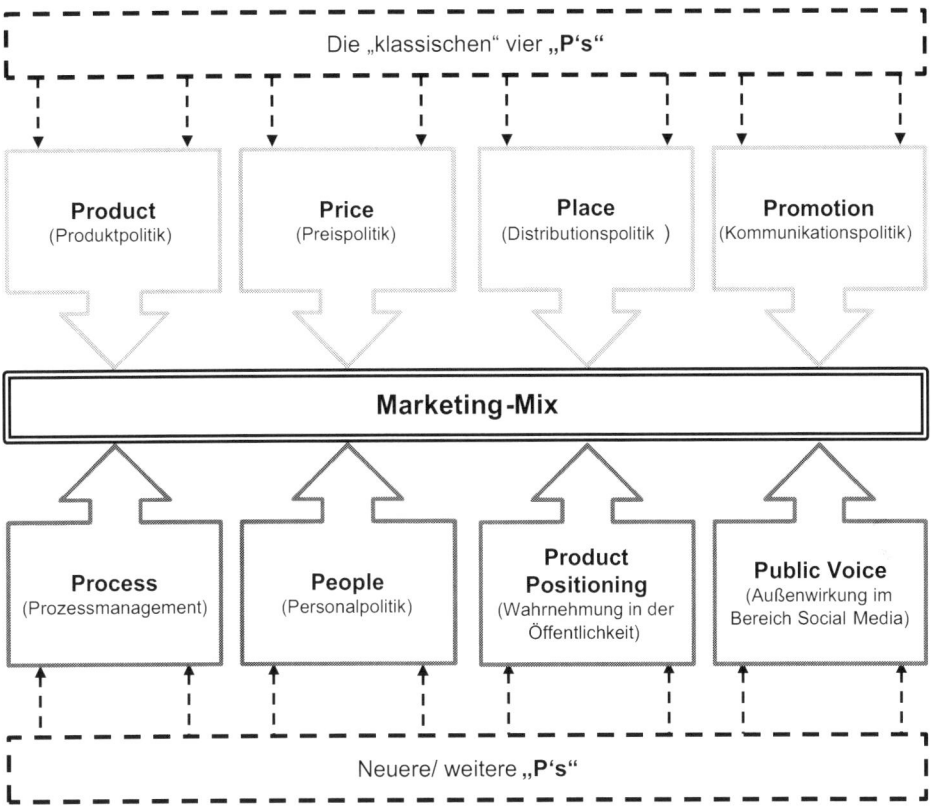

Abb. 6.9 Die wichtigsten „P's" im Marketing-Mix

zu definieren. Bei internetbasierten Geschäftsmodellen ist besondere Sorgfalt darauf zu legen, welche konkrete Marketingstrategie nach Überzeugung der Gründer mittel- und langfristig geeignet erscheint, Umsätze bzw. Gewinn für Geschäftsmodelle zu generieren, die bspw. keine unmittelbaren Einnahmen von ihrer eigentlichen Nutzergruppe erwarten lassen.

Gleich ob Online- oder Offline-Business, entscheidend ist die Kombination der individuellen Marketinginstrumente. Die vier klassischen Instrumente des so genannten „**Marketing-Mix**" (diesbezüglich s. auch Abb. 6.9) sind die sog. vier „**P's**" (vgl. Martinek et al. 2010, Kap. 2, Rn. 34 f.):

- **Product** (Produktpolitik; „Wem wird welches Produkt/welche Dienstleistung angeboten?")

Die **Produktpolitik** ist als elementares Marketinginstrument zu qualifizieren, da das angebotene Produkte/die Dienstleistung – als Kern des Start-ups – sinnbildlich für den unternehmerischen Erfolg stehen. Grundsätzliche Eigenschaften wie Design, Qualität und Funktionen sowie produktbegleitende Dienstleistungen müssen daher im Vorfeld ausgearbeitet und im Businessplan aufgeführt werden (vgl. Martinek et al. 2010, Kap. 2, Rn. 36).

- **Place** (Distributionspolitik; „Wie kommt das Produkt/die Dienstleistung zum Kunden bzw. User?")

Unter **Distributionspolitik** sind sämtliche Entscheidungen und Handlungen zu verstehen, die in Zusammenhang mit dem Weg des Produkts bzw. der Dienstleistung vom Unternehmen zum Kunden/User stehen (Martinek et al. 2010, Kap. 2, Rn. 43).

- **Price** (Preispolitik; „Welchen Preis soll das Produkt/die Dienstleistung haben?")

Die **Preispolitik** umfasst alle Entscheidungen über das von den Kunden/Usern an das Unternehmen zu zahlende Entgelt für das Produkt/die Dienstleistung. Unterschieden wird hierbei zwischen der nachfrageorientierten, der kostenorientierten sowie der wettbewerbsorientierten Preispolitik (vgl. Martinek et al. 2010, Kap. 2, Rn. 39).

- **Promotion** (Kommunikationspolitik; „Durch welche Art von Werbung bzw. mit wieviel dafür eingesetztem Kapital soll der Kunde auf das Produkt hingewiesen werden?")

Zu der **Kommunikationspolitik** zählen sämtliche Entscheidungen zur Kanalisierung aller das Produkt betreffenden Informationen. Die wesentlichen Instrumente hierfür sind Werbung, Sponsoring, Veranstaltungen, Öffentlichkeitsarbeit sowie Markenpolitik (Martinek et al. 2010, Kap. 2, Rn. 41).

Mittlerweile wurden die ursprünglichen Pfeiler des Marketing-Mix um weitere „P's" ergänzt. Zu diesen zählen u. a. (vgl. Pott und Pott 2012, S. 204):
Processes (Prozessmanagement), **Packaging** (Verpackung), **People** (Personalpolitik), **Politics** (Interessenvertretung in der Politik), **Physics** (Unternehmensidentität), **Physical Evidence** (Laden- bzw. Shopgestaltung; visuelle Gestaltung des Internetauftritts), **Personal Politics** (Personalführung), **Physical Facilities** (Ausstattung des Gebäudes, Arbeitsmittel, Kleidung, etc.), **Public Voice** (Außenwirkung in Social Networks oder Blogs, etc.), **Product Positioning** (Wahrnehmung/Platzierung im öffentlichen/medialen Raum) und **Pamper** (Kundenbindung/Pflege der Kundenbeziehung).

6.2.2.7 Management/Gründerteam

Die Ausführungen zum **Management/Gründerteam** des Start-ups müssen dessen Qualifikation und Kompetenz durch Angaben zur Ausbildung wie auch zu praktischen Erfahrungen wiedergeben. Neben den Entscheidungsträgern werden zusätzlich wichtige Know-how-Träger bzw. Aufsichtsratsmitglieder – sofern das Start-up über ein derartige Kontrollorgan verfügt – persönlich vorgestellt. Hierbei ist es zweckmäßig, die jeweiligen Kompetenzen der Entscheidungsträger anhand eines Organigramms abzubilden (Kollmann und Kuckertz 2003, S. 44).

Die Darstellung des Gründer- bzw. Managementteams im Businessplan soll dem Adressaten des Businessplans nicht nur einen kurzen Einblick in die **unternehmensinterne Organisationsstruktur** geben. Dieser Abschnitt des Businessplans ist vielmehr ein zentrales Element, mit dem eine **positive Entscheidung** potentieller Investoren **steht** oder **fällt**. Insoweit ist immer zu bedenken, dass Investoren ihre Investitionsentscheidung maßgeblich auf die Persönlichkeiten und Qualifikationen des Gründerteams stützen. Dementsprechend gilt, dass Investoren eher diejenigen Start-ups finanzieren, die durch ein gutes Managementteam überzeugen können – obgleich sie nur über ein mittelmäßiges Produkt verfügen –, als Unternehmen, die zwar eine lukrative Geschäftsidee vorweisen, deren Entscheidungsträger allerdings (zumindest aus Investorensicht) nicht die erforderliche Umsetzungskompetenz vermitteln können (Pott und Pott 2012, S. 211).

Ungeachtet der Brillanz einer Unternehmensidee ist jedes Investment in ein Start-up ein Investment in die hinter dem Unternehmen stehenden Menschen. Neben den Qualifikationen und den konkreten Zielen des Managementteams sollten die Gründer bei ihrer Eigendarstellung folglich versuchen, den potentiellen Investor davon zu überzeugen, dass genau sie (und niemand anders), geeignet und in der Lage sind, die konkrete Idee gerade jetzt umzusetzen. Der Investor muss auf beeindruckende Weise gezeigt bekommen, dass die richtigen Persönlichkeiten – Gründer und Management samt aller internen und externen Mitarbeiter – angetreten sind, um die unternehmerischen Zielsetzungen mit der geeigneten Organisationsstruktur umzusetzen (Weitnauer 2011, S. 129). Das **Commitment** der Entscheidungsträger, also die totale Identifikation mit den Anforderungen, aber auch Gefahren der beabsichtigten unternehmerischen Tätigkeit, vermag den potentiellen Investor dabei in der Regel zu überzeugen.

Zielführend ist es, die Darstellung so zu gestalten, dass sich das Gründerteam in seinen jeweiligen individuellen Fähigkeiten **ergänzt**. Neben einer Person, die das Start-up und die dahinter stehende Unternehmensidee bzw. Unternehmensvision nach außen als „**Frontman**" (CEO) repräsentiert, kann kein Start-up auf die organisatorische Kompetenz eines Teammitglieds verzichten, das die innerbetriebliche Organisation bzw. die Verantwortung des finanziellen Bereichs (Rechnungswesen, Sicherung der Liquidität, etc.) übernimmt (**CFO/COO**). Zusätzlich zu Teammitgliedern mit betriebswirtschaftlichem Fokus erfordert insbesondere ein in der Internetbranche firmierendes Start-up einen kompetenten Techniker (**CTO**), der fernab betriebswirtschaftlichen Zahlendenkens die Umsetzung der technologischen Innovation des Start-ups beflügelt.

Ungeachtet der auch hier verwendeten und in der Praxis häufig bereits von Beginn der Unternehmensgründung an geführten englischsprachigen Funktionsbezeichnungen gilt jedoch, dass diese die Gründer insbesondere in der Anfangsphase allein aus persönlichen Eitelkeiten heraus nicht dazu verleiten dürfen, im tatsächlichen Geschäftsbetrieb nur aufgrund ihrer Positionsbezeichnung als Führungskraft weniger Sorgfalt bei der klassischen „Basisarbeit" des Unternehmensaufbaus an den Tag zu legen.

Der Geschäftsführer einer GmbH/UG bzw. das Vorstandsmitglied einer AG wird im Englischen mitunter auch als **Chief Executive Officer** (CEO) bezeichnet. Neben dem eigentlichen Geschäftsführer kann es – je nach Größe der Gesellschaft und/oder der Ausgestaltung des ihr zugrunde liegenden Gesellschaftsvertrags – weitere geschäftsführende Gesellschafter geben, denen – im Verhältnis zum CEO – die Leitung eines anderen Unternehmensressorts zugewiesen ist (s. hierzu Leuering und Dornhegge 2010, S. 13). Zu diesen weiteren Geschäftsführern zählen insbesondere der **Chief Operating Officer** (COO), der das operative Geschäft eines Unternehmens betreut, wie auch der **Chief Financial Officer** (CFO), der in der GmbH bspw. als kaufmännischer Geschäftsführer tätig ist. Gerade für Unternehmen, die im Geschäftsbereich Social Media firmieren, kann darüber hinaus die Bestellung eines **Chief Technology Officer** (CTO), der die technische Leitung des Unternehmens übernimmt, zweckmäßig sein (vgl. Leuering und Dornhegge 2010, S. 13).

6.2.2.8 Finanz-und Ergebnisplanung/Finanzierung

In der Finanz- und Ergebnisplanung werden alle vorherigen, vorwiegend in Textform verfassten Kapitel des Businessplans **zahlenmäßig** zusammengefasst (Kollmann und Kuckertz 2003, S. 45). Innerhalb dieser **Zusammenfassung** ist dabei besonders auf eine klare und übersichtlich strukturierte Darstellungsweise zu achten. Sämtliche in dem Businessplan getätigten Aussagen werden in dem Kapitel Finanzierungsplan auf ihre Plausibilität hin untersucht (Weitnauer 2011, S. 130). Grundsätzlich gilt, dass die erforderlichen Kosten für die Gründung des Start-ups sowie die Berücksichtigung des erforderlichen Kapitals zur Bildung von Rücklagen für unvorhergesehene Entwicklungen in keinem Fall unterschätzt werden dürfen.

Im Rahmen der zahlenmäßigen Darstellung muss des Weiteren sichergestellt werden, dass dem Unternehmen zu jedem Zeitpunkt die notwendige Liquidität zur Verfügung steht (vgl. Kollmann und Kuckertz 2003, S. 45). Dabei gilt es, mögliche Alternativszenarien für unvorhergesehene Entwicklungen bereits bei der prospektiven Liquiditätsplanung zu bedenken. Gerade junge Unternehmen scheitern nicht aufgrund fehlender Rentabilität, sondern an ihrer mangelnden Liquidität (Weitnauer 2011, S. 132). Ein monatlicher Liquiditätsplan ist somit für das erste Planjahr der unternehmerischen Tätigkeit unabdingbar. Diesbezüglich muss sichergestellt werden, dass ein hinreichender Bestand an liquiden Mitteln zur Verfügung steht, um jederzeit alle fälligen Verbindlichkeiten fristgerecht bedienen zu können.

Ein Beispiel für das Grundmuster eines Finanzierungsplans im weiteren Sinne – der sich in die Teilbereiche Kapitalbedarfsplan, Finanzierungsplanung im engeren Sinne, Liquiditäts- und Rentabilitätsplanung unterteilen lässt (vgl. oben § 3 1.2) – kann der Tab. 6.3 entnommen werden. Ebenso wie bei Vorlagen von Businessplänen aus diversen Internetportalen, bedarf das hier aufgezeigte Muster einer Anpassung an die individuellen Anforderungen des Start-ups.

Tab. 6.3 Muster eines Finanzierungsplans

Finanzierungsplan für das Jahr 2014

Geplanter Launch: 1. Januar 2014

I. Kapitalbedarfsplan

1. Langfristiger Kapitalbedarf

Investitionen	EURO
Erwerb/ Miete von Immobilien	
Umbau/ Renovierung/ Nebenkosten	
Anschaffung von Produktionsgeräten/ Maschinen	
Betriebs- und Geschäftsausstattung (Möbel, IT, etc.)	
Fahrzeuge	
Bei Unternehmenskauf: Kauf-/ Übernahmepreis	
Summe	

2. Das erste Geschäftsjahr

2.1 Januar 2014 (inklusive einmaliger Gründungsnebenkosten)

Investitionen	EURO
Mietkaution	
Patent-, Lizenz-, Franchisegebühr	
Gerichtskosten für Anmeldung im Handelsregister	
Notarkosten (sofern Gesellschaftsvertrag notarieller Beurkundung bedarf)	
Markteinführung/ Marketing/ Werbung	
Kosten für Rechts- und Wirtschaftsberatung	
Zwischensumme	
Personalkosten (Gehalt/ Lohnnebenkosten)	
Raumkosten (Miete/ Pacht/ Nebenkosten)	
Internet-/ Telefon- und allgemeine Bürokosten	
Fahrzeugkosten	
Darlehensraten und –zinsen (sofern ein Kredit aufgenommen wurde)	
Versicherungen und sonstige Gebühren	
Liquiditätsvorhaltungskosten (für unvorhergesehene Kosten/ Aufwendungen)	
Private Lebensunterhaltskosten	
Summe	

Tab. 6.3 (Fortsetzung)
2.2 Februar 2014

Investitionen	EURO
Personalkosten (Gehalt/Lohnnebenkosten)	
Raumkosten (Miete/Pacht/Nebenkosten)	
Internet-/Telefon- und allgemeine Bürokosten	
Fahrzeugkosten	
Darlehensraten und –zinsen (sofern ein Kredit aufgenommen wurde)	
Versicherungen und sonstige Gebühren	
Liquiditätsvorhaltungskosten (für unvorhergesehene Kosten/Aufwendungen)	
Private Lebensunterhaltskosten	
Summe	

2.3 März bis Dezember 2014

Jeden Monat auf der Grundlage von 2.2 aufführen und bearbeiten, ggf. um weitere Kosten (z.B. Wartungs- und Reparaturkosten für Produktionsgeräte ergänzen)

II. Finanzierungsplan (im engeren Sinne)

1. Eigenkapital

Finanzierungsart	EURO
Barvermögen (Gründer)	
Sacheinlagen/Eigenleistungen	
„Family and Friends"	
Inkubatoren	
Business Angels	
VC-Beiteiligungen	
Summe	

2. Fremdkapital

Finanzierungsart	EURO
Bankkredit	
Lieferantenkredit (Vendor Loans) etc.	
Summe	

Tab. 6.3 (Fortsetzung)

III. Liquiditäts- und Rentabilitätsplan

Alle Beträge in Euro und ohne Mehrwertsteuer	1. Geschäftsjahr (1.1. bis 31.12.2014)	2. Geschäftsjahr (1.1. bis 31.12.2015)
1. Umsatz/Erlöse		
- Wareneinsatz/Materialeinsatz		
= Rohertrag/Rohgewinn		
+ sonstige betriebliche Erträgte		
2. Umsatz/Erlöse/Provision		
- Wareneinsatz/Materialeinsatz		
= Rohertrag/Rohgewinn		
Gesamtrohertrag/Rohgewinn		
- Personalkosten		
- Geschäftsführerbezüge		
- Miete/Mietnebenkosten		
- Marketing/Werbung		
- Telekommunikationskosten		
- Wartung/Reparaturen		
- Versicherungen		
- Rechtsberatungs-/Buchführungskosten		
- Gewerbesteuer und sonstige Abgaben		
- Darlehensraten		
Summe Aufwendungen		
Betriebsergebnis		
- Abschreibungen		
Gewinn/ Verlust		

6.2.2.9   Chancen und Risiken (best, moderate und worst-case Szenario)

> Bei der **Risikoanalyse** sind technische, marktseitige und organisatorische Unsicherheiten – ohne Verharmlosung oder Verschönerung – darzustellen, die im Zusammenhang mit der Unternehmensgründung eintreten können (Kollmann und Kuckertz 2003, S. 45). Im Gegenzug müssen innerhalb der **Chancenbewertung** die Möglichkeiten der Unternehmensidee – insbesondere der maximal erzielbare Cash Flow bzw. die denkbaren Höchstgewinne für Gründer und Investoren im Rahmen des Exits – hinreichend aufgezeigt werden.

Bei der Analyse der zur Erstellung des Businessplans erfassten Daten haben sich die Gründer –innerhalb der einzelnen Kapitel – idealerweise umfassend mit sämtlichen Entscheidungs- und Handlungsfeldern unternehmerischer Tätigkeit auseinandergesetzt. Dementsprechend sollten sie anhand der Betrachtung von Markt und Wettbewerb, der Produkte

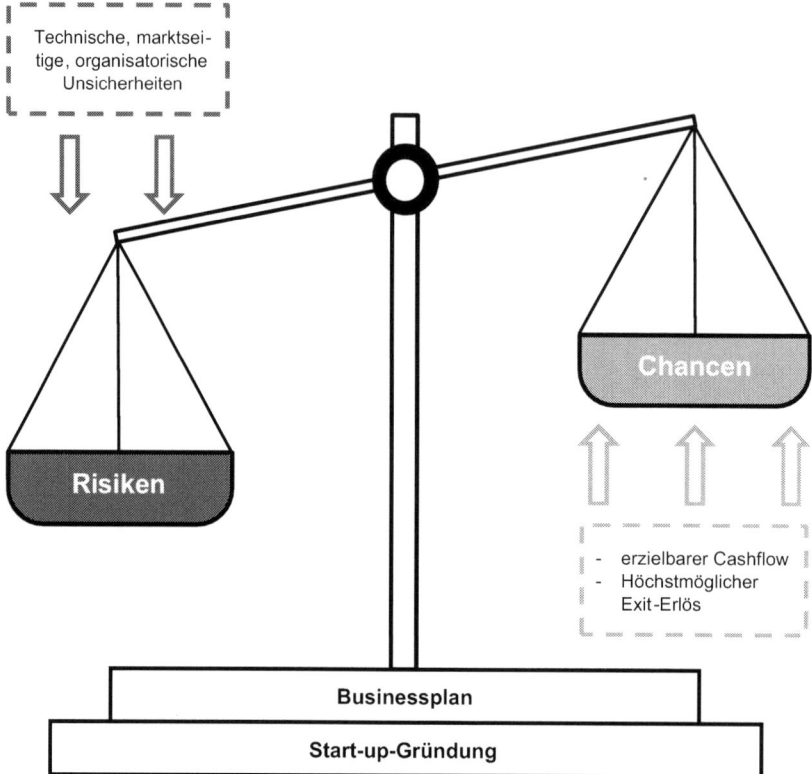

Abb. 6.10 Best-Case Szenario

und Dienstleistungen sowie des Marketings und Vertriebs nunmehr einen Überblick über die geplante Positionierung des Start-ups im Wettbewerb und den damit verbundenen Chancen und Risiken haben (vgl. Pott und Pott 2012, S. 222).

Im Rahmen der Abhandlung dieses (letzten eigentlichen) Kapitels des Businessplans gilt, dass die aufgezeigten Chancen und Risiken für das Start-up in keinem Fall Allgemeinplätzen wie dem Hype um ein bestimmtes vergleichbares Geschäftsmodell, oder der Veränderung der allgemeinen konjunkturellen Situation gegenübergestellt werden sollten. Erforderlich ist vielmehr, dass die Gründer die für das Start-up in seinem konkreten Markt- und Wettbewerbsumfeld relevanten Chancen und Risiken betrachten. Nur eine konkrete Analyse vermag möglichen Investoren glaubhaft zu machen, dass sich die Gründer hinreichend mit der Geschäftsidee beschäftigt und etwaige Risiken erkannt haben (vgl. Janson 2008, S. 32 f.).

Innerhalb der Chancen- und Risikobetrachtung empfiehlt sich ferner eine Differenzierung nach **best-**, **moderate-** und **worst-case** Szenarien (exemplarisch für ein best-case Szenario s. Abb. 6.10). Durch diese Darstellung können die Gründer dem potentiellen Investor bestmöglich aufzeigen, wie den in dem jeweiligen Szenario identifizierten Risiken optimal entgegengewirkt werden kann. Hierbei gilt: Mögliche Risiken sind nicht zu ignorieren, potentielle Chancen nicht überzubewerten.

Zur strukturierten Bearbeitung einer plausiblen Chancen- und Risiken-Analyse sollte auf ein als **SWOT-Analyse** (engl. Akronym für Strengths (Stärken), Weaknesses (Schwächen), Opportunities (Chancen) und Threats (Risiken)) bezeichnetes Instrument der strategischen Unternehmensplanung zurückgegriffen werden. Dieses Instrument wurde in den 1960er Jahren an der Harvard Business School entwickelt und dient der Strategieentwicklung im Unternehmen (Kotler et al. 2010, S. 30).

Bei der vorzunehmenden Unternehmensanalyse werden interne Faktoren (Stärken und Schwächen) identifiziert sowie externe Faktoren (Möglichkeiten und Gefahren) erfasst bzw. antizipiert und sodann zusammen ausgewertet. Interne Faktoren stammen aus dem Unternehmen selbst, wie bspw. das Potential innovativer Produktideen oder hoch qualifizierter Mitarbeiter, wohingegen externe Faktoren Einflüsse aus der Unternehmensumwelt sind, die von außen kommen und sich aus Änderungen im Markt sowie aus der psychologischen oder sozialen Umwelt des Unternehmens ergeben. Die entsprechenden Pläne zum Umgang mit den von den Gründern im Rahmen an ihrer Analyse gefundenen Risiken sollten im Businessplan detailliert beschrieben werden (Janson 2008, S. 32 f.).

Trotz aller geforderten und gewünschten Objektivität bei der Analyse der Chancen und Risiken ist zu bedenken, dass Investoren ihre Investmententscheidung maßgeblich von den **im Businessplan** dargelegten **Chancen** abhängig machen, wohingegen bspw. Fremdkapitalgeber wie Banken eine Geschäftsidee stärker in Bezug auf ihre Risiken beurteilen (Reichelmann 2013). Um also einen Risikokapitalgeber von der Unternehmensidee begeistern zu können, haben sich die Gründer bei der Erstellung ausführlich darüber Gedanken zu machen, welche Chancen dem Investor geboten werden können, damit dieser seine gewünschte Rendite erhalten kann (Reichelmann 2013). Entsprechend ist die Darstellung der Chancen in dem Businessplan zu bewerkstelligen.

6.2.2.10 Anhang

In einem fakultativen Anhang, dessen Umfang im Gegensatz zum eigentlichen Businessplan theoretisch unbegrenzt ist, sind mögliche Marktrecherchen, Beurteilungen, Referenzen, Patente, Wettbewerbsanalysen sowie sämtliche Detailinformationen, die aus Relevanz- oder Platzgründen nicht in den eigentlichen Businessplan aufgenommen wurden, zu erfassen und darzustellen.

6.2.3 Vorgehensweise bei der Erstellung des Businessplans

Eine allgemein verbindliche Reihenfolge bei der Erstellung der einzelnen Kapitel eines Businessplanes gibt es nicht. Ungeachtet dessen werden sich die Gründer vor allem zur eigentlichen Unternehmensidee (Produkt oder Dienstleistung) bzw. zum Markt und Wettbewerb besonders intensive Gedanken gemacht haben, sodass folglich eine Niederschrift der vorgenannten Themengebiete vor schriftlicher Ausarbeitung der übrigen Kapitel anzuraten ist. Nach Fertigstellung dieser beiden Kapitel sind sich die Gründer darüber hinaus im Klaren, inwiefern die Geschäftsidee überhaupt wirtschaftlich machbar ist („**feasibility**") und ob ein Markt für das geplante Produkt/die Dienstleistung besteht. Wichtig ist, dass das

Endprodukt – also der fertige Businessplan – klar strukturiert ist, in seiner Gesamtheit keine Widersprüche enthält und verschiedene Szenarien und Handlungsstrategien darstellt (vgl. Janson 2008, S. 17 f.).

Um die gesammelten Ergebnisse auf ihre Realitätsnähe, Widerspruchsfreiheit, Aussagekraft und Verständlichkeit zu überprüfen, empfiehlt es sich, während des gesamten Prozesses der Erstellung die **Meinung Dritter** einzuholen. Dies können (bzw. sollten) neben externen Experten unabhängige Dritte sein, die aus der Perspektive eines möglichen Kunden bzw. Users oftmals interessanten Input geben können, der hilft, Fehler in der Eigenwahrnehmung des Start-ups durch die Gründer zu vermeiden und neue Gesichtspunkte zu erschließen.

Obgleich es einleuchtend erscheint, die Geschäftsidee bereits in einem frühen Stadium mit Dritten zu besprechen und anhand ihrer Einschätzungen zu plausibilisieren (und auf diese praktikable und einfache Weise möglicherweise unnützen Aufwand und Kosten in der Zukunft zu vermeiden), greifen Gründer in der Praxis auf diese Möglichkeit nur selten zurück. Sie befürchten, dass zu einem frühen Zeitpunkt eingeweihte Dritte die gesammelten Informationen zu eigenen Zwecken nutzen können und etwa selbst versuchen, die Geschäftsidee umzusetzen. Mögen Einzelfälle bestehen, in denen in die Geschäftsidee eingeweihte Dritte diese in doloser Absicht für eigene Zwecke zu nutzen versuchen, sollte dies nicht zu einem grundsätzlichen Misstrauen der Gründer führen. Die Gründer sollten vielmehr bedenken, dass (allein) sie sich mit ihrer Idee umfassend und intensiv beschäftigt haben und ein Dritter demnach überhaupt nicht in der Lage sein wird, die Idee mit eigenen finanziellen und persönlichen Ressourcen umzusetzen.

Dementsprechend ist zu berücksichtigen, dass die bloße Idee zwar vielleicht auch im Vorfeld schon Andere hatten, aber nur das konkrete Start-up – wie die Bereitschaft zur Erstellung des Businessplans zeigt – bereit ist, diese auch umzusetzen. Wollen die Gründer insoweit auf Nummer sicher gehen, schadet es selbstverständlich nicht, bereits zu diesem frühen Zeitpunkt externe Dritte, welche in die Idee eingeweiht werden, über eine entsprechende Vertraulichkeitserklärungen zu verpflichten (hierzu s. Kap. 7.2.1.2.2). Hier gilt es jedoch zu bedenken, dass der Sinn und Zweck einer solchen Vertraulichkeitsvereinbarung eher psychologischer Natur ist, da sich ein Verstoß gegen eine solche Erklärung in der Praxis juristisch nur schwer nachweisen lassen wird.

Im Internet kursieren zahlreiche Vorlagen für Businesspläne (vgl. Janson 2008, S. 15). Teilweise ist es möglich, selbst branchen- und sektorenspezifische Muster kostenlos oder gegen Entgelt zu erwerben. Von einer Verwendung solcher Vorlagen ist – sofern diese nicht umfassend vom Start-up eigenständig abgewandelt werden – unbedingt abzuraten.

Wie bereits erörtert wurde (s. oben Kap. 6.2.2), bekommt jeder potentielle Investor nach der Lektüre der ersten Seiten einen Eindruck davon, ob die Gründer sich tatsächlich eigenständig mit ihrer eigenen Geschäftsidee auseinandergesetzt haben oder ob sie nur unter Verwendung von Vorlagen und Textbausteinen versuchen, die zur Kapitalbeschaffung als notwendig empfundene „Formalie Businessplan" schnellstmöglich abzuarbeiten. Der Businessplan ist für Investoren von noch größerer Relevanz, wenn sie den Eindruck haben, dass er das Ergebnis eines **durchdachten Entwicklungsprozesses** ist und nicht allein der Kapitalbeschaffung dienen soll.

Die Gründer sollten die Erstellung des Businessplans so verstehen, dass diese nicht als einmalige Aufgabe allein der Kapitalbeschaffung dient, sondern als kontinuierlicher Prozess in die Umsetzungsphase des Start-ups und selbst darüber hinaus in die tatsächliche Aufnahme des Geschäftsbetriebs wirkt. Wird der Businessplan in diesem Sinne als Sammelwerk grundlegender Informationen und Daten über das Start-up verstanden, kann dieser im späteren Unternehmensstadium gar als Grundlage für die **Etablierung** eines zielgerichteten **Planungs-** und **Controllingsystems** dienen (Pott und Pott 2012, S. 227).

6.2.4 Businessplan-Wettbewerbe

Eine weitere „Zielgruppe" eines Businessplans sind die Businessplan-Wettbewerbe, die mittlerweile mit unterschiedlicher regionaler oder branchenspezifischer Spezialisierung angeboten werden. Über mehrere Runden stellen die Teilnehmer ihre Unternehmensidee einem Expertenpublikum zur Diskussion. Im Laufe des Wettbewerbs besteht dabei die Möglichkeit, das Feedback sowie die konstruktive Kritik der Jury des Wettbewerbs dazu zu nutzen, das Unternehmenskonzept zu perfektionieren und fortzuentwickeln. Die an einem Businessplan-Wettbewerb teilnehmenden Gründer können im Idealfall intensiv von den Erfahrungswerten der oft aus ehemaligen Gründern und erfolgreichen Unternehmern besetzten Jury profitieren. Die Teilnehmer erhalten regelmäßig umfassendes Feedback zu ihren Einreichungen und daneben teilweise sogar ein (kostenloses) Seminarprogramm zu unternehmerischen Fragestellungen. Neben dem zu gewinnenden Preisgeld bieten Businessplan-Wettbewerbe eine interessante Plattform, sich untereinander zu vernetzen und sich mit anderen Gründern auszutauschen. Auch erreichen die Teilnehmer, dass ihre Unternehmensidee medial einem größeren Publikum zur Verfügung gestellt wird, was sich wiederum auf die Bekanntheit des Start-ups positiv auswirkt.

6.3 Besonderheiten der Finanzierung in der Seed-Phase

Die Seed-Phase ist dadurch geprägt, dass den Gründern bereits **vor** unmittelbarer **Aufnahme** der operativen Tätigkeit **Kosten entstehen**. Neben Geld für die Erstellung eines Prototyps des Produkts (etwa einer prototypischen Website) wird Kapital benötigt, um dem Gründer den benötigten Freiraum zur Formulierung eines Businessplans zu schaffen (Kollmann 2011, S. 300). Können diese Kosten nicht durch eigene Mittel (in aller Regel Ersparnisse) getragen werden, sind Kapitalquellen zu akquirieren. Einem im Vergleich zu späteren Finanzierungsrunden niedrigen Investitionsvolumen der Kapitalgeber steht in der Seed-Phase ein ausgesprochen hohes Risiko gegenüber (Grummer und Brorhilker 2012). Dementsprechend besteht eine unkalkulierbare Unsicherheit darüber, ob das Produkt/die Dienstleistung überhaupt technisch realisierbar (**Produktrisiko**) ist oder ob der

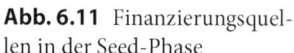
Abb. 6.11 Finanzierungsquellen in der Seed-Phase

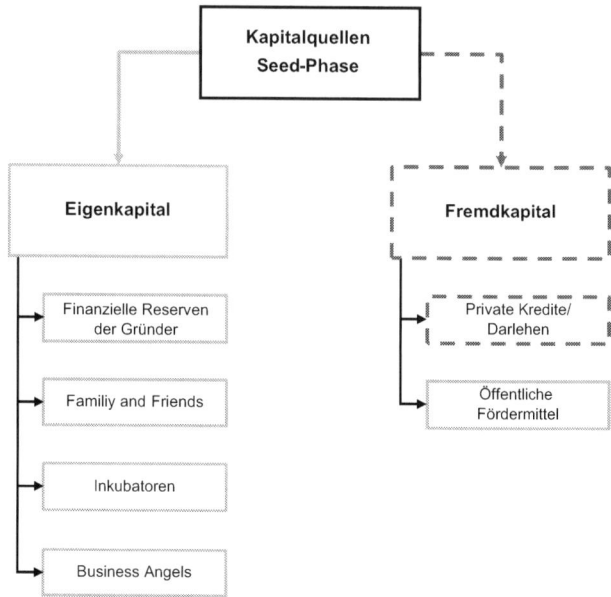

Markt überhaupt gewillt ist, das Produkt/die Dienstleistung (**Marktrisiko**) zu akzeptieren (Kollmann 2011, S. 300).

Das Fehlen etablierter (unternehmerischer) Strukturen sowie die aufgrund des Produkts- und Marktrisikos äußerst volatilen Erfolgsaussichten der unternehmerischen Idee führen zu einer erheblichen **Zurückhaltung** potentieller Investoren (Grummer und Brorhilker 2012). Um Kapitalgeber für die Unternehmensidee des Start-ups begeistern zu können, ist diesen das überdurchschnittliche Wachstumspotenzial eindringlich darzulegen und herauszustellen (vgl. Grummer und Brorhilker 2012).

Allerdings steht allen vorgenannten Risiken eines Investments in der Seed-Phase ein außerordentliches **Wertsteigerungspotenzial** des Unternehmens gegenüber. Sofern sich Investoren bereits zu dieser frühen Unternehmensphase am Start-up beteiligen, können sie aufgrund der zu diesem Zeitpunkt noch niedrigen Einstiegsbewertung des Unternehmens auf eine maximale Kompensation des investierten Kapitals im Erfolgsfall hoffen (vgl. Grummer und Brorhilker 2012).

6.4   Kapitalquellen in der Seed-Phase

Als primäre Liquiditätsquelle kommt in der Seed-Phase überwiegend **Eigenkapital** in Betracht (zu den Finanzierungsquellen in der Seed-Phase s. auch Abb. 6.11). Dazu zählen die Ersparnisse der Gründer selbst, Gelder aus dem Familien- und Bekanntenkreis, Inkubatoren sowie Business Angels.

Sowohl bei **Einlagen der Gründungsmitglieder** als auch bei der Inanspruchnahme von Zahlungen aus dem **Verwandten- und Freundeskreis** empfiehlt sich eine umfassende

– schriftliche – Dokumentation des überlassenen Kapital sowie der ausgehandelten Rückzahlungsmodalitäten (Grummer und Brorhilker 2012). Derartige Vereinbarungen können dahingehend präventiv wirken, dass Streitigkeiten zwischen Gesellschaftern, Familie und Freunden die Existenzgründung nicht (negativ) beeinflussen bzw. im schlimmsten Fall sogar gefährden.

Inkubatoren (vgl. oben Kap. 5.3) sind Einzelpersonen oder Einrichtungen, die die Jungunternehmer im Rahmen der Start-up-Gründung durch finanzielle Mittel und vereinzelt auch durch fachliche Beratung und/oder Coaching unterstützen. Zusätzlich stellen Inkubatoren den Gründern häufig Infrastruktur (z. B. Büroräume) sowie Kommunikationstechnologie (z. B. Telefonanlagen) zur Verfügung.

Business Angels (s. hierzu auch Kap. 5.2) sind Privatpersonen, die eigenes Geld, Zeit und berufliche Kompetenzen in das Start-up investieren und insofern an der gesamten Unternehmensentwicklung – speziell an den Verlustrisiken sowie den Gewinnmöglichkeiten – teilhaben. Im Unterschied zu Inkubatoren ist die Fokussierung auf zusätzliche Beratungsleistungen dabei besonders ausgeprägt, sodass im Zusammenhang mit Business Angels oftmals auch von „**Smart-Capital**" gesprochen wird (Grummer und Brorhilker 2012).

Im Vergleich zu Eigenmitteln kommt der **Fremdkapitalfinanzierung** in der Seed-Phase allenfalls eine marginale Bedeutung zu, da die meisten Kreditgeber die Bereitstellung von Darlehen – aufgrund der in dieser Frühphase der Unternehmensgründung in der Regel nicht vorhandenen Sicherungsmöglichkeiten – ablehnen. Eine Ausnahme hiervon können **Öffentliche Förderprogramme** darstellen, die den Jungunternehmern neben zinsgünstigen Darlehen häufig auch Gründungs- und Beratungsleistungen anbieten.

Zusammenfassung

Die **Seed-Phase** ist die Vorgründungsphase der eigentlichen Unternehmensentwicklung. In diesem Gründungsstadium besteht bereits die **Idee** der Vermarktung eines Produkts und/oder einer bestimmten Dienstleistung; wie diese in der Praxis **umgesetzt** werden kann, ist den Gründern allerdings noch nicht (abschließend) klar. Charakteristisch für die Seed-Phase sind die Findung einer passenden **Rechtsform** für das Start-up sowie die Ausarbeitung eines optisch ansprechenden und aussagekräftigen **Businessplans**.

Als **Finanzierungsquellen** kommen in diesem Unternehmensstadium überwiegend **eigene finanzielle Reserven** der Gründer, Gelder aus dem Verwandten- und Bekanntenkreis („**Family and Friends**"), sowie **Inkubatoren** oder **Business Angels** in Betracht. Daneben ist eine Fremdfinanzierung – insbesondere durch **öffentliche Fördermittel** und Kredite – zwar nicht gänzlich ausgeschlossen, scheitert aber regelmäßig an mangelnden Sicherheiten der Gründer.

Das Kapital wird in der Seed-Phase für die Schaffung der Rechtsform, sofern diese die Einzahlung eines bestimmten Haftungskapitals (**Stammkapital**) erfordert, benötigt. Im Übrigen bedarf die Umsetzung der Unternehmensidee in einen **Prototypen** und/oder in **praktisch verwertbare Ergebnisse** eines nicht zu unterschätzenden Liquiditätszuflusses.

Literatur

Baumbach, A., und A. Hueck. 2013. *GmbHG. Gesetz betreffend die Gesellschaft mit beschränkter Haftung*. München: Verlag C. H. Beck.

Bayer, W., und T. Hoffmann. 2007. Die Wahrnehmung der limited als Rechtsformalternative zur GmbH. *GmbHR* 98 (2007): 414–417.

Breithaupt, J., und J. H. Ottersbach. 2010. *Kompendium Gesellschaftsrecht. Formwahl – Gestaltung – Muster für die Praxis*. München: C. H. Beck.

Grummer, J.-M., und J. Brorhilker. 2012. Phasengerechte Finanzierung: Teil zwei. Vom Samen zum Keim – Möglichkeiten der Finanzierung in der Seed-Phase. http://www.gruenderszene.de/finanzen/phasengerechte-finanzierung-seed-phase. Zugegriffen: 8. Mai 2013.

Gummert, H. 2005. *Münchener Anwalts Handbuch Personengesellschaftsrecht*. München: Verlag C. H. Beck.

Hauschka, C. E. 2010. *Corporate Compliance. Handbuch der Haftungsvermeidung im Unternehmen*. München: Verlag C. H. Beck.

Hirte, H. 2008. Die „Große GmbH-Reform" – Ein Überblick über das Gesetz zur Modernisierung des GmbH-Rechts und zur Bekämpfung von Missbräuchen (MoMiG). *NZG* 2008:761–766.

Janson, S. 2008. *8 Schritte zur erfolgreichen Existenzgründung. Der Grundstein für Ihr neues Unternehmen. Planung, Anmeldung, Finanzierung. Mit Beispiel-Formularen, Anträgen, Checklisten und Tipps, Redline Wirtschaft*. München: FinanzBuch Verlag GmbH.

Johann, T. 2009. UG (haftungsbeschränkt) vs. GmbH – Was kann die Mini-GmbH? http://www.gruenderszene.de/finanzen/rechtsformen-fur-Start-ups-i-ug-vs-gmbh-was-kann-die-mini-gmbh. Zugegriffen: 10. Mai 2013.

Kollmann, T. 2011. *E-Entrepreneurship. Grundlagen der Unternehmensgründung in der Net Economy*. Wiesbaden: Gabler.

Kollmann, T., und A. Kuckertz. 2003. *E-Venture-Capital. Unternehmensfinanzierung in der Net Economy. Grundlagen und Fallstudien*. Wiesbaden: Gabler.

Kotler, P., R. Berger, und N. Bickhoff. 2010. *The quintessence of strategic management, what you really need to know to survive in business*. Berlin: Springer-Verlag.

Kuckertz, A. 2006. *Der Beteiligungsprozess bei Wagniskapitalfinanzierungen. Eine informationsökonomische Perspektive*. Wiesbaden: Deutscher Universitäts-Verlag.

Leuering, D., und S. Dornhegge. 2010. Geschäftsverteilung zwischen GmbH-Geschäftsführern. *NZG* 2010:13–17.

Martinek, M., F.-J. Semler, S. Habermeier, und E. Flohr. 2010. *Handbuch des Vertriebsrechts*. München: Verlag C. H. Beck.

Pott, O., und A. Pott 2012. *Entrepreneurship. Unternehmensgründung, unternehmerisches Handeln und rechtliche Aspekte*. Berlin: Springer-Verlag.

Priester, H.-J., und D. Mayer. 2009. *Münchener Handbuch des Gesellschaftsrechts. Bd. 3. Gesellschaft mit beschränkter Haftung*. München: Verlag C. H. Beck.

Reichelmann, N. J. 2013. VC-Businessplan – darauf achten Investoren. http://www.gruenderszene.de/finanzen/vc-businessplan. Zugegriffen: 7. Mai 2013.

Reichle, H. 2010. *Finanzierungsentscheidung bei Existenzgründung unter Berücksichtigung der Besteuerung. Eine betriebswirtschaftliche Vorteilhaftigkeitsanalyse*. Wiesbaden: Gabler Verlag/Springer Fachmedien.

Römermann, V. 2009. *Münchner Anwalts Handbuch GmbH-Recht*. München: Verlag C. H. Beck.

Saenger, I., L. Aderhold, K. Lenkaitis, und G. Speckmann. 2011. *Handels- und Gesellschaftsrecht. Praxishandbuch*. Baden-Baden: Nomos.

Weitnauer, W. 2011. *Handbuch Venture Capital. – Von der Innovation zum Börsengang*. München: Verlag C. H. Beck.

Ziemons, H., und C. Jaeger. 2013. *Beck'scher Online-Kommentar. GmbHG*. München: Verlag C. H. Beck.

Start-up-Phase

Christopher Hahn und Daniel Naumann

> Die Start-up-Phase beginnt mit der Produktion, der Markteinführung der herge-
> stellten Erzeugnisse oder angebotenen Dienstleistungen und ggf. ersten Verkaufs-
> erfolgen. Dieses Stadium des Unternehmens wird durch hohe Anlaufkosten, schwa-
> che Umsatzerlöse und die Erwirtschaftung geringer oder überhaupt keiner Gewinne
> geprägt (Reichle 2010, S. 18 f.).

Wurde das Start-up auf Basis eines **Businessplans** (hierzu s. § 6.2.) gegründet, so beginnt
hiernach die **Start-up-Phase** (Kollmann und Kuckertz 2003, S. 37). Während die Gründer
in der **Seed-Phase** noch auf die Findung der passenden Rechtsform für das Unternehmen, die Ausarbeitung eines Unternehmenskonzepts, die Durchführung von Markt- und
Kundenanalysen sowie die Grundlagenentwicklung für das zukünftige Angebot fokussiert
waren, verlagern sich die Aktivitäten in der Start-up-Phase nunmehr auf die **offizielle
Unternehmensgründung** bis hin zur **Einführung** eines **konkurrenzfähigen Produkts**
und/oder einer **konkurrenzfähigen Dienstleistung**. Daneben muss ein **Geschäftskonzept** ausgearbeitet und umgesetzt werden, es müssen **neue Kapitalquellen** bzw. **Kapital-**

C. Hahn (✉)
Luther Rechtsanwaltsgesellschaft mbH, Friedrichstraße 140,
10117 Berlin, Deutschland
E-Mail: christopher.hahn@luther-lawfirm.com

D. Naumann
Wissenschaftlicher Mitarbeiter, Luther Rechtsanwaltsgesellschaft mbH, Grimmaische Straße 25,
04109 Leipzig, Deutschland
E-Mail: daniel.naumann@luther-lawfirm.com

C. Hahn (Hrsg.), *Finanzierung und Besteuerung von Start-up-Unternehmen*,
DOI 10.1007/978-3-658-01371-4_7, © Springer Fachmedien Wiesbaden 2014

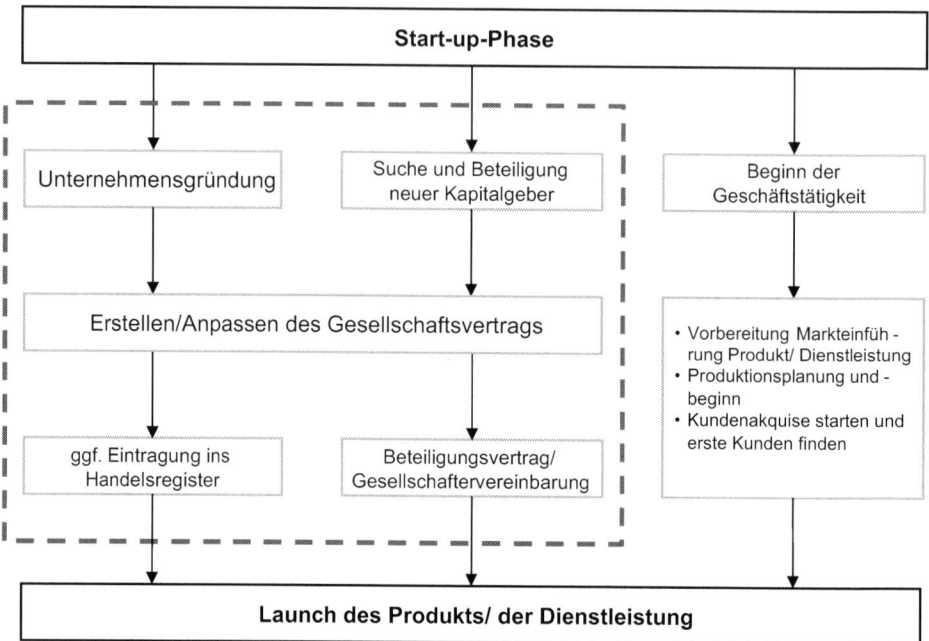

Abb. 7.1 Ablauf der Start-up-Phase

geber gesucht und ggf. an der Unternehmung beteiligt werden (Grummer und Brorhilker 2012a). Der Ablauf der Start-up-Phase kann daher grob in

- die Unternehmensgründung,
- die Suche nach neuen Kapitalgebern sowie
- den Beginn der Geschäftstätigkeit

untergliedert werden (s. Abb. 7.1).

Die Unternehmensgründung muss – entsprechend der bereits in der Seed-Phase erfolgten Rechtsformwahl (s. oben § 6.1.) – zunächst formal umgesetzt werden. Hierzu bedarf es der Entwicklung eines **Gesellschaftsvertrags** und, je nach gewählter Rechtsform, ggf. der **Eintragung** der Unternehmung **ins Handelsregister** (für die GmbH ergibt sich diese Pflicht bspw. aus § 7 Abs. 1 GmbHG).

Der **Gesellschaftsvertrag**, der auch als **Satzung** bezeichnet wird, bildet die Grundlage des Start-ups als deren (körperschaftliche) Verfassung und ist insoweit auch für spätere Gesellschafter und außerhalb des Start-ups stehende Dritte verbindlich. Firmiert das Start-up als GmbH, stellt der Gesellschaftsvertrag darüber hinaus das Errichtungsgeschäft des künftigen Unternehmens dar, gestaltet dieses in Einzelheiten aus und bindet gleichzeitig die Gründer untereinander (Baumbach und Hueck 2013, § 2, Rn. 3).

Um den „**Launch**", d. h. die Markteinführung des Produkts/der Dienstleistung zu ermöglichen, ist die Zuführung weiteren Kapitals erforderlich. Da Kapitalgeber in der Start-up-Phase mit einer Investition **hohe Risiken** eingehen, werden sie oftmals auf eine **Beteiligung** an dem Start-up bestehen, um das Unternehmenswachstum überwachen zu können und – sofern erforderlich – auf dieses aktiv einzuwirken. Da die Produktentwicklung bzw. Ausgestaltung der Dienstleistung zu diesem Stadium der Unternehmensgründung größtenteils abgeschlossen sein wird, müssen die Gründer nunmehr den entsprechenden Launch vorbereiten. Neben der Produktionsplanung und dem Produktionsbeginn ist hierfür ein durchdachtes **Vertriebskonzept** notwendig, das zwischen dem Aufbau eines eigenen Netzwerks oder Kooperationen mit außerhalb des Start-ups stehenden Dritten abwägt. Schließlich müssen die Gründer erste Kunden durch ein auf die Zielgruppe und das Angebot des Start-ups ausgerichtetes **Marketing** gewinnen.

Die Start-up-Phase endet mit dem erfolgten **Online-Start** des Produkts oder der Dienstleistung am Markt (Kollmann und Kuckertz 2003, S. 37).

7.1 Besonderheiten der Finanzierung in der Start-up-Phase

In der Start-up-Phase sind der **Abschluss** der Produktentwicklung, erste **Marketingaktivitäten** und die **Herstellung** des Produkts bzw. der Dienstleistung zu finanzieren (Kuckertz 2006, S. 19). Der **Kapitalbedarf** für die operative Umsetzung der Unternehmensidee ist oft **immens**. Gründer müssen daher neue Finanzierungsquellen erschließen, um den Liquiditätsbedarf decken zu können.

Die Finanzplanung sollte für die nächsten drei bis fünf Jahre erfolgen. Hierbei empfiehlt sich, sowohl **rechtliche** als auch **steuerrechtliche** Gestaltungsmöglichkeiten umfassend zu berücksichtigen. Durch eine vorausschauende Planung kann der Unternehmenswert in mehrfacher Hinsicht erhöht werden (Grummer und Brorhillker 2012a). Erstens werden unnötige Kosten vermieden, indem der Zeitraum für die Aufnahme von neuen Finanzmitteln bereits frühzeitig bestimmt wurde und somit ein unerwarteter, kurzfristiger Kapitalbedarf – zu entsprechend ungünstigen Konditionen – in der Regel nicht bestehen wird. Zweitens können Gründer durch eine umsichtige Finanzplanung gegenüber zukünftigen Kapitalgebern eine gewisse Transparenz dahingehend schaffen, dass finanzielle Mittel nicht kurzfristig benötigt werden und folglich Investitionen von den Kapitalgebern langfristig geplant werden können.

7.2   Finanzierungsquellen in der Start-up-Phase

Venture Capital („**VC**") stellt eine wichtige Kapitalquelle für Unternehmen in der Start-up-Phase dar. Daneben sind Finanzierungen über Inkubatoren, Business Angels, Family and Friends, bereits vorhandenes Eigenkapital oder öffentliche Fördermittel denkbar. Aufgrund meist nicht vorhandener Sicherungsmittel kommen „klassische" Finanzierungsquellen, wie bspw. Bankkredite, in diesem Stadium der Unternehmensgründung (für das Start-up selbst) eher nicht in Betracht.

Auch in der Start-up-Phase nimmt die **Eigenkapitalfinanzierung** – aufgrund fehlender Businessdaten, Erfahrungswerte und Sicherheiten, die für den Zugang zu Fremdkapital erforderlich wären – eine zentrale Stellung ein. Die Beschaffung von Eigenkapital kann in **interne** („von innen") und **externe** („von außen") Finanzierungsquellen unterteilt werden (vgl. Reichle 2010, S. 43 f., s. auch § 4.1.). Im Unterschied zur Seed-Phase, in der die Finanzierung vorwiegend von innen durch die Gründer selbst oder bspw. durch „Family and Friends" erfolgte, benötigt das Start-up nunmehr Eigenkapital von außen. Die Erhöhung des Eigenkapitals verbessert dabei nicht nur die **Bonität** des Unternehmens, sondern ermöglicht unter Umständen auch die (im weiteren Verlauf des Unternehmens mögliche) Inanspruchnahme von Fremdkapitalfinanzierungen (Grummer und Brorhilker 2012a). Darüber hinaus steigern Eigenkapitalleistungen die **Liquidität** des Start-ups, indem die üblicherweise bei Rückzahlungen von (Fremd-) Krediten zu zahlenden Zins- und Tilgungszahlungen nicht anfallen. Für die Beschaffung von Eigenkapital (s. Abb. 7.2) kann das Start-up zum einen auf Zuwendungen der öffentlichen Hand sowie andererseits auf private Anleger zurückgreifen (Grummer und Brorhilker 2012a).

Unter der **Liquidität** versteht man die Verfügbarkeit „flüssiger" Zahlungsmittel innerhalb des Start-ups. Demgegenüber stellt die **Bonität** die gegenwärtigen und zukünftigen Einkommensverhältnisse eines Unternehmens dar und ist insofern ein Maßstab für die Kreditwürdigkeit. Da ein Start-up – mangels entsprechender Sicherheiten – kaum Bankkredite erhalten wird und darüber hinaus hauptsächlich auf die Verfügbarkeit flüssiger Gelder angewiesen ist, kommt der Bonität eines Start-ups in der Finanzierungspraxis allenfalls eine untergeordnete Bedeutung zu.

Die Eigenkapitalbeschaffung kann prinzipiell über **Einlagen** der Gründungsgesellschafter erfolgen. In der Praxis werden die Ressourcen der Gründer aber regelmäßig bereits nach der Seed-Phase erschöpft sein. Für eine Kapitalerhöhung durch Eigenfinanzierung von außen erscheint infolgedessen vor allem die Aufnahme **neuer Gesellschafter** bzw. eine **Beteiligung** von **Venture Capital-Gesellschaften** zweckmäßig (vgl. Kürsten und Nietert 2006, S. 330 f.).

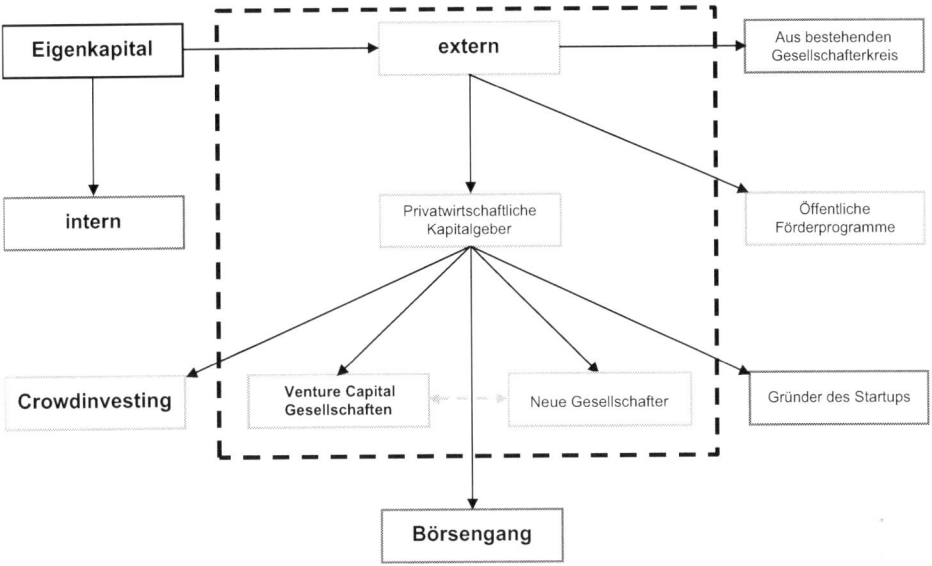

Abb. 7.2 Eigenkapitalbeschaffung von außen

Die Aufnahme neuer Gesellschafter bringt neues Kapital in das Start-up, führt dabei aber gleichzeitig zu einer Verringerung der unternehmerischen Selbständigkeit der Gründer, da der oder die neue(n) Gesellschafter als „Gegenleistung" für das bereitgestellte Kapital schließlich Mitbestimmungs- und Kontrollrechte am Unternehmen fordern werden bzw. aufgrund ihrer Gesellschafterstellung können (Weitnauer 2011, S. 1070). Dies kann sich auf die Entwicklung des Start-ups allerdings auch positiv auswirken: Werden neue Gesellschafter nach ihrer Branchenaffinität und – was häufig noch wichtiger ist – nach dem „spirit" des gegründeten Unternehmens ausgewählt, können sie neues („frisches") Knowhow und neue Kontakte in das Start-up tragen und dadurch das Unternehmenswachstum effektiv steigern (Grummer und Brorhilker 2012a).

Für die Beschaffung von weiterem Kapital besteht ferner die Möglichkeit eines **Börsengangs** (**IPO**). Ein solcher hat allerdings den Nachteil, dass das Unternehmen in Form einer Aktiengesellschaft (AG) firmieren muss, was für die meisten Start-ups – gerade in der Frühphase – schon allein wegen der erheblichen Gründungs- bzw. Umwandlungskosten sowie des erforderlichen Grundkapitals von mindestens 50.000 € nicht in Betracht kommt (vgl. Kuckertz 2006, S. 33).

Eine weitere Form der Beteiligungsfinanzierung stellt das in Deutschland mehr und mehr verbreitete **Crowdinvesting** dar (s. § 7.3.). Neben dieser innovativen Kapitalbeschaffungsmethode gibt es deutschlandweit zahlreiche Wagniskapitalgesellschaften (Venture Capitel-Gesellschaften), die als öffentliche bzw. private Beteiligungsgesellschaften firmieren.

7.2.1 Beteiligungsfinanzierung durch Venture Capital

„Venture Capital" bedeutet wörtlich Risiko- oder Wagniskapital. Eine Kapitalbeschaffung in Form von Venture Capital unterscheidet sich von einer herkömmlichen Kreditfinanzierung dadurch, dass sich der VC-Geber ohne Stellung von Sicherheiten durch den VC-Nehmer langfristig zur Finanzierung – üblicherweise in Form haftenden Eigenkapitals – bereiterklärt, ohne dass das bereitgestellte Kapital verzinst wird oder zurückgezahlt werden muss (Breithaupt und Ottersbach 2010, Teil 1. C. § 1, Rn. 22). Venture Capital eignet sich somit hervorragend zur Finanzierung junger Unternehmen in der Start-up-Phase.

Gerade im Innovations- und Hightech-Sektor benötigt ein Start-up einen sehr hohen Kapitalzufluss. Für diese Branchen ist die Unterstützung durch VC-Gesellschaften daher von besonderem Interesse. Die Beteiligung solcher Investoren an dem Start-up erfolgt regelmäßig über eine **stille** (ohne Mitwirkung an der Geschäftsleitung) oder **aktive Teilhabe** (unter Mitwirkung an der Geschäftsführung). Als Gegenleistung für die Kapitalbereitstellung erhält der VC-Geber **Anteilsrechte** am **Unternehmenskapital** (Kapitalgesellschaften) bzw. am **Unternehmensvermögen** (Personengesellschaften). Das Besondere an VC-Gesellschaften ist, dass die Investoren – im Vergleich zu den „üblichen" Kapitalgebern, wie bspw. Banken – eine stark erhöhte **Risikobereitschaft** aufweisen, da ein bestimmter Prozentsatz von Fehlinvestitionen in der Regel bereits vorweg einkalkuliert wird. Diese vorab einkalkulierten (Total-) Verluste werden allerdings sodann durch eine große Bandbreite von Investitionen bzw. durch einige wenige „**High-flyer**" „überkompensiert" (vgl. Janson 2008, S. 52 f.).

Dieser in der Praxis der Kapitalbeschaffung eher ungewöhnliche Umstand zeigt, wie wichtig die **Kenntnis** der **Arbeitsweise** von VC-Gesellschaften für die erfolgreiche weitere Zusammenarbeit nach einem Investment ist. Die Gründer dürfen demnach nicht allein den monetären Aspekt eines VC-Investments betrachten, sondern sollten darüber hinaus auch die mit jedem VC-Investment einhergehenden tatsächlichen Auswirkungen aus der Perspektive des VC in ihre Finanzierungsbemühungen einkalkulieren. Aus diesem Grund wird nachfolgend kurz dargestellt, wie die **Kontaktaufnahme** mit VC-Gesellschaften sowie deren Selektion idealerweise erfolgen sollte (s. hierzu Grummer und Brorhilker 2013).

Bevor die Gründer mit potentiellen VC-Gebern in Kontakt treten, gilt es zunächst den „**passenden**" Investor zu finden. Entscheidend für den entsprechenden Selektionsprozess sind dabei sowohl die Reputation als auch die Spezialisierung des Venture-Capitalists. Sind mehrere in Betracht kommende Kapitalgeber identifiziert, sollte der Kontakt idealerweise über eine Person, die dem VC-Geber bereits **bekannt** ist (z. B. ein Business Angel, hierzu s. § 5.2), hergestellt werden. Ist das Start-up dem Kapitalgeber gänzlich unbekannt, empfiehlt sich demgegenüber schlichtweg die **direkte** Kontaktaufnahme.

Dabei sind die Art und Weise und vor allem die Form der Kontaktaufnahme entscheidend. Damit die VC-Gesellschaft einen Überblick über das Start-up erhält, sollte den VC-Gebern eine **Zusammenfassung** des **Businessplans** zur Verfügung gestellt werden. Da in diesem Stadium der Kontaktaufnahme in der Regel auf Vertraulichkeitserklärungen verzichtet wird, sollten vertrauliche Informationen – soweit dies möglich ist – umgangen oder lediglich verkürzt umrissen werden. Auch hier gilt der **Vertrauensaspekt**: Zahlreiche VC-Geber tendieren in der Praxis dazu, keine Vertraulichkeitsvereinbarungen zu unterzeichnen. Dies ist insbesondere dem Umstand geschuldet, dass sich ein tatsächlicher Verstoß gegen die Bestimmungen einer Vertraulichkeitsvereinbarung ungeachtet der juristischen Ausführlichkeit des Vertragstextes nur schwerlich beweisen lässt bzw. wenige „schwarze Schafe" existieren, die eine Vertraulichkeitsvereinbarung allein dazu nutzen, um einen Verstoß gegen diese zu konstruieren, um die darin festgelegte Vertragsstrafe „nachträglich" geltend machen zu können. Gründer sollten sich insoweit auf ihr Gefühl (insbesondere aufbauend auf dem **track record** sowie dem persönlichen Kontakt mit dem VC-Geber) verlassen und stets bedenken, dass die bloße Unternehmensidee erst durch die konkrete Umsetzung, also durch das Gründerteam selbst, das sich bereits seit einiger Zeit tagtäglich damit beschäftigt hat, zu einem Erfolg wird. Ungeachtet dessen gilt, dass ein **ernsthafter** VC-Geber selbstverständlich auch keine Schwierigkeiten haben wird, die Vertraulichkeitsvereinbarung eines seriösen Gründerteams zu unterzeichnen.

Liegen dem VC-Geber die wesentlichen Informationen vor, werden in einem ersten Schritt allgemeine Kriterien, wie z. B. die **Branche**, das notwendige **Investitionsvolumen** sowie **Renditechancen** und **-risiken** des Start-ups analysiert. Innerhalb dieser groben Prüfung werden die meisten Finanzierungsanfragen bereits abgewiesen. Dementsprechend muss das Start-up schon in diesem Kontaktstadium überzeugen (Grummer und Brorhilker 2013). Der Ausarbeitung des Businessplans kommt daher – wie bereits ausgeführt wurde (s. oben § 6.2) – eine herausragende Bedeutung zu. Hat das Start-up die erste Selektionsphase überstanden, erfolgt hiernach eine Detailanalyse. In diesem Zusammenhang sind die **Fähigkeiten** und **Erfahrungen** der Gründer für eine Finanzierungszusage von zentraler Bedeutung (s. Abb. 7.3), insbesondere in Bezug auf die Sichtung und Beseitigung unternehmerischer Risiken. Weitere wichtige Entscheidungskriterien von VC-Gesellschaften sind das von dem Start-up bereitgestellte **Produkt** bzw. die entsprechende **Dienstleistung**, die **Chancen** und **Risiken** des Produkts am Markt sowie die **Unabhängigkeit** des Start-ups von externen Faktoren (Grummer und Brorhilker 2013). Kommt der VC-Geber nach der Detailanalyse zu dem Ergebnis, dass er sich an dem Start-up beteiligen möchte, wird dies in der Regel durch den sog. „**Letter of Intent**" mitgeteilt (Weitnauer 2011, S. 290).

7.2.1.1 Beteiligungsverhandlungen

Haben die Gründer einen passenden VC-Geber gefunden, sollten sie nochmals die **Stärken** und **Schwächen** ihres Start-ups analysieren. Diesbezüglich ist es ratsam, sich bereits frühzeitig in die Rolle des VC-Investors hineinzuversetzen und möglichst präzise Antworten auf die – von Kapitalgebern typischerweise hinterfragten – **Unsicherheiten** des Start-ups in der Frühphase wie bspw. das Teamrisiko, das Kapitalrisiko, das Technologierisiko sowie das Marktrisiko geben zu können (Weitnauer 2011, S. 286).

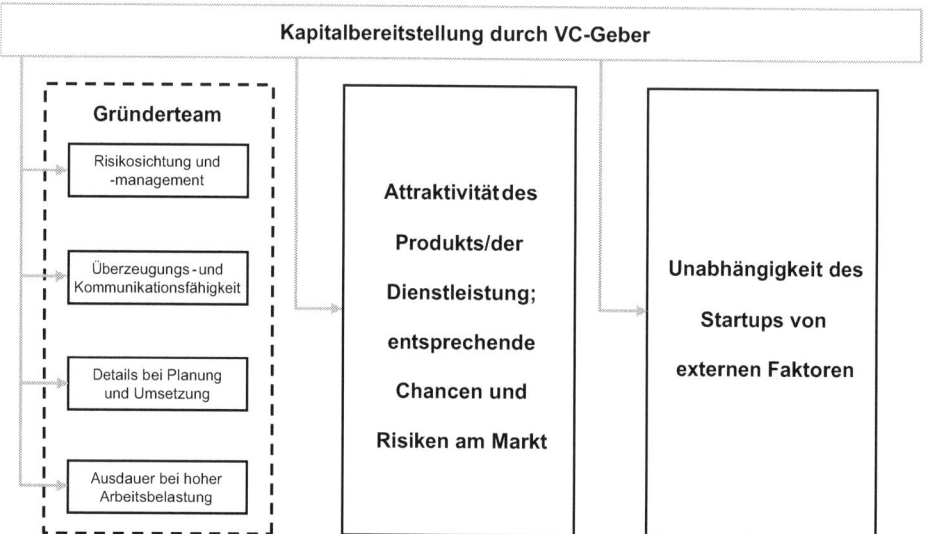

Abb. 7.3 Entscheidungskriterien von VC-Gesellschaften

Mehr als in der Seed-Phase, im Rahmen derer sich die Gründer bei Ausarbeitung des Businessplans in die Perspektive möglicher Business Angels hineinzuversetzen versucht haben, ist nunmehr erforderlich, die Stärken und Schwächen des Start-ups noch weiter in die Tiefe gehend selbstkritisch und möglichst objektiv zu analysieren. Insofern sollten folgende Fragen beantwortet werden können (hierzu s. Grummer und Brorhilker 2012a).

- Wie können die **Renditeerwartungen** potentieller VC-Geber befriedigt werden?
- Wie ist die derzeitige **Bilanzstruktur** des Start-ups, wie wird sich die Bilanzstruktur zukünftig entwickeln?
- Welche **Mitbestimmungs-**und **Kontrollrechte** können und/oder wollen die Gründer neuen Gesellschaftern einräumen?
- Wie hoch wird das **Ausfallrisiko** des Investments der VC-Gesellschaften eingeschätzt und auf welcher Basis beruhen diese Annahmen?
- Wie hoch ist der **Liquiditätsbedarf** und welche Hypothesen liegen der Ermittlung des Liquiditätsbedarfs zugrunde?
- Welche **steuerlichen** Aspekte gilt es zu berücksichtigen?

Je sorgfältiger sich die Gründer auf diese (und weitere) bei einer Unternehmenspräsentation, einem sog. „**Pitch**", aufkommenden Fragestellungen vorbereitet haben, desto seriöser wirkt das Start-up auf die VC-Investoren und desto schneller (und vor allem erfolgreicher) verläuft der Verhandlungsprozess.

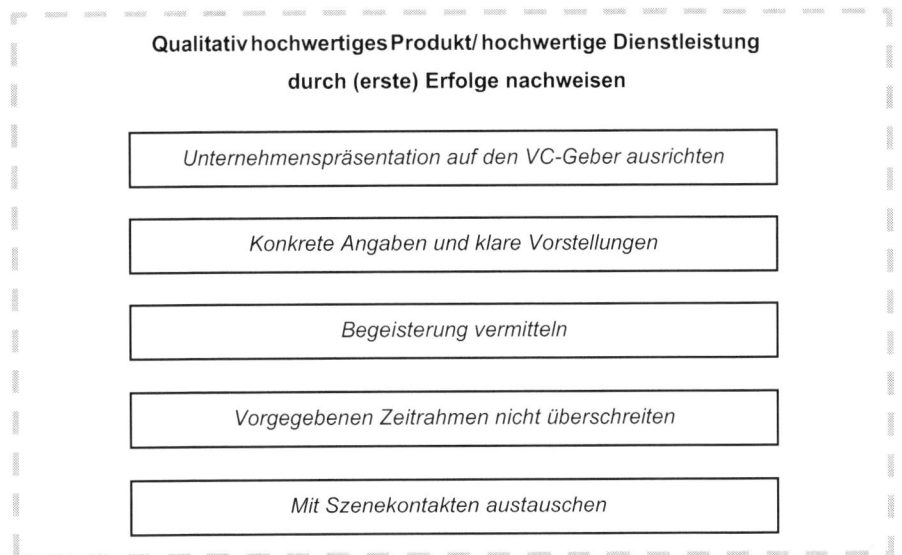

Abb. 7.4 Erfolgreiches Pitchen

Den Gründern muss klar sein, dass es für die Beschaffung von Venture Capital entscheidend auf einen gelungenen und professionellen Pitch – basierend auf den im Rahmen des Businessplans erarbeiteten „**hard facts**" – ankommt. Springt bei der Unternehmenspräsentation der sprichwörtliche **Funke** („Gründervision") nicht über, ist die wirtschaftliche (Fort-) Existenz des Start-ups gefährdet.

▶ Bei einem **Pitch** handelt es sich um die Präsentation der Geschäftsidee und des Start-ups als solchem gegenüber potentiellen Investoren.

7.2.1.1.1 Unternehmenspräsentation

Für ein erfolgreiches Pitchen ist Folgendes zu berücksichtigen (hierzu s. Wörle 2011 und Abb. 7.4).

Zunächst sollten die Jungunternehmer die Präsentation **selbst** entwickeln und auf die **VC-Gesellschaft** bzw. den **Anlass** ausrichten. Standardpräsentationen sind den meisten VC-Gebern bekannt und werden nicht überzeugen. Positiv auffallen wird, wer **konkrete** Angaben z. B. über den notwendigen Kapitalbedarf machen kann sowie **klare** Vorstellungen über evtl. noch bestehende Schwächen des Start-ups und den Umgang mit diesen hat. Ein freies Sprechen versteht sich von selbst, Folien ablesen wirkt – nicht nur auf den VC-Geber – unprofessionell. Im Übrigen vermittelt nur ein freier Vortrag den VC-Gesellschaftern die **Begeisterung** der Gründer für ihr Start-up. Da es in der ersten Gesprächsrunde nicht um Einzelheiten und technische Feinheiten geht, empfiehlt es sich, entsprechende Hinweise und Anregungen der VC-Geber zur weiteren Produkt- und Finanzierungsgestaltung ernst zu nehmen und bei der weiteren Unternehmensplanung zu berücksichtigen. Gründer sollten die Botschaft ihres Start-ups mit wenigen Worten – prägnant und „knackig" – darstellen können (Stichwort „**Elevator pitch**", vgl. auch § 6.2.2.1), um den für die Präsentation vorgegebenen Zeitrahmen **nicht** zu **überschreiten**. Zeitüberschreitungen wirken unprofessionell und vermitteln den VC-Gebern, dass sich der Vortragende schlecht vorbereitet hat.

Jungunternehmer in der Start-up-Branche tauschen sich regelmäßig über geglückte sowie – bereitwilliger als in der „old economy" – auch offen über gescheiterte Unternehmensgründungen aus. Daher ist es ratsam, vor dem ersten Pitch mit **Szenekontakten** und Bekannten zu **sprechen**. Diese können möglicherweise sogar Kontakte zu Kapitalgebern vermitteln und/oder als Trainingspartner wichtige Hinweise für die spätere Unternehmenspräsentation geben.

Allerdings hilft auch der beste Pitch nichts, wenn sich das Produkt am Markt nicht durchzusetzen vermag, d. h. die Gründer müssen ihren potentiellen VC-Gebern bereits in der ersten Gesprächsrunde die **Qualität** des Produkts bzw. der Dienstleistung in konkreter Relation zu den (erwarteten) Marktchancen aufzeigen. Hierzu genügt regelmäßig der Nachweis von **Anfangserfolgen**, der oftmals schon dann erbracht ist, wenn die Gründer glaubhaft machen, ihre Familien, Freunde und/oder Bekannte von dem Produkt ihres Start-ups überzeugt zu haben.

Abschließend sollten sich Jungunternehmer (nochmals) vergegenwärtigen, dass VC-Geber Start-ups – neben der Kapitalbereitstellung – in der Regel zusätzlich mit ihrer spezifischen **Expertise** unterstützen. In diesem Zusammenhang kommt es dem Investor nicht auf die Innovationsentwicklung, sondern vielmehr auf ein **rasches** Unternehmenswachstum und damit verbundene hohe Gewinnaussichten an.

7.2.1.1.2 Grundbewertung des Start-ups

Nach dem Pitch werden die VC-Geber eine erste Bewertung des Start-ups vornehmen, um sowohl die notwendigen **Investitionskriterien** zu ermitteln als auch das mit dem Investment verbundene **Risiko** besser beurteilen zu können. Obgleich für die Unternehmensbewertung vielfältige Ansätze und Auffassungen existieren, sind diese in der Start-up-Phase mangels fehlender vergleichbarer Unternehmen und/oder fehlender **Berechnungsfaktoren** (Cash Flow, Ertragswerte, Börsen-Multiplikatoren etc.) sowie den damit verbunden Unsicherheiten nicht praktikabel bzw. schlicht nicht anwendbar. Dies betrifft bspw. die Ermittlung des Unternehmenswerts anhand langjähriger Studien zu den Zahlungsausflüssen aus dem Start-up (**„Discounted Cash Flow**", vgl. Saenger et al. 2011, § 11, Rn. 114) oder die Leistungsbestimmung durch Gegenüberstellung mehrerer vergleichbarer (börsennotierter) Start-ups (sog. „**Peer Group**"-Methode, vgl. Heidel und Schall 2011, Anhang: Unternehmensbewertung, Rn. 48). Insofern können Investoren oftmals nur auf das

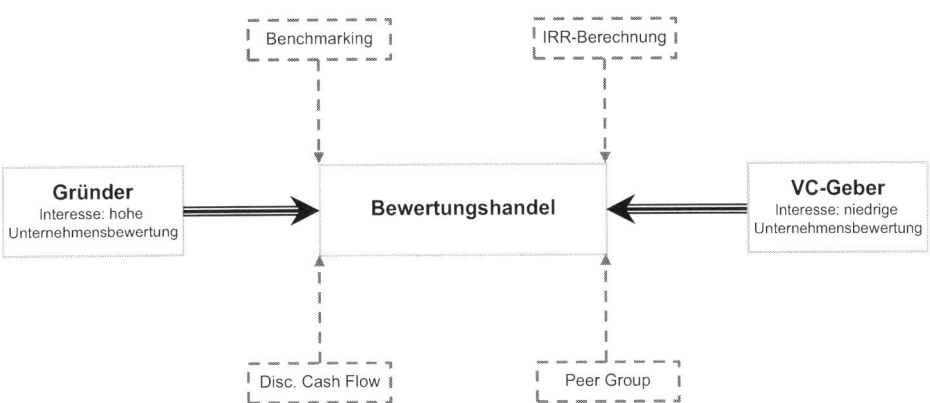

Abb. 7.5 Unternehmensbewertung des Start-ups

„**Benchmarking**", die „**IRR-Berechnung**" und den „**Bewertungshandel**" zurückgreifen (Weitnauer 2011, S. 288 f., hierzu s. auch Abb. 7.5).

Auch die Gründer werden früher oder später mit der Frage konfrontiert, wie viele Geschäftsanteile sie dem VC-Geber als Gegenleistung für die Kapitalbereitstellung überlassen sollten. Dabei ist es hilfreich, wenn sie den Wert des eigenen Unternehmens zumindest grob kennen, da sonst hinsichtlich der folgenden Finanzierungsrunde(n) durchaus die Gefahr besteht, dass dem VC-Geber mehr Unternehmensanteile überlassen werden, als nach dem tatsächlichen Wert des Start-ups eigentlich geboten sind.

Eine Unternehmensbewertung kann zunächst so erfolgen, dass durch ein zielgerichtetes Gegenüberstellen mehrerer, vergleichbarer Start-ups, das jeweils „Beste" als Referenz herangezogen wird und auf dieser Grundlage der Unternehmenswert des zu bewertenden Start-ups ermittelt wird. Dieses sog. **Benchmarking** werden besonders überregional firmierende VC-Gesellschaften mit einer gefestigten Reputation anwenden (vgl. Saenger et al. 2011, § 12, Rn. 120).

Ein weiteres Verfahren zur Bestimmung der Leistungsfähigkeit eines Unternehmens ist die **Internal Rate of Return** (**IRR**)-Bewertung: Hierbei legen VC-Geber einen erreichbaren Exit-Wert für das Start-up zugrunde und rechnen von diesem aus rückwärts, welche Beteiligungsquote sie für einen eingesetzten Kapitalbetrag benötigen, um ihre Zielrendite erreichen zu können (Weitnauer 2011, S. 289).

In der Praxis können VC-Geber auf die für das Benchmarking oder das IRR-Rating notwendigen historischen Daten wie die Umsatz- und Kostenentwicklung oder das Wachstum des Start-ups allerdings – aufgrund des Frühstadiums der Unternehmensentwicklung – nicht zugreifen. Eine Erfolgsprognose des Start-ups ist höchst spekulativ und dementsprechend problematisch. Durch derartige Informationen können allenfalls Tendenzen für die Erfolgsaussichten des Unternehmens ermittelt werden (Schultz 2011, S. 171).

Zu diesem Informationsdefizit kommen während der Start-up-Phase divergierende Interessen der Parteien hinzu: Einerseits wollen die Gründer eine hohe **pre-money-Bewertung** des Start-ups, um den VC-Gesellschaften möglichst wenige Gesellschaftsanteile (sog.

„**shares**") und dementsprechende Mitsprache- und Entscheidungsrechte an dem Unternehmen – als Gegenleistung für die Finanzierung – überlassen zu müssen. Auf der anderen Seite sind VC-Geber ihrerseits an einer möglichst niedrigen Bewertung des Start-ups vor der Kapitalbereitstellung interessiert, da sie so beim Exit den größtmöglichen Gewinn erwirtschaften können.

Der (Kauf-)Preis der Geschäftsanteile entspricht dem Verhältnis des investierten Betrags zu der Zahl neuer Geschäftsanteile. Auf dessen Basis kann der Wert des Unternehmens und damit der Wert des Anteils selbst ermittelt werden. Hierbei gilt es zwischen Pre-Money- und Post-Money-Bewertung, also dem Wert des Unternehmens vor bzw. nach der Finanzierungsrunde/Beteiligung, zu differenzieren (vgl. Achleitner 2001, S. 928).

Aufgrund dieses Interessenkonflikts ist es praktikabler, wenn die Unternehmensbewertung nicht durch die hier aufgezeigten analytischen Verfahren, sondern in einem „**Bewertungshandel**", in dem sich Gründer und Investor – unter wechselseitigem Nachgeben – auf eine Grundbewertung des Start-ups einigen, ermittelt wird (Weitnauer 2011, S. 289).

Selbst wenn die Parteien eine Grundbewertung des Start-ups nicht in der dargelegten Weise „aushandeln" können, muss dieser Umstand nicht zwangsläufig nachteilig für die Gründer sein. Vielmehr gereichen die verschiedenen Ansätze und Ansichten, wie Unternehmen in der Frühphase zu bewerten sind, den Start-ups durchaus zum Vorteil: Setzt ein Investor einen eher niedrigen Unternehmenswert an oder erteilt dem Investment sogar eine Absage, soll dies die Gründer nicht entmutigen, da bereits die nächste Anfrage deutlich bessere Ergebnisse erzielen kann (Paßmann 2008, S. 37). Dementsprechend hängen sowohl die Verhandlungsposition der Gründer als auch die der Kapitalgeber im Wesentlichen von der Ausgestaltung des **VC-Markts** für die jeweilige **Branche** des Start-ups ab und werden – wie so oft in der freien Marktwirtschaft – durch Angebot und Nachfrage reguliert. Steht Venture Capital bspw. in hoher Anzahl zur Verfügung, dem aber nur eine geringe Anzahl lukrativer Beteiligungsprojekte gegenüber, ermöglicht dies den Gründern eines interessanten Start-ups, eine hohe pre-money- bzw. Grundbewertung des Start-ups durchzusetzen. Stehen demgegenüber für eine bestimmte Unternehmensbranche nur wenige VC-Geber zur Verfügung, werden Start-ups dementsprechend lediglich eine (vergleichsweise) geringe Grundbewertung erzielen können (Weitnauer 2011, S. 289).

7.2.1.2   Erste Finanzierungsrunde

Die **erste Finanzierungsrunde** wird in Abgrenzung zu den nachfolgenden Finanzierungsrunden zur Deckung weiteren Kapitalbedarfs auch **Serie A** oder (engl.) Series A genannt, die entsprechende Folge- bzw. Wachstumsfinanzierungsrunde (Later Stages) **Serie B**. Eine Serie B-Beteiligung bedarf umfassender Abstimmung mit dem des Beteiligungsvertrag der Investoren der ersten Generation sowie der Bewertung des Unternehmens (vgl. dazu im Einzelnen: Weitnauer 2011, S. 442 ff.).

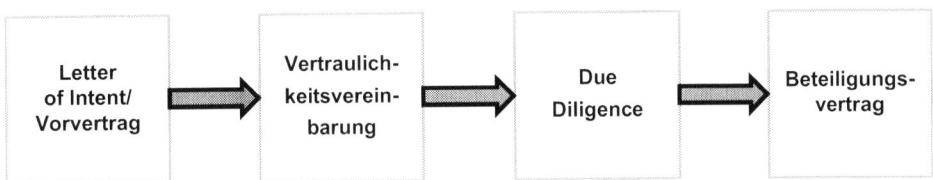

Abb. 7.6 Der Ablauf der ersten Finanzierungsrunde

Auf einen erfolgreichen Pitch und eine positive Grundbewertung des Start-ups folgt in der Regel die erste Finanzierungsrunde (**Serie oder Series A-Beteiligung**).

Deren Ablauf (s. Abb. 7.6) kann in die Stadien Letter of Intent, Vertraulichkeitsvereinbarung, Due Diligence sowie Abschluss des Beteiligungsvertrags untergliedert werden.

7.2.1.2.1   Letter of Intent/Term Sheet

Der **Letter of Intent** ist eine „Absichtserklärung", die im Vorfeld des Abschlusses des Beteiligungsvertrags übersandt wird und aus der sich die Bereitschaft des VC-Gebers ergibt, sich an dem Start-up zu beteiligen und dieses finanziell zu unterstützen. Im Gegensatz zu einem **Vorvertrag** kann aus dem Letter of Intent keine Rechtspflicht zum Abschluss des Hauptvertrags, d. h. des Beteiligungsvertrags, abgeleitet werden (Beisel und Klumpp 2009, Kap. 1, Rn. 74 f.).

War der Pitch erfolgreich und konnte der VC-Geber überzeugt werden, in das Start-up zu investieren, wird das Ergebnis der ersten gemeinsamen Gespräche in einem sog. „Letter of Intent" (teilweise auch als „Term Sheet", „Memorandum of Understanding" oder „Comfort Letter" bezeichnet) bzw. in einem Vorvertrag fixiert (Weitnauer 2011, S. 290).

Durch den Letter of Intent klären die Parteien die wesentlichen **Bedingungen** der Unternehmensfinanzierung, wie z. B. die Höhe des durch den VC-Geber bereitgestellten Kapitals bzw. – im Gegenzug – der Beteiligung der VC-Gesellschaft an dem Start-up. Obgleich diese Vereinbarung grundsätzlich rechtlich unverbindlich ist, hat ein Letter of Intent bei späteren Vertragsverhandlungen in der Praxis eine erhebliche, zumindest **tatsächliche** Bindungswirkung. Insofern ist es für Gründer nahezu unmöglich, in den folgenden Verhandlungen zwecks Abschlusses eines Beteiligungsvertrags zu ihren Gunsten von dem Letter of Intent abzuweichen (Dittmar 2012).

Von einem Letter of Intent ist der sog. Vorvertrag zu unterscheiden. Der Vorvertrag führt nicht nur zu einer **faktischen**, sondern auch zu einer **rechtlichen** Bindung, indem sich die Parteien zum Abschluss eines späteren (Haupt-) Beteiligungsvertrags verpflichten. Ein solches Interesse der Vertragspartner wird nicht unmittelbar nach dem Pitch, wohl aber im Rahmen der Due Diligence bestehen, insbesondere, sofern dem Abschluss des eigentlichen Beteiligungsvertrages noch tatsächliche oder rechtliche Hindernisse entgegenstehen (Weitnauer 2011, S. 291).

Da sowohl der Letter of Intent als auch der Vorvertrag für den juristischen Laien nur schwer zu überschauende Folgen nach sich ziehen können, sollte bereits vor Abschluss derartiger Vereinbarungen fachkundige Unterstützung in Anspruch genommen werden.

7.2.1.2.2 Vertraulichkeitsvereinbarung

▶ Bei einer Vertraulichkeitsvereinbarung („**Non Disclosure Agreement**") werden Geheimhaltungs- und Nichtverwendungsverpflichtungen des potentiellen Erwerbers detailliert aufgelistet, wobei Verstöße in aller Regel eine Vertragsstrafe nach sich ziehen (Beisel und Klumpp 2009, Kap. 2, Rn. 20).

Haben die Parteien eine Vertraulichkeitsvereinbarung nicht bereits vor der Unterzeichnung des Letters of Intent bzw. des Vorvertrags separat abgeschlossen, sollte eine Geheimhaltungsklausel spätestens jetzt vertraglich vereinbart werden. Durch eine Vertraulichkeitsvereinbarung, die auch als „Non Disclosure Agreement" („NDA") bezeichnet wird, werden die **Geschäftsidee** und das damit verbundene Produkt vor unrechtmäßiger **Nachahmung** und/oder **Drittverwendung** geschützt. Da die VC-Nehmer die VC-Geber bereits in der Beteiligungsverhandlung von ihrem Produkt begeistern wollen und hierfür eventuell schon die Preisgabe vertraulicher, interner Informationen erforderlich ist, besteht die Möglichkeit, die Vertraulichkeitsvereinbarung noch vor dem Letter of Intent abzuschließen.

Um die Einhaltung dieser Vereinbarung zu gewährleisten und sich bei Verstößen – insbesondere mangels Bezifferbarkeit der entsprechenden Schadenshöhe – schadlos zu halten, sollten die Parteien zusätzliche **Vertragsstrafen** vereinbaren (Dittma 2009). Die Vereinbarung einer (pauschalierten) Vertragsstrafe dient somit einerseits als Druckmittel, damit sich das Gegenüber vertragstreu verhält, also die mitgeteilten Informationen geheim hält. Darüber hinaus erspart sie den Gründern den (möglicherweise vor Gericht zu führenden) Nachweis, dass ein Schaden als Folge des Verstoßes gegen das NDA tatsächlich eingetreten ist.

Wie bereits ausgeführt, lehnen potentielle VC-Geber sowohl die Unterzeichnung einer Vertraulichkeitsvereinbarung als auch die Aufnahme von Vertragsstrafenregelungen nicht selten kategorisch ab. In einem solchen Fall müssen die VC-Nehmer abwägen, ob die Beteiligung des potentiellen Investors **strategisch** und **ökonomisch** so wichtig ist, dass sie die Offenlegung von Informationen – ohne einen wirksamen Missbrauchsschutz – rechtfertigt (Dittmar 2012). Hierbei können Recherchen über die Diskretion bzw. den Ruf der Investoren hilfreich sein. Wurde die VC-Gesellschaft in der Öffentlichkeit bereits mit Vertrauensbrüchen in Verbindung gebracht, sollten Verhandlungen gänzlich abgebrochen oder zumindest nicht ohne den Abschluss einer Vertraulichkeitsvereinbarung begonnen werden.

7.2.1.2.3 Due Diligence

▶ Eine Due Diligence ist eine detaillierte Analyse, Prüfung und Bewertung der rechtlichen, wirtschaftlichen und technischen Verhältnisse eines Unternehmens (Beisel und Klumpp 2009, Kap. 2, Rn. 2).

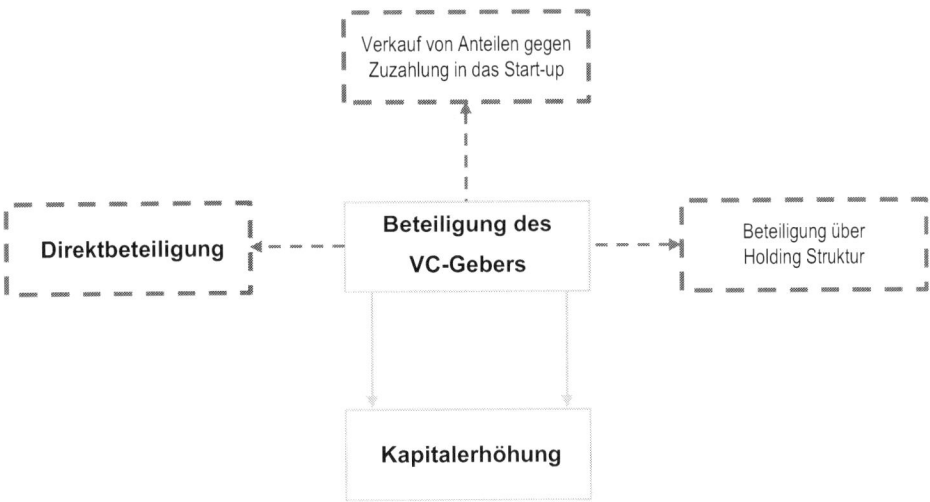

Abb. 7.7 Denkbare Strukturen der Beteiligung

Im Rahmen der Due Diligence verifizieren die Investoren sowohl die in der Unternehmenspräsentation als auch im Business Plan gemachten Angaben zu den ökonomischen und juristischen Verhältnissen des Start-ups (Weitnauer 2011, S. 293). Dazu Überprüfung wird die VC-Gesellschaft den Gründern eine Anforderungsliste übersenden, in der die Unternehmensbereiche aufgeführt und die Dokumente angefordert werden, die die Investoren überprüfen möchten (Dittmar 2012).

Um von solchen Anforderungen nicht überrascht zu werden, können die Gründer bereits frühzeitig eine eigene Due Diligence durchführen. Diese hat nicht nur den Vorteil, dass die Beteiligungsverhandlungen signifikant verkürzt werden, sondern ermöglicht den Gründern darüber hinaus einen rechtzeitigen Einblick in die **Stärken** und **Schwächen** des Start-ups. Dementsprechend besteht die Möglichkeit, auf Defizite reagieren und Verbesserungen vornehmen zu können, bevor die Kapitalgeber im Rahmen ihrer Due Diligence selbst auf die gefundenen Schwachpunkte stoßen. Voraussetzung einer solchen eigenen Due Diligence ist, dass die Gründer bereits von Beginn der Unternehmensgründung an eine gewisse Sorgfalt in der Dokumentation und Anlage sämtlicher relevanter Dokumente (**ordentliche Aktenführung**) walten lassen.

Die Resultate der Due Diligence beeinflussen die Gestaltung des nachfolgenden Beteiligungsvertrags erheblich. Für aufgedeckte Risiken werden in der Regel entsprechende **Garantien** der VC-Nehmer verlangt. Weichen die Ergebnisse zu stark von den Vorstellungen des Investors ab, besteht sogar die Gefahr, dass die Finanzierung insgesamt scheitert. Dennoch müssen die Gründer alle – positiven wie auch negativen – Informationen offenlegen, da Falschangaben sowohl zivil- als auch sogar strafrechtliche Konsequenzen haben können (Dittmar 2012).

7.2.1.2.4 Beteiligung durch Kapitalerhöhung

Für die Beteiligung des VC-Gebers sind mehrere Varianten denkbar (hierzu s. Abb. 7.7). Gründer unterliegen dabei oftmals dem Trugschluss, dass der Kapitalgeber das zu investierende Kapital stets als Gegenleistung für bereits **vorhandene** Geschäftsanteile des Start-ups zahlen wird. Bei einem solchen Modell müsste der Kapitalgeber die Finanzierung unmittelbar an die Gesellschafter des Start-ups selbst leisten, da nur diese zur Übertragung der Geschäftsanteile berechtigt sind. In der Regel möchte der Investor das Kapital aber gerade nicht an die Gesellschafter zahlen, sondern durch die Finanzierung den weiteren **Geschäftsbetrieb** des Start-ups sicherstellen (Monheim 2010). Darüber hinaus hat ein Verkauf von Geschäftsanteilen gegen eine Zuzahlung in die Kapitalrücklage der Gesellschaft den Nachteil, dass diese Form der Beteiligung – als Geschäftsanteilsverkauf – zur Versteuerung des Veräußerungsgewinns gemäß § 17 EStG führen kann.

Sofern der VC-Geber das Start-up nicht mitbegründet hat, was regelmäßig der Fall ist, erfolgt die Beteiligung der VC-Gesellschaft daher in aller Regel durch eine **Kapitalerhöhung**, bei der neue Geschäftsanteile des Start-ups geschaffen werden. Operieren Gründer mit zwei oder mehreren Start-ups, besteht ferner die Möglichkeit, die einzelnen Unternehmen zu einer Holding-Gesellschaft zusammenzufassen, um eine einheitliche Finanzierung zu ermöglichen (Weitnauer 2011, S. 297 f.).

Der Ablauf einer Kapitalerhöhung bestimmt sich nach der Gesellschaftsform, in der das Start-up firmiert. Nachfolgend soll am Beispiel der **GmbH** aufgezeigt werden, was bei einer Kapitalerhöhung zu beachten ist und der Vorgang der Kapitalerhöhung anhand eines praktischen Beispiels veranschaulicht werden.

7.2.1.2.4.1 Vollzug der Kapitalerhöhung

Bei Kapitalgesellschaften – also als UG, GmbH, AG oder KGaA firmierenden Start-ups – wird die Kapitalerhöhung grundsätzlich in drei Schritten vollzogen (hierzu ausführlich Weitnauer 2011, S. 294 ff.).

- Kapitalerhöhungsbeschluss
- Übernahme/Zeichnung der Einlage
- Anmeldung zum Handelsregister

In einem ersten Schritt wird das **Stammkapital** des Start-ups durch einen Gesellschafterbeschluss der Alt- bzw. Gründungsgesellschafter **erhöht**. In diesem Beschluss müssen sowohl der **Erhöhungsbetrag** sowie die **Anzahl** der Stammeinlagen, die nach der Kapitalerhöhung ausgegeben werden dürfen, und auch der **Nennbetrag**, der auf die einzelne Stammeinlage entfällt, bestimmt werden (Breithaupt und Ottersbach 2010, Teil 1. C. § 1, Rn. 22). Der Kapitalerhöhungsbeschluss bedarf dabei der Mehrheit von mindestens **drei Vierteln** der abgegebenen Stimmen und – als ein Fall der Satzungsänderung – der **notariellen Beurkundung** (§ 53 Abs. 2 S. 1 GmbHG). Der Betrag der Stammkapitalerhöhung und des zu übernehmenden neuen Geschäftsanteils des Investors ist dabei so zu bemessen, dass die von dem VC-Geber zu übernehmende Beteiligung die jeweils gewünschte prozentuale **Beteiligungsquote** erreicht (Monheim 2010).

Der Nennbetrag (Nenn-, Nominalwert) eines GmbH-Geschäftsanteils (oder auch einer Aktie) entspricht dem zur Erlangung des Anteils tatsächlich aufgewendeten bzw. notwendigen Geldbetrag. Der Nennbetrag bzw. Nennwert eines Geschäftsanteils ist von dessen wirtschaftlichem Wert, dem „wahren Wert eines Geschäftsanteils", zu differenzieren. Der Nennbetrag entspricht allenfalls bei Entstehung des Geschäftsanteils im Rahmen einer Gründung oder Kapitalerhöhung dem wirtschaftlichen Wert des Geschäftsanteils – und dies auch nur, sofern kein Agio gezahlt wurde (Fleischer und Goette 2010, § 14, Rn. 19).

Hiernach erfolgt die Übernahme der durch Kapitalerhöhung geschaffenen neuen Stammeinlagen durch einen auf Erweiterung der Mitgliedschaft gerichteten Vertrag zwischen den VC-Gebern und dem Start-up. Die **Übernahmeerklärung** („Zeichnung der Geschäftsanteile") hat dabei den erstmaligen Erwerb oder die Aufstockung der Mitgliedschaft in der GmbH zum Gegenstand. Notwendiger Erklärungsinhalt ist neben der Person des Übernehmers (also dem VC-Geber) der Betrag der neu übernommenen Geschäftsanteile und die Art der zu erbringenden Einlage einschließlich Nebenleistungen (Agio, Nachschüsse etc.), die der Investor an das Unternehmen erbringt (vgl. Müller und Winkeljohann 2009, § 7, Rn. 32). Hierzu bedürfen sowohl die Übernahmeerklärung (§ 55 Abs. 1 GmbHG) als auch die Vollmacht (§ 2 Abs. 2 GmbHG) der notariellen Beglaubigung.

Als Agio wird das Aufgeld bzw. der Aufschlag des Investors bezeichnet, den dieser – neben der eigentlichen Erhöhung des Nennbetrags des Stammkapitals – leisten muss (Saenger und Inhester 2010, § 5, Rn. 14). Addiert man das Agio mit dem Nennbetrag der neu geschaffenen Einlagen, entspricht die sich hieraus ergebende Summe der Gesamthöhe des von dem VC-Geber zu leistenden Investments.

Nachdem die Kapitalerhöhung durch die Übernahme der neuen Geschäftsanteile durch den VC-Geber gedeckt ist, muss die Erhöhung des Stammkapitals schließlich zur Eintragung in das Handelsregister angemeldet werden (§ 57 Abs. 1 GmbHG). Darüber hinaus müssen die Mindesteinlagen (§ 7 Abs. 2 S. 1 und Abs. 3 GmbHG) der Geschäftsleitung endgültig zur freien Verfügung stehen (§ 57 Abs. 2 S. 1 GmbHG).

7.2.1.2.4.2 Beispiel: Investment des VC-Gebers in Höhe von 2 Mio. €
In der Praxis streben VC-Geber eine Minderheitsbeteiligung am Stammkapital des Start-ups in Höhe von **10 bis 25 %** an (vgl. Weitnauer 2011, S. 315). Darüber hinausgehende Beteiligungen können den Konzernabschluss der VC-Gesellschaft – aufgrund auftretender Anfangsverluste von jungen Unternehmen – negativ beeinträchtigen und wirken abschreckend auf potentielle Kapitalgeber (Weitnauer 2001, S. 1065 f.). Im Übrigen liegt bei einer Beteiligung von bis zu 25 % kein kartellrechtlicher Zusammenschlusstatbestand (§ 37 Abs. 1 Nr. 3b GWB) vor. Dies vorausgesetzt soll der Ablauf einer Kapitalerhöhung bei einem als GmbH firmierenden Start-up wie folgt verdeutlicht werden (Angelehnt an das Beispiel bei Monheim 2010).

Ein als GmbH firmierendes Start-up verfügt über das gesetzlich vorgeschriebene Mindeststammkapital von **25.000 €**. Der VC-Geber möchte **2 Mio. €** in das Unternehmen investieren und als Gegenleistung hierfür eine Beteiligungsquote von **20 %** erhalten. In diesem

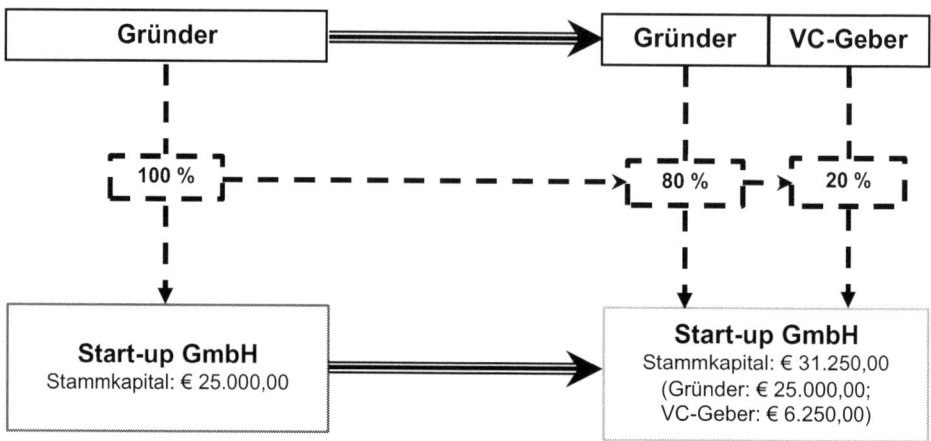

Abb. 7.8 Beteiligungsbeispiel Kapitalerhöhung bei einer GmbH

Fall ist das Stammkapital des Start-ups um 6.250 auf **31.250** € (25.000/80 × 100 = 31.250; zur Berechnungsmethode vgl. auch Weitnauer 2011, S. 296) zu erhöhen, wobei der Investor den neu geschaffenen Geschäftsanteil in Höhe von 6.250 € hält (s. hierzu Abb. 7.8). Der Nennbetrag der von den Gründern gehaltenen (ursprünglichen) Geschäftsanteile hat sich dabei zwar **nominal** nicht verändert, wurde jedoch **prozentual** verkleinert. Hat ein Gründer ursprünglich eine Beteiligungsquote von 40 % gehalten, indem er 10.000 € des Stammkapitals zur Verfügung gestellt hat, beträgt dessen Beteiligungsquote nach der Kapitalerhöhung nunmehr nur noch 32 % (10.000/31.250 × 100 = 32 %). Diese Verringerung der Beteiligungsquote der Gründer wird auch als „**Verwässerung**" bezeichnet (vgl. Müller und Winkeljohann 2009, § 7, Rn. 32).

▶ Die Verwässerung ist die Herabsetzung der Beteiligungsquote der Altgesellschafter bei Erhöhung des Stammkapitals durch Neugesellschafter, wobei der Nennbetrag der von den Altgesellschaftern gehaltenen Geschäftsanteile nominal gleich bleibt (v. Einem 2004, S. 2703).

Als **Gegenleistung** – und gewissermaßen als „**Kaufpreis**" – für die Übernahme der neuen Geschäftsanteile des Start-ups muss der VC-Geber sein **Investment** zahlen. Bei der hier veranschlagten Kapitalbereitstellung in Höhe von 2 Mio. € entfallen dabei 6.250 € als Nennbetrag auf den von dem VC-Geber übernommenen Geschäftsanteil. Den übrigen Differenzbetrag von 1.993.750 € (2 Mio. € − 6.250 € = 1.993.750 €) kann der VC-Geber entweder als **freiwillige Zuzahlung** in die **Kapitalrücklage** oder durch die Gewährung eines (**Gesellschafter-**) **Darlehens** an das Start-up leisten. Entscheiden sich die Parteien für die Darlehensvariante, handelt es sich um eine sog. „**Mezzanine**"-Beteiligung (s. oben § 4.3. und § 7.2.1.4), da das Investment in diesem Fall eine Zwitterstellung zwischen Eigen- und Fremdkapital einnimmt.

7.2.1.2.4.3 Umwandlung der UG in GmbH

Firmierte das Start-up bisher nicht als GmbH, sondern in der Rechtsform einer UG (haftungsbeschränkt); zur Rechtsformwahl s. § 6.1, besteht infolge der Kapitalerhöhung nunmehr die Möglichkeit, das Start-up von der UG in eine GmbH **umzuwandeln**.

Hierzu bedarf es einer Erhöhung des Stammkapitals auf mindestens 25.000 € (vgl. Henssler und Strohn 2011, § 5a GmbHG, Rn. 11). Die Kapitalerhöhung kann dabei nicht nur durch **Bareinlagen** (also durch Geld), sondern nach neuester Rechtsprechung des Bundesgerichtshofs auch durch **Sacheinlagen** (d. h. Vermögensgegenstände, wie bspw. Grundstücke oder Maschinen) erfolgen. Dies gilt zumindest dann, soweit das Stammkapital des Start-ups nach der Erhöhung **über** 25.000 € beträgt (BGH NJW 2011, S. 1882). Soll das Stammkapital hingegen auch nach der Kapitalerhöhung weniger als das Mindestkapital eines als GmbH firmierenden Unternehmens (25.000 €, § 5 Abs. 1 GmbHG) betragen, kann das Stammkapital der UG weiterhin nicht durch Sacheinlagen erhöht werden (§ 5a Abs. 2 S. 2 GmbHG).

7.2.1.2.5 Beteiligungsdokumentation

Hat sich der Investor endgültig für ein Investment in das Start-up entschieden, folgt auf die Beteiligungsverhandlungen bzw. die erste Finanzierungsrunde eine verbindliche Beteiligungsdokumentation, die insbesondere den **Beteiligungsvertrag**, den angepassten **Gesellschaftervertrag** sowie eine **Gesellschaftervereinbarung** der zukünftigen Gesellschafter enthält. Im Fall der oben dargestellten Beteiligung des VC-Gebers durch Kapitalerhöhung sollten die Gründer darauf achten, dass ihre Vergütung in separaten **Anstellungsverträgen** sichergestellt ist, da das Investment in der Regel lediglich dem Start-up zur Verfügung gestellt wird und die Gründer ihren Lebensunterhalt hiervon nicht bestreiten können (Dittmar 2012, s. hierzu auch § 7.2.1.3.4.2).

7.2.1.3 Beteiligungsvertrag

Durch den **Beteiligungsvertrag** legen die Gründer und der VC-Geber fest, zu welchen Konditionen die Finanzierung des Start-ups erfolgen soll und welche darüber hinausgehenden Rechte und Pflichten die Parteien treffen (vgl. Maidl und Kreifels 2003, S. 1091). Da die Ansprüche und Vorstellungen der Investoren – ebenso wie diejenigen der Gründer – oftmals stark divergieren, gibt es keinen „Allzweck"-Beteiligungsvertrag, der für jedes Investment uneingeschränkt geeignet ist. In der Praxis müssen die Beteiligten daher den Spagat zwischen ihren eigenen und den Interessen des Vertragspartners bewerkstelligen, um einen für alle Seiten akzeptablen Ausgleich zu finden. Gelingt ihnen das, kann der Beteiligungsvertrag als auch „Fahrplan" der weiteren Kooperation zwischen Gründern und VC-Geber betrachtet werden.

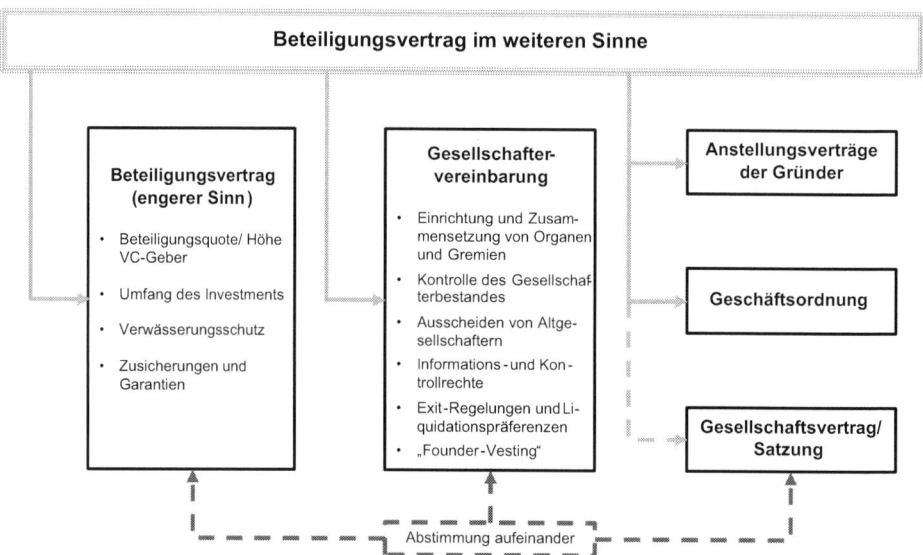

Abb. 7.9 Wesentliche Bestandteile des Beteiligungsvertrags

Der Beteiligungsvertrag dient als Oberbegriff für sämtliche schuldrechtlichen **Verein-barungen** zwischen den **Altgesellschaftern** (Gründern) und dem **Investor** (VC-Geber) (Maidl und Kreifels 2003, S. 1091). Hierbei handelt es sich um ein – meist umfangreiches – Schriftstück, in dem sowohl der VC-Geber als auch die Unternehmensgründer versuchen, ihre Interessen gegenüber der anderen Vertragspartei durchzusetzen. Wie bereits aufgezeigt wurde, sind der Unternehmenswert des Start-ups sowie die Erlöschancen zum Zeitpunkt des Investments nur schwer abschätzbar. Um sich (rechtlich) gegen – in den Beteiligungsverhandlungen bzw. in der ersten Finanzierungsrunde – objektiv nicht erkennbare Risiken sowie die in den Bewertungsverhandlungen vereinbarten Investitionskriterien **abzusichern**, ist der Abschluss eines Beteiligungsvertrages unerlässlich.

Der Beteiligungsvertrag (im weiteren Sinne) kann in den Beteiligungsvertrag im engeren Sinne, die Gesellschaftervereinbarung (evtl. nebst Satzungsänderung) sowie die Anstellungsverträge der Gründer und die Geschäftsordnung untergliedert werden (s. Abb. 7.9). Der Beteiligungsvertrag (im engeren Sinne) enthält vertragliche **Regelungen** über die **Konditionen** des Einstiegs des VC-Gebers, wie bspw. die nominale Höhe der **Investitionssumme**, die Beteiligungsquote, Regeln für künftige Verschiebungen der **Beteiligungsverhältnisse** („Verwässerungsschutz") sowie **Garantien** und/oder **Gewährleistungsverpflichtungen** der Gründungsgesellschafter. Daneben wird das zukünftige **Miteinander** der Gründer (Altgesellschafter) und der VC-Geber (Neugesellschafter) in einer separaten Gesellschaftervereinbarung außerhalb der Satzung geregelt, wobei VC-Geber oftmals auf die Billigung von über den gesetzlichen Standard hinausgehenden **Informations**- und **Zustimmungsrechten** bestehen (Weitnauer 2011, S. 305). Im Übrigen werden die Gründer in der Regel mit **Geschäftsführerdienstverträgen** an das Start-up gebunden, während eine **Geschäftsordnung** das Verhältnis der Manager untereinander und zu den Gesellschaftern regelt (Dittmar 2013).

7.2.1.3.1 Allgemeines

7.2.1.3.1.1 Vertragsschluss/Vertragsänderung/Vertragsdauer

Obgleich sich die rechtliche Beurteilung des (schuldrechtlichen) Beteiligungsvertrags grundsätzlich nach dem BGB richtet, gilt es bei der Ausgestaltung auch die Vorgaben des Gesellschaftsrechts zu beachten (Maidl und Kreifels 2003, S. 1091 f.). Deshalb ist es zweckmäßig, die Beteiligungsregelungen außerhalb der Satzung zu treffen, da in diesem Fall Vertragsänderungen weder der notariellen Beurkundung bedürfen (für die GmbH: §§ 2 Abs. 1, 53 GmbHG; für die AG: §§ 23 Abs. 1, 179 ff. AktG) noch die Publizität des Handelsregisters berücksichtigt werden muss. Der Nachteil einer solchen Vertragsgestaltung ist aber, dass eine Änderung der schuldrechtlichen Beteiligungsvereinbarung der Zustimmung aller Vertragsparteien bedarf (Weitnauer 2011, S. 306) wohingegen eine Satzungsänderung bereits mit einer ¾-Mehrheit der stimmberechtigten Gesellschafter möglich ist (§ 53 Abs. 2 GmbHG; § 179 Abs. 2 Nr. 1 AktG).

Firmiert das Start-up als Personengesellschaft, insbesondere als Gesellschaft bürgerlichen Rechts (GbR), empfiehlt es sich darüber hinaus, die innerhalb des Beteiligungsvertrags getroffenen Vereinbarungen für eine bestimmte Dauer zu befristen. Andernfalls besteht die Möglichkeit, den Beteiligungsvertrag jederzeit zu kündigen (§ 723 Abs. 1 BGB) und somit die Gefahr, dass der mit dem Beteiligungsvertrag verfolgte Investmentzweck – sei es durch die Gründer oder den VC-Geber – konterkariert wird (Weitnauer 2011, S. 314).

7.2.1.3.1.2 Form

Im Zivilrecht gilt generell der Grundsatz, dass Verträge keiner Form (wie z. B. der notariellen Beurkundung, § 128 BGB) bedürfen. Ist das Rechtsgeschäft allerdings mit gewissen Risiken verbunden, sollen die Parteien durch ein gesetzliches Formerfordernis vor unüberlegten und/oder übereilten Bindungen geschützt werden (sog. Warnfunktion der Form). Eine Form ist ferner dann vorgeschrieben, soweit durch die Einhaltung dieser klargestellt und bewiesen wird, dass und mit welchem Inhalt das Rechtsgeschäft zustande gekommen ist (Palandt 2013, § 125, Rn. 1 ff.). Diese sog. Klarstellungs- und Beweisfunktion ist neben der Warnfunktion für gesellschaftsrechtliche Verträge von zentraler Bedeutung.

Im Fall der Kapitalerhöhung verpflichten sich die Altgesellschafter, also die Gründer, durch den Beteiligungsvertrag, das Stammkapital des Start-ups (nominal) zu erhöhen. Diese sog. **Stimmbindungsvereinbarung**, die auch gegenüber zukünftigen Gesellschaftern, d. h. den Investoren, zulässig ist, bedarf keiner Form.

Spätestens bei der Durchführung der Kapitalerhöhung liegt eine Dokumentation der diesbezüglichen Verpflichtung des Beteiligungsvertrages vor (Maidl und Kreifels 2003, S. 1091 f.). Dennoch empfiehlt es sich in der Praxis, den Beteiligungsvertrag zumindest in **Schriftform** (§ 126 Abs. 1 BGB) abzufassen, wobei hierfür der Vertragstext und evtl. nachträglich eingefügte Änderungen jeweils durch die eigenhändige Unterschrift der Vertragsparteien abgeschlossen werden. Zu beachten ist aber, dass für die anlässlich der Kapitalerhöhung notwendige Satzungsänderung (die von dem Beteiligungsvertrag zu unterscheiden ist) – wie bereits dargestellt wurde – bei einem als GmbH firmierenden Start-up die notarielle Beurkundung (§ 53 Abs. 2 S. 1 GmbHG) vorgeschrieben ist. Handelt das

Start-up in der Rechtsform der AG, bedarf die Satzungsänderung zumindest der notariellen Niederschrift (§§ 179, 130 Abs. 1 AktG).

Verpflichtet sich der VC-Geber in dem Beteiligungsvertrag zur Übernahme („**Zeichnung**") der Geschäftsanteile, bedarf dies bei einer Start-up-GmbH – ebenso wie die Übernahmeerklärung selbst (§ 55 Abs. 1 GmbHG) – der notariellen Beglaubigung (Roth und Altmeppen 2012, § 55, Rn. 19). Firmiert das Start-up als AG, erfordert die vertragliche Verpflichtung zur Zeichnung, genau wie die Zeichnung selbst (§ 185 Abs. 1 S. 1 AktG), hingegen lediglich die Schriftform (Maidl und Kreifels 2003, S. 1091 f.). Enthält der Beteiligungsvertrag keine Zeichnungsverpflichtung, besteht diesbezüglich auch kein Formerfordernis.

7.2.1.3.1.3 Verhältnis zum Gesellschaftsvertrag und sonstigem Recht

Der Beteiligungsvertrag unterfällt der zivilrechtlichen **Vertragsfreiheit** (Art. 2 Abs. 1 GG; § 311 Abs. 1 BGB). Der im Zivilrecht geltende Grundsatz der Privatautonomie ermöglicht es jedermann, Verträge abzuschließen, deren Vertragsgegenstand wie auch Vertragspartner frei bestimmt werden können, solange sie nicht gegen zwingendes Recht – wie bspw. gesetzliche Verbote (§ 134 BGB) – oder die guten Sitten (§ 138 Abs. 1 BGB) verstoßen (Säcker und Rixecker 2012a, Vorbemerkung, Rn. 11, 25).

Abweichend hiervon muss die Satzung bestimmte **Mindestregelungen** beinhalten. Bei einem als GmbH handelnden Start-up sind dies die Firma, also der Name des Unternehmens (§ 17 Abs. 1 HGB), sowie die Bezeichnung als „Gesellschaft mit beschränkter Haftung" (§ 4 GmbHG), der Sitz der Gesellschaft, der Gegenstand des Unternehmens, die Höhe des Stammkapitals sowie die Zahl und die Nennbeträge der Geschäftsanteile, die jeder Gesellschafter gegen Einlage auf das Stammkapital übernimmt (§ 3 Abs. 1 GmbHG).

Soll das Start-up nur auf eine bestimmte Zeit beschränkt sein und/oder sollen die Gesellschafter über die Leistung der Stammeinlage hinausgehende Pflichten treffen, bedürfen auch diese der Niederschrift in der Satzung (§ 3 Abs. 2 GmbHG). Sofern das Start-up als AG firmieren möchte, gehen die Einschränkungen der Privatautonomie und dementsprechend die Vorgaben über den gesetzlichen Mindestinhalt des Gesellschaftsvertrags noch weiter, indem dieser insofern Regelungen über

- die Gründer;
- bei Nennbetragsaktien den Nennbetrag; bei Stückaktien die Zahl, den Ausgabebetrag und (bei verschiedenen Gattungen) die Gattungen der Aktien, die die Gründer übernehmen;
- den eingezahlten Betrag des Grundkapitals;
- die Firma und den Sitz der Gesellschaft;
- den Gegenstand des Unternehmens;
- die Höhe des Grundkapitals;
- die Zerlegung des Grundkapitals in Nennbetrags- oder Stückaktien;
- ob die Aktien auf den Inhaber oder den Namen ausgestellt werden;
- die Zahl der Mitglieder des Vorstands sowie
- die Form der Bekanntmachungen der Gesellschaft

enthalten muss (vgl. § 23 Abs. 2 bis 4 AktG).

Darüber hinaus kann der Beteiligungsvertrag **frei** gestaltet werden. Da der Beteiligungs-vertrag (schuldrechtlich) nur zwischen den Vertragsparteien wirkt, können die Gründer und VC-Geber im Übrigen vereinbaren, dass im Fall von divergierenden Regelungen des Beteiligungsvertrags mit der Satzung dennoch die entsprechende Vereinbarung des Beteiligungsvertrages im Verhältnis VC-Geber/Gründer **vorrangig** gelten soll (Weitnauer 2011, S. 309 f.).

7.2.1.3.1.4 Vertragsklauseln

In der Praxis verwenden Kapitalgeber bei Abschluss von Beteiligungsverträgen häufig für eine Vielzahl von Beteiligungen vorgesehene, standardisierte **Vertragsformulare** (Zetzsche 2002, S. 942). Dort verwendete **Klauseln** werden in der Regel nur die Interessen des VC-Gebers berücksichtigen. Soweit derartige Bestimmungen zum Nachteil des Vertragspartners von gesetzlichen Regelungen abweichen und/oder den Vertragspartner unbillig benachteiligen, können sie einer sog. **Inhaltskontrolle** (§§ 307 ff. BGB) unterliegen, die dazu führen kann, dass die entsprechende(n) Klausel(n) als solche **unwirksam** ist/sind.

Eine Inhaltskontrolle einseitig gestellter Regelungen kommt allerdings nur dann zur Anwendung, soweit es sich bei dieser um **Allgemeine Geschäftsbedingungen** im Sinne des Bürgerlichen Gesetzbuchs handelt. Das ist der Fall, wenn die Bestimmung für eine Vielzahl von Verträgen vorformuliert wurde und der Verwender diese der anderen Vertragspartei im Zeitpunkt des Vertragsschlusses stellt (§ 305 Abs. 1 S. 1 BGB). Werden die Regelungen des Beteiligungsvertrags dagegen von den Parteien ausgehandelt, liegen Allgemeine Geschäftsbedingungen nicht vor (§ 305 Abs. 1 S. 3 BGB). Hierfür ist erforderlich, dass der VC-Geber eine Klausel inhaltlich ernsthaft zur Disposition stellt und dem Verhandlungspartner Gestaltungsfreiheit zur Wahrung eigener Interessen einräumt (Säcker und Rixecker 2012b, § 305, Rn. 35). Darüber hinaus wird bei sog. syndizierten, also zusammengefassten VC-Finanzierungen, bei denen mehrere VC-Geber das Start-up finanzieren, bereits kein für eine Vielzahl von Fällen vorformulierter Vertrag gegeben sein, da die Kapitalgeber die Konditionen des Beteiligungsvertrags in der Regel im Einzelfall aushandeln werden (Weitnauer 2011, S. 311).

7.2.1.3.1.5 Kombination mit anderen Vereinbarungen

Der Beteiligungsvertrag wird oftmals durch **weitere** Verträge ergänzt, die die Durchführung der getroffenen Vereinbarungen regeln. Derartige Verträge werden auch als **Konsortialvereinbarungen** bezeichnet (Maidl und Kreifels 2003, S. 1092). Die Inhalte der Konsortialvereinbarung und des Beteiligungsvertrags korrespondieren und können sich im Einzelfall auch überschneiden. Als Faustregel gilt, dass der Beteiligungsvertrag – wie oben dargelegt – die Investmenthöhe sowie die entsprechende Beteiligung der VC-Geber am Stammkapital des Start-ups festsetzt. Darüber hinausgehende Vereinbarungen sollten in Konsortialvereinbarungen getroffen werden. Zur Bündelung ihrer Stimmrechte ist es dabei zweckmäßig, dass die Gründer die zukünftige Vorgehensweise bei Abstimmungen innerhalb der Gesellschaft in einer Vereinbarung regeln (Maidl und Kreifels 2003, S. 1092).

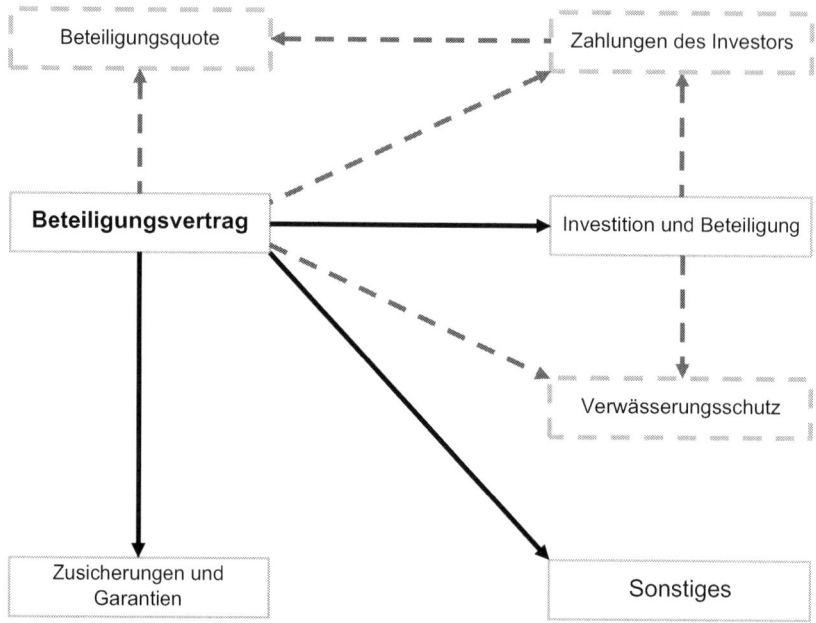

Abb. 7.10 Inhalt des Beteiligungsvertrags (im engeren Sinne)

▶ Bei einer Konsortialvereinbarung handelt es sich um eine den Beteiligungsvertrag ergänzende – meist schriftliche Abrede – zwischen den Gründern und dem VC-Geber (vgl. Fleischer und Goette 2010, § 15, Rn. 70), durch die das zukünftige Zusammenwirken und Miteinander der Parteien geregelt wird.

7.2.1.3.2 Vertragliche Regelungen zur Beteiligung des VC-Gebers

Der Beteiligungsvertrag im engeren Sinne fasst die wesentlichen **Bedingungen** zusammen, nach denen der VC-Geber dem Start-up **beitritt** (s. Abb. 7.10). Die getroffenen Vereinbarungen sind dabei von der – schon bei den Beteiligungsverhandlungen bestehenden – Informationsasymmetrie zwischen dem VC-Geber und den Gründern des Start-ups geprägt. Wie bereits dargestellt wurde (vgl. oben § 7.2.1.1.2), kann der Investor die wirtschaftliche **Leistungsfähigkeit** des jungen Unternehmens wegen fehlender Fundamentaldaten nur unpräzise bestimmen. Hinzu kommt, dass die Gründer in der Regel besser über die tatsächliche Leistungsfähigkeit des Start-ups, die sich aus Vermögenspositionen und vorhandener Expertise ergibt, informiert sind.

Um die damit für den VC-Geber verbundenen **Gefahren** so gering wie möglich zu halten, bestehen Kapitalgeber deshalb häufig auf die Aufnahme folgender Regelungen (vgl. hierzu Maidl und Kreifels 2003, S. 1092 ff.).

- Investition und Beteiligung
- Verwässerungsschutz
- Zusicherungen und Garantien
- Sonstiges

7.2.1.3.2.1 Investition und Beteiligung

Zu den wichtigsten Regelungspunkten des Beteiligungsvertrags gehören sowohl die **Investition**, zu der sich der Kapitalgeber verpflichtet, als auch die **Höhe** bzw. **Quote** der Anteile, die dem VC-Geber im Gegenzug an dem Start-up zugestanden werden. Wie bereits ausgeführt (s. § 7 2.1.2.4.2) bestimmt sich die Beteiligungshöhe im Regelfall nach der Bewertung des Start-ups, wobei Kapitalgeber in der Praxis überwiegend Minderheitsbeteiligungen in Höhe von 10 bis 25 % anstreben.

Da die Unternehmensbewertung des VC-Gebers im Einzelfall von derjenigen der Gründer divergieren kann – die Gründer werden das wirtschaftliche Potential des Start-ups bisweilen positiver bewerten als die VC-Geber –, empfiehlt es sich, über den (vertraglich festgehaltenen) Bewertungsansatz hinausgehende **Bonus-/Malusregelungen** in den Beteiligungsvertrag aufzunehmen, durch die nach einem bestimmten Zeitabschnitt nochmals **Beteiligungskorrekturen** in Form von **Anteilsverschiebungen** vorgenommen werden können, soweit der Unternehmensbewertung zugrunde gelegte Parameter über- oder unterschritten werden (hierbei handelt es sich um ein sog. „**Ratchet**", vgl. Weitnauer 2011, S. 316).

Durch **Bonus**-bzw. **Malusregelungen** kann der VC-Geber auf das Erreichen/Nichterreichen von Unternehmenszielen („Meilensteinen") reagieren, indem bei Erreichen vereinbarter und/oder vorausgesetzter Ziele Geschäftsanteile auf die Gründer zurückübertragen („Bonus") bzw. bei Nichterreichen weitere Geschäftsanteile der Gründer auf den VC-Geber („Malus") übertragen werden.

Die Parteien können darüber hinaus aber auch vereinbaren, dass der VC-Geber bei einem anhaltenden Kapitalbedarf des Start-ups **weitere** Finanzierungsrunden zu dulden hat oder den zusätzlichen Kapitalbedarf seinerseits zu **decken** verpflichtet ist. In der Praxis wird eine solche „Nachschusspflicht" allerdings nur selten in den Beteiligungsvertrag aufgenommen (Weitnauer 2001, S. 1066 f.).

Erfolgt die Kapitalbereitstellung des VC-Gebers aus der Summe von Nennwert/Nennbetrag und Agio, muss die Investition in der Regel **vollständig** erbracht werden, d. h. der Investor muss sowohl das Kapital zur Erhöhung des Stammkapitals als auch den daneben zu zahlenden „Aufschlag" als Ganzes erbringen. Dieses „Volleinzahlungsgebot" (Maidl und Kreifels 2003, S. 1092) gilt insbesondere für die GmbH (§§ 57 Abs. 2, 7 Abs. 2 GmbHG) und die AG (§§ 188 Abs. 2, 36 Abs. 2, 36a Abs. 2 AktG).

Soweit die Volleinzahlung den Interessen der Parteien nicht entspricht, besteht daneben die Möglichkeit, eine sog. „**Earn-Out**"-Klausel zu vereinbaren. Dabei handelt es sich um eine zeitliche Staffelung der Kapitalbereitstellung, die vom Erreichen bestimmter Unternehmensziele (Meilensteine-/„Milestones") abhängig gemacht wird (vgl. Maidl und Kreifels 2003, S. 1092).

Für die Ausschüttung des Investments im Rahmen derartiger „**Finanzierungstranchen**" gibt es mehrere Möglichkeiten: Der VC-Geber kann sein Investment zunächst schrittweise („**Steps**") auf zwei oder mehr Tranchen bzw. Kapitalerhöhungen bei gleichbleibender Be-

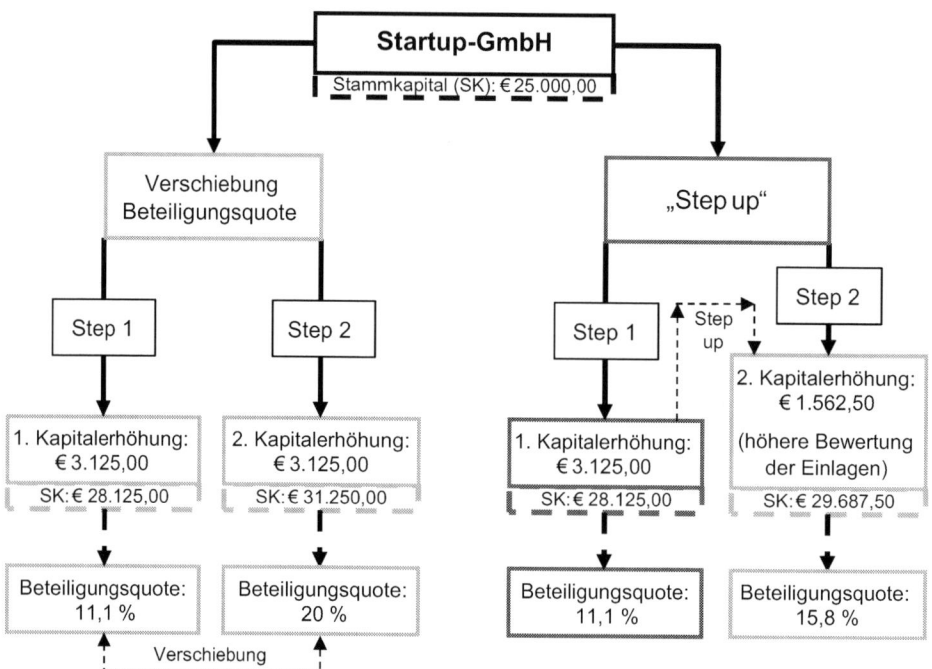

Abb. 7.11 Finanzierungstranchen einer Kapitalerhöhung

wertung des Start-ups verteilen, sodass es bei der Erreichung des entsprechenden Meilensteins zu einer Verschiebung der Beteiligungsquote des VC-Gebers kommt. Sofern der VC-Geber eine solche Verschiebung nicht in Kauf nehmen möchte, besteht daneben die Möglichkeit, die Bewertung des Start-ups zwischen zwei Teiltranchen bei dem Erreichen eines Meilensteins zu erhöhen („**Step up**", vgl. hierzu Weitnauer 2001, S. 1067).

▶   Bei Finanzierungstranchen handelt es sich um Leistungen eines (Teil-) Investments, das vom Erreichen bestimmter Meilensteine/Milestones – also zwischen den Gründern und den VC-Gebern fest vereinbarter Unternehmensziele – abhängt (vgl. Weitnauer 2001, S. 1067).

Zur besseren Verdeutlichung (s. auch Abb. 7.11) soll hierzu nochmals das Beispiel (s. § 7.2.1.2.4.2) zur Kapitalerhöhung herangezogen werden, bei dem der VC-Geber eine Beteiligung von 20 % durch die Erhöhung des Stammkapitals eines als GmbH firmierenden Start-ups von 5.000 € auf 31.250 € erreichen wollte (das folgende Beispiel ist angelehnt an die Berechnungsbeispiele eines als AG firmierenden Start-ups in: Weitnauer 2011, S. 315 f.).

Verteilt der Investor die Kapitalerhöhung auf zwei Tranchen zu je **3.125 €** so erwirbt er im „**1. Step**" nicht etwa nur die Hälfte seiner angestrebten Beteiligung von 20 %, also 10 %, sondern die Beteiligungsquote „**verschiebt**" sich von 10 % auf rund 11,1 % (3.125/28.125 × 100 = 11,11 %). Leistet der Investor im „**2. Step**" die Übrigen 3.125 €, so „verschiebt" sich seine Beteiligungsquote nunmehr auf die ursprünglich angestrebten 20 %.

Der Vorteil des VC-Gebers bei dieser Methode liegt darin, dass er – sofern das Start-up den für die zweite Finanzierungstranche notwendigen Meilenstein nicht erreicht – zumindest eine **höhere** Beteiligungsquote (gemessen an seiner geleisteten Einlage) behält. Bei dieser „schrittweisen" Kapitalerhöhung bleibt die Bewertung der Geschäftseinlage der Start-up-GmbH stets gleich. Bei der sog. „Step-up"-Methode erfahren die Geschäftsanteile bei Erreichen des zweiten Meilensteins demgegenüber eine **Aufwertung**, die bspw. dergestalt ausfallen kann, dass der VC-Geber bereit ist, die Bewertung der Einlagen zu verdoppeln. Bleibt es bei der oben angeführten Gesamtinvestition von 2 Mio. €, würde dies auf das Beispiel übertragen bedeuten, dass der VC-Geber lediglich Geschäftsanteile zum Nennwert von 1.562,50 € erhält und sich seine Beteiligungsquote dementsprechend auf rund 15,8 % (4.687,50/29.687,50 × 100 = 15,8 %) verringert. Da die Investitionssumme, also die 2 Mio. €, sich nicht verringert, bedeutet dies für den VC-Geber, dass er für den gleichen „Kaufpreis" – aufgrund der nunmehr höheren Bewertung des Start-ups – weniger Geschäftsanteile und damit eine geringere Beteiligung erhält. Diesbezüglich ist das „Step-up"-Modell für Gründer **vorteilhaft**.

7.2.1.3.2.2 Verwässerungsschutz

Zur Verringerung des Investitionsrisikos bestehen VC-Geber meist auf die Aufnahme von „Verwässerungsschutz"-Klauseln in den Beteiligungsvertrag. Durch derartige Klauseln – die mitunter auch als „**downside-protection**"-Regelungen bezeichnet werden – will der Investor verhindern, dass bei späteren Finanzierungsrunden („**down-rounds**") eine geringere Unternehmensbewertung zugrunde gelegt wird, als bei seiner eigenen Beteiligungsrunde veranschlagt wurde (Maidl und Kreifels 2003, S. 1093). Ist das Bewertungsniveau des Start-ups in der neuen Finanzierungsrunde im Vergleich zur ursprünglichen Unternehmensbewertung gesunken, ermöglichen Verwässerungsschutzklauseln den Altinvestoren, ihre Beteiligung an dem Start-up durch die Übernahme bzw. „Zeichnung" neuer Geschäftsanteile oder Aktien zu einem geringeren Nominalbetrag aufzustocken. Bis zu welchem Niveau der Übernahmepreis dabei gesenkt werden kann hängt davon ab, ob eine „**Full Ratchet**"- oder „**Weighted-Average**"- Klausel vereinbart wurde (v. Einem 2004, S. 2702).

Verwässerungsschutz kann dem VC-Geber in Form eines Full Ratchet oder mithilfe der Average- bzw. Weight-Average-Methode gewährt werden. Bei einem sog. Full Ratchet kann ein Investor einer früheren Finanzierungsrunde so viele weitere Geschäftsanteile übernehmen („zeichnen"), bis der Durchschnittspreis aller seiner Geschäftsanteile dem innerhalb späterer Finanzierungsrunden ermittelten Einstiegspreis des Neuinvestors entspricht (Weitnauer 2011, S. 317). Alternativ hierzu können im Rahmen der Average-Methode die bisherigen Finanzierungsrunden zusammengefasst und auf dieser Grundlage eine durchschnittliche Unternehmensbewertung bzw. durchschnittliche Übernahmepreise der Geschäftsanteile ermittelt werden (Dittmar 2013). Sofern bei der Bildung solcher Durchschnittsbewertungen zusätzlich die divergierenden Summen des durch die einzelnen Investoren eingebrachten Kapitals berücksichtigt werden, handelt es sich um einen sog. Weighted-Average-Verwässerungsschutz (v. Einem 2004, S. 2703).

7.2.1.3.2.3 Zusicherungen und Garantien

Beteiligungsverträge enthalten ein eigenständiges und abgeschlossenes **Haftungsregime**, das die gesetzlichen Bestimmungen ergänzt oder sogar – soweit rechtlich zulässig – vollständig ersetzt. Dies wird durch eine Vielzahl von **Zusicherungen** und selbständigen **Garantien**, die die Parteien im Zivilrecht nach dem Grundsatz der Vertragsfreiheit, § 311 Abs. 1 BGB, ohne Weiteres vereinbaren können, gekennzeichnet (vgl. Saenger 2011, § 11, Rn. 130).

In der Regel ist der VC-Geber daran interessiert, den Wert von Geschäftsanteilen bzw. Aktien, den er bei der Zeichnung selbiger zugrunde gelegt hat, durch Zusicherungen langfristig zu **erhalten**, um bei Abweichungen von dem angenommen Wert Verluste **kompensieren** zu können. Üblich sind in diesem Zusammenhang Garantien der Gründer und des Start-ups selbst, wobei letztgenannte nicht immer zulässig sind. Die Wirksamkeit einer Zusicherung ist insbesondere dann zweifelhaft, wenn sich das Start-up verpflichtet, bei der Verletzung von gegebenen Garantien Schadensersatz an die (Neu-)Gesellschafter zu leisten. Insofern besteht etwa die Gefahr der Umgehung des **Kapitalerhaltungsgrundsatzes** (vgl. § 30 Abs. 1 GmbHG für die GmbH bzw. § 57 AktG für die AG), wonach das Stamm- oder Grundkapital seine Funktion als garantierte Haftungsmasse nur erfüllen kann, soweit das Mindestvermögen nicht durch Auszahlungen an die Gesellschafter oder Aktionäre aufgebraucht wird. Folglich darf der VC-Geber sein Investitionsrisiko nicht auf das Start-up abwälzen (Mellert 2003, S. 1099).

Ausnahmen von der Pflicht zur Kapitalerhaltung gelten lediglich für gesetzlich legitimierte Leistungen. Bei der GmbH handelt es sich dabei etwa um Zahlungen aus einem Beherrschungs- und Gewinnabführungsvertrag (hierzu vgl. § 291 AktG) oder Leistungen, die durch einen vollwertigen Gegenleistungs- oder Rückgewähranspruch gegen die Gesellschafter gedeckt sind (s. § 30 Abs. 1 S. 2 GmbHG). Für die AG gilt entsprechendes (§ 57 Abs. 1 S. 3 AktG).

In dieser Hinsicht weniger problematisch sind demgegenüber Zusicherungen und Garantien der **Unternehmensgründer**. Solche Zusicherungen betreffen oftmals Fragen, die bereits Gegenstand der Due Diligence waren, wie bspw. die ordnungsgemäße Errichtung, das tatsächliche Bestehen der Geschäftsanteile oder die vollständige und zutreffende Darstellung der Unternehmenssituation des Start-ups durch die Gründer. Sofern die Unternehmensgründung **gewissenhaft** vorbereitet und ordnungsgemäß durchgeführt wurde, dürften derartige Garantien mit einem überschaubaren Risiko abgegeben werden (Dittmar 2013).

Etwas anderes gilt allerdings für (prospektive) Zusicherungen zum operativen Geschäft des Start-ups. Hierbei gilt es zu beachten, dass Gründer bei Verletzung von Garantiezusagen persönlich, d. h. auch mit ihrem **Privatvermögen**, haften. Dementsprechend sollte darauf geachtet werden, dass in dem Beteiligungsvertrag erstens so wenig Zusicherungen wie möglich aufgenommen, zweitens bei unabwendbaren Garantieverlangen der VC-Geber zumindest die Rechtsfolgen (z. B. Haftungsbeschränkungen, Verjährung, Möglichkeit der Erfüllung von Schadensersatzansprüchen durch die Übertragung von Geschäftsanteilen, etc.) begrenzt und schließlich die übernommenen Zusicherungen und Garantien ausdrücklich als abschließende Regelungen der Gewährleistungshaftung und -ansprüche ausgestaltet werden (Dittmar 2013).

7.2.1.3.2.4 Sonstiges

Des Weiteren besteht die Möglichkeit, dass die Parteien eine Nachschusspflicht des VC-Gebers durch eine sog. „**Pay to Play**"-Klausel vertraglich festlegen. Dies hat für die Gründer den Vorteil, dass die Finanzierung des Start-ups bei einer solchen Vereinbarung langfristig gesichert ist. Eine „Pay to Play"-Klausel ist in der Regel so ausgestaltet, dass der VC-Geber seine Vorzüge – insbesondere den gewährten Verwässerungsschutz, die Liquidationspräferenzen (s. unten § 7 2.1.3.3.5) oder sogar seine Geschäftsanteile und damit seine Beteiligung an dem Start-up – gänzlich **verliert**, wenn er bei einer neuerlichen Finanzierungsrunde von seinem Bezugsrecht keinen Gebrauch macht (Weitnauer 2011, S. 319). Hierzu bedarf es allerdings der ausdrücklichen Zustimmung des Investors im Beteiligungsvertrag (im engeren Sinne) oder der Gesellschaftervereinbarung (Weitnauer 2011, S. 319). Wie oben schon angedeutet wurde (vgl. § 7 2.1.3.2.1), ist der VC-Geber jedoch regelmäßig nicht zu weiteren Kapitalbereitstellungen bereit, sobald er sein Investment vollumfänglich geleistet hat. Insofern wird er die entsprechende Zustimmung zu einer Nachschusspflicht in der Praxis höchst selten erteilen.

Schließlich sollten die Parteien auch klären, wie die im Zusammenhang mit dem Abschluss des Beteiligungsvertrages anfallenden **Kosten** aufzuteilen sind. Im Zweifel wird sich der Investor zur Übernahme der Notar- (Beurkundung des Vertrages) und Eintragungskosten (Eintrag im Handelsregister) sowie der in Zusammenhang mit der Entwicklung und Ausgestaltung der Vereinbarung stehenden Beraterkosten verpflichten. Hinsichtlich der Honorare für in Anspruch genommene Rechts-/Steuer- und Wirtschaftsberatungsleistungen empfiehlt es sich allerdings, eine **Obergrenze** festzulegen, bis zu derer die anfallenden Kosten auf Seite des Start-ups vom VC-Geber übernommen werden (Weitnauer 2011, S. 327).

Im Übrigen können im Beteiligungsvertrag – je nachdem, welches Produkt/welche Dienstleistung das Start-up anbietet und in welcher Branche das Unternehmen firmiert – Absprachen über folgende Regelungspunkte getroffen werden (Weitnauer 2001, S. 1070):

- Gewährung von **Krediten** bzw. Stellung von **Sicherheiten** bei Krediten an Gesellschafter und/oder deren Angehörige
- Notwendigkeit behördlicher **Genehmigungen** und **Konzessionen**
- **Versicherungsschutz**
- **Gerichtsstand** bei Rechtsstreitigkeiten
- **Steuerpflichten** und sonstige öffentliche Abgaben
- Handhabung und Vorgehensweise bei ungewöhnlichen Rechtsgeschäften mit erheblichen Risiken
- Übernahme/Fusionen von/mit anderen Unternehmen

7.2.1.3.3 Gesellschaftervereinbarung

Unter einer **Gesellschaftervereinbarung** sind Regelungen zwischen den einzelnen Gesellschaftern – bei der VC-Finanzierung also den Gründern (Altgesellschafter) und den Kapitalgebern (Neugesellschafter) – zu verstehen, die nicht Satzungsbestandteil werden sollen. In solchen Vereinbarungen werden Verhaltenspflichten für die Gründer definiert, die bis hin zu detailliert ausgestalteten Vorkaufsrechten der Finanzinvestoren für den Fall des Ausscheidens eines Gründers gehen können (vgl. Saenger 2011, § 6, Rn. 442 f.).

Im Unterschied zum Beteiligungsvertrag im engeren Sinne, der die Modalitäten des Beitritts des VC-Gebers zu dem Start-up regelt und diesen damit erst zum Gesellschafter des Unternehmens macht, bestimmt die Gesellschaftervereinbarung die **Beziehungen** und **Rechte** der Gesellschafter untereinander. Demgegenüber regelt der Gesellschaftsvertrag (zum Verhältnis von Beteiligungsvertrag, Gesellschaftervereinbarung und Satzung s. Abb. 7.12), der auch als Satzung bezeichnet wird, zunächst die Vereinbarung der Gründer über die Errichtung des Start-ups als solches.

Bei einem als GmbH firmierenden Start-up bildet der Gesellschaftsvertrag die Grundlage für die Rechtsverhältnisse der GmbH, wie bspw. die Vertretung gegenüber Dritten im Außenverhältnis, ihre Beziehungen zu den Gesellschaftern und die Rechtsstellung ihrer Organe sowie die Befugnisse der Gesellschafter im Innenverhältnis (vgl. Wicke 2011, § 2, Rn. 2). Die Satzungsregelungen wirken insofern über die am Vertragsschluss beteiligten Gründer hinaus, sind als Verfassung des Unternehmens auch für künftige Gesellschafter bindend und haben zudem für den allgemeinen Rechtsverkehr Bedeutung (Wicke 2011, § 2, Rn. 2). Inhaltlich muss der Gesellschaftsvertrag den Sitz der Gesellschaft, den Gegenstand des Unternehmens, den Betrag des Stammkapitals und die Zahl und die Nennbeträge der Geschäftsanteile, die jeder Gesellschafter gegen Einlage auf das Stammkapital (Stammeinlage) übernimmt, enthalten (§ 3 Abs. 1 GmbHG, s. hierzu auch § 7 2.1.3.1.3).

Obgleich sich die Befugnisse der Gesellschafter im **Innenverhältnis** mit der zwischen den Gründern und den VC-Gebern getroffenen Gesellschaftervereinbarung **decken** werden,

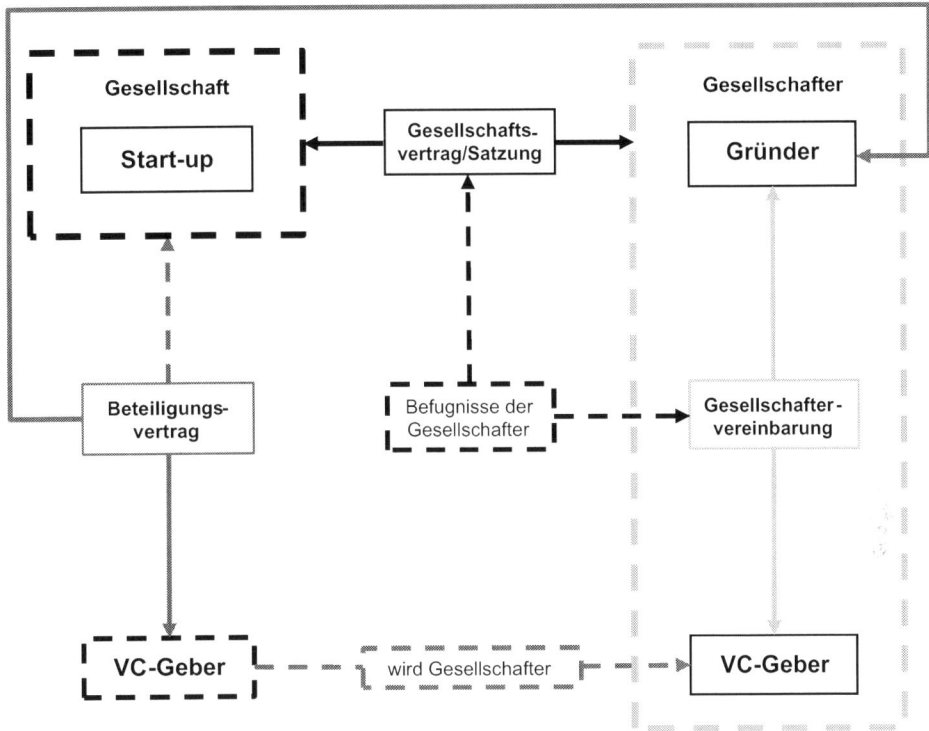

Abb. 7.12 Verhältnis Beteiligungsvertrag, Gesellschaftervereinbarung und Satzung

bedarf der Gesellschaftsvertrag zur Umsetzung des Beteiligungsvertrags (im engeren Sinne) wie auch der Gesellschaftervereinbarung regelmäßig einer Anpassung. Hierbei empfiehlt es sich, die Satzungsanpassung lediglich auf diejenigen Änderungen zu beschränken, die zur Umsetzung der innerhalb der Gesellschaftervereinbarung getroffenen Regelungen zwingend notwendig sind (vgl. Maidl und Kreifels 2003, S. 1092).

In die Gesellschaftervereinbarung sollten etwa folgende Punkte aufgenommen werden (vgl. hierzu Maidl und Kreifels 2003, S. 1092).

- **Einrichtung** und **Zusammensetzung** von Organen und Gremien
- **Kontrolle** des Gesellschafterbestandes
- **Ausscheiden** von (Alt-)Gesellschaftern
- **Informations-** und **Kontrollrechte**
- **Exit**-Regelungen und **Liquidationspräferenzen**
- **Vesting** der Anteile der Gründer

7.2.1.3.3.1   Einrichtung und Zusammensetzung von Organen und Gremien

Unabhängig davon, in welcher Gesellschaftsform das Start-up firmiert, ist es ratsam, sich über die Schaffung und Besetzung eines **Aufsichtsrats** – sofern ein solcher bisher noch nicht besteht – abzustimmen. Der Aufsichtsrat ist ein Kontrollorgan, dessen Hauptaufgabe es ist, unwirtschaftliches, fehlerhaftes und/oder eigennütziges Verhalten der Geschäftsleitung aufzudecken bzw. gänzlich zu verhindern (Henssler und Strohn 2011, § 52 GmbHG, Rn. 12). In Kapitalgesellschaften ist die Errichtung eines Aufsichtsrates teilweise gesetzlich vorgeschrieben (so z. B. für die AG gemäß §§ 30, 31 AktG) oder kann sich aus dem Gesellschaftsvertrag ergeben (so z. B. § 52 GmbHG für die GmbH, hierbei handelt es sich dann um einen sog. „**fakultativen Aufsichtsrat**"). Bei der Errichtung des Aufsichtsrates müssen die Gründer damit rechnen, dass der VC-Geber mindestens ein Mitglied dieses Kontrollorgans selbst bestimmen wollen wird (Weitnauer 2001, S. 1071).

Je nachdem, welche Dienstleistung bzw. welches Produkt das Start-up anbietet und in welcher Branche das Unternehmen tätig ist, kann es im Einzelfall hilfreich sein – neben dem Aufsichtsrat – weitere **Beiräte** zu gründen oder zu bestellen, die die Geschäftsleitung beraten und mit entsprechendem Fachwissen unterstützen (vgl. Maidl und Kreifels 2003, S. 1094).

7.2.1.3.3.2   Kontrolle des Gesellschafterbestandes

Sowohl der VC-Geber wie auch die Gründer werden darum bemüht sein, **Gesellschafterwechsel** zumindest bis zum geplanten Exit zu vermeiden, um eine Veränderung der Verteilung der Geschäftsanteile und damit der **Stimmrechte** zu **verhindern**. Die Einschränkung der Übertragbarkeit eines Anteils wird auch als „**Vinkulierung**" bezeichnet. Vinkulierungen innerhalb einer „**Lock-Up-Periode**" – also einem Zeitraum, in dem es den Gesellschaftern des Start-ups untersagt ist, ihre Geschäftsanteile an außerhalb des Unternehmens stehende Dritte zu veräußern (vgl. Achleitner 2001, S. 931) – werden in der Praxis durch zivilrechtlich anerkannte (§ 137 S. 2 BGB) schuldrechtliche Vereinbarungen in Form von Zustimmungsvorbehalten, Andienungspflichten, Vorerwerbs- oder Vorkaufsrechten geregelt (vgl. Weitnauer 2001, S. 1071).

▸ Eine Vinkulierung (lat. vinculum = Fessel) beschreibt die – in der Regel zeitlich begrenzte – Beschränkung der Übertragbarkeit der Geschäftsanteile der Gesellschafter auf Dritte insofern, als sie zu ihrer Wirksamkeit der Zustimmung der übrigen Gesellschafter oder zumindest des VC-Gebers bedürfen (vgl. Roth und Altmeppen 2012, § 15, Rn. 94).

Derartige Zustimmungsvorbehalte bewirken, dass ein Gesellschafter die von ihm gehaltenen Geschäftsanteile nur bei Einverständnis der übrigen Gesellschafter an einen Dritten veräußern kann. Andienungspflichten, Vorerwerbs- und Vorkaufsrechte („**Rights of first refusal**") stellen demgegenüber sicher, dass ein Gesellschafter, der seine Geschäftsanteile verkaufen möchte, diese zunächst den übrigen Gesellschaftern anbieten muss. Da solche vertraglichen Konstruktionen lediglich zwischen den Parteien wirken, kann ein Gesell-schafter seine Geschäftsanteile – trotz Vinkulierung oder bestehender Vorkaufsrechte der übrigen Gesellschafter – dennoch wirksam auf einen Dritten übertragen. Insofern sollten es sich, für derartiges Handeln Sanktionen, wie Schadensersatzansprüche oder Vertrags-strafen in die Gesellschaftervereinbarung aufgenommen werden. Ferner besteht die – in der Praxis allerdings umständliche – Möglichkeit, sämtliche Geschäftsanteile auf einen Treuhänder zu übertragen und von diesem verwalten zu lassen, um vorzeitige Veräuße-rungen zu verhindern (Maidl und Kreifels 2003, S. 1094 f.).

▶ Ein Right of first refusal bezeichnet ein Vorkaufsrecht, das bestehenden Gesellschaf-tern bei Kaufangeboten von außerhalb des Start-ups stehenden Dritten den Erwerb der Geschäftsanteile des veräußerungswilligen Gesellschafters vor dem Verkauf an den poten-tiellen Käufer ermöglicht.

7.2.1.3.3.3 Ausscheiden von (Alt-)Gesellschaftern

Im Hinblick auf den späteren Exit sind Mitverkaufspflichten („**drag along**") und -rechte („**tag along**") sowohl für die VC-Geber als auch die Gründer von zentraler Bedeutung (vgl. Zirngibl und Kupsch 2011, S. 579). Durch diese kann die Mehrheit der Gesellschafter bspw. Minderheitsgesellschafter zwingen, ihre Geschäftsanteile an dem Start-up zu iden-tischen Bedingungen wie die Mehrheitsgesellschafter an einen Dritten zu veräußern. Um-gekehrt wird den Minderheitsgesellschaftern das Recht eingeräumt, ihre Einlagen bei einer Veräußerung durch die Mehrheit der Gesellschafter zu den gleichen Konditionen wie diese zu verkaufen (Dittmar 2013).

Schutz vor einem vorzeitigen Ausscheiden von Gründern aus der Geschäftsleitung können darüber hinaus Kopplungen der Gesellschafterstellung an die Zugehörigkeit zur Geschäftsführung bewirken. Gründer sollten eine solche Kopplung allerdings nur dann akzeptieren, soweit diese zwischen dem Grund des Ausscheidens und der Dauer der Zuge-hörigkeit zur Geschäftsleitung differenziert (Maidl und Kreifels 2003, S. 1095).

Unter einer Drag Along-Klausel versteht man eine vertragliche Vereinbarung, die einem oder meh-reren Investoren die Pflicht („drag along" = dt. „mitreißen") auferlegt, im Falle des Verkaufs der Ge-schäftsanteile des Start-ups durch einen Gesellschafter oder eine Gesellschaftergruppe die eigenen Anteile zu den gleichen Bedingungen mitzuveräußern, um dem Käufer so zu ermöglichen, die ge-samten Anteile oder zumindest eine kontrollierende Mehrheit zu übernehmen (Weitnauer 2011, S. 625). Demgegenüber gewährt eine Tag Along-Klausel Kapitalgebern das Recht („tag along" = dt. „mitkommen"), ihren Minderheitsanteil teilweise oder vollständig zu den gleichen Bedingungen wie die Mehrheitsgesellschafter zu verkaufen (Weitnauer 2011, S. 629).

7.2.1.3.3.4 Informations- und Kontrollrechte

Der VC-Geber kann in der Frühphase eines Investments höchst selten auf bestandssichere **Exit**-Möglichkeiten zurückgreifen, sodass Informations- und Kontrollrechte für den Ka-pitalgeber zu diesem Zeitpunkt besonders wichtig sind. Zwar besteht bei als Aktiengesellschaften firmierenden Start-ups während der ordentlichen Hauptversammlung (s. §§ 120, 175 AktG) zumindest einmal jährlich die Möglichkeit, sich über aktuelle und zukünftige Unternehmenstätigkeiten sowie derzeitige Beschlussgegenstände zu informieren. Gemessen an dem bereitgestellten Kapital und dem damit verbundenen Risiko wird dieses Informationsrecht **alleine** aber regelmäßig nicht ausreichen, um die Informations- und Einwirkungsinteressen des VC-Gebers dauerhaft zu befriedigen (Zetzsche 2002, S. 942). Da die AG in der Praxis – aufgrund des notwendigen Grundkapitals von 50.000 € (§ 7 AktG) – für Gründer weitestgehend unattraktiv ist, können Investoren auf die aktienrechtlichen Informationsrechte nicht zurückgreifen, sofern ihr Start-up bspw. als GmbH oder UG firmiert. Daher liegt es auf der Hand, dass die Vertragsparteien entsprechende Informations- und Kontrollrechte zumindest (**vertraglich**) vereinbaren.

In Gesellschaftervereinbarungen finden sich folglich oftmals Klauseln, durch die sich das Start-up verpflichtet, dem Kapitalgeber regelmäßig Bericht über die wirtschaftliche und finanzielle Lage der Gesellschaft zu erstatten sowie ihn bei Ereignissen, die nicht zum normalen Geschäftsbetrieb gehören, zu informieren (Maidl und Kreifels 2003, S. 1095). Diese Berichterstattungspflicht kann dabei – sowohl hinsichtlich der **Frequenz** als auch der zu unterrichtenden **Themen** – weit über die im Gesellschaftsrecht verankerten Informationsrechte von GmbH-Gesellschaftern (§ 51a GmbHG) oder AG-Aktionären (z. B. Auskunftsrecht der Aktionäre in der Hauptversammlung, § 131 AktG) hinausgehen.

Trotz eines – vertraglich oder gesetzlich – festgelegten Informationsrechts können die Gesellschafter die Erteilung von Auskünften nicht **grenzenlos** verlangen. Dies gilt insbesondere dann, wenn das Gesellschaftsrecht für die Gesellschaftsform, in der das Start-up firmiert, Verschwiegenheitspflichten vorsieht (hierzu s. Mellert 2003, S. 1099). So dürfen GmbH-Geschäftsführer Informationen bspw. verweigern, wenn zu befürchten ist, dass der Gesellschafter die Informationen zu **gesellschaftsfremden** Zwecken verwenden und dadurch der Gesellschaft oder einem verbundenen Unternehmen einen nicht unerheblichen Nachteil zufügen wird (§ 51a Abs. 2 S. 1 GmbHG). Die Informationsverweigerung muss dabei durch einen Gesellschafterbeschluss festgelegt werden (§ 51a Abs. 2 S. 2 GmbHG). Dies führt in der Praxis dazu, dass der Geschäftsführer **sofort** nach Eingang des Informationsverlangens prüfen muss, ob sich Anhaltspunkte für ein Verweigerungsrecht ergeben können (Michalski 2010, § 51a, Rn. 176).

Während dem GmbH-Gesellschafter also umfangreiche Informationsrechte zustehen, verfügt der Aktionär einer AG nur über ein eingeschränktes Fragerecht, das er in der **Hauptversammlung** der AG geltend machen kann (vgl. § 131 Abs. 1 S. 1 AktG). Darüber hinaus kann der Aktionär weder die Erteilung einer schriftlichen Auskunft noch die Einsichtnahme in die Unterlagen der Gesellschaft verlangen (vgl. BGH NJW 1997, S. 1987). Demzufolge hat der Vorstand einer AG über vertrauliche Angaben und Geheimnisse der Gesellschaft, namentlich Betriebs- oder Geschäftsgeheimnisse, – auch gegenüber den Aktionären der AG – **Stillschweigen** zu bewahren (§ 93 Abs. 1 S. 3 AktG).

7.2.1.3.3.5   Exit-Regelungen und Liquidationspräferenzen

> **Liquidations-** und **Erlöspräferenzen** dienen der finanziellen Bevorzugung des VC-Gebers im Falle seines Ausstiegs zur Realisierung einer finanziellen Rendite („Exit") aus der Beteiligung an dem Start-up (vgl. Zirngibl und Kupsch 2011, S. 579). Derartige Vereinbarungen ermöglichen es dem VC-Geber, beim Exit sein eingezahltes Agio zurück zu erhalten, bevor der verbleibende Gewinn – entsprechend der jeweils am Stammkapital des Start-ups gehaltenen Anteile – auf die übrigen Gesellschafter verteilt wird (Weitnauer 2011, S. 626).

Obgleich sich die zukünftige Entwicklung des Start-ups nur schwer vorhersehen lässt, können Regelungen in der Gesellschaftervereinbarung hinsichtlich der zeitlichen **Dauer** der Kooperation des VC-Gebers mit den Gründern bzw. zum Zeitpunkt des Exits durchaus sinnvoll sein (Zirngibl und Kupsch 2011, S. 579). Bei solchen Absprachen sollte dem Start-up allerdings genügend Spielraum für seinen **Reifeprozess** gegeben werden. Insofern müssen die Gründer darauf achten, dass die entsprechenden Verhandlungen nicht nur durch die Renditeinteressen des VC-Gebers bestimmt werden. Für den Fall, dass die tatsächliche Entwicklung des Unternehmens zu stark von den ursprünglichen Erwartungen des Investors abweicht – was z. B. das Nichterreichen eines Meilensteins indizieren kann – lässt sich eine vorzeitige Beendigung der Kooperation der Parteien bspw. in der Form wechselseitiger **Put**-(Anbietungs-) oder **Call**-(Ankaufs-)Optionen vorsehen (Maidl und Kreifels 2003, S. 1095).

In diesem Zusammenhang wird der VC-Geber regelmäßig auf Liquidationspräferenzen zu seinen Gunsten hinwirken. Eine solche Klausel beinhaltet in der Regel, dass der Investor bei Auflösung und Liquidation des Start-ups **vorrangig** vor den Gründern und allen anderen Gesellschaftern seine geleisteten Zahlungen sowie seine Beteiligung am Stammkapital **zurückerhält** (Weitnauer 2001, S. 1072). Die Erlösverteilung nach einer Auflösung und Liquidation des Start-ups kann dabei allerdings erst nach dem Ablauf einer **Sperrfrist** von mindestens einem Jahr ab der Bekanntmachung des Gläubigeraufrufs in den Gesellschaftsblättern, d. h. der Unterrichtung der Gläubiger von der Auflösung der Gesellschaft im Bundesanzeiger (abrufbar unter: www.bundesanzeiger.de), erfolgen (für die GmbH ist dies in § 73 Abs. 1 GmbHG, für die AG in § 272 Abs. 1 AktG geregelt).

7.2.1.3.3.6   „Founder-Vesting"

> Ein **Founder-Vesting** ist eine (vertragliche) Regelung, nach der ein Gründer/Gesellschafter beim Ausscheiden aus dem Start-up seine Geschäftsanteile an dem Unternehmen ganz oder teilweise auf die übrigen Gesellschafter – insbesondere den VC-Geber – übertragen muss bzw. darf (Zätzsch 2012).

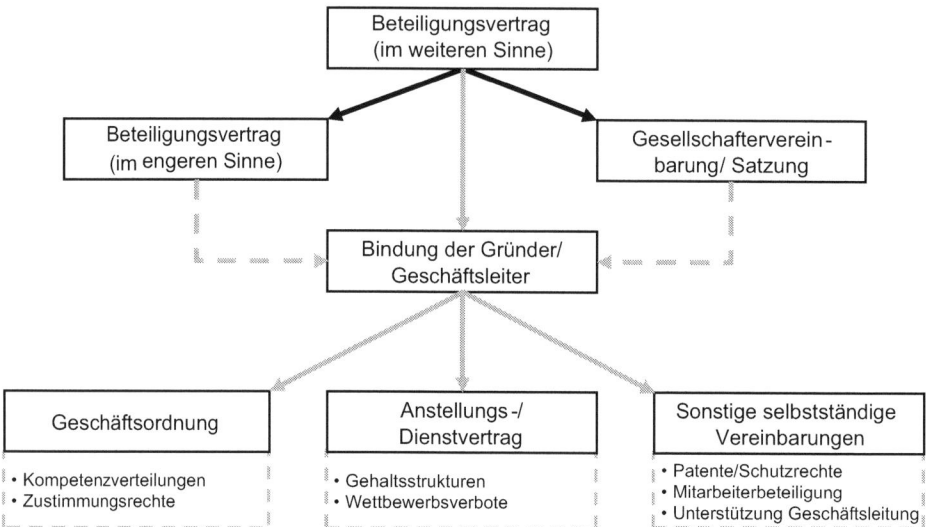

Abb. 7.13 Bindung der Gründer und Geschäftsleiter an das Start-up

Innerhalb der Gesellschaftervereinbarung sind ferner eine Vielzahl von Regelungen denkbar, die den gänzlichen oder zumindest teilweisen **Verlust** der von Gründern bzw. Gesellschaftern am Start-up gehaltenen Geschäftsanteile bei einem (vorzeitigen) Exit zum Gegenstand haben können. Die Beweggründe für den Ausstieg eines Gesellschafters können dabei vielfältig sein. So besteht die Möglichkeit, dass ein Gründer das Start-up aus autonomen Motiven (z. B. durch eigene ordentliche Kündigung) oder zumindest ohne eigenes Verschulden (ordentliche Kündigung durch das Start-up) verlässt („**Good Leaver**") oder dass er das Unternehmen – insbesondere wegen schuldhafter Pflichtverletzungen (Stichwort: fristlose Kündigung) – verlassen muss („**Bad Leaver**"). Für den letztgenannten Fall wird in der Praxis häufig sogar die Möglichkeit des Aufkaufs von eigentlich unverfallbaren Geschäftsanteilen der Gründer durch den VC-Geber vereinbart (Zätzsch 2012).

Darüber hinaus kann sich der Trennungsgrund auch generell auf die Bewertung der Geschäftsanteile des Gründers auswirken. Bezüglich der Anteilsbewertung wird dann in der Regel ebenfalls zwischen sog. „Good"- bzw. „Bad-Leaver"-Klauseln wie auch nach dem Zeitpunkt, zu dem der Gesellschafter das Start-up verlässt, differenziert. Dementsprechend muss ein Gründer/Gesellschafter je nach Exit-Grund und -Zeitpunkt mehr (früheres Ausscheiden) oder weniger (späteres Ausscheiden) Geschäftsanteile zu einer **niedrigeren** („Bad-Leaver") oder **höheren** („Good-Leaver"-Bewertung) abgeben (Dittmar 2013).

7.2.1.3.4 Weitere Regelungen des Beteiligungsvertrags (im weiteren Sinne)

Neben dem Beteiligungsvertrag (im engeren Sinne) und der Gesellschaftervereinbarung, kann es sowohl für den Investor als auch die Gründer empfehlenswert sein, im Einzelfall weitere selbstständige Vereinbarungen zu treffen. So wird der VC-Geber zur Sicherung der oben beschriebenen Lock-up-Periode bspw. versuchen, die Gründer/Geschäftsführer dauerhaft an das Start-up zu **binden** (Weitnauer 2001, S. 1072; s. hierzu auch Abb. 7.13).

Daneben sollten die Gründer darauf achten, dass bereits bestehende **Verträge** auf die neue (gesellschaftsrechtliche) Situation des Start-ups **angepasst** werden. Dies betrifft nicht nur – wie bereits erörtert wurde – die Gesellschaftervereinbarung und den Gesellschaftsvertrag/die Satzung des Start-ups, sondern auch ältere Beteiligungsvereinbarungen (z. B. mit **Inkubatoren** und/oder **Business Angels**) sowie Verträge, die die sonstigen Verhältnisse der Gesellschaft und ihrer Organe regeln. Hierzu gehören in erster Linie die **Geschäftsordnung** und die **Anstellungsverträge** der Geschäftsleiter (Maidl und Kreifels 2003, S. 1092).

7.2.1.3.4.1 Geschäftsordnung

Die Geschäftsordnung regelt das **Verhältnis** der Gesellschafterversammlung zu den geschäftsführenden Gesellschaftern. Da ein Geschäftsführer das Unternehmen ohne Einschränkungen vertreten kann (schon bei der Prokura sind Beschränkungen im Außenverhältnis nach § 50 Abs. 1 HGB unwirksam), sollte zumindest ein **Katalog** mit geschäftlichen Handlungen aufgestellt werden, für deren Durchführung der Geschäftsführer die **Zustimmung** der Gesellschafterversammlung benötigt.

Zu solchen Maßnahmen können u. a. der Abschluss von bedeutenden operativen Verträgen, die Verabschiedung wichtiger Unternehmenspläne oder etwa die Kreditaufnahme gehören. Im Übrigen empfiehlt es sich, Geschäfte ab einem bestimmten **Schwellenwert** dem Zustimmungsvorbehalt der Gesellschafter zu unterstellen. Schließt der Geschäftsführer ein zustimmungspflichtiges Geschäft ohne die Zustimmung der Gesellschafter ab, ist dies im Außenverhältnis zwar wirksam, im Innverhältnis macht sich der Geschäftsführer aber gegenüber dem Start-up schadensersatzpflichtig (Dittmar 2013).

7.2.1.3.4.2 Anstellungsverträge der Gründer/Geschäftsführer

Der VC-Geber wird sein Investment regelmäßig an das Start-up und nicht an die Gründer leisten. Wie bereits erörtert wurde, sollten Unternehmensgründer deshalb im besonderen Maße auf die Ausgestaltung ihrer Anstellungsverträge achten, da diese ihren **Lebensunterhalt** sichern (s. hierzu auch § 7 2.1.2.5).

Gründer und sonstige Expertise-Träger („**key-persons**") des Start-ups müssen darauf vorbereitet sein, dass VC-Geber auf die Vereinbarung einer Wettbewerbsbeschränkung bestehen werden (Weitnauer 2011, S. 344 f.). Solche **Wettbewerbsverbote** bezwecken, dass Leistungsträger des Start-ups nicht für Konkurrenzunternehmen der gleichen Branche tätig werden und/oder frühzeitig die Gesellschaft verlassen. Die Betroffenen sollten versuchen, als Ausgleich für das Wettbewerbsverbot eine **Karenzentschädigung** auszuhandeln (vgl. §§ 74 ff. HGB). Im Verhältnis von Arbeitgeber zu Arbeitnehmer sind Wettbewerbsbeschränkungen ohnehin nur zulässig, sofern sich der Arbeitgeber verpflichtet, für die Dauer des Verbots eine Karenzentschädigung zu zahlen, die für jedes Jahr des Verbots mindestens der Hälfte des von dem Arbeitnehmer zuletzt bezogenen Gehalts entspricht (vgl. § 74 Abs. 2 HGB).

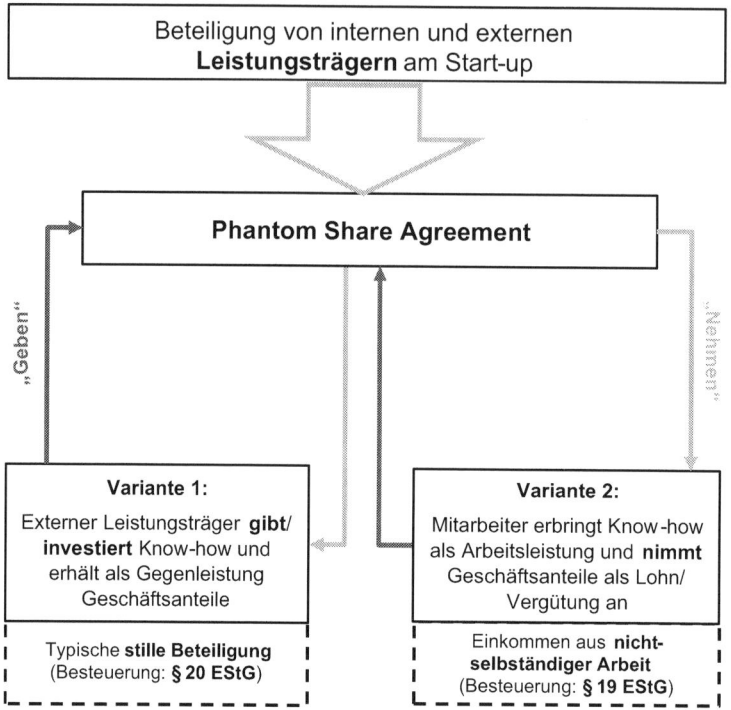

Abb. 7.14 Varianten eines Phantom Share Agreements

7.2.1.3.4.3 Sonstige Beteiligung von Key-Persons/Mitarbeitern

Sofern das Start-up ein bisher am Markt so nicht erhältliches Produkt oder eine bislang unbekannte Dienstleistung bereitstellt, ist es von zentraler Bedeutung, diese Neuentwicklung **urheberrechtlich** schützen zu lassen. Sollten die Gründer Patente und Schutzrechte bisher noch nicht angemeldet oder nicht in das Start-up eingebracht haben, ist dies durch eine weitere Sonderregelung im Beteiligungsvertrag nachzuholen (Weitnauer 2001, S. 1072). Da der VC-Geber die Unternehmensbewertung des Start-ups häufig bereits auf die anhand von Schutzrechten gewährleistete Exklusivität einer Dienstleistung oder eines Produkts gestützt hat, wird diese Einbringung für den Investor in der Regel unentgeltlich erfolgen (Weitnauer 2011, S. 345).

Um die „key-persons" dauerhaft an das Start-up zu binden, sollten sich die Gründer wie auch der VC-Geber frühestmöglich einigen, inwiefern **High-Performer** an dem Unternehmen **beteiligt** werden können. Dementsprechend bietet es sich an, sowohl die Grundlagen eines Mitarbeiterbeteiligungsprogramms als auch die entsprechende Verwässerung der Beteiligungsquote des VC-Gebers bereits im Rahmen des Beteiligungsvertrags zu justieren (Weitnauer 2001, S. 1073).

Auch bei der GmbH (und somit im Gegensatz zu den klassischen „**Phantom Stocks**" einer AG) bietet sich an, High-Performer über eine schuldrechtliche Vereinbarung („**Phantom Share Agreement**") vermögensmäßig so zu stellen, als wären diese mit einer bestimmten Zahl von Geschäftsanteilen an dem Start-up beteiligt („**virtuelle Geschäftsanteile**"). Diesbezüglich sind zwei Ausgestaltungen denkbar (vgl. Abb. 7.14).

Zum einen kann der – außerhalb des Unternehmens stehende (externe) – Leistungsträger dem Start-up Know-how **geben** und als Gegenleistung hierfür Geschäftsanteile erhalten (**Variante 1**). In rechtlicher Sicht handelt es sich bei dieser Ausgestaltung – ungeachtet der Terminologie – um eine sog. typische stille Beteiligung im Sinne einer klassischen **stillen Gesellschaft** (§ 230 ff. HGB), im Rahmen derer der stille Gesellschafter allein an den Wertsteigerungen der Gesellschaft beteiligt ist und darüber hinaus regelmäßig das Recht auf Zahlung einer Gewinnausschüttung erhält. Diese (allein) schuldrechtliche Beteiligung gewährt ihm jedoch weder die Rechte eines in die Gesellschafterliste des Handelsregisters eingetragenen Gesellschafters noch Teilnahme- oder Stimmrechte in einer Gesellschafterversammlung der Gesellschaft (zum **Phantom Share Investment** vgl. auch § 5 2.2.5). Darüber hinaus kann der – innerhalb des Unternehmens stehende (interne) – Knowhow Träger die Geschäftsanteile auch als Gegenleistung – und insofern als eine Form von **Arbeitsentgelt/-lohn** – für hervorragende Leistungen innerhalb seiner unselbstständigen Tätigkeit **annehmen** (**Variante 2**). Diese Differenzierung wirkt sich insbesondere auf die **Besteuerung** der erhaltenen virtuellen Geschäftsanteile aus (diesbezüglich s. § 10 2.2.2).

Darüber hinaus besteht die Möglichkeit, dass der VC-Geber die Geschäftsleitung des Start-ups **beratend** unterstützt und der Umfang dieser Beratungstätigkeit im Beteiligungsvertrag geregelt wird (Weitnauer 2011, S. 347). In rechtstechnischer Sicht können die Beratungsleistungen entweder in einem (von dem Beteiligungsvertrag separat zu unterzeichnenden) Vertrag über die Errichtung einer stillen Beteiligung ihren Niederschlag finden oder es wird vereinbart, dass der VC-Geber im Gegenwert der von ihm zu erbringenden Beratungstätigkeit Geschäftsanteile erhält. Im letzteren Fall ist jedoch darauf zu achten, dass die Übertragung der Geschäftsanteile unter der aufschiebenden Bedingung der Erbringung des jeweils versprochenen Kontingents an Beratungsleistungen steht („**Put-Option**").

Eine andere Möglichkeit ist, die Geschäftsanteile ratierlich erst nach Ablauf festgelegter Zeit- bzw. Leistungsphasen zu übertragen („**Call-Option**"). Neben dem größeren administrativen Aufwand – schließlich fallen nach Ablauf einer jeden Leistungsphase, welche die Übertragung weiterer Geschäftsanteile bedingt, Gebühren für die notwendige notarielle Beurkundung an – spricht gegen diese Variante der Umstand, dass auch die Gründer des Start-ups dem VC-Geber dasjenige (Vorschuss-) **Vertrauen** entgegen bringen sollten, dass dieser dem Start-up über das neben seinen Beratungsleistungen zur Verfügung gestellte, mit dem Risiko des Totalverlustes behaftete, Kapital zeigt.

7.2.1.3.5 Anpassung des Gesellschaftsvertrags/der Satzung

Unabhängig davon, dass bei Widersprüchen zwischen dem Beteiligungsvertrag im weiteren Sinne und dem Gesellschaftsvertrag im Zweifel die **individuell** zwischen dem VC-Geber und den Gründern vereinbarten vertraglichen Regelungen **vorrangig** gelten (vgl. Weitnauer 2011, S. 347), empfiehlt es sich dennoch – neben dem gesetzlich vorgeschriebenen Mindestinhalt (s. hierzu § 7 2.1.3.1.3) –, zumindest folgende Vereinbarungen in den Gesellschaftsvertrag mitaufzunehmen:

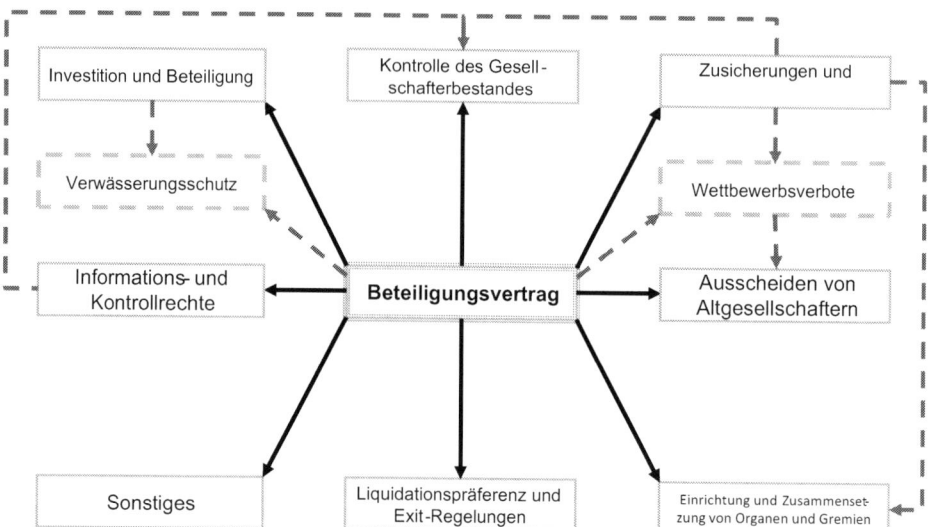

Abb. 7.15 Zusammenhänge zwischen den einzelnen Vereinbarungen (Beteiligungsvertrag im weiteren Sinne)

- **Kontrolle** des Gesellschafterverbandes/**Vinkulierung**
- Einziehung von Geschäftsanteilen bei der **Insolvenz** eines Gesellschafters
- **Zustimmungsrechte** des VC-Gebers und
- **Wettbewerbsverbote**

Da die Satzung sowohl für und gegen Alt- als auch Neugesellschafter wirkt, werden VC-Geber daneben durchzusetzen versuchen, für sie günstige Regelungen, wie bspw. den Verwässerungsschutz oder die Liquidationspräferenzen, „**satzungsfest**" zu machen. In diesem Zusammenhang ist allerdings zu bedenken, dass Neuinvestoren die bisherigen Vereinbarungen – insbesondere, wenn sie für die neuen Kapitalgeber nachteilig sind – überprüfen werden (s. hierzu Weitnauer 2011, S. 347 ff.). Insofern besteht auch bei grundsätzlich satzungsfesten Regelungen die Gefahr, dass diese bei neuerlichen Finanzierungsrunden angegriffen und zum Nachteil des VC-Gebers abgeändert werden.

7.2.1.3.6 Zusammenhänge zwischen den einzelnen Vereinbarungen

In der Praxis funktioniert der Beteiligungsvertrag im weiteren Sinne nur dann, sofern der Beteiligungsvertrag im engeren Sinne, die Gesellschaftervereinbarung/die Satzung und die sonstigen Regelungen zur (dauerhaften) Bindung der Gründer, Geschäftsleiter und Expertise-Träger an das Start-up nicht losgelöst voneinander, sondern so **aufeinander abgestimmt** sind, dass „ein Rädchen in das andere greift" (s. hierzu Abb. 7.15). Bei fehlender eigener Expertise sollten die Gründer zur Umsetzung dieser Abstimmung zwingend auf fachkundige Beratung zurückgreifen.

7.2.1.4 Mischfinanzierungen („Mezzanine"-Kapital)

Der Begriff „**Mezzanine**" stammt aus der Architektur und bezeichnet die in der Renaissance typische Bauweise eines Halbgeschosses, das sich zwischen zwei Hauptgeschossen befindet (Eilenberger und Haghani 2008, S. 85). Dementsprechend werden unter Mezzanine-Kapital Finanzierungsinstrumente verstanden, die eine (ökonomische) Zwischenform von Eigen- und Fremdkapital darstellen und Eigenschaften beider Kapitalformen aufweisen. Die spezifischen Merkmale beider Finanzierungsformen können dabei – durch multiple Kombinationsmöglichkeiten – an das von dem jeweiligen Start-up angestrebte Risiko-Rendite-Profil angepasst werden (vgl. Eilenberger und Haghani 2008, S. 85). Für den Mezzanine-Kapitalgeber gilt allgemein Folgendes: Ist die Finanzierung eigenkapitalnah ausgestaltet, steigt das Investmentrisiko, gleichzeitig aber auch die erzielbare Rendite bzw. ist die Finanzierung näher am Fremdkapital ausgerichtet, sinkt die theoretisch realisierbare Rendite bei gleichzeitiger Verringerung des Risikos für Kapitalgeber.

7.2.1.4.1 Grundsätzliches

Trotz der Gestaltungsmöglichkeiten eines VC-Beteiligungsvertrags, sind in der Praxis Fälle denkbar, in denen sowohl die Gründer als auch die Investoren kein für alle Seiten **zufriedenstellendes** Finanzierungs- und Beteiligungskonzept aufstellen können. Möglich ist etwa, dass das Investitionsrisiko des VC-Gebers nicht ausreichend kompensiert werden kann und dieser infolgedessen von der Finanzierung Abstand nimmt. Bei derartigen Konstellationen empfiehlt sich, die Vorteile der Fremdkapitalfinanzierung mit den – für die Parteien jeweils subjektiven – Vorzügen der Eigenkapitalelemente zu „**mischen**" (Grunow und Figgener 2006, S. 191). Eine solche Mezzanine-Finanzierung (s. hierzu auch § 4 3.) ermöglicht beiden Seiten, ihre Interessen mittels Selektion der jeweiligen „**Bausteine**" aus der Eigenkapital- und/oder Fremdkapitalfinanzierung durchzusetzen.

Im Unterschied zu einer reinen VC-Kapitalbeschaffung hat eine Mezzanine-Finanzierung für Gründer vor allem den Vorteil, dass einerseits eine **Verwässerung** der von ihnen gehaltenen Geschäftsanteile **vermieden** wird und andererseits **Mitsprache**- und **Kontrollrechte** regelmäßig **nicht eingeräumt** werden müssen (Kuckertz 2006, S. 29).

7.2.1.4.2 Besonderheiten und Strukturen der Mezzanine-Finanzierung

Obgleich Mezzanine-Kapitalbeschaffungen vielfältig ausgestaltet sein können, haben sie dennoch gemeinsam (zu den Charakteristika von Mezzanine-Kapital s. auch Abb. 7.16), dass sie entweder gegenüber dem gesamtem oder zumindest einem Teil des Fremdkapitals – als „**Junior Debt**" – nachrangig gestellt werden, d. h. das mezzanine Kapital muss erst nach vollständiger Tilgung einer vorrangigen Fremdkapitalfinanzierung („**Senior Debt**") zurückgezahlt werden (Golland et al. 2005, S. 2).

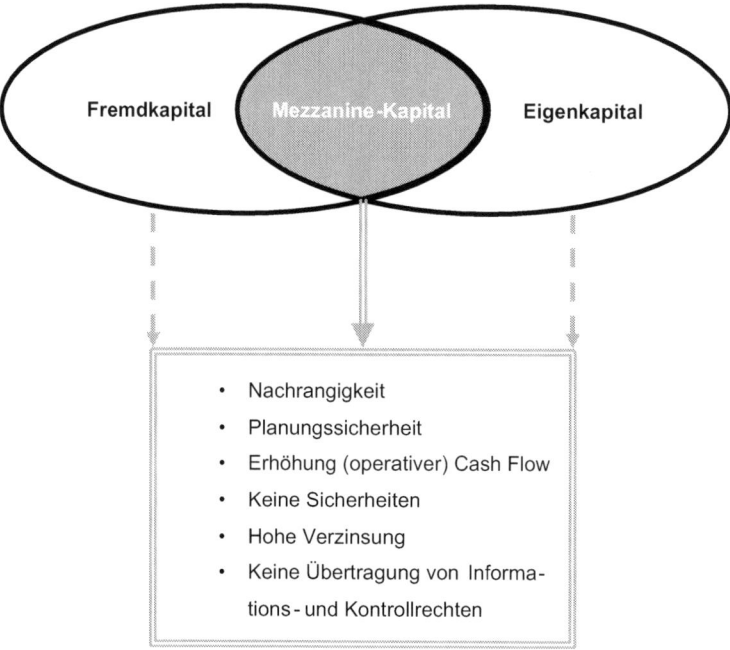

Abb. 7.16 Charakteristika von Mezzanine-Kapital

▶ Ein Junior Debt (engl. debt = Schulden) bzw. Subordinated Debt ist ein Nachrangdarlehen, bei dem der Rückzahlungsanspruch aufgrund einer Rangrücktrittsvereinbarung gegenüber bestimmten anderen Kapitalgebern nachrangig ist (Golland et al. 2005, S. 18).

Im Übrigen kann Mezzanine-Kapital wie folgt charakterisiert werden (s. hierzu Weitnauer 2011, S. 353).

- Im Unterschied zur reinen Fremdfinanzierung wird dem Start-up mezzanines Kapital in der Regel zwischen **sechs** bis **zehn** Jahre überlassen, sodass die Gründer – aufgrund der hohen Laufzeit – eine (finanzielle) **Planungssicherheit** erhalten.
- Da das Start-up **keine Tilgungsleistungen** während der Laufzeit zu erbringen hat (die Rückzahlung erfolgt erst nach deren Ablauf), wird der operative **Cash Flow** des Unternehmens gesteigert.
- Die Kapitalbereitstellung erfolgt häufig, ohne dass der Investor im Gegenzug Sicherheiten verlangt. Als Ausgleich zu diesem gesteigerten Risikos wird der Finanzgeber allerdings **Zinsen** in Höhe von **8** bis **15 %** und im Ergebnis damit eine höhere Verzinsung als bei einer reinen Fremdkapitalfinanzierung verlangen.
- Schließlich erfolgt das Investment, ohne dass die Gründer dem Kapitalgeber – wie es bspw. bei der VC-Beteiligung die Regel ist – **Kontroll-, Informations-** und **Zustimmungsrechte** gewähren müssen.

Die Struktur einer Mezzanine-Finanzierung wird wesentlich durch eine laufende bzw. endfällige Verzinsung wie auch einen sog. „**Kicker**" am Laufzeitende bestimmt (Golland et al.2005, S. 3).

Die laufende Verzinsung des gewährten Kapitals ist – im Verhältnis zum Risiko des Investors – relativ niedrig, um den Liquiditätsspielraum des Start-ups zu schonen und gleichzeitig den Liquiditätsfluss („Cash Flow") zu erhöhen (Grunow und Figgener 2006, S. 193 f.). Als Kompensation für diese geringe laufende Verzinsung vereinbaren der Investor und die Kapitalempfänger häufig eine zum Ende der Laufzeit „**auflaufende**" Verzinsung, die in der Regel als Einmalzahlung fällig wird. Sowohl die laufende als auch die auslaufende/endfällige Verzinsung werden bereits vor der Kapitalbereitstellung vereinbart, sodass die Höhe des Zinssatzes nicht mit der – positiven oder negativen – Unternehmensentwicklung des Start-ups korrespondiert (Grunow und Figgener 2006, S. 194). Um dem Kapitalgeber dennoch eine risikoadäquate Rendite zu gewähren, vereinbaren die Parteien darüber hinaus oftmals eine laufzeitbezogene Vergütung in Form eines „**Equity**" oder „**Non-Equity**" Kickers, durch die der Investor – in Abhängigkeit von der Performance des Start-ups – am wirtschaftlichen Erfolg des Unternehmens beteiligt wird (Golland ey al. 2005, S. 3).

Bei einem sog. Kicker ist zwischen den Formen Equity-, Non-Equity- und virtueller Equity-Kicker zu differenzieren. Durch einen echten oder reellen Equity-Kicker wird dem Investor – in der Regel zum Zeitpunkt des Exits – die Möglichkeit eingeräumt, Anteile an dem Start-up zu privilegierten Konditionen zu erwerben. Demgegenüber erhält der Kapitalgeber bei einem Non-Equity-Kicker am Ende der Laufzeit eine einmalige, von der Entwicklung des Start-ups unabhängige Sondervergütung, deren Höhe von der Nominaleinlage des Investors abhängig ist. Schließlich handelt es sich bei einem virtuellen Equity-Kicker um eine Kombination aus echtem Equity-Kicker und Non-Equity-Kicker, bei dem die Sondervergütung auf die Entwicklung des Unternehmenswerts bezogen ist (Weitnauer 2011, S. 353 ff.).

7.2.1.4.3   Überblick Mezzanine-Finanzierungsinstrumente

Mezzanine-Finanzierungsinstrumente können – je nachdem, ob sie eigen- oder fremdkapitalähnlich ausgestaltet sind – wie folgt kategorisiert werden (s. hierzu Abb. 7.17).

7.2.1.4.3.1   Fremdkapitalähnliche Ausgestaltung

Zu den in der Praxis typischen Finanzierungsformen mit fremdkapitalnaher Struktur („**Debt Mezzanine**") zählen hauptsächlich (s. hierzu Golland et al. 2005, S. 15). die typische **stille Beteiligung**, **partiarische Darlehen**, **Verkäuferdarlehen** sowie **Nachrangdarlehen**.

Bei einer typischen stillen Gesellschaft (zur stillen Beteiligung vgl. auch § 5 2.2.2) beteiligt sich der stille Gesellschafter mit einer Vermögenseinlage am Handelsgewerbe eines anderen, wobei er die Einlage so zu leisten hat, dass sie in das Vermögen der geschäftsführenden Gesellschafter des Start-ups übergeht (vgl. § 230 Abs. 1 HGB). Der stille Ge-

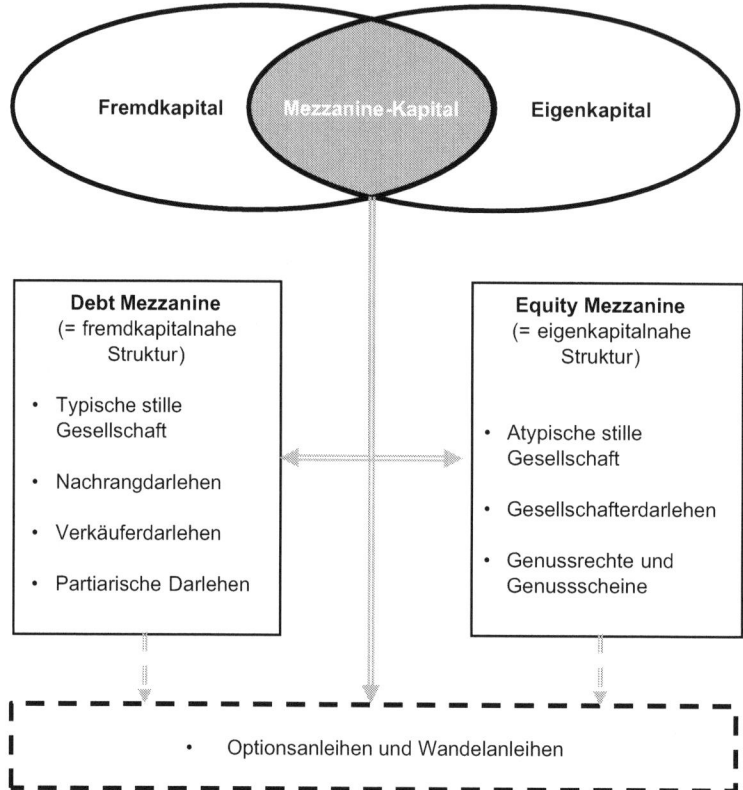

Abb. 7.17 Mezzanine Finanzierungsinstrumente

sellschafter tritt nach außen nicht als solcher auf und agiert daher lediglich im Innenverhältnis. Infolgedessen werden nur die geschäftsführenden Gesellschafter, die nach außen auch als solche auftreten, bei Rechtsgeschäften des Start-ups berechtigt und verpflichtet (vgl. § 230 Abs. 2 HGB). Ein partiarisches Darlehen ist mit der stillen Gesellschaft insofern verwandt, als dem Darlehensgeber als Gegenleistung neben oder anstelle einer festen Vergütung eine Gewinn- oder Umsatzbeteiligung eingeräumt wird (Saenger et al. 2011, § 5, Rn. 10). Im Unterschied zu der stillen Gesellschaft ist der Investor bei einem partiarischen Darlehen allerdings berechtigt, seinen Rückzahlungsanspruch bzgl. des gewährten Kredits an einen Dritten abzutreten (Golland et al. 2005, S. 21). Eine weitere Darlehensform stellt das sog. Verkäuferdarlehen, das auch als „Seller's Note" oder „Vendor's Loan" bezeichnet wird, dar. Bei diesem Finanzierungsinstrument überlässt der Veräußerer von Geschäftsanteilen dem Erwerber einen Kredit im Hinblick auf die zu erwerbenden Anteile (Golland et al. 2005, S. 20). Schließlich ist das Nachrangdarlehen („Junior Debt", s. § 7 2.1.4.2) gegenüber Forderungen anderer Kapitalgeber untergeordnet und daher erst nach Erfüllung dieser zurückzuzahlen (hierzu s. auch § 5 2.2.3).

7.2.1.4.3.2 Eigenkapitalähnliche Struktur

Die **atypische stille Gesellschaft**, **Gesellschafterdarlehen** und **Genussrechte** sowie -**scheine** weisen demgegenüber einen eigenkapitalnahen Charakter („**Equity Mezzanine**") auf (Golland et al. 2005, S. 15).

Im Unterschied zur typischen stillen Gesellschaft werden bei der atypischen stillen Gesellschaft die Stillen sowohl an der Geschäftsführung – durch Informations-, Zustimmungs- und Kontrollrechte, die weit über die Kontrollrechte des typischen stillen Gesellschafters (s. hierzu § 233 HGB) hinausgehen können – als auch an dem Unternehmenswert des Start-ups – durch schuldrechtliche Vereinbarungen – beteiligt (vgl. Henssler und Strohn 2011, § 230 HGB, Rn. 1). Bei einem Gesellschafterdarlehen gewährt ein Gesellschafter des Start-ups dem Unternehmen (oftmals über einen längeren Zeitraum) einen Kredit aus seinen eigenen Mitteln, wobei die Vergütung des Gesellschafters für dieses Investment in der Regel durch eine laufende Verzinsung realisiert wird (Golland et al. 2005, S. 15). Genussrechte (vgl. auch § 5 2.2.4) sind schuldrechtliche Gläubigerrechte, die inhaltlich einen Anspruch auf Teilhabe am Gewinn oder Liquidationserlös zum Gegenstand haben, wie sie typischerweise Gesellschaftern einer GmbH oder AG zustehen, ohne jedoch eine mitgliedschaftliche Beteiligung des Anspruchsberechtigten am Start-up zu begründen (Saenger et al. 2011, § 12, Rn. 367). Die Genussrechte werden in der Regel in Genussscheinen – hierbei handelt es sich um gesetzlich weitgehend ungeregelte Wertpapiere – dokumentiert (Eilenberger und Haghani 2008, S. 101 f.).

7.2.1.4.3.3 Weitere Finanzierungsinstrumente

Im Übrigen besteht die Möglichkeit, dass sich der Investor durch **Options-** und **Wandelanleihen** beteiligt. Optionsanleihen sind Schuldverschreibungen, die den Anleihegläubiger berechtigen, bei Fälligkeit eine bestimmte Anzahl von Geschäftsanteilen an dem zu finanzierenden Start-up zu erwerben. Demgegenüber verleihen Wandelanleihen dem Anleihegläubiger das Recht, seinen Anspruch auf die Rückzahlung des von ihm geleisteten Darlehens gegen eine bestimmte Anzahl von Geschäftsanleihen an dem kapitalbedürftigen Start-up „einzutauschen" (Golland et al. 2005, S. 18).

Bei Options- und Wandelanleihen kann der Investor während der Laufzeit also von der Stellung eines Fremdkapitalgebers in eine Eigenkapitalposition wechseln. D können jene sowohl eigen- (so z. B. Golland et al. 2005, S. 15) als auch fremdkapitalnah (so bspw. Eilenberger und Haghani 2008, S. 89) sein.

7.2.2 Öffentliche Fördermittel

Mittlerweile besteht ein umfassendes **Portfolio** öffentlicher Förderungsmöglichkeiten (s. hierzu auch § 5 6.) in Form von Finanzierungsprogrammen oder Realleistungen, gleichermaßen auf Landes- und Bundesebene (Janson 2008, S. 46). Die **Finanzleistungen** bezwecken dabei überwiegend die **Optimierung** der Eigenkapitalgrundlagen, während die

Realleistungen dazu dienen, die zwingend notwendigen **Aufwendungen** – wie z. B. die Anschaffung von Büroräumen und Inventar – der Gründer zu verringern (Grummer und Brorhilker 2012a).

In der Praxis haben sich insbesondere die Förderprogramme der **KfW** bewährt, sodass Start-ups – sofern die Gründer bspw. neben einer bereits bestehenden VC-Finanzierung eine zusätzliche Kapitalquelle erschließen möchten und in diesem Zusammenhang zwischen einer weiteren Finanzierung durch öffentliche oder private Kredite schwanken – prioritär auf öffentliche Fördermittel zurückgreifen sollten. Die Inanspruchnahme eines öffentlichen Fördermittels der KfW ist dabei nicht nur günstiger als ein Kredit bei einer privaten Bank, sondern kann im Einzelfall auch die Aufnahme zusätzlicher Darlehen bei einem anderen Kreditinstitut erleichtern (Janson 2008, S. 46).

Voraussetzung für die Gewährung öffentlicher Fördermittel ist oftmals, dass das Start-up bereits über einen **Leadinvestor** – sei es in Form eines VC-Investors, Mezzanine-Kapitalgebers etc. – verfügt. Die Beteiligung der KfW erfolgt dabei nach dem „**pari passu**"-Prinzip, d. h. der öffentliche Fördermittelgeber wird zu gleichen Bedingungen wie der Leadinvestor an dem Start-up beteiligt (Weitnauer 2011, S. 287).

7.3 Crowdinvesting

> Neuartige Finanzierungsmodelle entwickeln sich in einer ähnlichen Geschwindigkeit, in der Start-ups innovative Geschäftsmodelle ausarbeiten. Das **Crowdinvesting** bzw. **Crowdfunding**, das im Deutschen auch als **Schwarmfinanzierung** bezeichnet wird, stellt eine solche neue Form der Kapitalbeschaffung dar, die sich derzeit – weltweit – in einem rasanten Wachstum befindet (Schmitt und Doetsch 2013, S. 1451).

Crowdinvesting ist eine Form der Kapitalbeschaffung über das Internet. Diese Beschreibung gibt knapp wieder, was in der anfänglichen Euphorie gar als Revolution der Start-up-Finanzierung beschrieben wurde. Dabei ist das eigentliche Geschäftsmodell des Crowdinvesting alles andere als revolutionär: Die Deckung eines Finanzierungsbedarfs durch die Bündelung einer Vielzahl individueller Beiträge ist schließlich jedem tradierten Investmentmodell (Fonds, Aktien etc.) immanent. Allein die Kanalisierung über das **Internet** eröffnet – verglichen mit herkömmlichen Kanälen – neue Möglichkeiten, eine große Masse möglicher Investoren für ein Projekt zu begeistern.

Die Zahl der **Onlineplattformen**, deren Geschäftsmodell darin besteht, einen **Schwarm** (= **Crowd**) von Investoren und finanzierungsbedürftige Start-ups zusammenzubringen, steigt stetig. Dennoch konnten in Deutschland bislang nur wenige Unternehmen nennenswerte Kapitalvolumina mittels Crowdinvesting generieren. Die Ursache hierfür liegt in den innerhalb Deutschlands geltenden gesetzlichen Limitierungen liegen. Als solche kann bspw. die Prospektpflicht nach dem **Vermögensanlagengesetz** (VermAnlG) und die daraus resultierenden erheblichen Kosten für ein Unternehmen aufgeführt werden. Eine

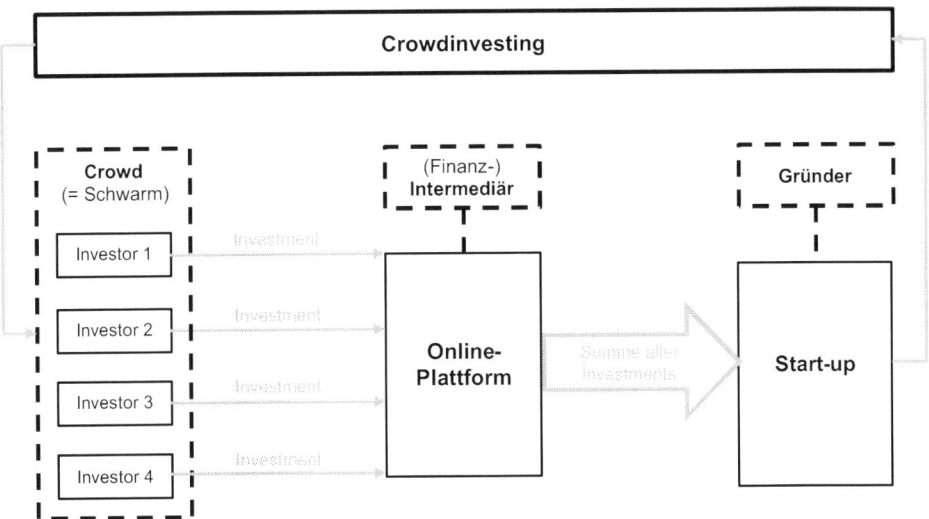

Abb. 7.18 Unternehmensfinanzierung durch Crowdinvesting

Befreiung von der Prospektpflicht besteht nur, soweit die jeweilige Finanzierung 100.000 € innerhalb von zwölf Monaten nicht überschreitet (§ 2 Abs. 3 lit. b) VermAnlG). Ein Investment in dieser Höhe mag innerhalb der **Gründungsphasen** (**Seed-Phase** und/oder **Start-up-Phase**) noch ausreichend sein, genügt jedoch spätestens ab den **Wachstums-** und **Expansionsstadien** (**Emerging Growth-Phase**) keinesfalls mehr dem Kapitalbedarf des Start-ups.

Trotz dieser gesetzlichen Schranken haben zahlreiche Plattformen mittlerweile – juristisch nicht zu beanstandende – Wege gefunden, um auch volumenreichere Finanzierungen ohne Ausarbeitung eines Verkaufsprospekts zu ermöglichen. Als Beispiel ist hier die Plattform Seedmatch zu nennen, die im Juni 2013 ein Crowdinvesting in Höhe von 1 Mio. € generiert hat.

Die neue Finanzierungsform des Crowdinvesting, bzw. genauer: der neue Finanzierungs-kanal, stößt sowohl bei Gründern als auch bei Investoren auf ungebrochenes Interesse. Die ist vor allem dadurch begründet, dass es sich auch beim Crowdinvesting um eine Varian-te der **klassischen Beteiligungsfinanzierung** handelt. Während Gründer mithilfe eines Business Angels oder eines VCs neben dem investierten Kapital zusätzlich Know-how und bestehende Netzwerke akquirieren, greift das Crowdinvesting demgegenüber auf die auf der Plattform aggregierten Kapitalgeber („**Crowdinvestoren**") zurück, welche aufgrund der jeweilig investierten Beträge alleine betrachtet uninteressant wären, in der Masse je-doch einen wesentlichen Finanzierungsbeitrag für das Start-up leisten können (zur Funk-tionsweise der Finanzierung durch Crowdinvestings s. auch Abb. 7.18).

Crowdinvesting ist insofern als eine Finanzierung über eine **Masse** an **Kapitalgebern** zu qualifizieren. Der Schwarm möglicher Investoren – deshalb auch der deutsche Aus-druck „**Schwarmfinanzierung**"– vermag den Finanzierungsbedarf des Start-ups durch die Vielzahl kleiner individueller Beträge zumindest in den Gründungsphasen zu decken. Kapitalgeber können sich ihrerseits mit einem vergleichsweise geringen Einsatz in der Hoffnung auf überdurchschnittliche Renditen an interessanten und innovativen Unternehmen beteiligen. Die Crowdinvestoren erfahren ferner den ideellen Wert, Teil eines solchen Projekts zu sein.

Neben dem Kapitalzufluss hat die Präsentation der Geschäftsidee in der Crowd den positiven Nebeneffekt, sich entsprechendes Feedback über die Erfolgsaussichten der Idee verschaffen zu können. Der Prozess des Crowdinvesting ist insoweit ein durchaus repräsentatives **Instrument** der **qualitativen Marktforschung**. Schafft es das Start-up nicht, genügend Investoren zu mobilisieren, kann dies ein Zeichen für die fehlende Reife, die unzureichende Entwicklung der Geschäftsidee oder aber auch nur ein Indiz für ihre ungenügende Präsentation auf der Plattform sein. Gleiches gilt für solche Fälle, in denen die Plattform selbst nach einer entsprechenden „**Zugangsprüfung**" dem Start-up den Zugang zur Crowd verweigert.

Der **Vorläufer** des Crowdinvestings ist das **Crowdfunding**. Begrifflich nahm dieses seinen Ursprung über die Plattform kickstarter.com (Grummer und Brorhilker 2012b). Deren Geschäftsmodell bestand zunächst darin, eine neue Finanzierungsform für kreative Projekte und Ideen mit überschaubarem Finanzbedarf zu schaffen. Das 2008 in den USA gestartete Projekt konnte bis Mitte 2013 bereits über 103.000 gestartete Projekte bei einer Erfolgsquote von rund 44 % und über 579 Mio. USD Investitionsvolumen der erfolgreich abgeschlossenen Investments vorweisen. Insgesamt wurden in den USA schon 2011 – also nur drei Jahre nach dem Launch von kickstarter.com – Projekte mit einem Gesamtvolumen von etwa 900 Mio. USD finanziert.

Obgleich Crowdinvesting-Modelle in Deutschland den teilweise bereits angesprochenen Hürden ausgesetzt sind, offenbart sich der hohe Stellenwert der Kapitalbeschaffung mittels Crowdinvesting in den USA bspw. durch die von Präsident Obama maßgeblich begleitete Verabschiedung des „Jumpstart Our Business Start-ups Act" („Jobs Act", abrufbar unter http://www.gpo.gov/fdsys/pkg/BILLS-112hr3606enr/pdf/BILLS-112hr3606enr.pdf). Das im April 2012 in Kraft getretene Gesetz soll die auf Private Placement Investments anwendbaren Vorschriften im Hinblick auf das Crowdinvesting ausdehnen. So müssen in den USA die bei einem Angebot von Wertpapieren durch Crowdinvesting involvierten Finanzintermediäre (Plattformbetreiber) über eine Zulassung der amerikanischen Wertpapier- und Börsenaufsichtsbehörde (U.S. Securities and Exchange Commission) verfügen.

Im Vergleich zu den USA befanden sich die in Deutschland firmierenden Plattformen lange im Entwicklungsstadium. Zwar war auch hierzulande die Idee zur Bündelung kleinerer und Kleinstbeträge zur Finanzierung von Projekten bereits bekannt. Neu ist allerdings die Kanalisierung der Investoren über das **Internet**. Darüber hinaus unterscheiden sich – ungeachtet der rechtlichen Konstruktion des jeweiligen Beteiligungsmodells – die derzeit in Deutschland bestehenden bzw. erst kürzlich an den Start gegangenen Plattformbetreiber durch die Ausgestaltung der Funktionalitäten sowie der jeweiligen angesprochenen Investorengruppe von ihren Wettbewerbern.

7.3.1 Finanzierungsmodelle

Ein einheitliches Finanzierungsmodell für Crowdinvesting existiert nicht. Die konkrete Ausgestaltung der Finanzierungsmodelle ist äußerst vielfältig und entwickelt sich stets weiter. Gerade mit Blick auf die rechtlichen Hürden (Stichwort: Prospektpflicht) haben Plattformbetreiber juristische Konstruktionen entwickelt, um der Crowd möglichst **hohe Finanzierungsvolumina** bei einem gleichsam **geringen** administrativen **Kostenaufwand** zu ermöglichen. Neuere Plattformen erweitern den bisherigen Crowdinvesting-Gedanken über den rein monetären Ansatz eines Kapitalzuflusses an das Unternehmen hinaus auf die Erbringung von **Dienstleistungen** gegen entsprechende Anteile am Unternehmen. Derartige Crowdinvesting-Modelle übernehmen insoweit Aufgaben und Strukturen einer klassischen Business Angel- und/oder Inkubatoren-Finanzierung.

7.3.1.1 Beteiligte

Unabhängig von dem jeweiligen Finanzierungsmodell treten beim Crowdinvesting in der Regel folgende Beteiligte zusammen:

- das Start-up,
- die Crowdinvestoren sowie
- die jeweilige (Online-)Plattform.

7.3.1.1.1 Start-up

Das Start-up hat eine bestimmte Geschäftsidee bzw. ein bestimmtes Produkt entwickelt und sucht dafür eine Finanzierung. Hierbei handelt es sich in aller Regel um eine **Frühphasenfinanzierung**, welche dem Unternehmen überhaupt erst ermöglichen soll, das Produkt bzw. die Geschäftsidee zur Entwicklungsreife zu bringen oder aber zumindest den operativen Geschäftsbetrieb aufzunehmen. Soweit es den Beteiligten gelingt die Vorgaben des Vermögensanlagengesetzes – in zulässiger Weise – zu umgehen, ist das Crowdinvesting jedoch nicht nur auf die frühen Entwicklungsstufen eines Unternehmens beschränkt. Insofern können vielmehr sämtliche Phasen eines Unternehmens sowie **Markteintritts-** und **Erweiterungsstrategien** über Crowdinvesting finanziert werden. Das Start-up hat hierzu sein Geschäftsmodell in aller Regel in der Form eines klassischen Businessplans aufzubereiten, welcher der Crowd unter bestimmten Voraussetzungen zur Einsichtnahme zugänglich gemacht wird.

7.3.1.1.2 Crowdinvestoren

Die Crowd ist die Masse der potentiellen Investoren (**Crowdinvestoren**), welche die Geschäftsidee durch eine finanzielle Zuwendung zu fördern bereit sind. Einer finanziellen Zuwendung in diesem Sinne steht es gleich, wenn neben einem entsprechenden monetären Investment dem Start-up von einzelnen Investoren der Crowd immaterielle Werte in Form von Arbeits- oder Dienstleistungen zufließen („**Work for Equity**"). Die Motivation der Crowd, die Geschäftsidee eines Start-ups zu unterstützen, reicht von einer rein ideellen Bindung an die Unternehmensidee und dem Wunsch der Teilhabe am unternehmerischen Wirken bis hin zu der klassischen Erwartung, an der wirtschaftlichen Entwicklung des Start-ups unmittelbar zu partizipieren.

Die Art der Zuwendung und der Gegenleistung, die der Investor leistet bzw. sich für seine Zuwendung versprechen lässt, entscheidet dabei über die **rechtliche Qualifikation** des Investments sowie über die konkreten **vertraglichen Beziehungen** zwischen dem Start-up und ihm. Jedem Crowdinvesting immanent ist dabei – ungeachtet darüber hinausgehender ideeller oder altruistischer Motivationen des Crowdinvestors – der monetarisierbare Wert der Gegenleistung.

7.3.1.1.3 Plattform

7.3.1.1.3.1 Intermediär zwischen Start-up und der Crowd

Die Crowdinvesting-Plattform ist der **Intermediär** zwischen Start-up und der Crowd bzw. dem individuellen Investor. Zuvorderst stellt sie die technischen Voraussetzungen zur Verfügung, erbringt darüber hinaus jedoch auch weitere Leistungen wie Öffentlichkeitsarbeit oder Marketing. Gerade die anhaltende mediale Präsenz des Themas Crowdinvesting an sich sowie die teilweise aggressiven Marketingstrategien der Betreiber stellen eine für die Start-ups nicht zu unterschätzende (sekundäre) **Medialeistung** („Media for equity") dar, die ansonsten nur mit einigem finanziellen Eigenaufwand zu erreichen wäre bzw. die sich andere Investoren (z. B. VCs oder Business Angels) durch ein entsprechendes „**Mehr**" im Beteiligungsvertrag hinsichtlich der an diese zu übertragenen Geschäftsanteile vergüten lassen würden.

Zur Inanspruchnahme der Leistungen der Plattform müssen sich das Start-up sowie die jeweiligen möglichen Investoren bei dem Betreiber der Plattform **registrieren**. Für die Registrierung wird in aller Regel ein Entgelt erhoben, teilweise ist diese aber auch kostenlos möglich. Die eigentliche Monetarisierung erfolgt nach den **Geschäftsmodellen** der Crowdinvesting-Plattformen erfolgsabhängig. Im Falle des Zustandekommens einer über die Plattform vermittelten Finanzierung wird entweder ein bestimmter Prozentsatz (zwischen 5 und 10 %) des Gesamtinvestitionsvolumens als Provision einbehalten oder von den Investoren individuell erhoben. Geschäftsmodelle, die allein werbefinanziert die Vermittlungsleistung für eine zwischen dem Start-up und der Crowd zustande gekommene Finanzierung kostenlos erbringen, sind die Seltenheit.

7.3.1.1.3.2 Pflichten der Plattform

Die Anbieter der meisten Crowdinvesting-Plattformen werben damit, die Start-ups und ihre Businesspläne intern zu prüfen und auszuwählen. Wichtige Kriterien sind dabei der **Neuheitswert** und die **Nachhaltigkeit** der Idee, eine durchdachte und realistische **Umsetzungsplanung** (Finanzplan) und ein starkes, überzeugendes **Gründerteam** (vgl. bspw. www.seedmatch.de/ueber-uns/fuer-investoren). Insoweit stellt sich die Frage, welche konkreten Pflichten die Plattform dadurch begründet bzw. welche Rechte hieraus hergeleitet werden können.

Crowdinvesting-Plattformen werden rechtlich als sog. „**freie Anlagevermittler**" tätig (Jansen und Pfeifle 2012, S. 1850). Der Anlagevermittler hat nach dem gesetzlichen Leitbild die vertragliche Pflicht, über die für die Anlageentscheidung relevanten Informationen vollständig und richtig Auskunft zu erteilen. So darf er keine ihm bekannten Informationen zurückhalten, allerdings ist er auch nicht verpflichtet, entsprechende Nachforschungen oder Recherchen anzustellen. Gleichwohl hat die Plattform die von den Start-ups zur Verfügung gestellten Informationen und Unterlagen auf Plausibilität und Vollständigkeit zu prüfen. Zu den für die Investmententscheidung wesentlichen Informationen gehören solche zur Projektidee oder zum Geschäftsmodell sowie allgemeine und spezifische Risiken, die mit dem Investment verbunden sind (Jansen und Pfeifle 2012, S. 1850).

Ergeben sich im Rahmen der Überprüfung durch die Plattform Unvollständigkeiten oder Unklarheiten, ist die Plattform allerdings verpflichtet, die fehlenden Unterlagen und Informationen vom Start-up einzufordern, bevor das Projekt des Start-ups der Crowd zur Zuwendung finanzieller Mittel zugänglich gemacht wird. Jedoch sind die Anforderungen an diese **Plausibilitätskontrolle** nicht zu überspannen: allenfalls offenkundige Extremfälle, deren offensichtliche konzeptionelle und inhaltliche Mängel sich geradezu aufdrängen, verpflichten den Betreiber der Plattform zu einem entsprechenden Handeln und machen diesen gegebenenfalls – sofern er derartigen Projekten gleichwohl Zugang zur Plattform ermöglicht – schadensersatzpflichtig.

Ohne rechtliche Wirkung dürfte indessen die von der Mehrzahl der Plattformbetreiber vorgenommene Praxis sein, die Verantwortung für die Richtigkeit der Informationen sowie eine entsprechende Plausibilitätsprüfung in ihren **AGB** pauschal von sich zu weisen. Es bestehen erhebliche Bedenken, ob entsprechende Klauseln in den Nutzungsbedingungen als möglicherweise unangemessene Benachteiligung (vgl. § 307 Abs. 1 S. 1 BGB) überhaupt wirksam sind (Jansen und Pfeifle 2012, S. 1850).

7.3.1.1.3.3 Rechtliche Beziehung zwischen Plattform und Crowdinvestoren

Die Plattform dient als **Bindeglied** zwischen potentiellen Investoren und dem Start-up. Zu Beginn des Investingprozesses besteht eine rechtsgeschäftliche Beziehung lediglich zum Start-up, das einen entsprechenden Vertrag mit der Plattform abgeschlossen hat. In Erfüllung dieses Nutzungsvertrags stellt die Plattform unter anderem **Webspace** zur Verfügung und erbringt Dienstleistungen wie **Content Management** und **Marketing** (Bareiß 2012, S. 460).

Das Start-up kann gewöhnlich über eine eigene Nutzeroberfläche weitere Dokumente, bspw. Video-Dateien, hochladen oder vorhandene Informationen ergänzen und aktualisieren. Besucher des öffentlich einsehbaren Teils der Plattform haben auf viele dieser Daten hingegen keinen vollständigen Zugriff. Ihnen wird lediglich eine Auswahl angezeigt, die vor allem **Positives** wie die Geschäftsidee und die Renditechancen präsentiert. Kritische Faktoren, insbesondere Mängel der Geschäftsidee sowie Verlustrisiken, werden an dieser Stelle meist noch nicht benannt, weshalb sich diese Inhalte nur als **Werbung** verstehen (Jansen und Pfeifle 2012, S. 1848).

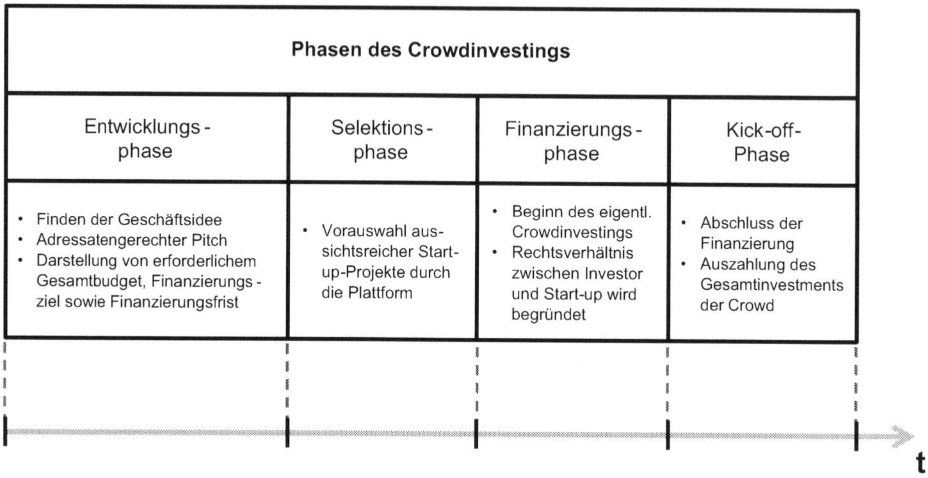

Phasen des Crowdinvestings			
Entwicklungs- phase	Selektions- phase	Finanzierungs- phase	Kick-off- Phase

• Finden der Geschäftsidee
• Adressatengerechter Pitch
• Darstellung von erforderlichem
  Gesamtbudget, Finanzierungs-
  ziel sowie Finanzierungsfrist
	• Vorauswahl aus-
	  sichtsreicher Start-
	  up-Projekte durch
	  die Plattform
		• Beginn des eigentl.
		  Crowdinvestings
		• Rechtsverhältnis
		  zwischen Investor
		  und Start-up wird
		  begründet
			• Abschluss der
			  Finanzierung
			• Auszahlung des
			  Gesamtinvestments
			  der Crowd

t

Abb. 7.19 Phasen des Crowdinvestings

Die potentiellen Crowdinvestoren begründen ihrerseits erst durch die persönliche Registrierung als Nutzer – und das hierfür erforderliche Akzeptieren der AGB – eine rechtliche Beziehung zum Plattformbetreiber. Obgleich er in der Regel nicht als solcher bezeichnet wird, stellt dieser Vorgang den konkludenten Abschluss eines **Auskunftsvertrags** dar (Jansen und Pfeifle 2012, S. 1849). Anschließend ermöglicht der Investoren-Bereich Einblick in detailliertere und vollständige Informationen, die regelmäßig auch Angaben zu Gefahren für das Geschäftsmodell umfassen. Die Plattform kommt damit den bereits beschriebenen Pflichten eines Anlagevermittlers nach.

Darüber hinaus können Investoren durch das Investment selbst einen weiteren Vertrag mit der Plattform abschließen. Regelmäßig wird dies nicht der Fall sein, da das Start-up für gewöhnlich der direkte Vertragspartner des Investors ist. Einige Plattformen bieten jedoch Investing-Modelle an, bei denen die Anteile der Kapitalgeber gepoolt („**Investoren-Pool**") und durch die Plattform in der Form einer Innen-GbR verwaltet werden. Von diesen Ausnahmen abgesehen bleibt es aber dabei, dass die Plattform lediglich als Anlagevermittler fungiert.

7.3.1.2 Phasen

Bis dem Start-up die über Crowdinvesting eingeworbene Finanzierungssumme tatsächlich zufließt, durchläuft der Crowdinvesting-Prozess mehrere Phasen (diesbezüglich vgl. Bareiß 2012, S. 458). In aller Regel folgen diese einem mehr oder weniger einheitlichen Ablauf. Die Stadien des Crowdinvestings werden durch Abb. 7.19 dargestellt.

7.3.1.2.1 Entwicklungsphase

Die erste Phase besteht darin, die **Geschäftsidee** zu einem Projekt zu **entwickeln**. Hierbei ist von Beginn an **adressatengerecht** vorzugehen. Es ist ein wesentlicher Unterschied, seine Geschäftsidee vor institutionellen Investoren zu pitchen bzw. professionellen Business Angels zu präsentieren oder eben zu einem Projekt zu schnüren, das der **Heterogenität potentieller (Gelegenheits-) Investoren** in der Crowd gerecht wird.

Soll das Crowdinvesting nur einen Teil der Finanzierung des Start-ups sicherstellen, ist zu empfehlen, neben der für andere Finanzierungskanäle entwickelten Präsentation des Projektes eine gesonderte auf das Crowdinvesting optimierte, Projektpräsentation zu erstellen. Noch mehr als in einem klassischen Businessplan ist auf eine klare Formulierung zu achten, damit die Crowdinvestoren das Projekt vollumfänglich erfassen. Neben dem zur Realisierung des Projekts erforderlichen **Gesamtbudget** sind das **Finanzierungsziel** (Finanzierung des Gesamtprojekts oder nur einzelner Projektstufen wie bspw. Produktentwicklung, Markteinführung etc.) sowie die **Finanzierungsfrist** – innerhalb derer die Investingschwelle überschritten sein muss – vorab präzise festzulegen. Die Investoren müssen wissen, in welche Entwicklungsstufe der Unternehmensidee das in der Crowd aggregierte Kapital fließt.

7.3.1.2.2 Selektionsphase

Einige Plattformen haben der eigentlichen Finanzierungsrunde eine Phase der **Vorauswahl** vorgeschaltet, die dazu dient, die Erfolgsaussichten einer erfolgreichen Finanzierung des Start-ups vorab einzuschätzen. Erst wenn ein Projekt im Rahmen dieser Phase eine hinreichende Zahl potentieller Unterstützer findet (gemessen bspw. anhand von „**Likes**" o.ä.), wird es der Crowd zum Investing freigegeben.

Andere Plattformen legen ganz besonderen Wert darauf, dass Investoren verstehen, worin sie investieren. In diesen Fällen nimmt der Betreiber der Plattform selbst eine an bestimmten Kriterien orientierte Selektion (Qualität statt Quantität) sowohl bei der Auswahl des Start-ups als auch der potentiellen Investoren vor. In jedem Fall sind Letztere umfassend über die Chancen und Risiken ihres Investments aufzuklären. Ungeachtet einer Vorabselektion durch die Plattform muss ihnen klar sein, dass ein Totalausfall des eingesetzten Kapitals nicht ausgeschlossen ist. Crowdinvesting dient v. a. der Frühphasenfinanzierung und ist somit uneingeschränkt als **Wagniskapital** zu klassifizieren. Eine mögliche Vorauswahl des Start-ups durch die Plattform sowie professionell ausgearbeitete Businesspläne dürfen bei den Investoren nicht den Eindruck entstehen lassen, dass es sich hierbei um sichere Investments handelt.

7.3.1.2.3 Finanzierungsphase

Ist das Start-up zur Finanzierung zugelassen bzw. sind **Finanzierungsziel** und **Finanzierungsfrist** festgelegt, beginnt das eigentliche Crowdinvesting, also die **Zuwendung konkreter Finanzierungsbeiträge** für ein bestimmtes Projekt (Bareiß 2012, S. 458). In technischer Sicht erfolgt der Zahlungsstrom der Zuwendungen an die Plattform klassisch per Lastschrift bzw. Kreditkarte oder über einen Online-Zahlungsdienstleister (PayPal etc.).

Nach den AGB der Plattformen ist das Zahlungsversprechen der Investoren verbindlich; nur wenige Betreiber sehen die Möglichkeit vor, die Zahlungszusage widerrufen zu können. Spätestens zum Zeitpunkt der Zuwendung begründet sich ein **Rechtsverhältnis** zwischen dem Investor und dem Start-up.

Die vom Betreiber der Plattform vereinnahmten Beträge werden entweder von diesem oder durch einen Dritten treuhänderisch verwaltet und nach Erreichen der Mindestfinanzierungssumme unter Verrechnung einer möglichen Provision an das Start-up zur Auszahlung gebracht. Manche Finanzierungsmodelle sehen vor, auch höhere Beträge als im ursprünglichen Finanzierungsbudget vorgesehen, zu sammeln. Andere Plattformen schließen eine Überfinanzierung („**overinvesting**") ausdrücklich aus. Wird das Finanzierungsziel in Bezug auf die Mindestkapitalmenge innerhalb der Finanzierungsfrist nicht erreicht, werden die von den Unterstützern geleisteten, von der Plattform treuhänderisch verwalteten, Zahlungen an diese zurückgezahlt. Dabei behalten die Betreiber der Plattform teilweise eine geringe Provision ein.

7.3.1.2.4 Kick-off-Phase

Die Finanzierung ist abgeschlossen, wenn die entsprechende Mindestkapitalmenge erreicht ist. Nach Abschluss der Finanzierung und Weiterleitung der vereinnahmten Zuwendungen an das Start-up kann dieses das beabsichtigte Finanzierungsziel umsetzen („**Kick-off**").

7.3.1.3 Strukturmerkmale des Crowdinvestings

Die **Modelle** des Crowdinvestings sind im Hinblick auf die Mindestkapitalmenge sowie den Integrationsgrad der Investoren unterschiedlich ausgestaltet. Sie folgen insoweit verschiedenen Prinzipien.

7.3.1.3.1 Investingschwelle

Sämtliche Crowdinvesting-Plattformen machen den Erfolg einer Finanzierungsrunde vom Erreichen einer vorher festgelegten Mindestsumme abhängig, dem Überschreiten der sogenannten **Investingschwelle**. Das Start-up kann diese frei wählen und muss hierbei zwischen dem eigenen Kapitalbedarf und der zu erwartenden Investitionsbereitschaft der Crowd abwägen. Wird diese Grenze nicht erreicht, so gilt die Finanzierungsrunde als gescheitert. Einige Plattformen ermöglichen für diesen Fall eine Verlängerung des Investingprozesses, andere gestatten dem Start-up, die Finanzierungslücke aus anderen Quellen aufzufüllen.

Das Scheitern der Finanzierungsrunde führt zur **Rückzahlung** sämtlicher Einzelinvestings an die Mitglieder der Crowd; ebenso **entfällt** der in aller Regel erfolgsabhängige **Vergütungsanspruch** der Plattform. Das Start-up sowie die Investoren werden auf diese Weise gleichermaßen geschützt: Die Investoren sollen nicht gezwungen sein, in ein Unternehmen zu investieren, das bereits an der „ersten Hürde" gescheitert und dessen Erfolgsaussichten sich demzufolge wesentlich verringert haben. Dieser Schutz manifestiert einen elementaren Unterschied zu einem klassischen Frühphaseninvestor, dessen Investment –

ungeachtet dessen, ob bspw. Folgeinvestments Dritter zustande kommen oder nicht – in jedem Fall geleistet werden muss.

Das Start-up wiederum soll nicht gehalten sein, die unternehmerische Tätigkeit mit einer unzureichenden Finanzierungsgrundlage aufnehmen zu müssen.

Wird die Investing-Schwelle aber überschritten, so gilt das Start-up als erfolgreich finanziert. Teilweise ist es – wie bereits angesprochen – möglich, darüber hinaus weiteres Kapital einzuwerben, wobei ein solches „overinvesting" seinerseits nur innerhalb eines bestimmten Rahmens denkbar ist. Dieser ist entweder rechtlich durch die Geringfügigkeitsgrenze der **Bundesanstalt für Finanzdienstleistungsaufsicht** (**BaFin**) – als Ausnahme von der Prospektpflicht bis 100.000 € – oder, sofern diese nicht zur Anwendung gelangt, durch die individuelle Höchstgrenze der jeweiligen Plattform begrenzt. Die maximal mögliche Investingsumme wird als **Investinglimit** bezeichnet.

7.3.1.3.2 Kommunikation mit der Crowd

Die Kommunikation des Start-ups mit der Crowd verlangt fortwährende **Transparenz** und **Informationen**. Eine Zielgruppe, die sich vorwiegend aus Digital Natives mit hoher Affinität zu Social Media und Echtzeit-Kommunikation zusammensetzt, wird unter den vorgenannten Begriffen notwendigerweise etwas anderes verstehen als traditionelle Investoren. Die (potentiellen) Crowdinvestoren möchten zu jeder Zeit wissen, was in dem Start-up geschieht und wofür „ihr Geld" aufgewendet wird. Regelmäßig sehen die Plattformen für diesen Teil der Start-up-Crowdinvestor-Beziehung einen speziellen Bereich vor, auf dem die entsprechende Kommunikation ermöglicht wird. Im Gegenzug können die Investoren direktes Feedback zu aktuellen Entwicklungen innerhalb des Start-ups geben. Je nach Erfahrung und Expertise der Investoren kann dies entweder eine wertvolle Hilfe oder aber – in aller Offenheit – auch zeit- und nervenraubende Kommunikation bedeuten.

Dessen ungeachtet macht die selbstverständliche Nutzung sozialer Netzwerke und anderer moderner Kommunikationsmittel den typischen Crowdinvestoren zu einem hervorragenden Testimonial sowie seinerseits zu einem Bestandteil eines **aktiven viralen Marketings**. Wer in ein Unternehmen bzw. in ein Produkt investiert, glaubt an dessen Erfolg. Dementsprechend überproportional kann sich etwa die Verbreitung des getätigten Investments in sozialen Netzwerken des Crowdinvestors ähnlich der klassischen „Mundpropaganda" auswirken, zumal mit der Zahl der Investoren auch die Zahl der Testimonials steigt und mit dem durch sie erzeugten Multiplizierungseffekt wiederum die Zahl der potentiellen Crowdinvestoren größer wird. Vergleichbare Marketingeffekte ließen sich ohne die Crowd nur schwer erzielen.

7.3.1.4 Rechtliche Strukturen

Es gibt kein (rechtliches) Standardmodell der Finanzierung über das Crowdinvesting. Insofern greift diese neue Form der Kapitalbeschaffung im Wesentlichen auf bereits bestehende Modelle zurück. Üblicherweise ist zwischen drei Beteiligten zu differenzieren: Zunächst gibt es die Gründer, die eine Geschäftsidee umsetzen wollen und diesbezüglich eine finanzielle Unterstützung benötigen. Daneben wollen die Investoren – die gemeinsam die „Crowd" bilden – das Start-up mit ihrem zur Verfügung gestellten Kapital fördern, wobei die entsprechenden Mittel durch den Betreiber einer Internetplattform (Intermediär) gesammelt und dem Start-up zur Verfügung gestellt werden (Leuering und Rubner 2012, 463).

Die gesetzlichen Rahmenbedingungen für das Verhältnis zwischen Kapitalgeber (Crowd) und -nehmer (Start-up) liefert dabei in erster Linie das **Gesellschaftsrecht**. Die konkrete Qualifizierung des Vertragsverhältnisses hat dabei unmittelbare Auswirkungen auf die Haftung und Kündigungsmöglichkeit, die steuerliche Behandlung der Investition sowie einer im Einzelfall zu beachtenden Prospektpflicht (Bareiß 2012, S. 462).

So werden **stille Beteiligungen** und **Genussrechte** bspw. dem sogenannten „**grauen Kapitalmarkt**" zugerechnet und durch das Vermögensanlagengesetz (VermAnlG) reguliert. Ebenfalls als Kapitalanlage werden **partiarische Finanzierungsverträge** eingestuft, sofern der Darlehensnehmer als Unternehmen firmiert (Jansen und Pfeifle 2012, S. 1848). Die Crowdinvesting-Plattformen fungieren dabei als Dienstleister, die entsprechende Anlagemöglichkeiten vermitteln. Sie bedienen sich verschiedener rechtlicher Konstruktionen, die sich nicht immer einem bestimmten Vertragstyp zuordnen lassen. Letztlich ist einzelfallabhängig zu entscheiden, welcher gesetzliche Vertragstypus zur Anwendung gelangt (Bareiß 2012, S. 461).

Den Beteiligungsformen des Crowdinvesting gemein ist die grundsätzliche Klassifizierung als **Mezzanine-Kapital** (hierzu s. § 4.3. und § 7.2.1.4), wobei eher auf Fremd- als auf Eigenkapital zurückgegriffen wird. Bei der Gestaltung der Beteiligungsverträge können der Plattform-Betreiber und das Start-up flexibel agieren, sodass u. a. Laufzeiten der Anleihen, Kündigungsmöglichkeiten sowie Gewinn- und Verlustbeteiligung der Anleger relativ frei bestimmbar sind. Keines der aktuell angebotenen Modelle normiert indessen eine Nachschusspflicht, sodass die Investoren an Verlusten nur bis zur Höhe ihrer Einlage beteiligt sind.

Weiter können die Investoren nicht verlangen, dass ihr Kapital in einer bestimmten Art und Weise verwendet wird. Allerdings ist der Unternehmer verpflichtet, es zur Förderung der Geschäfte einzusetzen. Zudem sehen fast alle der bislang bekannten Beteiligungsmodelle vor, die Kapitalgeber über den Stand des Unternehmens zu informieren. Regelmäßig geschieht dies durch Vorlage des Jahresabschlusses, teilweise aber auch durch eine darüber hinaus gehende Einsicht in die Geschäftsbücher.

7.3.1.4.1 Stille Beteiligung

Die Rahmenbedingungen für **stille Beteiligungen** finden sich in den §§ 230 ff. HGB (zur stillen Beteiligung vgl. auch § 5 2.2.2 und § 7 2.1.4.3.1). Die Crowdinvesting-Plattformen führen die Einlagen der Investoren in einer Innen-GbR zusammen, welche zwar Gesellschafterin des Start-ups wird, als solche aber nicht nach Außen in Erscheinung tritt. Der Crowd ermöglicht dies eine Beteiligung am Gewinn, nicht jedoch an einer Steigerung des Unternehmenswertes. Die Investoren können demzufolge auch keinen Einfluss auf die Geschäftsführung nehmen, erhalten aber Einsicht in den Jahresabschluss und die Bücher.

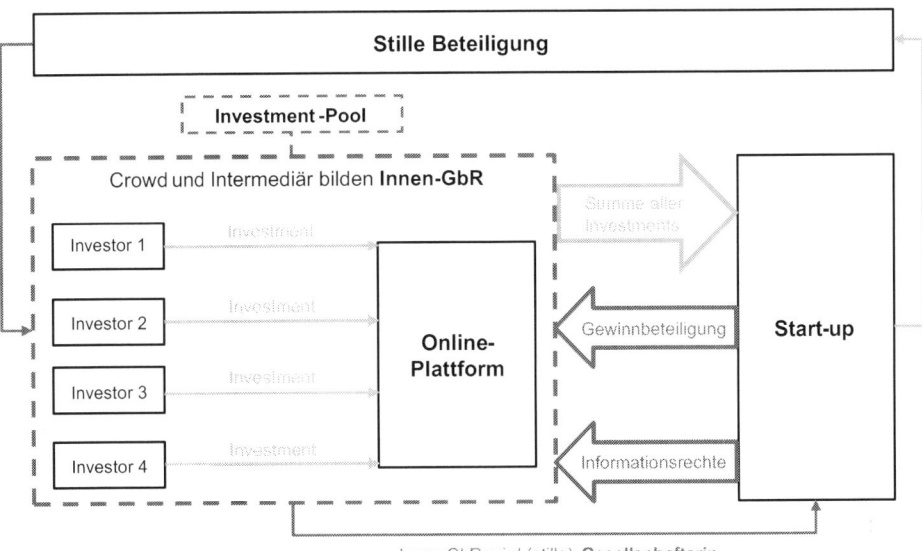

Abb. 7.20 Stille Beteiligung

Die Ausgestaltung eines Crowdinvestings in Form einer stillen Beteiligung ist in Abb. 7.20 dargestellt.

7.3.1.4.2 Atypische stille Beteiligung

Die **atypische stille Beteiligung** (dazu vgl. § 7.2.1.4.3.2) unterscheidet sich von der typischen stillen Beteiligung u. a. dadurch, dass das eingesetzte Kapital fest verzinst und eine Teilhabe an der Wertsteigerung des Unternehmens ermöglicht wird. Während die typische stille Beteiligung eine fremdkapitalähnliche Struktur aufweist, handelt es bei der atypischen stillen Gesellschaft um eine eigenkapitalähnliche Ausgestaltung. Dafür ist ein Verlust über die Einlage hinaus möglich, jedoch in den Verträgen der Plattformen nicht vorgesehen.

7.3.1.4.3 Partiarisches Darlehen

Als partiarisch werden Rechtsverhältnisse mit Gewinn- oder Umsatzbeteiligung bezeichnet. Die Parteien verfolgen dabei ein gemeinsames, wirtschaftliches Ziel. Typisch für partiarische Rechtsverhältnisse ist, dass der Beteiligte keinen Einfluss auf Herbeiführung des Erfolgs hat, also insbesondere auch nicht über Kontrollrechte verfügt. Ein weiteres Charakteristikum ist das ausgeprägte spekulative Element und das damit einhergehende Erfolgsrisiko (Jansen und Pfeifle 2012, S. 1845 f.).

Beim partiarischen (Nachrang-) Darlehen (diesbezüglich s. auch § 7 2.1.4.3.1) handelt es sich um ein Finanzierungsinstrument mit fremdkapitalähnlichem Charakter, das dem Investor sowohl Gewinn- oder Umsatzbeteiligungen als auch feste Zinszahlungen einräumt.

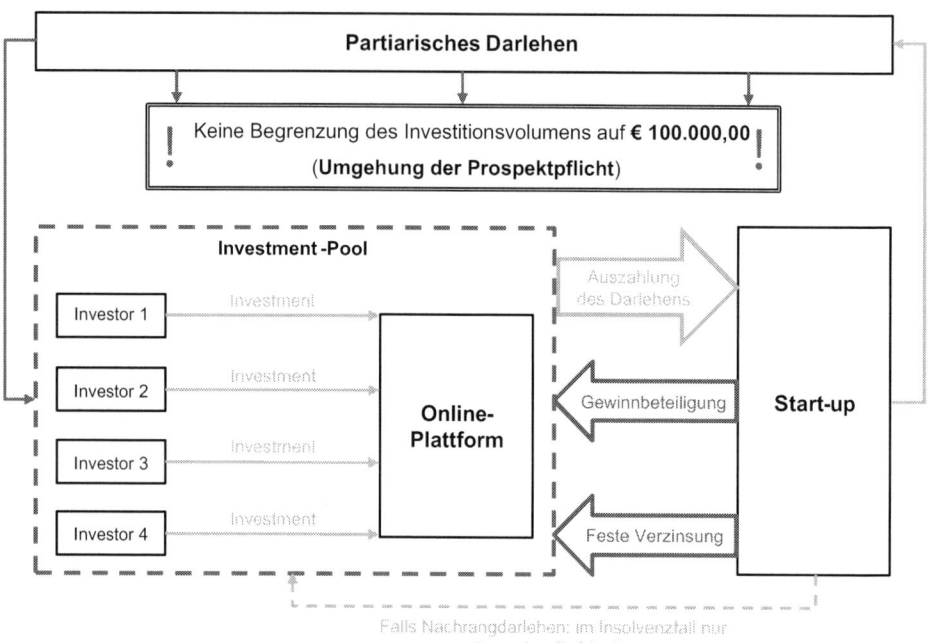

Abb 7.21 Partiarisches (Nachrang-)Darlehen

Zudem kann der Darlehensgeber an Steigerungen des Unternehmenswertes partizipieren. Er hat keine Mitspracherechte und wird nicht an Verlusten beteiligt. Vereinbaren die Parteien den Nachrang des Darlehens, wird dieses im Falle der Insolvenz des Start-ups erst nachranging bedient.

Insgesamt ist das partiarische Darlehen flexibel einsetzbar und bietet aus Sicht des Start-ups den Vorteil, dass es ausweislich des Wortlauts des § 6 i. V. m. § 1 Abs. 2 VermAnlG nicht von der Prospektpflicht (s. hierzu sogleich § 7 3.2.2) erfasst wird (Meschkowski und Wilhelmi 2013, S. 1415). Zudem ermöglicht die Strukturierung der Finanzierung über ein partiarisches Nachrangdarlehen eine einfachere VC-Anschlussfinanzierung. Abbildung 7.21 stellt den Ablauf eines Crowdinvestings als partiarisches (Nachrang-) Darlehen dar.

7.3.1.4.4 Genussscheine

Inhaber von **Genussscheinen** (hierzu s. auch § 5 2.2.4 und § 7 2.1.4.3.2) haben die Vermögens- nicht aber die Mitgliedschaftsrechte eines regulären Gesellschafters (diesbezüglich s. auch **Abb.** 7.22). Insofern handelt es sich um eine eigenkapitalähnliche Mezzanine-Finanzierung. Mitverwaltung und Auskunft bleiben ihnen also verwehrt. Die Investoren erhalten Zinsen und werden am Verlust beteiligt, wenn auch nicht über ihre Einlagenhöhe hinaus. Sofern die Parteien die Nachrangigkeit vereinbaren, werden die Forderungen der Genussscheininhaber – im Falle der Insolvenz des Start-ups – lediglich nachranging bedient. Bei der Emission von Genussscheinen ist zu berücksichtigen, dass die Laufzeit be-

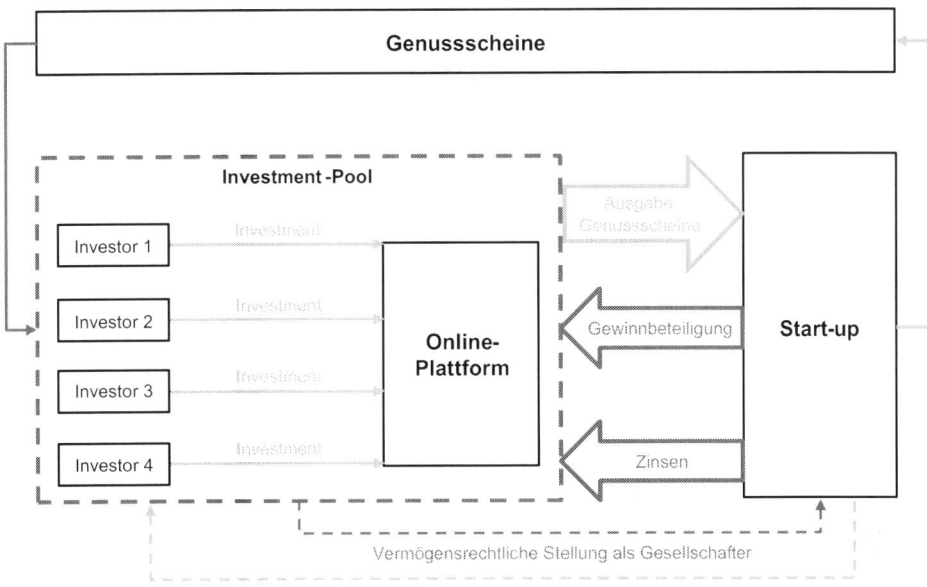

Abb. 7.22 Genussscheine

fristet sein oder eine ordentliche Kündigung möglich sein muss, wobei letztere für die ersten Jahre ausgeschlossen sein kann.

7.3.1.4.5 Aktien

Eine **Aktienemission** ist **prospektpflichtig** und somit kosten- und zeitintensiv. Die Ausgabe wird regelmäßig erst ab einem Investingvolumen von ca. 1 Mio. € sinnvoll sein. Der Vorteil einer Aktienemission liegt darin, dass dem emittierenden Unternehmen reines Eigenkapital zufließt und das Start-up (theoretisch) eine unbegrenzte Kapitalisierung erfährt. Während die Aktionäre lediglich in Höhe ihrer Einlage haften, kommen auf eine Aktiengesellschaft allerdings besondere Pflichten wie die Erstellung von Bilanzen und Geschäftsberichten durch einen Wirtschaftsprüfer zu. Auch Stimmrechte der Aktionäre müssen hierbei berücksichtigt werden.

7.3.2 Rechtsfragen des Crowdinvestings

7.3.2.1 Aufsichtsrechtliche Anforderungen für Plattformbetreiber

Aufsichtsrechtliche Anforderungen können sich insoweit stellen, als der Plattformbetreiber als Intermediär in einem Markt für Kapitalanlagemöglichkeiten tätig ist. Erbringt die Plattform Finanzdienstleistungen in Form von Anlagevermittlungen im Sinne von § 1 Abs. 1a S. 2 KWG, so bedarf diese gemäß § 32 KWG einer Genehmigung der BaFin. Ohne eine Genehmigung würden sich die Betreiber einer Plattform, die Finanzdienstleistungen erbringt, gemäß § 54 KWG strafbar machen. Anlagevermittlung bzw. Anlageberatung liegt auch dann vor, wenn die jeweiligen AGB der Plattform ausdrücklich darauf hinweisen, dass kein entsprechender Auskunfts- oder Beratungsvertrag zu Stande kommt. Maßgeblich sind die tatsächlichen Gegebenheiten und die tatsächliche Struktur des Finanzierungsmodells.

7.3.2.1.1 Anlagevermittlung

Die **Anlagevermittlung** stellt eine Finanzdienstleistung im Sinne des Kreditwesengesetz (KWG) dar (vgl. § 1 Abs. 1a S. 2 Nr. 1 KWG) und wird als „Vermittlung von Geschäften über die Anschaffung und die Veräußerung von Finanzinstrumenten" definiert. Eine Vermittlertätigkeit liegt in der Regel vor, wenn der Vermittler für eine der Vertragsparteien als Bote auftritt, die (Willens-) Erklärung zum Abschluss eines Vertrags entgegennimmt und weiterleitet (Jansen und Pfeifle 2012, S. 1851).

Nach Ansicht der **BaFin** ist eine Vermittlungstätigkeit bereits gegeben, wenn der Vermittler – auch ohne Botenfunktion – den Kontakt zwischen zwei Parteien herstellt, damit diese ein Geschäft über die Anschaffung oder die Veräußerung von Finanzinstrumenten abschließen.

Maßgeblich ist demnach, ob der Vermittler mit beiden Parteien in Kontakt tritt und sich seine Tätigkeit nicht darin erschöpft, potentielle Anleger bloß auf eine Investitionsmöglichkeit hinzuweisen. In der Praxis wird regelmäßig ein solcher Kontakt zwischen dem Start-up und der Crowdinvesting-Plattform bestehen. Die Annahme, das Angebot der Plattform erschöpfe sich allein darin, vorhandene Informationen, die einen Investor eigeninitiativ veranlassen, mit dem Start-up hinsichtlich eines Investments in Kontakt zu treten, abstrakt zur Verfügung zu stellen, entspricht nicht der Realität der im Internet verfügbaren Crowdinvesting-Geschäftsmodelle. Selbst dann, wenn das Geschäftsmodell der Plattform nur darin besteht, Erklärungen der Investoren elektronisch an das Start-up weiterzuleiten, nimmt die Plattform bereits insoweit eine Botenfunktion wahr (Jansen und Pfeifle 2012, S. 1851).

Sobald zudem damit geworben wird, nur „ausgesuchte" Start-ups zu präsentieren, macht sich die Plattform die veröffentlichten Informationen zu eigen und haftet darüber hinaus auch als Diensteanbieter (s. § 7 Abs. 1 TMG, hierzu vgl. auch Weitnauer und Parzinger 2013, S. 157 f.).

7.3.2.1.2 Finanzinstrumente im Sinne des KWG

Um der Erlaubnispflicht zu unterfallen, müssen die auf der Plattform vermittelten Investments **Finanzinstrumente** gemäß § 1 Abs. 11 KWG sein. Darunter fallen insbesondere Aktien sowie andere Anteile an juristischen Personen, Personengesellschaften und sonstigen Unternehmen, soweit sie Aktien vergleichbar sind. Auch sonstige Schuldtitel oder Wertpapiere, die zum Erwerb oder zur Veräußerung von Aktien oder Anteilen bzw. Schuldtiteln berechtigen oder zu einer Barzahlung führen, gelten als Finanzinstrumente im Sinne der Vorschrift.

7.3.2.2 Prospektpflicht

Von der klassischen Kapitalsuche bei wenigen ausgewählten Kapitalgebern unterscheidet sich Crowdinvesting vor allem durch die öffentliche Ansprache vieler potentieller Investoren. Mithin handelt es sich um ein öffentliches Angebot, das grundsätzlich die vorherige Erstellung eines **Verkaufsprospekts** erfordert (s. § 6 VermAnlG, hierzu vgl. auch Leuering und Rubner 2012, 463).

Eine Ausnahme hiervon besteht nach § 2 Nr. 3 VermAnlG jedoch für Angebote, bei denen binnen eines Jahres nicht mehr als 100.000 € eingeworben werden. Crowdinvesting-Plattformen umgehen diese Beschränkung zum Teil, indem sie die Beiträge der Investoren **nicht** als **Anteile**, sondern als **Darlehen** klassifizieren. Diese Praxis ist als solche nicht zu beanstanden. Dennoch sollte hierbei penibel auf die entsprechende Vertragsgestaltung geachtet werden (vgl. Weitnauer und Parzinger 2013, S. 153 ff.). Tatsächlich besteht nämlich auch dann eine Prospektpflicht, wenn die Beteiligung zwar als „Darlehen" gekennzeichnet ist, das konkrete Rechtsverhältnis aber eine Beteiligung nach dem VermAnlG darstellt (Bareiß 2012, S. 461).

Ob eine Prospektpflicht im Sinne des VermAnlG besteht oder nicht, hängt entscheidend vom Finanzierungsmodell ab. Bei einer typischen stillen Gesellschaft bilden der Intermediär und die Crowd gemeinsam eine Innen-GbR, die Gesellschafterin des Start-ups wird. Die damit verbundene Übertragung der Geschäftsanteile begründet die Prospektpflicht nach dem VermAnlG. Demgegenüber ist das partiarische (Nachrang-) Darlehen – aufgrund der Rückzahlungs- und Verzinsungspflicht – als nicht prospektpflichtig im Sinne dieses Gesetzes zu qualifizieren.

Problematisch ist hingegen, inwiefern Genussscheine eine Prospektpflicht begründen können.

Diesbezüglich kommt es auf die Würdigung sämtlicher Umstände des Einzelfalls an (vgl. v. Staudinger 2011, § 488, Rn. 70). Begründet der Genussschein Rechte des Investors, die typischerweise einem Gesellschafter zustehen – wie bspw. Beteiligung an Gewinnen/Verlusten der Gesellschaft, Gewährung von Informations- und Mitspracherechten – ist im Zweifel von einer Prospektpflicht auszugehen. Knüpft die Erlösbeteiligung des Crowdinvestors demgegenüber nicht an das Ergebnis des Start-ups an, sondern erhält der Förderer eine feste Entlohnung und/oder Verzinsung, handelt es sich um eine darlehensähnliche Struktur, die grds. keine Prospektpflicht im Sinne des VermAnlG begründet (Leuering und Rubner 2012, 464).

7.3.2.3 Anschlussfinanzierung

Die Finanzierung durch Crowdinvesting birgt ein gewisses Risiko für die Anschlussfinanzierung (vgl. Weitnauer und Parzinger 2013, S. 153 f.). Die unüberschaubare Menge von Investoren kann ein Hindernis für Folgeinvestoren sein, da befürchtet wird, dass wenige Crowdinvestoren die weitere Entwicklung des Start-ups zumindest blockieren könnten. Abhilfe schafft größtenteils der bereits angesprochene **Investoren-Pool**. Dabei verpflichten sich die einzelnen Investoren im Rahmen eines Stimmbindungsvertrags zum Zweck gemeinsamer Herrschaftsausübung gegenüber dem Start-up, ihr Stimmrecht einheitlich aufgrund entsprechender interner Willensbildung auszuüben oder einem der Gesellschafter zu übertragen (Dauner-Lieb und Langen 2012, § 705, Rn. 70).

7.3.3 Merkmale einzelner Crowdinvesting-Plattformen

Nachfolgend werden die derzeit wichtigsten Crowdinvesting-Plattformen vorgestellt (zu den folgenden Ausführungen vgl. Grummer und Brorhilker 2012b). Eine Übersicht der Eckdaten der bislang erfolgreichsten – und in diesem Zusammenhang für Gründer interessantesten – Intermediäre findet sich in Tab. 7.1.

7.3.3.1 Seedmatch

▶   www.seedmatch.de – Launch: Mai 2011 – Erste Finanzierung: August 2011.

Seedmatch bietet als First-Mover im Bereich Crowdinvesting für Start-ups in Deutschland die größte Crowd (über 15.000 potentielle Investoren) sowie eine hohe Quote erfolgreicher Finanzierungen. Die Finanzierungsrunden dauern oft nur wenige Stunden. Über ein Ende 2012 neu ausgearbeitetes Vertragsmodell konnte damals erstmals eine Finanzierung von 200.000 € (der aktuelle Rekord liegt bei 1 Mio. €) abgeschlossen werden. Die Beteiligung erfolgt – statt wie bisher als stille Gesellschaft – über ein partiarisches (Nachrang-) Darlehen. Neben höheren Finanzierungsrunden ermöglicht diese rechtliche Konstruktion eine einfachere Anschlussfinanzierung sowie eine Beteiligung der Crowd an den Exit-Erlösen.
   Bei Seedmatch erhält jedes erfolgreich finanzierte Start-up seinen eigenen, geschlossenen Investor-Relations-Bereich.

7.3.3.2 Bergfürst

▶   www.bergfuerst.com – Launch: Herbst 2012 – Erste Finanzierung: November 2013.

Bergfürst ist bislang der einzige Crowdinvesting-Anbieter, der die Finanzierung mit Eigenkapital durch die Ausgabe vinkulierter Namensaktien bewerkstelligt. Nach einem mehrmonatigen Lizenzierungsverfahren wurde Bergfürst im November 2012 die Erlaubnis zum Börsenhandel mit Aktien gemäß § 32 Abs. 1 S 1 KWG durch die BaFin erteilt. Diese ist mit strengen Auflagen verbunden: So hat die BaFin ein Mitspracherecht bei personellen Änderungen in der Leitungsebene von Bergfürst. Bergfürst muss ferner ein Stammkapital in Höhe von 730.000 € als Risikopuffer für die Investoren dauerhaft vorhalten sowie sowohl der BaFin als auch der Bundesbank von den laufenden Geschäften monatlich Bericht erstatten. Das Geschäftsmodell von Bergfürst konzentriert sich im Gegensatz zur Konkurrenz weniger auf die Frühphasenfinanzierung, sondern ist strukturell auch in der Lage, die Wachstumsfinanzierung bereits etablierter Geschäftsmodelle in Form größerer Finanzierungsvolumina zu erbringen.

Tab. 7.1 Eckdaten Crowdinvesting Plattformen

	Seedmatch	Bergfürst	Innovestment	Companisto	Mashup
Launch	Mai 2011	Herbst 2012	November 2011	Juni 2012	Juni 2011
Erstes Investing	August 2011	November 2013	Dezember 2011	September 2012	Januar 2012
Beteiligungsform	Partiarisches Nachrangdarlehen, direkt	Aktien, direkt	still, direkt	still, indirekt über Companisto-Unterbeteiligungsgesellschaft (bilden eine Innen-GbR)	Genussscheine
Gebühr	erfolgsabhängig, je nach Betrag 5–10 %	Abhängig von Größe der Emission ca. 8%	erfolgsabhängig 8%	9 %	?
Investingzeit	60 Tage + opt. weitere 60 Tage	3 Wochen	4–6 Wochen, legt Unternehmen fest	2 Monate + opt. 2 Monate	?
Projektvorauswahl	ja, Kriterien: Innovativität, Nachhaltigkeit, finanzielle Tragfähigkeit	ja, Kriterien: solide Finanzstruktur, innovatives Geschäftsmodell, starkes Alleinstellungsmerkmal, dynamisches Wachstum	ja, Kriterien: innovatives Geschäftsmodell, Wachstumspotential, ausführlicher Finanzplan, erfolgter oder unmittelbar bevorstehender Markteintritt, kompetentes Team, Gesellschaftsform GmbH oder UG	ja, Kriterium: innovatives Geschäftsmodell	ja, Kriterien: Standort München/ Bayern, Innovativität, Nachhaltigkeit, finanzielle Tragfähigkeit
mind. Beitrag (Euro)	250	250	1.000	5	100
mind. Finanzierung (Euro)	50.000	ca. 2 Mio.	keine	25.000	?
Gesamtvolumen (Euro)	7.145.500	3.000.000	1.516.919	1.672.230	54.000
Investoren ges.	15.993	ca. 1.000	?	6.402	51
Erfolgr. Finanzierungen (von insg.)	44		20 (28)	15	1 (2)
ø Volumen (Euro)	162.398	3.000.000	75.846	111.482	54.000

7.3.3.3 Innovestment

▶ www.innovestment.de – Launch: November 2011 – Erste Finanzierung: Dezember 2011.

Innovestment ermöglicht Crowdinvesting im Rahmen einer Versteigerung von Unternehmensanteilen. Die Gebote der potenziellen Investoren führen zu einer Bewertung des Start-ups, auf deren Basis sodann die Zuschläge erteilt werden. Dementsprechend geht mit der „schwarmbasierten Finanzierung" auch eine „schwarmbasierte Unternehmensbewertung" einher. Aufgrund des relativ hohen Mindestgebots in Höhe von 1000 € ist davon auszugehen, dass vor allem erfahrenere Investoren angesprochen werden sollen.

Bislang verzeichnet die Plattform 28 Investmentrunden, von denen 20 erfolgreich abgeschlossen werden konnten. Insgesamt betrug das Volumen aller Investmentrunden rund 1,5 Mio. €, also knapp 76.000 € pro Start-up.

7.3.3.4 Companisto

▶ www.companisto.de – Launch: Juni 2012 – Erste Finanzierung: Dezember 2012.

Companisto setzt bei der Finanzierung weit stärker auf die Masse als die Mitbewerber. So sind Anteile bereits ab einem Betrag von 5 € erhältlich. Das hat zur Folge, dass die Zahl einzelner Investoren sehr hoch sein kann. Somit dient das Investment gleichzeitig als qualitatives Marktforschungsinstrument für die Unternehmensidee, da viele überzeugte Geldgeber auf ebenso viele potenzielle Kunden schließen lassen.

Die bislang erfolgreich abgeschlossenen Investments wurden von deutlich mehr Crowdinvestoren unterstützt, als dies bei anderen Plattformen der Fall ist. Alleiniger Vertragspartner für das finanzierte Start-up ist jedoch Companisto. Dieses Modell hält den Verwaltungsaufwand für das Start-up gering und ermöglicht zudem eine – in Anbetracht der Vielzahl von Crowdinvestoren – erleichterte Anschlussfinanzierung, die bspw. durch Venture Capital erfolgen kann.

7.3.3.5 Mashup Finance

▶ www.mashup-finance.de – Launch: Juni 2011 – Erste Finanzierung: Januar 2012.

Mashup Finance unterscheidet sich von anderen Anbietern sowohl durch die regionale Ausrichtung als auch das konservative Geschäftsmodell. Unternehmen werden nur zur Schwarmfinanzierung zugelassen, wenn sie einen lokalen Schwerpunkt (möglichst in Bayern) sowie einen äußerst soliden Businessplan vorweisen können. Mashup Finance möchte sicherstellen, dass die Ziele der Investoren mit denen der Unternehmer übereinstimmen und beide Seiten miteinander harmonieren. Die Mindestbeteiligung beträgt 100 €.

Aufgrund der strengen Zulassungskriterien wurde bislang nur ein Projekt erfolgreich durch Mashup Finance finanziert. 51 Crowdinvestoren investierten durchschnittlich 1.058 € und stellten mithin insgesamt 54.000 € zur Verfügung.

7.3.3.6   Fundsters

▸   www.fundsters.de – Launch: November 2012 – Erste Finanzierung: Dezember 2012.

Fundsters finanziert nicht nur Unternehmen, sondern auch karitative und sonstige Projekte, die der Unterstützung einer Crowd bedürfen. Neben der klassischen Beteiligung am Unternehmen können den Investoren auch andere Gegenleistungen angeboten werden, wie z. B. Vorteilsaktionen oder Vorkaufsrechte. Dem Finanzierungsvolumen sind dabei dem Grunde nach keine Grenzen gesetzt, da Fundsters über eine BaFin-Lizenz verfügt und zudem eng mit der Fidor Bank kooperiert, welche die Einzahlungen treuhänderisch verwaltet.

Aktuell kann Fundsters auf zwei erfolgreiche Start-up-Finanzierungen zurückblicken. Diesbezüglich wurden durchschnittlich 30.475 € je Start-up eingeworben.

7.3.3.7   meet&seed

▸   www.meet-seed.com – Launch: Keine Angaben – Erste Finanzierung: Hierzu liegen bislang noch keine Informationen vor.

Meet&seed befindet sich derzeit noch in der Alpha-Phase. Nach einer closed Beta-Phase sollen vor allem Unternehmensgründer mit Kapital versorgt werden, wobei auch Finanzierungen für etablierte Unternehmen auf Wachstumskurs angedacht sind.

7.3.3.8   BestBC

▸   www.bestbc.de – Launch: Oktober 2012– Erste Finanzierung: Keine Angaben.

BestBC hat sich zum Ziel gesetzt, durch ein erfahrenes Team die vielversprechendsten Start-ups zu finden und der Crowd zur Finanzierung vorzustellen. Trotz namhafter Experten kam es bislang lediglich zu zwei Investings mit vergleichsweise geringen Volumina: 2012 investierten 139 Investoren durchschnittlich 552 €, womit insgesamt 77.300 € an die Start-ups flossen. Seither gab es keine neuen Projekte.

7.3.3.9   United Equity

▸   www.united-equity.de – Launch: Juni 2012– Erste Finanzierung: Dezember 2012.

United Equity stellt der Crowd Finanzierungsprojekte vor, die zunächst kommentiert und bewertet werden können. Fallen mindestens 75 % der Bewertungen positiv aus, wird das Projekt zum Investing freigegeben. Neben Start-ups können sich auch bestehende Unternehmen mit Finanzierungsbedarf (höchstens 100.000 €) um die Gunst des Schwarms bewerben.

Bis Mitte Juni 2013 haben (soweit einsehbar) zwei Projekte die Bewertungs- sowie die Finanzierungsphase erfolgreich durchlaufen. Sie wurden mit Investingrunden von 34.400 € bzw. 27.500 € finanziert. Inzwischen scheint das Angebot sich auf die Bewertung von Start-ups zu beschränken.

7.3.3.10 BerlinCrowd

▶ www.berlincrowd.com – Launch: November 2012– Erstes Funding: November 2012.

BerlinCrowd fokussiert sich auf Berliner Start-ups mit webbasierten Geschäftsmodellen. Investoren können statt durch Unternehmensanteile auch mit Dienstleistungen, Vorkaufsrechten, etc. entlohnt werden. Bei der Wahl des Mindestbetrags sowie der möglichen Gegenleistungen hat das jeweilige Start-up freie Hand.

Die bisher erfolgreichen zwei Finanzierungen erreichen eine durchschnittliche Investingsumme von ca. 43.000 €, wozu insgesamt 130 einzelne Investitionen beitrugen.

7.3.3.11 Power4Projects

▶ www.power4projects.com – Launch: Dezember 2012– Erste Finanzierung: Bislang lagen diesbezügliche noch keine Informationen vor.

Power4Projects agiert vornehmlich in der Tourismus- und Freizeitbranche. Hier sollen Neugründungen und Expansionen, aber auch einzelne Projekte unterstützt werden. Bevor die Crowd zum Zuge kommt, überprüfen Branchenexperten die Erfolgschancen. Die Beteiligungsmodelle sind variabel, sodass die Höhen der Investitionssummen – theoretisch – unbeschränkt sind.

Die bislang einzige Finanzierung gilt der Plattform selbst: Bei einem Stand von 22.250 € wurde die Investingschwelle bisher noch nicht überschritten.

7.3.3.12 MyBusinessBacker

▶ www.mybusinessbacker.de – Launch: November 2012– Erste Finanzierung: Frühjahr 2013.

MyBusinessBacker finanziert Start-ups mit bis zu 100.000 €, in Ausnahmefällen aber auch darüber hinaus. Im Vorfeld wird der Businessplan durch eine angeschlossene Unternehmensberatung bewertet, die auch den Unternehmenswert schätzt.

Derzeit verzeichnet MyBusinessBacker nur eine abgeschlossene Finanzierung. Sie wurde von 13 Investoren mit insgesamt 50.300 € erfolgreich durchgeführt, wobei die einzelnen gezahlten Beiträge durchschnittlich ca. 3.900 € betrugen.

7.3.3.13 Welcome Investment

▶ www.welcomeinvestment.com – Launch: Juni 2012– Erste Finanzierung: Hierzu liegen keine Informationen vor.

Welcome Investment verzichtet auf eine interne Selektion und setzt stattdessen bereits bei der Auswahl finanzierungswürdiger Start-ups auf die Crowd. Anschließend können Investoren sich entweder finanziell oder mit Dienstleistungen am Start-up beteiligen. Die Art und Verteilung der Anteile soll das Unternehmen dabei völlig frei bestimmen können.
Momentan befindet sich die Plattform selbst noch in der Erprobungsphase. Investments sind derzeit nicht möglich.

7.3.3.14 Lhinker

▶ www.lhinker.com – Launch: Keine Angaben. – Erste Finanzierung: Diesbezüglich lagen bisher noch keine Informationen vor.

Lhinker möchte sowohl Start-ups als auch andere Projekte finanzieren. Die Investing-Kandidaten sollen zwar begutachtet, im Zweifel aber nicht gefiltert werden, sodass jeder zur Finanzierung gelangen kann. Weitere Details sowie das Datum des Launchs sind noch nicht bekannt.

7.3.3.15 finmar

▶ www.finmar.com – Launch: /Erste Finanzierung: Keine Angaben.

Finmar möchte sich auf „Crowdlending" und Volumina bis zu 25.000 € beschränken. Weitere Informationen sind derzeit nicht bekannt; die Plattform befindet sich seit 2011 in der Entstehung.

7.3.3.16 Startkapital Online

▶ www.startkapital-online.de – Launch: Keine Angaben – Erste Finanzierung: Keine Angaben.

Startkapital Online hat strenge Kriterien an das zu finanzierende Start-up. Auf Seriosität und ein überzeugendes Geschäftsmodell wird besonders geachtet. Erfolgreiche Investings können auf die Expertise und das Netzwerk der Plattform-Betreiber zählen.

Aus dem derzeitigen Internetauftritt ist eine erfolgreich abgeschlossene Finanzierungsrunde nicht ersichtlich.

7.3.3.17 FoundingCrowd

▶   www.foundingcrowd.org – Launch: Keine Angaben – Erste Finanzierung: keine
    Angaben.

FoundingCrowd ist eine Kombination aus Inkubator und Crowdinvesting-Plattform. Im
ersten Schritt werden die Geschäftsidee, der Businessplan und die Aufstellung des Start-
ups geprüft. Sofern die Erfolgschancen des Unternehmens positiv bewertet werden, wird
es zur Finanzierung zugelassen. Anschließend fungiert FoundingCrowd wieder als Inkubator, der das Start-up mit Expertise und einem eigenen Netzwerk unterstützt.
    Zum Launch und ersten Investings ist bislang noch nichts bekannt.

Fazit

Die **Start-up-Phase** umfasst die eigentliche **Unternehmensgründung**, die Suche – und
in der Regel auch die Beteiligung – **neuer Kapitalgeber** sowie den Beginn der **Geschäftstätigkeit**. Ziel dieses Unternehmensstadiums ist der **Launch** des Produkts/der
Dienstleistung. In der Start-up-Phase erfolgt die eigentliche Gründungsfinanzierung.
Diese beinhaltet die **Produktentwicklung**, die Vorbereitung der **Produktion** sowie die
Aufnahme erster **Marketingaktivitäten**. Der Kapitalbedarf ist dementsprechend hoch.
    Da die Finanzierungsquellen **Bootstrapping** und „**Family and Friends**" regelmäßig
bereits in der **Seed-Phase** erschöpft wurden und Gründer in der Start-up-Phase – trotz
erster Umsätze – selten beachtliche Einnahmen erwirtschaften, ist die Finanzierung
durch **Venture Capital** von zentraler Bedeutung. VC-Geber zeichnen sich durch eine
überdurchschnittliche **Wagnisbereitschaft** aus. Obgleich sie oft ansehnliche Investments tätigen, müssen die Gründer in der Regel keine Sicherheiten stellen. Zur **Beteiligung** der Kapitalgeber schließen die Gründer gemeinsam mit dem Investor einen
Beteiligungsvertrag ab, der eine Anpassung des **Gesellschaftsvertrags** (**Satzung**), eine
Gesellschaftervereinbarung, die eigentliche **Beteiligung** des VC-Gebers sowie darüber hinaus gehende **Geschäftsordnungen** und **Anstellungsverträge** der Geschäftsfüh-
rer/Gründer beinhaltet. Durch diese Vereinbarung erhält der Investor oftmals **Zuge-
ständnisse** der Gründer, zu denen bspw. Informations- und Mitspracherechte sowie ein
Verwässerungsschutz gehören.
    Weitere Kapitalquellen der Start-up-Phase sind **Business Angels, Inkubatoren**, Öf-
fentliche Fördermittel und das sog. **Crowdinvesting**. Letzteres stellt eine innovative
Form der Kapitalbeschaffung über das Internet dar. Hierbei leisten einzelne Investoren – die in Summe die **Crowd** bilden – kleinere Investmentbeträge, die von einem
Intermediär auf einer (Online-) **Plattform** gesammelt werden. Das Crowdinvesting
hat insbesondere den Vorteil, dass die Gründer die Unterstützung der Crowd in der
Regel nur dann erhalten, sofern es ihnen gelingt, die einzelnen Investoren von ihrer

Geschäftsidee wirklich zu überzeugen. Insofern lässt sich dem **Feedback** der Crowd bereits die Tendenz entnehmen, wie der **Markt** auf das Produkt/die Dienstleistung des Start-ups reagieren wird. Der Prozess des Crowdinvesting ist somit auch ein **Instrument der qualitativen Marktforschung**.

Literatur

Achleitner, A. K. 2001. Start-up-Unternehmen: Bewertung mit der Venture-Capital-Methode. *BB*, S. 927–932.

Bareiß, A. 2012. Filmfinanzierung 2.0. Funktionsweise und Rechtsfragen des Crowdfunding. *ZUM*, S. 456–465.

Baumbach, A., A. Hueck. 2013. *GmbHG. Gesetz betreffend die Gesellschaft mit beschränkter Haftung.* München: C. H. Beck.

Beisel, W., H.-H. Klumpp. 2009. *Der Unternehmenskauf. Gesamtdarstellung der zivil- und steuerrechtlichen Vorgänge einschließlich gesellschafts-, arbeits- und kartellrechtlicher Fragen bei der Übertragung eines Unternehmens.* München: C. H. Beck.

Breithaupt, J., J. H. Ottersbach 2010. *Kompendium Gesellschaftsrecht. Formwahl – Gestaltung – Muster für die Praxis.* München: C. H. Beck.

Bundesanstalt für Finanzdienstleistungsaufsicht 2011. Merkblatt – Hinweise zum Tatbestand der Anlagevermittlung, Stand: Dez. 2012, http://www.bafin.de/SharedDocs/Veroeffentlichungen/DE/Merkblatt/mb_091204_tatbestand_anlagevermittlung.html?nn=2818474. Zugegriffen: 13. Mai.2013.

Dauner-Lieb, B., W. Langen 2012. *Nomos Kommentar. BGB.* Schuldrecht. Band. 2. Baden-Baden: Nomos.

Dittmar, R., K. Michelsen, J. C. Mosch 2012. Die Finanzierungsrunde: der Ablauf. Vertraulichkeitsvereinbarung, Due Diligence, Letter of Intent, Beteiligungsvertrag, http://www.gruender-szene.de/finanzen/finanzierungsrunde-ablauf-vertraulichkeitsvereinbarung-due-diligence-letter-of-intent-beteiligungsvertrag. Zugegriffen: 4. märz.2013.

Dittmar, R., K. Michelsen, J. C. Mosch 2013. Die Elemente des Beteiligungsvertrags, http://www.gruenderszene.de/finanzen/beteiligungsvertrag-finanzierungsrunde, Zugegriffen1. märz. 2013.

Eilenberger, G., S. Haghani 2008. *Unternehmensfinanzierung zwischen Strategie und Rendite.* Springer: Berlin.

Fleischer, H., W. Goette 2010. *Münchener Kommentar zum Gesetz betreffend die Gesellschaft mit beschränkter Haftung – GmbHG. Bd. 1. §§ 1–34,* München: C. H. Beck.

Golland, F., Gehlhaar, L., Grossmann, K., Eickhoff-Kley, X., Jänisch, C. 2005. Mezza-nine-Kapital. *BB-Beilage* Nr. 5 zu BB 2005, Heft 13.

Grummer, J.-M., J. Brorhilker 2012a. Phasengerechte Finanzierung: Teil 3. Die Start-up-Phase – Das Unternehmen auf Erfolgskurs bringen!, http://www.gruenderszene.de/finan-zen/phasengerech-te-finanzierung-start-up-phase, Zugegriffen: 11.Feb.2013.

Grummer, J.-M., J. Brorhilker 2012b. Crowdfunding in Deutschland – Teil 1, http://www.gruenderszene.de/finanzen/crowdfunding-anbieter, Zugegriffen: 24.6.2013.

Grummer, J.-M., J. Brorhilker 2013. Phasengerechte Finanzierung: Teil 4, http://www.gruenderszene.de/finanzen/phasengerechte-finanzierung-emerging-growth-phase, Zugegriffen: 11.Feb.2013.

Grunow, H.-W. G., S. Figgener 2006. *Handbuch moderne Unternehmensfinanzierung. Strategien zur Kapitalbeschaffung und Bilanzoptimierung.* Springer-Verlag: Berlin.

Heidel, T., A. Schall 2011. *Handelsgesetzbuch. Handkommentar.* Baden-Baden: Nomos.

Henssler, M., L. Strohn 2011. *Gesellschaftsrecht. BGB. HGB. PartGG. GmbHG. AktG. UmwG. GenG. IntGesR.* München: C. H. Beck.

Jansen, J. D., T. Pfeifle 2012. Rechtliche Probleme des Crowdfunding. *ZIP*, S. 1842–1852.

Janson, S. 2008. *8 Schritte zur erfolgreichen Existenzgründung. Der Grundstein für Ihr neues Unternehmen. Planung, Anmeldung, Finanzierung. Mit Beispiel-Formularen, Anträgen, Checklisten und Tipps.* München: Redline Wirtschaft, FinanzBuch Verlag GmbH.

Kollmann, T., A. Kuckertz. 2003. *E-Venture-Capital. Unternehmensfinanzierung in der Net Economy. Grundlagen und Fallstudien.* Wiesbaden: Gabler.

Kuckertz, A. 2006. *Der Beteiligungsprozess bei Wagniskapitalfinanzierungen. Eine informationsökonomische Perspektive.* Wiesbaden: Deutscher Universitäts-Verlag.

Kürsten, W., B. Nietert. 2006. *Kapitalmarkt, Unternehmensfinanzierung und rationale Entscheidungen. Festschrift für Jochen Wilhelm.* Berlin: Springer.

Leuering, D., D. Rubner 2012. Prospektpflicht des Crowdfunding. *NJW-Spezial*, S. 463–464.

Maidl, J., R. Kreifels 2003. Beteiligungsverträge und ergänzende Vereinbarungen. *NZG*, S. 1091–1095.

Mellert, C. R. 2003. Venture Capital Beteiligungsverträge auf dem Prüfstand. *NZG*, S. 1096–1100.

Meschkowski, A., F. K. Wilhelmi 2013. Investorenschutz im Crowdinvesting. *BB*, S. 1411–1418.

Michalski, L. 2010. *Gesetz betreffend die Gesellschaft mit beschränkter Haftung (GmbH-Gesetz).* Band II. §§ 35–85 GmbHG. §§ 1–4 EGGmbHG. München: C. H. Beck.

Monheim, B. 2010. Basics zur Finanzierungsrunde, oder: wie kommt das Investment in die Gesellschaft?, http://www.gruenderszene.de/finanzen/basics-zur-finanzierungsrunde-oder-wie-kommt-das-investment-in-die-gesellschaft, Zugegriffen: 12.3.2013.

Müller, W., N. Winkeljohann. 2009. *Beck'sches Handbuch der GmbH. Gesellschaftsrecht – Steuerrecht.* München: C. H. Beck.

Palandt, O. 2012. *Bürgerliches Gesetzbuch.* München: C. H. Beck.

Paßmann, T. 2008. Unternehmensbewertung in der Frühphase. Für jedes Start-up der passende VC. *Venture Capital*, Nr 4, S. 36–37.

Reichle, H. 2010. *Finanzierungsentscheidung bei Existenzgründung unter Berücksichtigung der Besteuerung. Eine betriebswirtschaftliche Vorteilhaftigkeitsanalyse.* Wiesbaden: Gabler Verlag/Springer Fachmedien.

Roth, G. H., H. Altmeppen. 2012. *Gesetz betreffend die Gesellschaften mit beschränkter Haftung GmbHG.* München: C. H. Beck.

Saenger, I., M. Inhester. 2010. *GmbHG. Handkommentar.* Baden-Baden: Nomos.

Saenger, I., L. Aderhold, K. Lenkaitis, G. Speckmann. 2011. *Handels- und Gesellschaftsrecht. Praxishandbuch.* Baden-Baden: Nomos.

Säcker, F. J., R. Rixecker. 2012a. *Münchner Kommentar zum Bürgerlichen Gesetzbuch. Bd. 1. Allgemeiner Teil. §§ 1–240. ProstG. AGG.* München: C. H. Beck.

Säcker, F. J., R. Rixecker. 2012b. *Münchner Kommentar zum Bürgerlichen Gesetzbuch. Bd. 2. Schuldrecht. Allgemeiner Teil. §§ 241–432.* München: C. H. Beck.

Schmitt, C., M. Doetsch 2013. Crowdfunding: neue Finanzierungsmöglichkeit für die Frühphase innovativer Geschäftsmodelle. *BB*, S. 1451–1454.

Schultz, C. 2011. *Die Finanzierung technologieorientierter Unternehmen in Deutschland. Empirische Analysen der Kapitalverwendung und -herkunft in den Unternehmensphasen.* Wiesbaden: Gabler Verlag/Springer Fachmedien.

v. Einem, C., S. Schmid, A. Meyer 2004. „Weighted Average" – Verwässerungsschutz bei Venture Capital-Beteiligungen. *BB*, S. 2702–2705.

v. Staudinger, J. 2011. *J. von Staudingers Kommentar zum Bürgerlichen Gesetzbuch mit Einführungsgesetz und Nebengesetzen. BGB. Buch 2. Recht der Schuldverhältnisse. §§ 488–490; 607–609 Darlehensrecht.* Berlin: Sellier – de Gruyter.

Weitnauer, W. 2001. Der Beteiligungsvertrag. *NZG*, S. 1065–1073.

Weitnauer, W. 2011. *Handbuch Venture Capital. – Von der Innovation zum Börsengang –.* München: C. H. Beck.

Weitnauer, W., J. Parzinger 2013. Das Crowdinvesting als neue Form der Unternehmensfinanzierung. *GWR*, S. 153–159.

Wicke, H. 2011. *Gesetz betreffend die Gesellschaft mit beschränkter Haftung (GmbHG)*. München: C. H. Beck.

Wörle, M. 2011. Pitchen auf VC-Events – die Top 5 Wege zum Erfolg. Wie beim Pitch der Funke überspringt, http://www.gruenderszene.de/finanzen/pitchen-vc-events-top-5, Zugegriffen: 11. Feb. 2013.

Zätzsch, J. 2012. Finanzierungsrunden mit Vesting. Wichtige Punkte bei der Verhandlung von Beteiligungsverträgen mit Vesting-Klauseln, http://www.gruenderszene.de/allgemein/finanzierungsrunden-verhandeln-gruenderszene-seminar, Zugegriffen: 26. Apr. 2013.

Zetzsche, D. 2002. Sicherung der Interessen von (Wagnis-)Kapitalgebern. Zum Verhältnis von Satzung, Vertrag und Nebenordnung in der kleinen Aktiengesellschaft. *NZG* S. 942–948.

Zirngibl, N, A. Kupsch 2011. Erlöspräferenzen für Venture Capital-Investoren – ein neuer Gestaltungsvorschlag für Gesellschaftervereinbarungen. *BB* 2011, S. 579–585.

Emerging-Growth-Phase (Expansion: Wachstumsfinanzierung/ Bridgefinanzierung)

8

Christopher Hahn

In der **Emerging-Growth-Phase** erreicht das Start-up den Break-Even-Point (Gewinnschwelle), Anfangsverluste amortisieren sich und die Produktion und der Vertrieb werden ausgebaut. Finanzierungsentscheidungen müssen in dieser Phase zur auf die Festigung der Unternehmensexistenz getroffen werden (vgl. Reichle 2010, S. 19).

Die Emerging-Growth-Phase lässt sich grob in die – in der Regel parallel laufenden – Stadien Wachstumsphase, Erweiterung und Verbesserung der Unternehmensstruktur sowie die Bridgephase untergliedern (zum Ablauf der Emerging-Growth-Phase s. auch Abb. 8.1).

In der **Wachstumsphase** kommt es vorrangig darauf an, den von dem Start-up avisierten Markt zu durchdringen und den Vertrieb – sofern dieser nicht bereits vorhanden ist – für das Produkt/die Dienstleistung des Unternehmens zu entwickeln bzw. den Vertrieb und in diesem Zusammenhang die Produktion auszuweiten. Durch die mit dem Auf- und Ausbau des Vertriebs verbundene starke Expansion des Start-ups wird neues Kundenpotential generiert, was zwar einen signifikanten Anstieg des Umsatzvolumens, gleichzeitig aber oftmals auch einen Rückgang der Produkt- und Prozessinnovationen bewirkt (Grummer und Brorhilker 2013).

C. Hahn (✉)
Luther Rechtsanwaltsgesellschaft mbH, Friedrichstraße 140,
10117 Berlin, Deutschland
E-Mail: christopher.hahn@luther-lawfirm.com

C. Hahn (Hrsg.), *Finanzierung und Besteuerung von Start-up-Unternehmen,*
DOI 10.1007/978-3-658-01371-4_8, © Springer Fachmedien Wiesbaden 2014

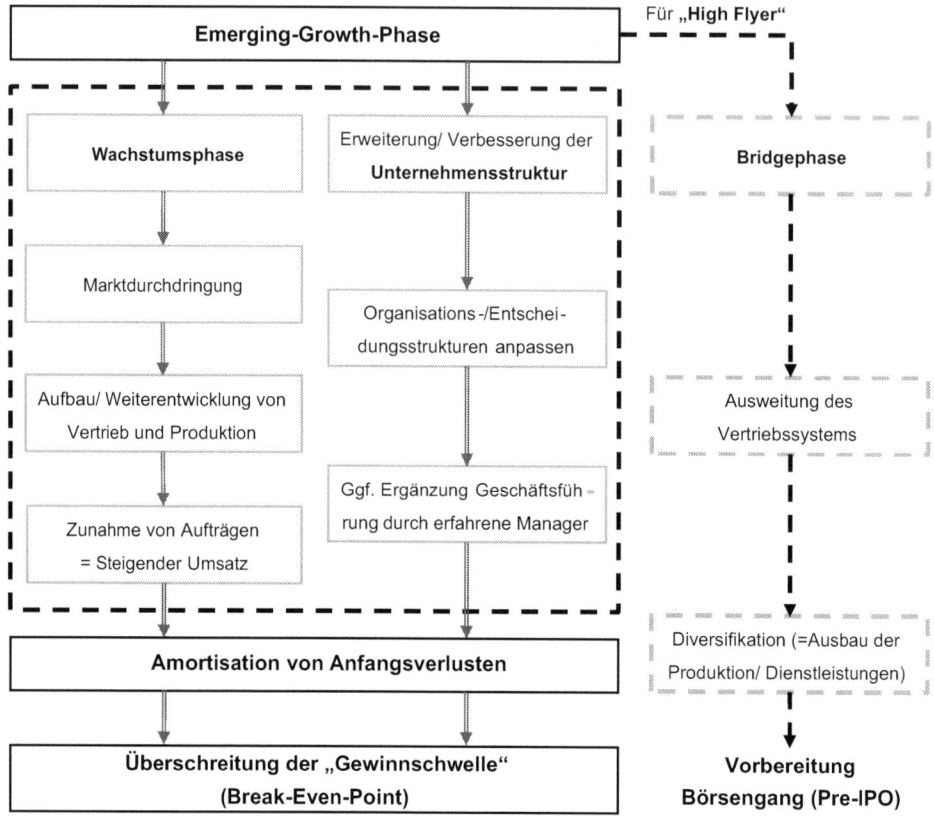

Abb. 8.1 Ablauf der Emerging-Growth-Phase

Charakteristisch für die Emerging-Growth-Phase ist des Weiteren, dass die **Unternehmensstruktur** an die Expansion des Start-ups angeglichen werden muss. Hierzu sind in einem ersten Schritt die Organisations- und Entscheidungsstrukturen des Unternehmens an das steigende Produktionsvolumen und die damit verbundene Ausweitung des Vertriebs anzupassen. Außerdem sollte die Geschäftsführung personell aufgestockt werden, um den mit dem Unternehmenswachstum steigenden Anforderungen an das Management umfassend gerecht werden zu können (Grummer und Brorhilker 2013). Sofern die entsprechenden „**Human Resources**" des Gründerteams im Bereich des Managements schon ausgeschöpft sind, empfiehlt es sich, die Geschäftsleitung durch externe Führungskräfte zu ergänzen. Dabei ist es zweckmäßig, wenn der neu rekrutierte Geschäftsführer bereits über hinreichende Erfahrungen bezüglich der Leitung eines sich in der Expansionsphase befindlichen Unternehmens verfügt.

Für „**High-Flyer**" – also solche Start-ups, bei denen das Unternehmenswachstum und die Expansion ganz besonders ausgeprägt sind – kann zusätzlich die Vorbereitung eines Börsengangs (**Pre-IPO**) in Betracht kommen. In der **Bridgephase** sollte das Start-up, das üblicherweise als GmbH firmieren wird (vgl. Kap. 6.1.2.1), zunächst in eine AG umgewandelt werden. Zur Änderung der **Rechtsform** bedarf es einer Aufstockung des Stamm- bzw. Grundkapitals auf mindestens 50.000 € (§ 220 Abs. 1 UmwG i. V. m. § 7 AktG). Daneben sind die Gründungsvorschriften des Aktiengesetzes anzuwenden (§ 197 S. 1 UmwG). So ist ein Aufsichtsrat – sofern ein solcher nicht bereits besteht – zu bestellen (§§ 95 ff. AktG), ein Gründungsbericht anzufertigen (§ 32 AktG) sowie eine Gründungsprüfung durchzuführen (§§ 33 ff. AktG). Ferner muss der Gesellschaftsvertrag/die Satzung den gesetzlichen Vorgaben hinsichtlich des Mindestinhalts entsprechen (§ 23 Abs. 2 bis 4 AktG, hierzu s. auch Kap. 7.2.1.3.3.1.3). Aufgrund der großen Nachfrage, die das Produkt des Start-ups letztendlich zum „High Flyer" machte, muss das Gründerteam mit dem Eintritt von Wettbewerbern, die an der Profitabilität des Produkts bzw. der Dienstleistung teilhaben wollen, rechnen. Dieser (neuen) Konkurrenzsituation ist mit einem weiteren Ausbau des Vertriebssystems bzw. durch **Diversifikation** zu begegnen.

Während sich das Start-up ursprünglich nur auf die Herstellung eines Produkts und/oder auf die Bereitstellung einer Dienstleistung beschränkt hat, werden im Rahmen der **Diversifikation** neue Produkte bzw. neue Dienstleistungsangebote adaptiert. Dadurch bleibt das Unternehmen im Vergleich zu Wettbewerbern, deren Produkte/Dienstleistungen sich an dieselbe Zielgruppe richten, konkurrenzfähig.

8.1 Besonderheiten der Finanzierung in der Emerging-Growth-Phase

Mit Abschluss der Start-up-Phase erfolgt der eigentliche **Launch** der Dienstleistung bzw. des Produkts. Im Vorfeld der Markteinführung wurde das Geschäftskonzept entwickelt sowie die offizielle Unternehmensgründung vollzogen. Wie bereits ausgeführt wurde, besteht eines der strategischen Hauptziele des Unternehmens darin, die Unternehmensidee zu intensivieren, also den eigenen Wirkungsbereich auszuweiten und **Umsatzwachstum** zu generieren (Kollmann 2011, S. 92).

Die Gründer haben sich damit zu beschäftigen, wie das konkrete Produkt bzw. die Dienstleistung etabliert werden kann bzw. welche Möglichkeiten bestehen, um das geplante organische Wachstum des Unternehmens auf eine entsprechende Finanzierungsgrundlage zu stellen. Das Wachstum des Unternehmens ist ganz wesentlich, da nur mit Erreichen einer kritischen Masse die anfänglichen Investitionen amortisiert und nachhaltige Gewinne erzielt werden können (Grummer und Brorhilker 2013). Dies ist wiederum eine unabdingbare Voraussetzung, um die Kapitalgeber der vorangehenden Finanzierungsphase zu befriedigen.

Mit Beginn der Emerging-Growth-Phase lassen sich auch die Erfolgsaussichten der Unternehmensgründung und somit die **Rentabilität** des Investments der Kapitalgeber der ersten Stunden besser einschätzen. Kapitalgeber verfügen somit nunmehr über mehr Sicherheit als in der Frühphase der Unternehmensentwicklung. Diese Sicherheit ermöglicht auch die Ansprache neuer Kapitalquellen. Gerade junge Unternehmen aus dem Bereich **Internet/IT** bzw. solche, die überdurchschnittlich **forschungsintensiv** sind, weisen in der Wachstumsphase teilweise einen immensen Kapitalbedarf auf. Der Aufbau der Produktions- bzw. Vertriebskapazitäten sowie die Aufwendungen für Marketing erfordern nicht selten ein Volumen der Anschlussfinanzierung, das um ein Vielfaches über dem liegt, das zur eigentlichen Entwicklung des Produktes/der Dienstleistung erforderlich war.

8.2 Kapitalquellen in der Emerging-Growth-Phase

8.2.1 Private Equity

> **Private Equity-Investoren** erwerben Geschäftsanteile von Unternehmen und finanzieren diese im Gegenzug mit umfangreichen Krediten (Martinek et al. 2010, § 48, Rn. 29).

Bei Privat Equity Finanzierungen stellen private bzw. institutionelle Anleger einem Unternehmen Beteiligungskapital in Form von privatem Risikokapital („**Private Equity**") als Eigenkapital für einen meist unbegrenzten Zeitraum zur Verfügung, ohne die mit einem klassischen Bankkredit verbundenen Sicherheiten zu verlangen (Eilenberger und Haghani 2008, S. 27). Diese Beteiligung ist folglich mit einem VC-Investment (hierzu s. Kap. 7.2.1) vergleichbar.

Für den Begriff Private-Equity existiert keine einheitliche Definition, allerdings verdeutlicht der Wortbestandteil „**Equity**", dass es sich um Eigenkapital handelt, wohingegen der Begriffsteil „**Private**" veranschaulicht, dass dies von privaten Unternehmen, also außerhalb institutioneller Kapitalgeber (Börse) erfolgt (Werner und Kobabe 2007, S. 51).

Im Gegenzug zu den in das Unternehmen als Eigenkapital eingebrachten Mitteln und dem unternehmerischen Risiko verlangen die Risikokapitalgeber umfangreiche **Mitsprache**- und **Kontrollrechte** (Eilenberger und Haghani 2008, S. 27). Private Equity-Gesellschafen verfolgen somit das gleiche Ziel wie **Business Angels** oder **VC-Geber**, nämlich die Investition von Eigenkapital in ein wachstumsstarkes Unternehmen, um später die erworbenen Anteile mit einer risikoadäquaten Rendite wieder veräußern zu können (Pott und Pott 2012, S. 249). Die Kontroll- und Mitwirkungsrechte, die Private Equity-Geber fordern, gehen dabei jedoch weit über eine bloße Überwachung der finanziellen Aktivitäten des Unternehmens hinaus und sehen in aller Regel eine **aktive, unmittelbare Einflussnahme** auf die strategischen und operativen Tätigkeiten der Gründer vor (Eilenberger und Haghani 2008, S. 29). Das Leitbild des Private Equity-Investments ist somit zuvorderst von einer maximalen Wertentwicklung des Unternehmens bzw. der gehaltenen Beteiligung geprägt.

Tab. 8.1 Venture Capital und Private Equity

	Venture Capital	Private Equity
Investitionsumfang	Mittel	Hoch
Kapitalstruktur	Eigenkapital	Eigen- und Fremdkapital
Unternehmensphase	Start-ups, junge und innovative Wachstumsunternehmen im High-Tech-/IT-Sektor	Etablierte Start-ups, mittelständische Unternehmen
Finanzierungsphase	Early Stage/(Pre-)Seed und Start-up-Phase	Expansion Stage/Emerging-Growth-Phase, Later Stages
Dauer der Beteiligung	ca. drei bis sieben Jahre	ca. drei bis fünf Jahre
Risikobereitschaft des Investors	Sehr Hoch	Mittel (abhängig vom jeweiligen Zielunternehmen)
Anforderungen an die Due Diligence vor Leistung des Investments	Mittel (= kursorische Unternehmensdarstellung)	Hoch (= umfassende Unternehmensdarstellung)
Umfang der Beteiligung	Minderheitsbeteiligung (10 bis 25 %)	Mehrheitsbeteiligung (über 50 %)
Einflussnahme auf die Geschäftsführung	Direkte Einflussnahme auf das operative Geschäft	Direkte Einflussnahme auf das operative Tagesgeschäft
Exit	Börsengang (IPO), Verkauf des Unternehmens/der Geschäftsanteile	

Private Equity- und **VC-Geber** unterscheiden sich hauptsächlich durch den Zeitpunkt ihres Investments sowie hinsichtlich der Dauer ihres Engagements (eine Gegenüberstellung von Venture Capital und Private Equity findet sich bei Tab. 8.1). Eine genaue Trennlinie zwischen Private Equity und Venture Capital besteht indessen nicht. Ist das Engagement von VC-Gesellschaften in der Regel zeitlich begrenzt, verfolgt ein Private Equity-Investment langfristige Investitionsziele. Die Private Equity-Gesellschaft hält ihre Beteiligung an dem Unternehmen in aller Regel so lange, bis dieses entweder (über eine weitere sog. Bridge-Finanzierung) reif für eine Kapitalaufnahme auf dem öffentlichen Kapitalmarkt, also einen Börsengang ist oder anderweitig vollständig veräußert werden kann (**Exit**). Darüber hinaus investieren Private Equity-Geber in reifere Unternehmen („**Later stages**", je nach der Leistungsfähigkeit des Unternehmens auch bereits in den „**Expansion stages**"), um deren Expansion und Wachstum zu finanzieren, wohingegen VC-Geber ihr Investment hauptsächlich auf die Frühgründungsphasen („**Early stages**") konzentrieren. Private Equity-Geber können somit bei der Auswahl ihres Investments bereits auf fundamentale Unternehmensdaten zurückgreifen. So dient ihnen insbesondere der **Cashflow** als Indikator für die Stabilität und das Potenzial des Unternehmens (Pott und Pott 2012, S. 249).

Letztlich ergeben sich aus dem unterschiedlichen Zeitpunkt des Investments auch unterschiedliche **Renditeerwartungen**. Es liegt auf der Hand, dass die Renditeerwartungen eines Investors umso **höher** sind, je **früher** er sein Investment in das junge Unternehmen tätigt.

Neben den angesprochenen, grundsätzlich geforderten Mitsprache- und Kontrollbefugnissen sollten die Gründer auch ein besonderes Augenmerk auf die rechtliche **Struktur**
einer möglichen Private Equity-Beteiligung auf Seite des Equity-Gebers legen, weil sich
dadurch unmittelbar Rückschlüsse auf die Renditeerwartungen des Investments und somit auf die Intensität der Einflussnahme durch den Risikokapitalgeber ziehen lassen. Im
Rahmen einer unmittelbaren Beteiligung erwirbt der Investor direkt die Geschäftsanteile
an dem Unternehmen unter eigenem Namen und auf eigene Rechnung (Eilenberger und
Haghani 2008, S. 28). Demgegenüber kann das Investment des Private Equity-Gebers auch
in Form einer mittelbaren Beteiligung derart ausgestaltet sein, dass dieser die Geschäftsanteile an dem Unternehmen indirekt über eine zwischen ihm und dem Zielunternehmen geschaltete private Beteiligungsgesellschaft (**Private Equity-Fonds**) oder über einen
(**Dach-) Fonds** erwirbt, der wiederum in unterschiedliche Private-Equity-Fonds investiert
ist (Eilenberger und Haghani 2008, S. 29). Aufgrund der **Vielzahl** der Unternehmen, in die
ein Private Equity-Fonds regelmäßig investiert, ist der Grad der aktiven Einflussnahme auf
das investierte Unternehmen bzw. dessen Gründer zwar tendenziell geringer als bei einer
unmittelbaren Beteiligung (Eilenberger und Haghani 2008, S. 30). Einer mittelbaren und
somit „unpersönlicheren", oftmals geradezu institutionalisierten Beteiligung stehen jedoch
auch sämtliche damit einhergehenden **Nachteile**, wie bspw. ebensolche institutionalisierten und somit langsameren Entscheidungswege gegenüber.

8.2.1.1 Leveraged Buy-Out (LBO)

▶   Bei einem fremd(kapital)finanzierten Unternehmenskauf (engl. **Leveraged Buy-out**)
wird das Vermögen der zu erwerbenden Gesellschaft (Zielgesellschaft) ausschließlich oder
zumindest überwiegend als Sicherungsmittel für den fremdfinanzierten Kaufpreis eingesetzt, den die Erwerber zu leisten haben (Roth und Altmeppen 2012, § 30, Rn. 128).

Neben der typischen Ausgestaltung eines Private Equity-Investments durch die Bereitstellung von „originärem" **Eigenkapital**, kann daneben ein nicht unerheblicher Teil des benötigten Kapitals in Form von kreditfinanziertem **Fremdkapital** erfolgen. Das Fremdkapital
wird dabei durch die Zielgesellschaft, deren Geschäftsanteile der Investor erwirbt, seinerseits finanziert. Ein denkbarer Ablauf eines LBO soll an dieser Stelle kurz skizziert werden,
da der LBO eine für Private Equity-Investoren typische Form ihres Investments, das sich
im Gegensatz zu einem VC-Investment durch einen hohen Anteil von Fremdkapital auszeichnet, darstellt (hierzu s. auch Abb. 8.2).

Der Investor wird im Rahmen eines LBO bei der Aufnahme von Fremdkapital selbst
nicht Darlehensnehmer; zur Sicherheit für die Finanzierung werden meist allein die Geschäftsanteile der Zielgesellschaft durch die kreditgebende Bank verpfändet und/oder
die Zielgesellschaft räumt der Bank daneben weitere Sicherheiten ein (Schulz und Israel
2005, S. 331). Über den steigenden Fremdkapitalanteil macht sich der Investor den sog.
„**Financial Leverage Effekt**" zu nutzen, der das Verhältnis von Eigen- zum Fremdkapital
ausdrückt (Theiselmann 2009, S. 42). Das eingesetzte Fremdkapital wirkt dabei als Hebel

Abb. 8.2 Gestaltung einer
typischen LBO-Finanzierung

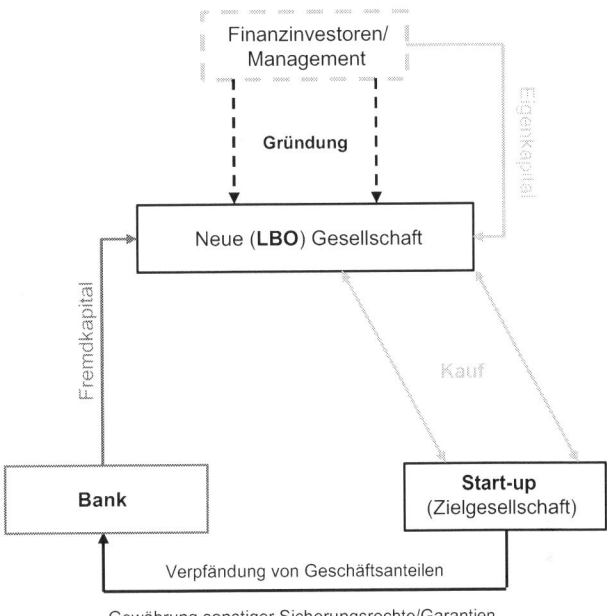

(engl. leverage) zur Erhöhung der Rentabilität des eingesetzten Eigenkapitals. Danach lässt
sich die Rendite auf das eingesetzte Eigenkapital dadurch maximieren, dass der Investor
überwiegend Fremdkapital für den Kauf nutzt, solange dessen **Verzinsung** niedriger ist
als die erwartete Rendite des insgesamt eingesetzten Kapitals. Das Fremdkapital muss für
den Investor also zu günstigeren Konditionen zu beschaffen sein, als die prognostizierte
Kapitalrendite seiner Investition ist.

Ein weiterer Vorteil der Aufteilung des Investments in Eigen- und Fremdkapital ist,
dass das eingegangene finanzielle Risiko auf das Eigenkapital **begrenzt** ist (Breithaupt und
Ottersbach 2010, Teil 1. C. § 2, Rn. 66). Dessen ungeachtet gilt es zu bedenken, dass die Finanzkraft und somit die Liquidität des Unternehmens wegen der zu zahlenden Tilgungs-
und Zinsleistungen auf das erhaltene Fremdkapital erheblich **geschwächt** wird (Breithaupt
und Ottersbach 2010, Teil 1. C. § 2, Rn. 66).

8.2.1.2 Exit-Strategien

Im Gegensatz zu einem VC-Geber, der zu seiner eigenen Risikodiversifizierung eine Minderheitsbeteiligung anstrebt (vgl. oben Kap. 7.2.1.2.4.2), bevorzugen Private Equity-Investoren in aller Regel eine **Mehrheitsbeteiligung** am Zielunternehmen, um einen unkompli-
zierten, nicht durch andere Gesellschafter möglicherweise erschwerten bzw. gefährdeten
Ausstieg (Exit) aus dem Unternehmen über eine Veräußerung ihre Geschäftsanteile zu
ermöglichen (Breithaupt und Ottersbach 2010, Teil 1. C. § 2, Rn. 69).

Damit sich die Gründer eine Vorstellung über die Ziele des Private Equity Investors,
der seinen Gewinn in aller Regel mit dem Verkauf seiner Beteiligung realisiert, machen

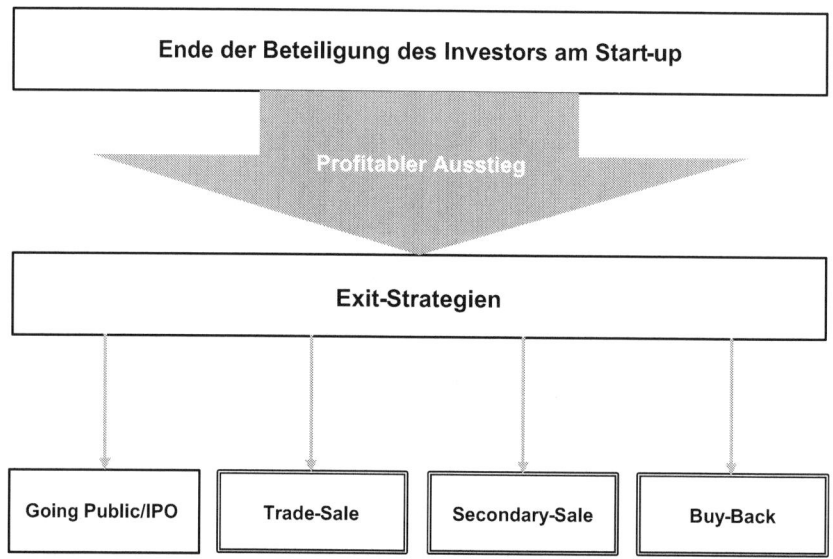

Abb. 8.3 Exit-Strategien

können, sollen im Folgenden die wichtigsten **Exit-Szenarien** (diesbezüglich vgl. Abb. 8.3) auch kursorisch erläutert werden. Zu diesen gehören (vgl. Breithaupt und Ottersbach 2010, Teil 1. C. § 2, Rn. 70; Pott und Pott 2012, S. 250):

- Going public/Initial Public Offering (IPO),
- Trade Sale,
- Secondary-Sale sowie
- Buy Back.

Durch den Börsengang (**Going Public/Initial Public Offering = IPO**) erhält ein Private Equity-Investor die Möglichkeit, seine Geschäftsanteile am freien Kapitalmarkt zu veräußern, indem das Unternehmen der Öffentlichkeit zugänglich gemacht wird (Buth und Hermanns 2009, § 18, Rn. 44). Bei dieser Variante des Exits ist der mögliche Profit in der Regel am größten.

Im Rahmen eines **Trade Sales** verkauft der Private Equity-Investor seine Geschäftsanteile an ein weiteres Unternehmen bzw. einen weiteren strategischen Investor, der sich durch den Anteilskauf seinerseits Wachstum erhofft. Bei einem **Secondary Sale** werden die Geschäftsanteile demgegenüber an einen weiteren Finanzinvestor, d. h. VC- oder Private Equity-Geber, veräußert (vgl. Buth und Hermanns 2009, § 18, Rn. 44). Dieser zielt durch den Erwerb der Geschäftsanteile selbst ebenfalls auf einen profitablen Exit – zu einem späteren Zeitpunkt – ab.

Schließlich haben Investoren darüber hinaus die Möglichkeit, ihre erworbenen Geschäftsanteile an das Start-up und/oder deren Gründer zurück zu verkaufen. Dieser **Buy Back** kann dabei auch an ehemalige Gesellschafter bzw. andere Unternehmen erfolgen.

Die verschiedenen Szenarien zeigen, dass Private Equity eine **langfristige** Finanzierungsform ist, die oftmals auf eine Dauer von drei bis fünf Jahren angelegt ist. Die Gesellschaften bleiben in aller Regel solange am Unternehmen beteiligt, bis dieses den Gang an die **Börse** macht oder **verkauft** wird. Unabhängig von der zeitlichen Dauer der Beteiligung, ist dies wirtschaftlich erst dann sinnvoll, sobald sich der Wert der gehaltenen Anteile weit überproportional erhöht hat (Pott und Pott 2012, S. 249).

8.2.2 Fremdkapital

▷ Unter den Begriff **Fremdkapital** lassen sich einfach formuliert die „Schulden" des Start-ups gegenüber seinen Kapitalgebern fassen (Römermann 2009, § 5, Rn. 7). Unter diese fallen insbesondere Darlehens- und Anleiheverbindlichkeiten, Verbindlichkeiten aus Lieferungen und Leistungen sowie Verbindlichkeiten aus sonstigem Grunde (s. hierzu auch § 266 Abs. 3 lit. c HGB).

Mit zunehmendem Professionalisierungs- und Entwicklungsstand des Unternehmens können die Gründer zur Finanzierung der weiteren unternehmerischen Entwicklung des Start-ups auf klassisches **Fremdkapital**, in aller Regel in Form von **Bankkrediten**, zurückgreifen. In der Praxis stellt die Aufnahme von Fremdkapital im Wege eines klassischen Bankkredits diejenige Finanzierungsform dar, auf die Gründer in der überragenden Vielzahl von Neugründungen nur über einen persönlichen Haftungsbeitritt in Form einer (selbstschuldnerischen) Bürgschaft zurückgreifen können. Dem Unternehmen selbst wird demgegenüber – mangels entsprechender Eigenkapitalbasis – der Zugang zu Fremdkapital in der **Seed**- (s. Kap. 6.4.) und **Start-up-Phase** (s. Kap. 7.2.) regelmäßig verwehrt sein.

Eine Aufnahme von Fremdkapital in der Emerging Growth-Phase betrifft demgegenüber zuvorderst die Konstellation, dass das Start-up selbst aufgrund entsprechend vorhandener Sicherheiten (insbesondere in Form **haftenden Eigenkapitals**) die Voraussetzungen zur Aufnahme von Fremdkapital erfüllt.

8.2.2.1 Charakteristika

Wie bereits dargelegt wurde (vgl. Kap. 4.2.2), wird Fremdkapital im Gegensatz zum Eigenkapital dem Unternehmen zu im Vorfeld fest vereinbarten **Konditionen** und nur für einen **begrenzten** Zeitraum zur Verfügung gestellt (Eilenberger und Haghani 2008, S. 47). Der Fremdkapitalgeber ist **nicht** am wirtschaftlichen Erfolg des Unternehmens beteiligt, erhält dafür jedoch eine im Vorfeld vereinbarte feste **Zinszahlung** als Gegenleistung für die Überlassung des Kapitals. Rechtliche Grundlage der Überlassung von Fremdkapital ist der in den §§ 488 ff. BGB normierte **Darlehensvertrag**. Danach wird der Darlehensgeber verpflichtet, dem Darlehensnehmer (also dem Unternehmen) einen Geldbetrag in der ver-

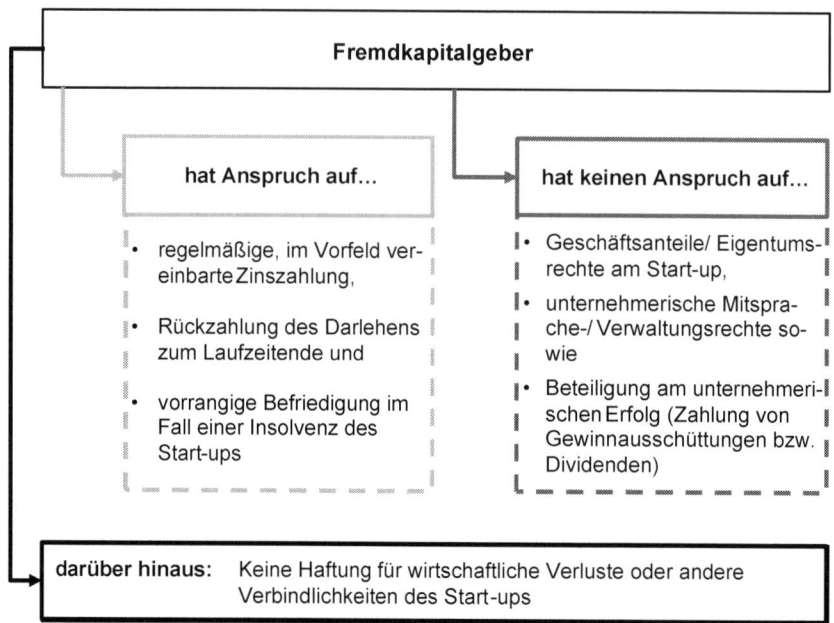

Abb. 8.4 Charakteristika von Fremdkapital

traglich vereinbarten Höhe zur Verfügung zu stellen (§ 488 Abs. 1 S. 1 BGB). Im Gegenzug ist der Darlehensnehmer verpflichtet, den geschuldeten Zins zu zahlen sowie das zur Verfügung gestellte Darlehen bei Fälligkeit zurückzuzahlen (§ 488 Abs. 1 S. 2 BGB).

Zusammenfassend lassen sich folgende Charakteristika (hierzu s. auch Abb. 8.4) einer Finanzierung durch Fremdkapital – insbesondere im Vergleich zu einer Eigenkapitalfinanzierung – aufführen (entnommen aus Eilenberger und Haghani 2008, S. 47 f.):

- der Fremdkapitalgeber erwirbt **keine Geschäftsanteile** und somit **keine Eigentumsrechte** am Unternehmen
- der Fremdkapitalgeber haftet **nicht** für wirtschaftliche **Verluste** oder andere **Verbindlichkeiten** des Start-ups
- dem Fremdkapitalgeber stehen grundsätzlich **keine** unternehmerischen **Mitsprache-/Verwaltungsrechte** am Unternehmen zu (eine Ausnahme hierzu bilden sog. „Covenants", s. Kap. 8.2.2.3)
- der Fremdkapitalgeber hat einen Anspruch auf **regelmäßige**, im Vorfeld vereinbarte **Zinszahlungen**, **nicht** jedoch auf Zahlung von **Gewinnausschüttungen** bzw. **Dividenden**, also **keine** Beteiligung am **unternehmerischen Erfolg**
- die **Laufzeit** der Überlassung des Fremdkapitals ist **befristet**, es muss also bis zum Laufzeitende vom Unternehmen **vollständig zurückbezahlt** sein und
- Ansprüche des Fremdkapitalgebers werden im Falle einer (drohenden) **Insolvenz** des Unternehmens **vorrangig** vor Ansprüchen der Eigenkapitalgeber **bedient**

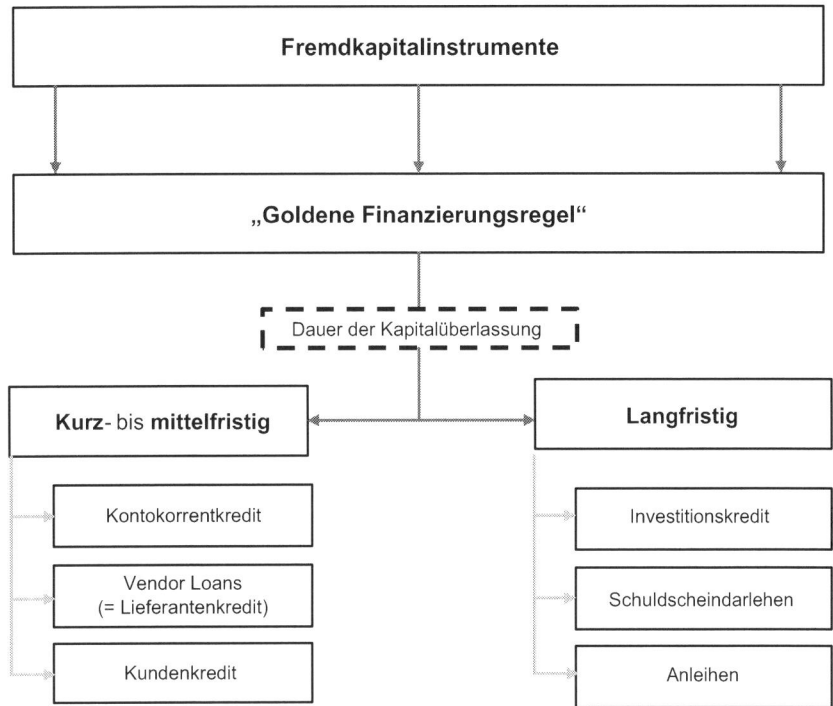

Abb. 8.5 Instrumente der Fremdkapitalfinanzierung

8.2.2.2 Instrumente der Fremdkapitalfinanzierung

Bei der Wahl des passenden **Finanzierungsinstruments** sollten die Gründer sich dem Grunde nach an der sog. **goldenen Finanzierungsregel** orientieren, wonach zwischen der Dauer der Kapitalüberlassung als auch der Kapitalbindung Fristenkongruenz bestehen muss (Küting und Kessler 1992, S. 1033).

Neben dem klassischen **Bankkredit** existieren auch andere Instrumente der Fremdkapitalfinanzierung (diesbezüglich s. auch Abb. 8.5), deren konkrete Auswahl nicht wahllos, sondern strukturiert nach dem erforderlichen Kapitalbedarf bzw. dem Anlass der Finanzierung entsprechend erfolgen sollte. Eines dieser – insbesondere für Start-ups relevanten – Finanzierungsmittel ist etwa der Handelskredit („**Vendor Loans**", vgl. dazu unten Kap. 8.2.2.4).

Bankkredite lassen sich nach der Dauer ihrer Laufzeit unterscheiden. **Kurz- und mittelfristige Bankkredite** dienen vor allem der Sicherstellung ausreichender Liquidität des Unternehmens für die Finanzierung außergewöhnlicher Belastungen oder den Ausgleich von Unregelmäßigkeiten im Zahlungsverkehr (Werner und Kobabe 2007, S. 117). **Lang-**

fristige Kredite (als langfristig werden insbesondere solche Kredite bezeichnet, die eine Ursprungslaufzeit von mindestens vier Jahren haben) dienen hauptsächlich der Finanzierung von Investitionen.

Ferner danach differenziert, ob von der Bank tatsächlich liquide Mittel bereitgestellt werden (= **Geldleihe**) oder aber ob sich das Unternehmen – im Sinne einer Bürgschaft oder Garantie – nur die Reputation der Bank gegenüber ihren Geschäftspartnern zu Nutzen macht, dabei jedoch ein unmittelbarer Liquiditätszufluss nicht stattfindet (= **Kreditleihe**, hierzu s. Werner und Kobabe 2007, S. 117).

Ausgangspunkt zur Wahl des geeigneten Finanzierungsinstruments im Bereich des Fremdkapitals ist die sog. „**goldene Finanzierungsregel**".

Diese bringt das Prinzip der **Fristenkongruenz** zum Ausdruck, indem sie verlangt, dass zwischen der Bindungsdauer der im Unternehmen investierten Mittel und der entsprechenden Kapitalüberlassungsdauer (zumindest) **Übereinstimmung** herrschen muss (Küting und Kessler 1992, S. 1033). Folglich sollte langfristiges Vermögen entsprechend auch durch langfristig verfügbares Kapital, kurzfristiges Vermögen hingegen durch kurzfristig verfügbares Kapital gedeckt werden. Der goldenen Finanzierungsregel liegt damit somit die Vorstellung zugrunde, dass durch die Einhaltung des Grundsatzes der Fristenkongruenz die Liquidität des Start-ups langfristig aufrechterhalten werden kann (Küting und Kessler 1992, S. 1033).

Für die Gründer bedeutet dies, dass Güter des Anlagevermögens (z. B. Computer, Produktionsmaschinen etc.) oder langfristig gebundene Teile des Umlaufvermögens (z. B. der „eiserne Bestand" des Warenlagers) mit Kapital finanziert werden sollen, das auch **langfristig** zur Verfügung steht (Weitnauer 2011, S. 159). Dieses kann sowohl Eigenkapital als auch ein Kredit mit einer langen Laufzeit (**Investitionskredit**) sein. Dabei wird entweder die ordentliche Kündigung des Darlehens und damit seine Zahlbarkeit für einen bestimmten Zeitraum ganz ausgeschlossen (**Festdarlehen**) oder die Rückzahlung wird zu jährlich gleich bleibenden Leistungen (Annuitäten) vereinbart, sodass die Zahlungen des Unternehmens zunächst für die angefallenen Zinsen und sodann erst zur Kapitaltilgung verwendet werden (**Tilgungs-/Annuitätendarlehen**, s. hierzu Weitnauer 2011, S. 159).

Umgekehrt besagt die goldene Finanzierungsregel, dass Güter des Umlaufvermögens, die nur für einen **kurzen Zeitraum** benötigt werden (z. B. saisonale Ware, Verpackungsmaterial), am besten mit Kapital zu finanzieren ist, das eine **kurzfristige** oder allenfalls **mittelfristige** Laufzeit hat.

Die gebräuchlichste Form des kurzfristigen Bankkredits ist der **Kontokorrentkredit**. Er dient als ständige **Liquiditätsreserve** des Unternehmens und verhindert die unnötige Bindung bzw. Entnahme wertvollen Eigenkapitals. Dazu räumt das Kreditinstitut dem Unternehmen eine Kreditlinie ein, bis zu der es das Geschäftskonto in Anspruch nehmen, also „überziehen" darf. Bis zu einer festgelegten Kreditlinie kann das Geschäftskonto somit beansprucht werden, ohne dass zusätzlich zu den vereinbarten Kontokorrentkreditzinsen Überziehungszinsen anfallen (Weitnauer 2011, S. 159).

Der besondere Vorteil für das den Kontokorrentkredit in Anspruch nehmende Unternehmen besteht darin, dass Zinszahlungen nur auf die **tatsächlich** in Anspruch genommene Kreditsumme zu leisten sind. Auf diese Weise können unnötige, auf einer Fehleinschätzung des künftigen Liquiditätsbedarfs beruhende Zinszahlungen vermieden werden (Eilenberger und Haghani 2008, S. 51).

Von einer Finanzierung des Unternehmens auf Grundlage eines Kontokorrentkredits als alleiniges Finanzierungsinstrument ist jedoch abzuraten, da das Kreditinstitut nach Nr. 19 Abs. 3 der Allgemeinen Geschäftsbedingungen der Banken und Sparkassen („**AGB-Banken**") den Kredit mit sofortiger Wirkung ohne Einhaltung einer Kündigungsfrist kündigen und zur **sofortigen Rückzahlung** fällig stellen kann, wenn sich die Vermögenslage des Unternehmens wesentlich verschlechtert oder sich auch nur – etwa weil die eingeräumte Kreditlinie ständig und in bedeutendem Umfang überzogen wird – zu verschlechtern droht (Weitnauer 2011, S. 159). Von daher sollte eine ausgewogene Mischung von unterschiedlichen Kreditformen – mit entsprechenden Laufzeiten je nach Lebensdauer der zu finanzierenden Wirtschaftsgüter – angestrebt werden (Weitnauer 2011, S. 159).

Weiter stehen zur Finanzierung von Kapitalbedarfsspitzen sog. **Terminkredite** (Betriebs-, Saison- und Zwischenkredite) unter der Voraussetzung zur Verfügung, dass bereits im Vorfeld (im Gegensatz zum Kontokorrentkredit) der zu erwartende kurzfristige Finanzierungsbedarf in konkreter Höhe und Laufzeit feststeht.

Der **Lombardkredit** ist demgegenüber ein kurzfristiger Kredit, der durch ein Pfandrecht an einer beweglichen Sache oder an einem verbrieften Recht (Wertpapier) gesichert ist.

Wechsel-, Akzept-und **Diskontkredite** dienen vorwiegend der Finanzierung von Warengeschäften entweder dadurch, dass die Bank einem Kunden des Unternehmens bereits vor Fälligkeit die in einem Wechsel verbriefte Verbindlichkeit auszahlt (Diskontkredit) oder aber nur ihre Kreditwürdigkeit als Kreditleihe zur Verfügung stellt bzw. sich grundsätzlich für ihren Kunden gegenüber einem Dritten verpflichtet (Akzeptkredit). **Avalkredite**, welche in Form bankseitiger, selbstschuldnerischer Bankbürgschaften oder Garantien für Zahlungsverpflichtungen des Unternehmens einstehen, runden das Portfolio der Bankkredite ab (zur Vertiefung vgl. Werner und Kobabe 2007, S. 116 ff.).

Schließlich sind der Fremdkapitalfinanzierung auch sog. Schuldscheindarlehen und Schuldverschreibungen (**Anleihen**) zuzuordnen; sie dienen indes der Kapitalbeschaffung für große mittelständische Unternehmen und sind daher als Finanzierungsmittel für Start-ups eher vernachlässigbar.

8.2.2.3 Covenants

Der gegenüber einer Eigenkapitalfinanzierung bestehende grundlegende Vorteil einer Finanzierung durch Fremdkapital, wonach die Gründer sämtliche **Mitsprache-/Kontrollrechte** und somit die volle Autonomie ihrer Entscheidungen im Unternehmen behalten, erfährt in der Praxis mehr und mehr eine Aufweichung durch sog. **Covenants**.

Hierbei handelt es sich um ein im Wege vertraglicher Vereinbarungen zwischen dem Kreditgeber und dem Unternehmen durchgesetztes Sicherungs- und Kontrollinstrument, das dem Kreditgeber im Fall einer **finanziellen Notlage** des Unternehmens ermöglicht, dessen unternehmerischen Handlungsspielraum **einzuengen** (Eilenberger und Haghani 2008, S. 64). Entwickelt sich die wirtschaftliche Situation des Unternehmens jedoch ordnungsgemäß, kommt es also zu keiner Verschlechterung der finanziellen Situation, finden die vertraglich eingeräumten Kontroll-/Mitspracherechte des Kreditgebers in aller Regel keine Anwendung.

Covenants beinhalten einerseits die Verpflichtung des Unternehmens zur zukünftigen Einhaltung von bestimmten **Finanzkennzahlen**, verbunden mit der Pflicht zur Informationserteilung an den Kreditgeber in regelmäßigen Abständen (**Financial Covenants**) oder legen generell Restriktionen für die künftige Geschäfts- und Unternehmensführung fest (**Corporate Covenants**, vgl. Weitnauer 2011, S. 159).

Die durch Covenants gewährleisteten Sicherungs- und Kontrollinstrumente dienen generell der **Risikofrüherkennung** einer Insolvenzsituation wegen **Überschuldung** oder **Zahlungsunfähigkeit** des Unternehmens (Weitnauer 2011, S. 159/160), indem sie die Ertrags-, Verschuldungs- und Liquiditätslage sowie die Eigenkapitalausstattung des Unternehmens durch entsprechend vorab im Kreditvertrag definierte **Richtwerte** überwachen. In Bezug auf die Interessenlage des Kapitalgebers haben somit Covenants in erster Linie den Zweck, das **Kapitalausfallrisiko** des Kreditgebers zu minimieren.

Für den Fall, dass es zu einem Verstoß gegen die festgelegten Covenants („**Breach of Covenant**") kommt, werden im Vorfeld die Pflichten des Unternehmens („**Affirmative Covenants**") sowie diejenigen Handlungen festgelegt, die das Unternehmen ab dem Zeitpunkt nicht mehr oder nur nach Absprache mit dem Kreditgeber vornehmen darf („**Negative Covenants**", vgl. hierzu im Einzelnen mit weitergehenden Ausführungen Eilenberger und Haghani 2008, S. 65 ff.).

Auch wenn sog. **Covenants** dem Kreditgeber Einwirkungsmöglichkeiten auf das Unternehmen gewähren, führen sie als solche noch keine wirtschaftliche **Gleichstellung** des Kreditgebers mit einem **Gesellschafter** herbei (Saenger und Inhester 2010, Anhang zu § 30, Rn. 94). Bei einem als GmbH firmierenden Start-up erhält der Kreditgeber insoweit etwa auch nicht die den Gesellschaftern zustehenden Informationsrechte (vgl. § 51a GmbHG, zu Informationsrechten von Gesellschaftern s. auch Kap. 7.2.1.3.3.4). Vielmehr müssen sich professionelle Kreditgeber die für die Kreditgewährung relevanten Informationen von Gesetzes wegen grundsätzlich selbst direkt vom Unternehmen verschaffen (vgl. z. B. § 18 KWG, Saenger und Inhester 2010, Anhang zu § 30, Rn. 94).

8.2.2.4 Vendor Loans

Vendor Loans (Lieferantenkredite) dienen der kurzfristigen Fremdfinanzierung. Im Gegensatz zum Bankkredit ist der Lieferantenkredit eine Form des **Handelskredits**. In ihrer klassischen Ausprägung stellen sie lediglich eine kurzfristige Verlängerung von Zahlungszielen gegen den entsprechenden Verzicht von Preisnachlässen (Skonto) dar. Aus Gründen der Rentabilität kann es jedoch sinnvoller sein, einen kurzfristigen Bankkredit aufzunehmen und die Verbindlichkeiten innerhalb der Skontofrist unter Inanspruchnahme eines Preisnachlasses zu bezahlen (Eilenberger und Haghani 2008, S. 56).

Darüber hinaus können Vendor Loans auch atypisch in der Form ausgestaltet sein, dass bspw. wesentliche Zulieferer an der wirtschaftlichen Entwicklung des Unternehmens unmittelbar partizipieren. So werden sie über schuldrechtliche Vereinbarungen erfolgsbezogener, zusätzlicher Zahlungsversprechen entweder bis zu einem mehrfachen Wert der erbrachten Leistungen an einer positiven Ertragslage des Unternehmens partizipieren bzw. wird ihnen zugleich als weiterer Anreiz ein (eingeschränkter) Exklusivstatus als „**prefered supplier**" eingeräumt (Weitnauer 2011, S. 160).

8.2.3 Mittelbare Finanzierung durch Mitarbeiterbeteiligungsmodelle

Bei innovativen Wachstumsunternehmen tobt regelmäßig ein Kampf um die talentiertesten Mitarbeiter („**key-persons**", s. auch Kap. 7.2.1.3.4.3). In der IT/Internetbranche sind bspw. erfahrene Programmierer Mangelware, die es – wenn einmal gefunden – mit monetären und nicht monetären Anreizen an das Unternehmen zu binden gilt. Der Faktor **Humankapital** ist für den langfristigen wirtschaftlichen Erfolg des Unternehmens entscheidend.

Gerade wenn sich qualifizierte Mitarbeiter für ein noch junges Unternehmen entscheiden, nehmen sie oft ein erhebliches persönliches Risiko und Einkommenseinbußen auf sich. Dieses Wagnis, einen vergleichsweise sicheren Arbeitsplatz gegen eine anfänglich geringer bezahlte und in ihrer Dauer oft ungewisse Tätigkeit in einem Start-up einzutauschen, wird dadurch kompensiert, dass der anfängliche Verzicht auf Gehalt durch eine direkte oder virtuelle Beteiligung am Vermögen der Gesellschaft ausgeglichen wird (Weitnauer 2011, S. 392). Kommt es dann zu einem Exit, hat der durch die direkte oder indirekte Beteiligung incentivierte Mitarbeiter Aussicht auf überdurchschnittliche Gewinnchancen.

Eine dieser Anreizmöglichkeiten ist die **Mitarbeiterbeteiligung** (englisch auch kurz: **ESOP**, „**E**mployee **S**tock **O**wnership **P**lan"). Sie wird verstanden als eine Beteiligung des Mitarbeiters an **ideellen** und/oder **materiellen Rechten** im arbeitgebenden Unternehmen, die über die regelmäßig im Arbeitsvertrag festgelegten Rechte und Funktionen hinaus geht (Weitnauer 2011, S. 392).

Die Mitarbeiterbeteiligung hat neben ihrer Funktion als personalpolitische Maßnahme – indem sie die Motivation und Leistungsbereitschaft der jeweiligen Mitarbeiter positiv beeinflusst und damit die Mitarbeiter längerfristig an das Unternehmen bindet – auch einen finanzwirtschaftlichen Effekt als **Instrument** der **Unternehmensfinanzierung** (Krüger 2008, S. 28, 31). Diese Beteiligungsform der Mitarbeiter ist insofern der Innenfinanzierung des Unternehmens zuzuordnen.

Die **typische** Mitarbeiterbeteiligung spielt dabei frühestens in der Emerging Growth-Phase des Start-ups eine Rolle. Wie bereits ausgeführt wurde, muss in diesem Entwicklungsstadium die **Finanzkraft** und **Liquidität** des Unternehmens erhöht bzw. optimiert werden, damit sich das Start-up mit der Unternehmensidee langfristig im Wettbewerb behaupten kann. Zur Erreichung dieser Ziele sind die Unternehmen verstärkt auf **alternative** Finanzierungsquellen angewiesen, mit denen sie die **Eigenkapitalquote** und demzufolge ihre Kreditfähigkeit zur Aufnahme von Fremdkapital verbessern können (Krüger 2008, S. 33).

Die Verbesserung der Eigenkapitalausstattung des Unternehmens lässt sich durch eine Vielzahl von Kapitalbeteiligungsmodellen umsetzen. Durch eine klassische Mitarbeiterkapitalbeteiligung werden die Mitarbeiter etwa zu Kapitalgebern des Unternehmens (Krüger 2008, S. 33).

Doch auch bereits in frühen oder gar sehr frühen Unternehmensphasen (**Seed-** und **Start-up-Phase**) können **atypische** Formen der Mitarbeiterbeteiligung etwa über **virtuelle Geschäftsanteile** ein geeignetes und liquiditätsschonendes Mittel sein, um sich die Qualität und Exzellenz von Mitarbeitern, die für die wirtschaftliche Entwicklung und den Erfolg des Unternehmens von herausragender Bedeutung sind („**key persons**"), zu sichern. Die atypische Mitarbeiterbeteiligung ist insoweit – wie bereits angesprochen – ein **mittelbares** Instrument der Unternehmensfinanzierung, das **unmittelbar** das Eigenkapital sowie die Liquidität des Unternehmens schont.

8.2.3.1 Mitarbeiterbeteiligungsstruktur

Start-ups sind üblicherweise in der Rechtsform einer GmbH (vgl. Kap. 6.1.2.1) oder haftungsbeschränkten Unternehmergesellschaft (UG) organisiert. Klassische Aktienoptionspläne („**stock options**"), die Optionen in Form von Bezugsrechten für den Erwerb von Aktien an einem als Aktiengesellschaft (AG) firmierenden Unternehmen festlegen (Weitnauer 2011, S. 398), scheiden daher für die Mehrzahl aller Start-ups aus.

Die für Start-ups geeignetste, weil praktikabelste Ausgestaltung der Beteiligung von Mitarbeitern ist daher einerseits die **Unterbeteiligung** der ausgewählten „key persons" an Geschäftsanteilen der Gesellschaft, zum anderen die Vereinbarung einer **virtuellen Beteiligung** an der Gesellschaft selbst.

Daneben existieren in der Praxis zahlreiche weitere Beteiligungsformen (zu diesen vgl. bspw. Weitnauer 2011, S. 395 f.; Werner und Kobabe 2007, S. 90 ff.) etwa über die Ausgabe von Genussrechten über **Genussscheine** (hierzu s. Kap. 5.2.2.4 und 7.3.1.4.4) oder etwa die rechtliche Ausgestaltung über eine **Poollösung** in Form einer Beteiligung an einer zwischengeschalteten Mitarbeiterbeteiligungsgesellschaft, welche die von den Mitarbeitern gehaltenen Geschäftsanteile gesamthänderisch bündelt. Für Start-ups sind diese jedoch aufgrund ihrer Komplexität nicht unbedingt empfehlenswert.

8.2.3.2 Unterbeteiligung

Eine Unterbeteiligung ist keine direkte Beteiligung der Gesellschaft, sondern eine „**Beteiligung an einer Beteiligung**" (Fleischer und Goette 2010, § 15 GmbHG, Rn. 242). Durch sie wird der Mitarbeiter wirtschaftlich und steuerlich einem unmittelbaren Gesellschafter gleichgestellt, obgleich er dabei jedoch nicht Gesellschafter der GmbH oder der UG (haftungsbeschränkt) wird.

Die Unterbeteiligung kommt dadurch zustande, dass ein Gesellschafter (der Hauptbeteiligte) und der begünstigte Mitarbeiter (der Unterbeteiligte) eine schuldrechtliche **Berechtigung** an den jeweiligen Geschäftsanteilen des Gesellschafters **vereinbaren**. Die

Unterbeteiligung bezieht sich auf die mit dem Anteil verbundenen Vermögensrechte, insbesondere auf den Gewinnanspruch (Fleischer und Goette 2010, § 15 GmbHG, Rn. 242).

In rechtlicher Hinsicht begründet die Unterbeteiligung eine sog. **BGB-Innengesellschaft** (zur GbR s. §§ 705 ff. BGB und Kap. 6.1.3.1) mit dem Zweck des gemeinsamen Haltens, Nutzens und Verwaltens des Anteils an der Gesellschaft; teilweise findet ergänzend auch das Recht der **stillen Gesellschaft** (§§ 230 ff. HGB, hierzu s, auch Kap. 5.2.2.2 und 7.3.1.4.1) entsprechende Anwendung (Fleischer und Goette 2010, § 15 GmbHG, Rn. 243 f.).

Um die Anreizfunktion der Unterbeteiligung auf den Mitarbeiter nicht negativ zu beeinflussen, sollte eine Unterbeteiligung in jedem Fall derart ausgestaltet sein, dass diese zurück zu übertragen ist, falls die Tätigkeit des Mitarbeiters für das Unternehmen vorzeitig endet. Die Fälligkeit oder Unverfallbarkeit der Unterbeteiligung sollte durch ein über einen bestimmten Zeitraum bestehendes Tätigkeitsverhältnis zwischen dem Mitarbeiter und dem Unternehmen aufschiebend bedingt werden.

8.2.3.3 Virtual shares

Soll der Mitarbeiter schuldrechtlich unmittelbar an der Gesellschaft „beteiligt" werden, bietet sich ein „**Phantom Share**"-Modell an. In aller Regel wird die jeweilige „key person" eher bereit sein, auf einen Anteil ihrer Vergütung in der Gründungsphase des Unternehmens zu verzichten, soweit ihr – wenn auch „nur" **schuldrechtlich** – Anteile an der Gesellschaft und eben nicht nur eine Unterbeteiligung gewährt werden.

Der Mitarbeiter wird bei einer Phantom Share-Vereinbarung im Wege einer schuldrechtlichen Verpflichtung der Gesellschaft vermögensmäßig so gestellt, als wäre er mit einer vorab bestimmten Anzahl der Geschäftsanteile („**virtuelle Geschäftsanteile**") an der Gesellschaft beteiligt. Die Phantom Shares stellen somit schuldrechtliche Nachbildungen der tatsächlichen Geschäftsanteile dar.

Über die „Ausgabe" von Phantom Shares hinaus erhält der Mitarbeiter keine Stellung als – in die Gesellschafterliste des Handelsregisters eingetragener – Gesellschafter sowie keine Teilnahme- oder Stimmrechte in einer Gesellschafterversammlung der Gesellschaft. Durch die vertragliche Vereinbarung steht dem Mitarbeiter gegen die Gesellschaft jedoch sowohl ein schuldrechtlicher Anspruch auf Zahlung einer Gewinnausschüttung als auch auf eine angemessene Beteiligung an sich in Zukunft realisierenden Wertsteigerungen der Gesellschaft zu. Kurz gesagt: Der Mitarbeiter erhält einen Anspruch auf Zahlung der **Differenz** zwischen dem Wert eines Geschäftsanteils im Zeitpunkt der **Einräumung** und dem Wert im Zeitpunkt der **Ausübung**.

Das „Phantom Share" Modell wurde bereits oben (s. Kap. 5.2.2.5) als mögliche Beteiligungsform eines Business Angel-Investments vorgestellt. Es kann aufgrund der im Schuldrecht geltenden Vertragsfreiheit und der somit gegebenen flexiblen Möglichkeiten der individuellen vertraglichen Ausgestaltung jedoch auch zur Beteiligung von (strategisch wichtigen) Mitarbeitern benutzt werden (hierzu s. bereits Kap. 7.2.1.3.4.3).

Perspektivisch ist bereits bei der erstmaligen Gewährung virtueller Geschäftsanteile von den Gründern zu bedenken, dass der schuldrechtliche Anspruch des Mitarbeiters –

sofern er nach den Bestimmungen der Vereinbarung fällig bzw. unverfallbar ist – in einer späteren Unternehmensphase eine Barzahlung der Gesellschaft erfordert, welche zu einem entsprechenden **Liquiditätsabfluss** führt (Weitnauer 2011, S. 408).

Unverfallbar wird der schuldrechtliche Anspruch des Mitarbeiters regelmäßig (anteilig) erst dann, sofern entweder vorab definierte Erfolgsziele erreicht wurden oder der Mitarbeiter für einen entsprechenden Mindestzeitraum für die Gesellschaft tätig (gewesen) ist. Eine solche Abrede der Abhängigkeit von Anspruch und (persönlicher/zeitlicher) Performance ist Gegenstand eines sog. „**Vesting**" (engl. „vested right" = „sicher begründetes Recht"). Danach erwirbt der Mitarbeiter den vollen Anspruch auf Auszahlung der virtuellen Geschäftsanteile, sobald er für eine Mindestdauer für die Gesellschaft tätig gewesen ist (in diesem Fall sind seine virtuellen Geschäftsanteile „gevested"); endet die Tätigkeit des Mitarbeiters vor Ablauf der vereinbarten Mindestdauer, erlischt die virtuelle Beteiligung proportional in entsprechender Höhe bzw. gänzlich.

Weiter darf die **steuerrechtliche** Komponente einer virtuellen Beteiligung nicht unberücksichtigt bleiben (hierzu s. auch Kap. 10.2.2.2). Grundsätzlich hat die Einräumung einer virtuellen Beteiligung gegenüber einer unmittelbaren Anteilsübertragung den Vorteil, dass die Besteuerung (die Zahlungen aus einer virtuellen Beteiligung unterliegen als Vergütungsbestandteile der Sozialversicherungspflicht und der Lohnsteuer) erst zum Zeitpunkt des Liquiditätszuflusses an den Mitarbeiter erfolgt und somit dem Mitarbeiter das Risiko eines Verlustes seiner Beteiligung abgenommen wird (Weitnauer 2011, S. 408).

Schließlich ist die „Ausgabe" von Phantom Shares auch im Hinblick auf die von den Gründern verfolgte **Exit-Strategie** vorausblickend zu bedenken. Zukünftige Erwerber des Unternehmens werden nämlich bei der Bemessung der Kaufpreishöhe die Zahlungsverpflichtungen der Gesellschaft gegenüber den begünstigten Mitarbeitern einkalkulieren, sofern nicht eine entsprechende Freistellung durch die veräußernden Gesellschafter vereinbart wird (Weitnauer 2011, S. 408). Dies bedeutet im Ergebnis, dass neben den Gründern auch sämtliche übrigen Gesellschafter mit den sich aus der Phantom Share-Vereinbarung entstehenden Zahlungsansprüchen belastet sind. In einem Beteiligungsvertrag mit Investoren wird daher regelmäßig vereinbart, dass die „Ausgabe" von Phantom Shares entweder nur mit **Zustimmung** der Investoren möglich ist oder aber die Gründungsgesellschafter für die Ansprüche der Mitarbeiter **aufkommen** und somit die übrigen Gesellschafter von der diesbezüglichen anteiligen Schuld der Gesellschaft **freigestellt** werden (Weitnauer 2011, S. 408 f.).

8.2.3.4 Beispiele

Zur besseren Verdeutlichung der vorgestellten Mitarbeiterbeteiligungsmodelle sollen folgende Beispiele dienen:

Ein Start-up ist in der IT-Branche tätig und firmiert dabei in der Rechtsform der GmbH. Das Unternehmen wurde von zwei Gründern gegründet, die als Gesellschafter 70 % (Gründer 1) bzw. 30 % (Gründer 2) der Geschäftsanteile der GmbH halten.

Ein Gesellschafter (Gründer 1) möchte einen Programmierer („key person") anhand einer **Unterbeteiligung** dauerhaft an das Unternehmen binden (hierzu s. auch Abb. 8.6).

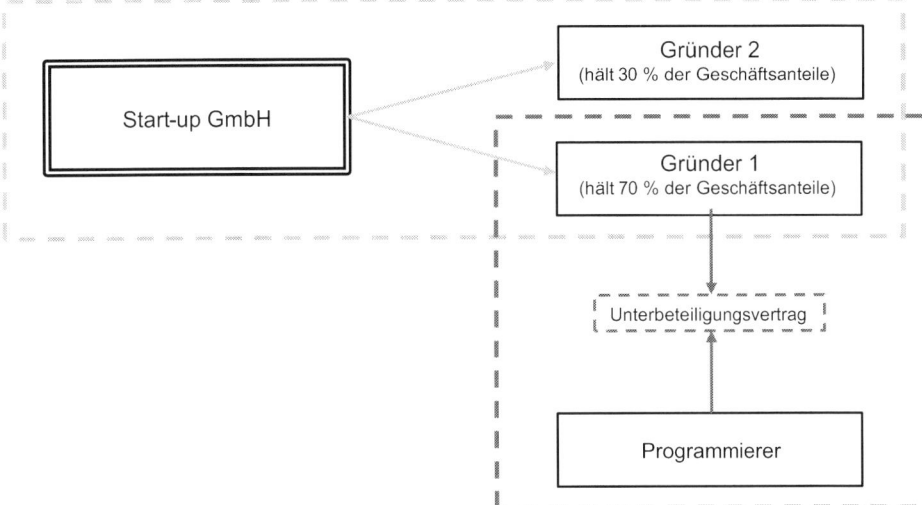

Abb.8.6 Unterbeteiligung

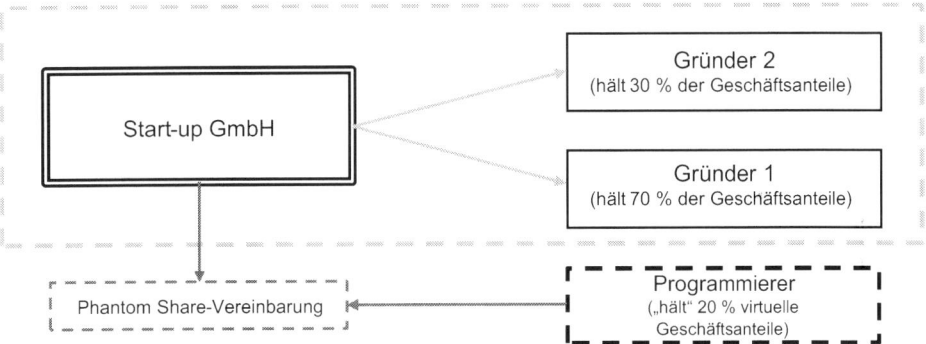

Abb. 8.7 Phantom Share-Beteiligung

Dazu schließt der Gründer (Hauptbeteiligter) mit dem Programmierer (Unterbeteiligter) eine schuldrechtliche Vereinbarung ab, durch die der Mitarbeiter an den von dem Gesellschafter gehaltenen Geschäftsanteilen beteiligt wird.

Des Weiteren besteht die Möglichkeit, den Programmierer im Rahmen des „**Phantom Share**"-Modells schuldrechtlich direkt an der Start-up-GmbH zu „beteiligen" (diesbezüglich s. Abb. 8.7). Soll der Mitarbeiter bspw. eine virtuelle Beteiligungsquote von 20 % erhalten, kann das Start-up mit dem Programmierer eine Phantom Share-Vereinbarung mit dem Inhalt abschließen, dass der Mitarbeiter – schuldrechtlich bzw. virtuell – so gestellt wird, als **würde** er 20 % der Geschäftsanteile der GmbH halten, also mit 20 % am Stammkapital der Gesellschaft beteiligt sein.

8.2.4   Strategische Partnerschaften

Eine weitere Form der Wachstumsfinanzierung stellen **strategische Partnerschaften** dar. Start-ups begegnen dieser Finanzierungsform oftmals mit Bedenken. Zu groß ist die Befürchtung, dass der andere Teil die „Partnerschaft" einseitig dazu nutzen könnte, seinerseits größtmöglichen Profit daraus zu ziehen und dem anderen „kleineren" Partner jedwede Eigenständigkeit zu nehmen. Strategische Partnerschaften als Finanzierungsmöglichkeit bieten sich jedoch vor allem dann an bzw. sollten besonders eruiert werden, soweit eine **externe** Finanzierung **nicht** bzw. in der aktuellen Unternehmensphase noch nicht bewerkstelligt werden kann. In jedem Fall sollte sie als „**atypisches**" Finanzierungsmittel von den Gründern im Hinterkopf behalten werden.

Bei einer strategischen Partnerschaft handelt es sich grundsätzlich um die Vereinbarung zweier Unternehmen zur gegenseitigen Zusammenarbeit, entweder nur in Bezug auf einzelne Projekte bzw. Teilbereiche oder aber in Bezug auf weitere Unternehmensbereiche. Strategische Partnerschaften dienen somit der Schaffung von **Synergieeffekten**, dem Austausch von **Know-how** sowie der **Diversifizierung** bzw. **Teilung** von unternehmerischen Risiken. Darüber hinaus haben sie den Effekt, dass über die Vereinbarung einer strategischen Partnerschaft aus einem (ehemaligen) Konkurrenten ein Geschäftspartner werden kann und wirken insoweit unmittelbar **konkurrenzneutralisierend**.

Die klassische Form einer strategischen Partnerschaft ist ein **Joint Venture**. Hierbei handelt es sich um die Zusammenarbeit zweier Unternehmen (in aller Regel über eine gemeinsame Joint Venture Gesellschaft), um ein gemeinsames Ziel zu erreichen oder ein gemeinsames Projekt zu realisieren (Breithaupt und Ottersbach 2010, Teil 1. C. § 2, Rn. 73). Der zwischen den beiden Unternehmen zu schließende Joint-Venture-Vertrag regelt dabei Rechte und Pflichten der beiden Partner, insbesondere den Austausch von Leistungen, die vom jeweiligen Partner zur Zielerreichung beizusteuernden Maßnahmen sowie die Verteilung von generierten Erlösen (vgl. Breithaupt und Ottersbach 2010, Teil 1. C. § 2, Rn. 73).

Vergleichbar einem Business Angel- oder VC-Investment gibt es (etablierte) Unternehmen, die sich als strategische Partner definieren, um in unterfinanzierte Start-ups zu investieren. Sie erhoffen sich dadurch, ihre eigene Produkt- bzw. Dienstleistungspalette durch das Produkt/die Dienstleistung des Start-ups **komplementieren** zu können (Karadimas 2009). Das größere Unternehmen denkt dabei perspektivisch, indem es versucht, über die Kooperation das Produkt bzw. die Dienstleistung zu entwickeln, die dem eigenen Wachstum in Zukunft förderlich sein könnte.

Darüber hinaus profitiert das Start-up vom Know-how des Partners und dessen Netzwerk an Kontakten. Auch kann die Präsenz eines wichtigen strategischen Partners die Chance erhöhen, Kapital, bspw. im Rahmen einer VC-Finanzierung zu erhalten (Karadimas 2009), da der VC-Geber gerade aufgrund der strategischen Partnerschaft zwischen dem (innovativen) Start-up und dem (etablierten) Partner ein überdurchschnittliches Wachstumspotential des Unternehmens sieht. Die Motivlage für eine strategische Partnerschaft ist mithin – auf beiden Seiten der Partnerschaft – mit dem Beweggrund für ein klassisches **Corporate VC- Investment** (CVC, vgl. dazu oben Kap. 5.4.4) vergleichbar.

Haben die Gründer einen sachlichen Grund für eine strategische Partnerschaft (Synergien, Austausch von Know-how, Risikoteilung etc., also in aller Regel eine wechselseitige „win-win"-Situation) mit einem anderen Unternehmen identifiziert, gilt es zunächst, die Intensität bzw. Spannbreite der strategischen Partnerschaft zu verhandeln.

Die Öffnung des eigenen Unternehmens gegenüber einem Dritten erfordert zum Schutze eigener Rechte besondere **Sicherungsmaßnahmen** – insbesondere in Bezug auf das geistige Eigentum – sowie besondere Strukturen für die Kommunikation zwischen den Partnern, ohne die eine Kooperation im vorgenannten Sinne nicht funktionieren kann. Darüber hinaus sind von Beginn an klare **Zielsetzungen** zu definieren sowie realistische **Meilensteine** zu setzen, um die strategische Partnerschaft periodisch auf ihren wechselseitigen Nutzen hin kontrollieren zu können (zu allem s. Karadimas 2009).

Fazit

In der **Emerging Growth-Phase** müssen sowohl das **Wachstum** bzw. die **Expansion** als auch die dadurch erforderliche Anpassung der **Unternehmensstruktur** umgesetzt werden. Für High Flyer kann es daneben zweckmäßig sein, einen Börsengang anzustreben und diesen – in der sog. **Bridge-Phase** – vorzubereiten (**Pre-IPO**).

Als Kapitalquellen dienen in diesem Stadium der Unternehmensgründung hauptsächlich Fremdkapital, **Private Equity** und mittelbare Finanzierungen durch **Mitarbeiterbeteiligungen**. Die Bedeutung der Fremdkapitalfinanzierung nimmt zu, nachdem dieser Finanzierungsart während der Seed- und der Start-up-Phase des Unternehmens allenfalls eine marginale Rolle zukam. Daneben besteht weiterhin die Möglichkeit einer **Eigenkapitalfinanzierung**, die bspw. durch **VC-Geber** und/oder **Business Angels** erfolgen kann.

Das Kapital wird in der Emerging Growth-Phase überwiegend zur **Ausweitung** des **Vertriebs** sowie zur **Weiterentwicklung** des **Produkts** des Start-ups benötigt, damit dieses – insbesondere bei neu auftretenden Konkurrenzunternehmen – am Markt bestehen kann. Durch die Expansion des Start-ups muss auch das Management an die steigenden internen und externen Anforderungen angepasst werden. Dazu ist es **personell** wie auch **fachlich** zu verstärken, was ggf. die Aufnahme externer – innerhalb der Zielbranche des Start-ups – erfahrener Manager in das Team der Geschäftsleitung notwendig macht.

Sofern die Gründer in diesem Unternehmensstadium die richtigen Entscheidungen treffen und die Umsätze des Start-ups entsprechend ansteigen, erreicht das Unternehmen den sog. „**Break-Even**", bei dem die Gewinnschwelle überschritten wird, Anfangsverluste amortisiert werden und das Start-up wirtschaftlich arbeitet. Die Gründer können beginnen, über mögliche **Exit-Strategien** nachzudenken.

Literatur

Breithaupt, J., und J. H. Ottersbach. 2010. *Kompendium Gesellschaftsrecht. Formwahl – Gestaltung – Muster für die Praxis.* München: C. H. Beck.

Buth, A. K., und M. Hermanns. 2009. *Restrukturierung, Sanierung, Insolvenz. Handbuch.* München: Verlag C. H. Beck.

Eilenberger, G., und S. Haghani. 2008. *Unternehmensfinanzierung zwischen Strategie und Rendite.* Berlin: Springer-Verlag.

Fleischer, H., und W. Goette. 2010. *Münchener Kommentar zum Gesetz betreffend die Gesellschaft mit beschränkter Haftung – GmbHG. 1 Bd. §§ 1–34.* München: Verlag C. H. Beck.

Grummer, J.-M., und J. Brorhilker. 2013. Phasengerechte Finanzierung: Teil vier. http://www.gruenderszene.de/finanzen/phasengerechte-finanzierung-emerging-growth-phase. Zugegriffen: 7. Juni 2013.

Karadimas, D. 2009. Strategische Partnerschaften als Finanzierungsmöglichkeit. http://www.deutsche-Start-ups.de/2009/03/09/strategische-partnerschaften-als-finanzierungsmoeglichkeit-ein-gastbeitrag-von-dimitris-karadimas/. Zugegriffen: 4. Juni 2013.

Kollmann, T. 2011. *E-Entrepreneurship. Grundlagen der Unternehmensgründung in der Net Economy.* Wiesbaden: Gabler.

Krüger, C. 2008. *Mitarbeiterbeteiligung – Unternehmensfinanzierung und Mitarbeitermotivation.* Köln: Bank-Verlag Medien GmbH.

Küting, K., und H. Kessler. 1992. Finanzwirtschaftliche Bilanzanalyse: Finanzierungs- und Horizontalanalyse. *DStR* 1992:1029–1034.

Martinek, M., F.-J. Semler, S. Habermeier, und E. Flohr. 2010. *Handbuch des Vertriebsrechts.* München: Verlag C. H. Beck.

Pott, O., und A. Pott. 2012. *Entrepreneurship. Unternehmensgründung, unternehmerisches Handeln und rechtliche Aspekte.* Berlin: Springer-Verlag.

Reichle, H. 2010. *Finanzierungsentscheidung bei Existenzgründung unter Berücksichtigung der Besteuerung. Eine betriebswirtschaftliche Vorteilhaftigkeitsanalyse.* Wiesbaden: Gabler/Springer Fachmedien.

Roth, G. H., und H. Altmeppen. 2012. *Gesetz betreffend die Gesellschaften mit beschränkter Haftung (GmbHG).* München: Verlag C. H. Beck.

Römermann, V. 2009. *Münchner Anwalts Handbuch GmbH-Recht.* München: Verlag C. H. Beck.

Saenger, I., und M. Inhester. 2010. *GmbHG. Handkommentar.* Baden-Baden: Nomos.

Schulz, T., und A. Israel. 2005. Kein existenzvernichtender Eingriff durch typische Finanzierung bei Leveraged Buy-out. *NZG* 2005:329–332.

Theiselmann, R. 2009. *Corporate Finance Recht für Finanzmanager.* München: Verlag Franz Vahlen GmbH.

Weitnauer, W. 2011. *Handbuch Venture Capital. – Von der Innovation zum Börsengang –.* München: Verlag C. H. Beck.

Werner, H. S., und R. Kobabe. 2007. *Handelsblatt Mittelstands-Bibliothek. 6 Bd: Finanzierung.* Stuttgart: Schäffer-Poeschel.

Teil IV
Die Besteuerung des Start-ups (Waberski)

Das letzte Fachkapitel soll den Gründern einen Überblick über die Besteuerung ihres Unternehmens vermitteln. Dabei unterliegen Start-ups selbstverständlich keinem eigenen Steuerregime. Die **Besteuerung** richtet sich schlicht danach, ob das Start-up als **Einzelunternehmen, Personen–** oder **Kapitalgesellschaft** organisiert ist. Um (nachträgliche) finanzielle Überraschungen – die z. B. durch Steuernachzahlungen im Rahmen des Veranlagungsverfahrens oder bei späteren steuerlichen Betriebsprüfungen entstehen können – zu vermeiden, sollte sich jeder Gründer mit den nachfolgenden Ausführungen ein steuerrechtliches Grundlagenwissen verschaffen. Eine professionelle Beratung durch einen Steuerberater vermögen diese jedoch keinesfalls ersetzen.

Einführung

Nino Ron Waberski

9.1 Abgrenzung zwischen Gewerbetreibenden und freien Berufen

Neben der Rechtsformwahl des Start-ups ist bereits im **Gründungsprozess** eine **Unterscheidung** zwischen einer **gewerblichen** und einer **selbständigen Tätigkeit** vorzunehmen. Danach richten sich bspw. das Anmeldeverfahren, Buchführungspflichten oder eine etwaige Gewerbesteuerpflicht.

Eine **gewerbliche Tätigkeit** ist regelmäßig dann gegeben, wenn sie selbständig, nachhaltig und mit Gewinnerzielungsabsicht ausgeführt wird, sich als Beteiligung am allgemeinen wirtschaftlichen Verkehr darstellt und weder als Ausübung von Land- und Forstwirtschaft oder als Ausübung eines freien Berufs bzw. einer anderen selbständigen Arbeit anzusehen ist, § 15 Abs. 2 des Einkommensteuergesetzes (EStG).

Als **selbständige Tätigkeit** gelten in erster Linie die **freien Berufe**, § 18 Abs. 1 Nr. 1 EStG. Diese hat der Gesetzgeber nicht definiert, sondern lediglich aufgeführt, welche Tätigkeiten er als freiberuflich ansieht. Hierzu zählen insbesondere die sog. Katalogberufe wie Ärzte, Rechtsanwälte, Ingenieure, Architekten etc. Wie bei der gewerblichen Tätigkeit ist neben der selbständigen und nachhaltigen Betätigung, die Beteiligung am allgemeinen wirtschaftlichen Verkehr und eine Gewinnerzielungsabsicht erforderlich, wenngleich § 18 Abs. 2 EStG klarstellt, dass eine nur vorübergehende Ausübung der Tätigkeit der Nachhaltigkeit nicht entgegensteht (vgl. auch Birk 2012, Rn. 731 ff.).

Eine selbständige Tätigkeit, die nicht in die Kategorien der freien Berufe eingeordnet werden kann, wird regelmäßig als gewerbliche Tätigkeit einzustufen sein.

N. R. Waberski (✉)
Luther Rechtsanwaltsgesellschaft mbH, Grimmaische Straße 25,
04109 Leipzig, Deutschland
E-Mail: nino.waberski@luther-lawfirm.com

C. Hahn (Hrsg.), *Finanzierung und Besteuerung von Start-up-Unternehmen*,
DOI 10.1007/978-3-658-01371-4_9, © Springer Fachmedien Wiesbaden 2014

▶ Die Abgrenzung zwischen Gewerbetreibenden und freien Berufen kann häufig zu **Abgrenzungsproblemen** führen. Diese sollten ggf. im Vorfeld mit den Finanzbehörden oder einem professionellen Berater abgestimmt werden.

Gründen allerdings mehrere Freiberufler das Start-up als GbR, so muss jeder Einzelne die Voraussetzungen des freien Berufes erfüllen. Andernfalls liegt insgesamt eine gewerbliche Tätigkeit der GbR vor. Handelt es sich bei dem Unternehmen dagegen um eine UG (haftungsbeschränkt) oder GmbH, ist – unabhängig von den Voraussetzungen der einzelnen Gesellschafter – bereits kraft Rechtsform ein Gewerbebetrieb gegeben.

9.2 Anmeldung beim Finanz- und Gewerbeamt

Die **Anmeldung** des Start-ups beim **Finanzamt** und mithin dessen steuerliche Erfassung ist für die Gründer unerlässlich. Hierzu ist es erforderlich, dass dem Finanzamt zunächst formlos angezeigt wird, **ab wann** die beabsichtigte Tätigkeit und **in welchem Umfang** aufgenommen werden soll. Anschließend wird das Finanzamt dem Gründer einen Fragebogen zur steuerlichen Erfassung des Unternehmens, dem sog. **Betriebseröffnungsbogen** zusenden.

▶ Die Gründer des Start-ups können den Betriebseröffnungsbogen dem Finanzamt auch sofort ausgefüllt zusenden, um das Verfahren zu **beschleunigen**. Die entsprechenden Formulare können bei jedem Finanzamt erfragt bzw. auch im Internet abgerufen werden.

In dem Betriebseröffnungsbogen sind dann sorgfältig u. a. Angaben zu den Gründern und dem Start-up zu machen. Sollten bereits Mitarbeiter beschäftigen werden, muss dies im Betriebseröffnungsbogen genauso angegeben werden wie die Gewinnerwartungen für das erste Wirtschaftsjahr. Diese werden regelmäßig die **Grundlage** der **Steuervorauszahlungen** bilden.

▶ Bei der Gewinnerwartung dürfen die **finanziellen Belastungen** in der Anfangszeit, insbesondere die Anfangsinvestitionen **nicht unterschätzt** werden. Ist die Gewinnerwartung letztlich zu hoch, könnten das Start-up bzw. dessen Gründer aufgrund hoher Steuervorauszahlungen ggf. in finanzielle Schwierigkeiten geraten. Andererseits ist natürlich mit höheren Steuernachzahlungen zu rechnen, wenn die Gewinnerwartung in einem zu geringem Maß prognostiziert wird.

Einer gewichtigen Bedeutung sind auch den Angaben zur umsatzsteuerlichen Einordnung des Start-ups beizumessen. Danach entscheidet sich letztlich, ob dem Unternehmen eine Umsatzsteuernummer zugeteilt wird (**Regelbesteuerung**) oder ob es eine normale Steuernummer (**Kleinunternehmer-Regelung** nach § 19 des Umsatzsteuergesetzes (UStG) erhält (hierzu s. Kap. 10 2.1.5).

Jedes Start-up, welches einer gewerblichen Tätigkeit nachgehen möchte, muss diese beim **Gewerbeamt** der zuständige Stadt- oder Gemeindeverwaltung anmelden. Regelmäßig sollte dies noch vor der Kontaktaufnahme mit dem Finanzamt erfolgen, um abzuklären, ob es sich um eine erlaubnisfreie oder -pflichtige Tätigkeit handelt. Letztlich erhält das Finanzamt über die Gewerbeanmeldung automatisch eine Information zur beabsichtigten Tätigkeit und übersendet spätestens dann den entsprechenden Betriebseröffnungsbogen an das Start-up bzw. dessen Gründer. In der Regel werden mit der Gewerbeanmeldung aber auch die zuständigen Industrie- und Handelskammern sowie Berufsgenossenschaften informiert, da dort möglicherweise eine (Pflicht-)Mitgliedschaft vorliegen kann.

▶ Im Übrigen halten auch die **Industrie- und Handelskammern** regelmäßig eine Vielzahl von **Informationen** vor, die gerade im Gründungsprozess des Start-ups – auch für einen ersten Überblick – hilfreich sein können.

Literatur

Birk, D. 2012. *Steuerrecht*. C. F. Müller. Heidelberg.

Steuern

10

Nino Ron Waberski

10.1 Allgemeines

Wie eingangs bereits beschrieben, richtet sich die Besteuerung des Start-ups maßgeblich nach dessen Rechtsform. Dies sollte im Gründungsprozess zwar berücksichtigt werden, dabei jedoch keinesfalls das entscheidende Kriterium für die Wahl der Rechtsform sein. Neben den rechtsformabhängigen Steuern bestehen aber auch solche, die unabhängig von der Rechtsform entstehen können.

10.2 Rechtsformunabhängige Steuern

10.2.1 Umsatzsteuer

10.2.1.1 Umsatz, Steuerbefreiung und Steuersatz

Das Start-up wird regelmäßig ein „Unternehmer" im Sinne von § 2 des Umsatzsteuergesetzes (UStG) sein. Mithin entsteht für jedes Umsatzgeschäft, das im Inland im Rahmen des Unternehmens ausgeführt wird, gemäß § 1 Abs. 1 UStG **Umsatzsteuer**. Als wichtigster Anwendungsfall für ein Umsatzgeschäft gelten Warenlieferungen oder sonstige Leistungen, z. B. Dienstleistungen. Allerdings kann auch bei der Einfuhr von Gegenständen aus Staaten außerhalb der Europäischen Union in das Inland oder beim entgeltlichen innergemeinschaftlichen Erwerb Umsatzsteuer entstehen.

N. R. Waberski (✉)
Rechtsanwalt und Steuerberater, Luther Rechtsanwaltsgesellschaft mbH, Grimmaische Straße 25, 04109 Leipzig, Deutschland
E-Mail: nino.waberski@luther-lawfirm.com

C. Hahn (Hrsg.), *Finanzierung und Besteuerung von Start-up-Unternehmen*,
DOI 10.1007/978-3-658-01371-4_10, © Springer Fachmedien Wiesbaden 2014

▶ Der Umsatz ist dann im **Inland** ausgeübt, wenn der **Ort** der Lieferung oder sonstigen Leistung in der **Bundesrepublik Deutschland** liegt. Die Ortsbestimmung ergibt sich im Einzelnen aus § 3 Abs. 6 bis 8 und §§ 3a bis 3 f UStG.

Allerdings sind eine Reihe von Umsätzen, wie z. B. Ausfuhrlieferungen und innergemeinschaftliche Lieferungen oder auch bestimmte Vermietungsleistungen von der Umsatzsteuer befreit, § 4 UStG. Um diese **Steuerbefreiungen** in Anspruch nehmen zu können, müssen die einzelnen Voraussetzungen gegeben sein und nachgewiesen werden. Zudem sind bestimmte Meldevorschriften zu berücksichtigen.

Für einige nach § 4 UStG steuerfreie Umsätze besteht jedoch die Möglichkeit, diese als steuerpflichtig zu behandeln, was für das Start-up im Rahmen eines etwaigen Vorsteuerabzuges durchaus Vorteile bringen kann. Der Leistungsempfänger muss dazu ebenfalls Unternehmer sein und den Umsatz für sein Unternehmen erhalten, § 9 Abs. 1 UStG. Zudem ist die Optionsmöglichkeit auch von den tatsächlichen bzw. beabsichtigten Umsatzgeschäften des leistungsempfangenden Unternehmers abhängig.

Ist eine Steuerbefreiung letztlich nicht gegeben, unterliegt das Umsatzgeschäft einem **Regelsteuersatz** von derzeit **19 %**, § 12 Abs. 1 UStG. Für bestimmte, in § 12 Abs. 2 UStG im Einzelnen aufgeführte Umsätze ermäßigt sich der Steuersatz auf derzeit 7 %.

10.2.1.2 Rechnungsstellung

Das Start-up ist berechtigt sowie teilweise auch verpflichtet, über die steuerpflichtigen wie auch steuerfreien Umsätze innerhalb eines Zeitraums von sechs Monaten eine **Rechnung** zu **erstellen**, § 14 Abs. 2 UStG. So muss über Umsätze an ein anderes Unternehmen oder eine juristische Person stets eine Rechnung ausgestellt werden, bei Umsätzen an Privatpersonen gilt dies nur für steuerpflichtige Werklieferungen oder sonstige Leistungen im Zusammenhang mit einem Grundstück.

Eine Rechnung muss die in § 14 Abs. 4 UStG aufgezählten Angaben enthalten (diesbezüglich s. auch Abb. 10.1).

Darüber hinaus sind für bestimmte Umsätze die Sonderregelungen des § 14a UStG bei der Rechnungslegung zu berücksichtigen. So werden einerseits Umsätze genannt, in denen die Pflicht zur Rechnungserstellung ebenfalls besteht. Andererseits werden Umsätze aufgezeigt, in denen die Angabe der eigenen sowie der **Umsatzsteuer-Identifikationsnummer** des leistungsempfangenden Unternehmers erforderlich wird und bei denen auf die Steuerfreiheit z. B. einer innergemeinschaftlichen Lieferung oder auf die Steuerschuldnerschaft des Leistungsempfängers in der Rechnung hinzuweisen ist.

▶ Bei einer Vielzahl von Lieferungen oder sonstigen Leistungen kann es gemäß § 13b UStG zu einer sog. **Umkehr** der **Steuerschuldnerschaft** kommen. In diesem Fall ist der Empfänger der Leistung – abweichend vom Normalfall – der Schuldner der Umsatzsteuer. Erbringt das Start-up eine solche Leistung, so darf es die Umsatzsteuer in der Rechnung nicht mit ausweisen. Zudem ist auf den Wechsel der Steuerschuldnerschaft hinzuweisen.

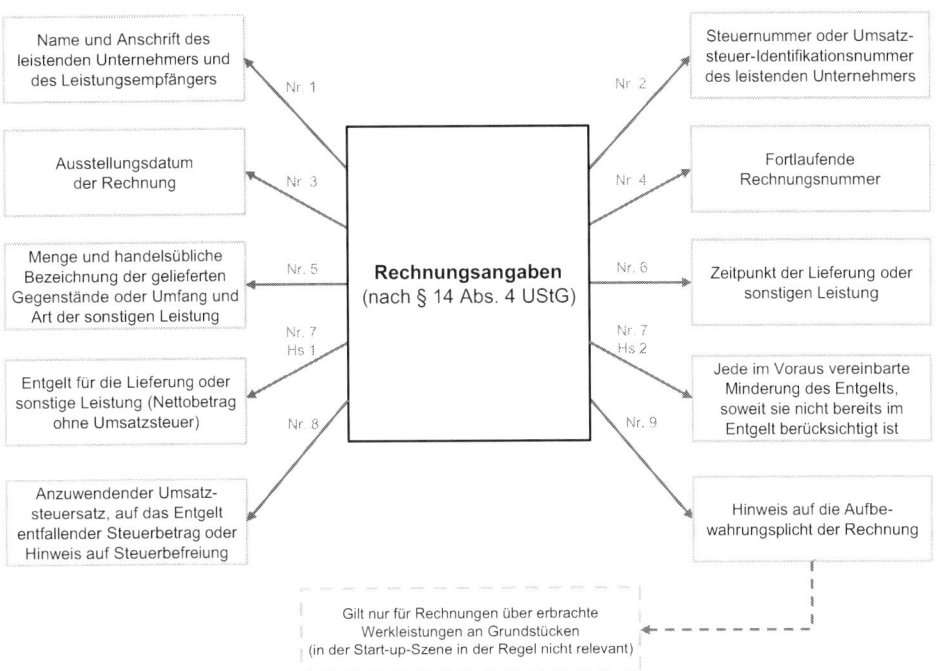

Abb. 10.1 Notwendiger Rechnungsinhalt

Ist das Start-up allerdings Empfänger einer Leistung im Sinne von § 13b UStG, so kann es auch Schuldner der entsprechenden Umsatzsteuer sein und muss diese an das Finanzamt abführen. Korrespondierend dazu kann natürlich ein Vorsteuerabzug gegeben sein.

10.2.1.3   Vorsteuern

Das Unternehmen wird nicht nur Umsatzgeschäfte ausüben, sondern in der Regel auch Vorleistungen von anderen Unternehmern beziehen. Diese werden insbesondere für die spätere Erbringung eigener Leistungen oder aber die Unterhaltung des Unternehmens benötigt, z. B. Maschinen für die Produktion, Waren und Dienstleistungen oder aber auch bloßes Büromaterial. Über diese Vorleistungen wird der andere Unternehmer gemäß den vorstehenden Vorgaben eine Rechnung erstellen, da er seinerseits ein Umsatzgeschäft generiert hat. Die darin offen ausgewiesene Umsatzsteuer kann sich das Start-up unter den Voraussetzungen des § 15 UStG (hierzu s. Abb. 10.2) nunmehr im Wege des sog. **Vorsteuerabzuges** vom Finanzamt wieder zurückholen bzw. mit der Umsatzsteuer für die **eigenen Umsatzgeschäfte verrechnen** und mithin die **eigene Zahllast mindern**. Die geschieht regelmäßig in der **Umsatzsteuer-Voranmeldung** bzw. **Umsatzsteuererklärung**.

>   Die Unternehmereigenschaft des Start-ups beginnt regelmäßig mit dem **ersten** nach **außen** erkennbaren **Tätigwerden**, wenn dieses auf eine Unterneh-

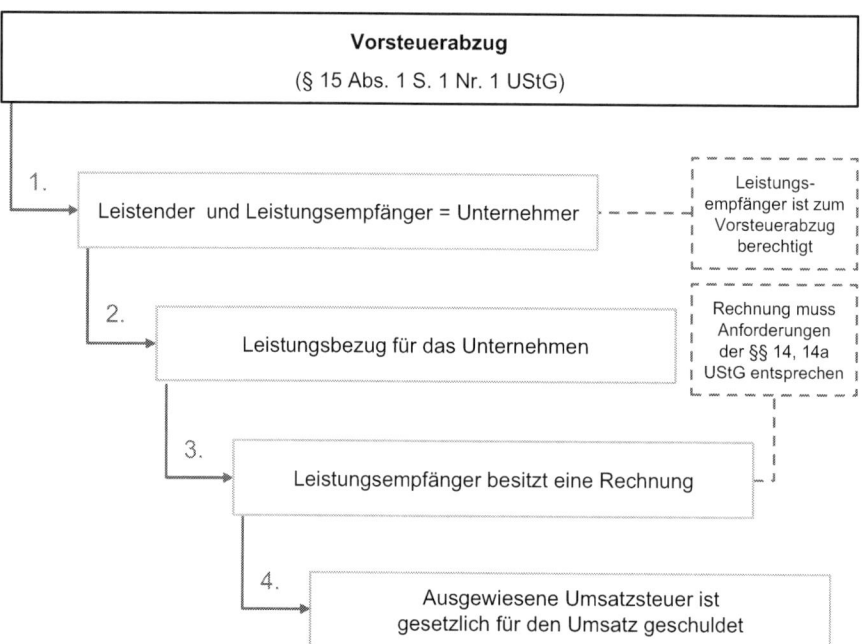

Abb. 10.2 Voraussetzung Vorsteuerabzug

mertätigkeit gerichtet und die spätere Ausführung entgeltlicher Leistungen beabsichtigt ist (vgl. A 2.6 Abs. 1 des Umsatzsteuer-Anwendungserlass (UStAE). Somit können auch Vorsteuerbeträge, die durch Anschaffungen im Rahmen der Unternehmensgründung entstehen, beim Finanzamt geltend gemacht werden. Für die Gründung des Start-ups als GmbH gilt dabei, dass die Vorgesellschaft und die GmbH steuerlich als ein Subjekt angesehen werden (vgl. Gosch 2009, § 1, Rn. 35).

Beispiel Das Start-up hat in einem Voranmeldungszeitraum (Kalendermonat) steuerpflichtige Umsätze in Höhe von 11.900 EUR, d. h. 10.000 EUR zuzüglich 1.900 EUR Umsatzsteuer ausgeführt. In diesem Zeitraum hat es zugleich Rechnungen über in Anspruch genommene Leistungen erhalten, in denen Vorsteuerbeträge von insgesamt 1.000 EUR ausgewiesen sind. Die Umsatzsteuerzahllast beträgt für diesen Zeitraum somit 900 EUR und ergibt sich aus der Differenz von 1.900 EUR (Umsatzsteuer) abzüglich 1.000 EUR (Vorsteuer). Diese 900 EUR müssen im Ergebnis an das Finanzamt abgeführt werden.

Betragen die Vorsteuerbeträge bspw. 2.200 EUR, ergibt sich dagegen eine Umsatzsteuererstattung von 300 EUR, da die Vorsteuer- die Umsatzsteuerbeträge um diesen Betrag übersteigen. Dieser Betrag wird vom Finanzamt ohne besonderen Antrag ausgezahlt, soweit nicht eine Verrechnung mit Steuerschulden des Start-ups vorzunehmen ist. Allerdings kann die Auszahlung auch von einer Sicherheitsleistung abhängig gemacht werden.

Soweit die bei der Einfuhr von Waren aus Drittländern in die Bundesrepublik Deutschland entstehende Einfuhrumsatzsteuer zu entrichten ist oder Umsatzsteuer für den innergemeinschaftlichen Erwerb von Gegenständen für das Unternehmen anfällt, können diese ebenfalls als Vorsteuern abzugsfähig sein.

Der Vorsteuerabzug für Vorleistungen kann u. U. aber ausgeschlossen sein, z. B. wenn bestimmte steuerfreie Umsätze – wie die Vermietung von Wohnraum – getätigt werden. Bei einigen dieser steuerfreien Umsätzen könnte das Start-up – wie oben gezeigt – aber auf die Steuerfreiheit verzichten, mit der Folge, dass der Ausschluss vom Vorsteuerabzug nicht mehr gelten würde.

10.2.1.4 Umsatzsteuervoranmeldung und Umsatzsteuererklärung

Der **Voranmeldezeitraum**, d. h. der Zeitraum in welchem die Umsatz- und Vorsteuerbeträge gegenüber dem Finanzamt zu erklären sind, ist gemäß § 18 Abs. 2 UStG grundsätzlich das Kalendervierteljahr. Beträgt die Steuer für das vorangegangene Kalenderjahr allerdings mehr als 7.500 EUR, so stellt der Kalendermonat den Voranmeldezeitraum dar. Bei einer abzuführenden Umsatzsteuer des Vorjahres von weniger als 1.000 EUR kann das Start-up jedoch von der Pflicht zur Voranmeldung und Vorauszahlung vom Finanzamt befreit werden. In diesem Fall müsste später lediglich eine Jahreserklärung abgegeben werden. Unabhängig von diesen Größen ist ein neu gegründetes Unternehmen in den ersten zwei Jahren aber stets zur Abgabe einer **monatlichen Umsatzsteuervoranmeldung** verpflichtet.

Eine Umsatzsteuervoranmeldung muss bis zum 10. Tag nach Ablauf des jeweiligen Voranmeldungszeitraums beim Finanzamt abgegeben und eine errechnete Umsatzsteuerzahllast zugleich abgeführt werden. Im Falle eines Vorsteuerüberhangs erfolgt in der Regel wenig später die Erstattung durch das Finanzamt. Die Voranmeldungen sind dabei grundsätzlich authentifiziert mit einem elektronischen Zertifikat zu übermitteln. Nur in Härtefällen und auf schriftlichen Antrag kann das Finanzamt die Übermittlung in Papierform gestatten.

> ▷ Sofern die Umsatzsteuervoranmeldungen monatlich abzugeben sind, kann jährlich bis zum 10. Februar ein Antrag auf Fristverlängerung beim Finanzamt gestellt werden, die sog. **Dauerfristverlängerung**. Wird diese gewährt, sind die Voranmeldungen und Vorauszahlungen jeweils einen Monat später fällig (§ 18 Abs. 6 UStG i. V. m. §§ 46 ff. der Umsatzsteuer-Durchführungsverordnung (UStDV).

Nach Ablauf eines Kalenderjahres ist zudem eine Umsatzsteuererklärung – ab 2011 in elektronischer Form – beim Finanzamt einzureichen und darin die Umsatzsteuerzahllast oder der (Vorsteuer-) Überschuss für das gesamte Kalenderjahr selbst zu berechnen.

Zu berücksichtigen ist ferner, dass die Umsatzsteuer grundsätzlich nach **vereinbarten Entgelten** (sog. **Soll-Besteuerung**) berechnet wird. Sie entsteht mit Ausführung der Leistung, sodass es zunächst nicht darauf ankommt, ob der Empfänger der Leistung diese auch

bezahlt hat, § 13 Abs. 1 Nr. 1a UStG. Allerdings hat das Start-up unter den engen Vor-
aussetzungen des § 20 UStG auch die Möglichkeit, die Besteuerung nach **vereinnahmten
Entgelten** (sog. **Ist-Besteuerung**) beim Finanzamt zu beantragen. Hierbei wäre dann der
Zufluss des Entgeltes maßgebend.

10.2.1.5 Kleinunternehmerregelung

Für Unternehmen, die im Kalenderjahr der Betriebseröffnung einen Umsatz (inklusive
Umsatzsteuer) von voraussichtlich **nicht mehr als 17.500 EUR** erwarten, wird kraft Gesetzes grundsätzlich **keine Umsatzsteuer** erhoben. In diesem Fall handelt es sich bei dem
Start-up um einen sog. **Kleinunternehmer** nach § 19 UStG, der einerseits selbst keine
Umsatzsteuer in Rechnungen ausweisen darf, andererseits aber auch nicht zum Vorsteuerabzug berechtigt ist. Auf den fehlenden Umsatzsteuerausweis in der Rechnung sollte mit
dem Hinweis auf die Kleinunternehmerregelung nach § 19 UStG hingewiesen werden.

   Die Kleinunternehmerregelung findet solange Anwendung, wie der Umsatz des laufenden Kalenderjahres 50.000 EUR voraussichtlich nicht übersteigt und der Umsatz des
vorangegangenen Kalenderjahres 17.500 EUR nicht überstiegen hat.

▶   Bei den 50.000 EUR kommt es allein darauf an, ob das Start-up – nach seiner
     eigenen **Erwartungshaltung** – diese Größe voraussichtlich nicht überschreiten
     wird. Ausschlaggebend ist eine zu Beginn des Kalenderjahres vorzunehmende
     Beurteilung der Verhältnisse für das laufende Jahr, welche vorsorglich auch
     dokumentiert werden sollte. Der tatsächliche Umsatz, der ggf. doch die 50.000
     EUR-Grenze überschritten hat, ändert an der umsatzsteuerlichen Beurteilung
     als Kleinunternehmer für dieses Kalenderjahr nichts (vgl. A 19.1 Abs. 3 UStAE).

Als Kleinunternehmer muss das Unternehmen keine Umsatzsteuer-Voranmeldungen
beim Finanzamt abgeben, sondern in einer Umsatzsteuererklärung lediglich den jeweils
getätigten Jahresumsatz angeben und auf die Kleinunternehmerschaft verweisen, d. h. in
der Erklärung entsprechend „ankreuzen".

   Da eine Kleinunternehmerschaft nicht zum Vorsteuerabzug berechtigt, kann dies insbesondere bei größeren Anfangsinvestitionen mit entsprechend hoher Umsatzsteuer eher
nachteilig sein. Daher besteht nach § 19 Abs. 2 UStG – unabhängig von den Umsatzgrö-
ßen des Start-ups – die Möglichkeit, auf die Anwendung der Kleinunternehmerregelung
zu verzichten. Die in den Rechnungen an das Start-up ausgewiesene Umsatzsteuer kann
nun – bei Vorliegen der übrigen Voraussetzungen – als Vorsteuer abgezogen werden. Allerdings sind dann alle Umsatzgeschäfte ebenfalls der Umsatzsteuer zu unterwerfen.

▶   Der **Verzicht** auf die Kleinunternehmerregelung sollte wohl durchdacht wer-
     den, da das Start-up für mindestens fünf Jahre daran gebunden ist.

10.2.2 Lohnsteuern

10.2.2.1 Allgemein

Die Lohnsteuer ist keine weitere Steuerart, die auf das Start-up zukommt. Es handelt sich hierbei lediglich um eine **besondere Erhebungsform** der **Einkommensteuer**. Sie entsteht dann, wenn Arbeitnehmer beschäftigt werden – unabhängig davon, in welcher Rechtsform das Start-up betrieben wird.

▶ Zu den Arbeitnehmern eines Start-ups in der Rechtsform einer Kapitalgesellschaft gehören regelmäßig auch die **geschäftsführenden** bzw. **angestellten Gesellschafter**.

In diesem Fall ist das Start-up als Arbeitgeber verpflichtet, bei jeder **Lohn- oder Gehaltszahlung** (Arbeitsvergütung) an den Arbeitnehmer die entsprechenden Lohn- und (Lohn-)Kirchensteuern – sofern der Arbeitnehmer kirchensteuerpflichtig ist – nebst Solidaritätszuschlag einzubehalten und an das zuständige Finanzamt abzuführen, §§ 38 ff. EStG. Die Höhe der jeweiligen Lohnsteuer etc. lässt sich anhand der Eintragungen des jeweiligen Arbeitnehmers in der von der Finanzverwaltung zur Verfügung gestellten Datenbank (sog. elektronische Lohnsteuerabzugsmerkmale – kurz ELStAM) und der amtlichen Lohnsteuertabellen ermitteln. Dies erfolgt regelmäßig im Rahmen der **Lohnbuchhaltung** des Unternehmens.

▶ Das Start-up ist als Arbeitgeber zum Einbehalt und zur Abführung der Lohnsteuern etc. nicht nur verpflichtet, sondern es **haftet** gemäß § 42 d EStG auch hierfür.

Im Übrigen bestehen diese Verpflichtungen auch für die Sozialversicherungsbeiträge der Arbeitnehmer. In diesem Zusammenhang kann das Unternehmen als Arbeitgeber ebenfalls in Anspruch genommen werden. Zudem ist die Nichtabführung der Arbeitnehmeranteile am Sozialversicherungsbeitrag eine Straftat nach § 266a StGB, was im Falle einer Kapitalgesellschaft insbesondere für den Geschäftsführer von Bedeutung sein kann.

An die Arbeitnehmer wird daher letztlich der Nettolohn bzw. das Nettogehalt nach Abzug der Lohnsteuer nebst Solidaritätszuschlag sowie ggf. Kirchenlohnsteher und der Sozialversicherungsbeiträge ausbezahlt.

Der **Anmeldezeitraum** für die Lohnsteuer ist grundsätzlich der Kalendermonat, § 41a Abs. 2 S. 1 EStG. Bei kleinen Beträgen kann dieser Anmeldezeitraum aber auch das Kalendervierteljahr (bei einer abzuführenden Lohnsteuer im vorangegangen Kalenderjahr von 1.000 EUR bis 4.000 EUR) oder sogar das Kalenderjahr (bei einer abzuführenden Lohnsteuer im vorangegangenen Kalenderjahr bis 1.000 EUR) sein. Im Falle der Neugründung im Kalenderjahr wird die abzuführende Lohnsteuer auf einen Jahresbetrag entsprechend hochgerechnet.

Die Lohnsteueranmeldung des Start-ups muss dann jeweils bis spätestens am 10. Tag nach Ablauf des Anmeldezeitraums authentifiziert an das zuständige Finanzamt (Betriebsstättenfinanzamt) übermittelt und die entsprechenden Beträge abgeführt werden, § 41a Abs. 1 EStG. Für eine solche authentifizierte Übermittlung ist ein elektronisches Zertifikat erforderlich, welches von den Finanzbehörden für das Start-up als Arbeitgeber vergeben wird. Nur in absoluten Ausnahmefällen kann das Finanzamt gestatten, dass die Übermittlung der Lohnsteueranmeldung in Papierform vorgenommen werden darf.

▶   Für geringfügig bzw. kurzfristig Beschäftigte im Unternehmen (sog. **Minijobs** bzw. **Saisonbeschäftigung**) können sich Sonderregelungen ergeben. Ein erster Überblick hierzu findet sich auf der Internetseite der Minijob-Zentrale bei der Knappschaft-Bahn-See (http://www.minijob-zentrale.de/DE/0_Home/ node.html).

Als Arbeitgeber ist das Start-up gemäß § 41b EStG ferner verpflichtet, seinen Arbeitnehmern bis zum 28. Februar des Folgejahres einen nach einem amtlich vorgeschrieben Muster gefertigten Ausdruck (**elektronische Lohnsteuerbescheinigung**) auszuhändigen bzw. elektronisch, z. B. per E-Mail, bereitzuhalten (Blümich 2013, § 41b, Rn. 8).

10.2.2.2   Phantom Share Investment

Wie bereits ausgeführt wurde (vgl. Kap. 7.2.1.3.4.3), kann ein sog. Phantom Share Investment unterschiedlich ausgestaltet sein. Es kann sich z. B. um eine **(a)typische stille Beteiligung** (hierzu s. sogleich Kap. 10.3.2.4) oder aber um eine **Mitarbeiterbeteiligung** im Rahmen des **Arbeitsverhältnisses** handeln. Hiervon ist letztlich auch die die steuerrechtliche Behandlung des Phantom Share Investments abhängig.

Erfolgt die Beteiligung des Arbeitnehmers innerhalb seines **Arbeitsverhältnisses**, so stellen spätere Zahlungen grundsätzlich **Arbeitslohn** dar. Dieser ist gemäß § 19 Abs. 1 i. V. m. § 8 Abs. 1 EStG bei Mitarbeiterbeteiligungsmodellen regelmäßig dann gegeben, wenn dem Arbeitnehmer (Vermögens-)Vorteile **unentgeltlich oder im Vergleich zu Dritten verbilligt** eingeräumt werden, z. B. durch eine nicht fremdübliche, überhöhte Verzinsung einer Vermögenseinlage oder verbilligte Überlassung einer Vermögensbeteiligung. In solchen Fällen unterstellt der Gesetzgeber, dass der gewährte Vorteil eine (anteilige) Gegenleistung für die Tätigkeit des Arbeitnehmers im Rahmen des Arbeits- bzw. Angestelltenverhältnisses darstellt und mithin als Arbeitslohn bzw. geldwerter Vorteil zu versteuern ist.

Gemäß § 3 Nr. 39 EStG ist für die unentgeltliche oder verbilligte Überlassung von Vermögensbeteiligungen am Unternehmen des Arbeitgebers eine Steuerbefreiung vorgesehen. Eine Voraussetzung hierfür ist, dass die Beteiligung allen ein Jahr oder länger beschäftigten Arbeitnehmern des Unternehmens offensteht. In diesem Fall ist die Steuerbefreiung für jeden Mitarbeiter auf 360 EUR je Dienstverhältnis im Kalenderjahr begrenzt, sodass ein diesen Betrag übersteigender geldwerter Vorteil (noch) als Arbeitslohn zu versteuern ist.

Das Vorliegen von Arbeitslohn hat insbesondere zur Folge, dass das Start-up als Arbeitgeber verpflichtet ist, die entsprechenden Lohn- und ggf. (Lohn-)Kirchensteuern auf diesen Zahlungen nebst Solidaritätszuschlag einzubehalten und an das zuständige Finanzamt abzuführen.

10.3   Rechtsformabhängige Steuern

10.3.1   Bei einem Einzelunternehmen

Die steuerlich einfachste Rechtsform eines Start-ups ist das Einzelunternehmen. Ist dieses freiberuflich tätig, so unterliegt dessen Gewinn der Einkommensteuer. Ist es dagegen gewerblich tätig (zur Abgrenzung s. § 9 1.), kann neben der Einkommen- zusätzlich noch Gewerbesteuer entstehen.

10.3.1.1   Exkurs: Gewinnermittlung im Steuerrecht

Der Gewinn dürfte die wohl maßgebliche Größe für die Besteuerung des Start-ups sein, sodass der nachfolgende Exkurs den Gründern zunächst einen kurzen Überblick über die steuerliche Gewinnermittlung verschaffen soll.

10.3.1.1.1   Allgemein

Die Ermittlung des gewerblichen oder freiberuflichen Gewinns muss entweder durch eine **Einnahme-Überschuss-Rechnung** (§ 4 Abs. 3 EStG) oder durch einen **Betriebsvermögensvergleich** (Bilanzierung, §§ 4 Abs. 1, 5 EStG) erfolgen. Die Möglichkeit zur Bilanzierung besteht dabei immer. Die Einnahme-Überschuss-Rechnung darf dagegen nur derjenige durchführen, der nicht zur Bilanzierung verpflichtet ist (vgl. Tipke/Lang 2012, § 9, Rn. 1 ff.).

Da Freiberufler gemäß § 2 Abs. 1 Nr. 3 i. V. m. § 18 EStG Einkünfte aus selbständiger Arbeit erzielen und diese kraft Gesetzes zu den Überschusseinkünften gehören, sind sie nicht zur Buchführung verpflichtet und können folglich den Gewinn durch eine Einnahme-Überschuss-Rechnung ermitteln. Sie können aber auch freiwillig eine Gewinnermittlung per Betriebsvermögensvergleich durchführen und haben insoweit ein Wahlrecht.

Im Gegensatz dazu sind Gewerbebetriebe gemäß §§ 140, 141 der Abgabenordnung (AO) grundsätzlich zur Buchführung und mithin zur Gewinnermittlung durch Betriebsvermögensvergleich § 5 i. V. m. § 4 Abs. 1 EStG verpflichtet. Diese Verpflichtung besteht insbesondere für im Handelsregister eingetragene Kaufleute (Kapitalgesellschaften sind z. B. gemäß § 6 HGB Formkaufleute) oder wenn bei einem gewerblichen Unternehmer (Gewerbetreibenden) der Gewinn 50.000 EUR oder die Umsätze 500.000 EUR im Kalenderjahr übersteigen. Im ersten Fall beginnt die Buchführungspflicht bereits mit dem Beginn der Tätigkeit bzw. der Eintragung in das Handelsregister. Im zweiten Fall beginnt die Pflicht zur Buchführung mit Beginn des Wirtschaftsjahres, das auf die Bekanntgabe der Mitteilung des Finanzamtes folgt, dass die Gewinn- oder Umsatzgrenzen überschritten wurden (vgl. Birle u. a. 2013, Buchführung, Rn. 6 ff.). Ein eingetragener Kaufmann (e. K.) kann ausnahmsweise jedoch von der Buchführungspflicht befreit sein, wenn er diese Grenzen in zwei aufeinanderfolgenden Geschäftsjahren nicht überschreitet, § 241a HGB.

Sofern sich aus den genannten Normen keine Pflicht zur Buchführung ergibt, können auch Gewerbetreibende ihren Gewinn durch Einnahme-Überschuss-Rechnung ermitteln. Unabhängig von der Art der Gewinnermittlung müssen die hierfür maßgeblichen Unterlagen vom Start-up allerdings zehn Jahre aufbewahrt werden.

10.3.1.1.2 Einnahmen-Überschuss-Rechnung

Bei der Einnahmen-Überschuss-Rechnung nach § 4 Abs. 3 EStG werden alle Betriebseinnahmen den getätigten Betriebsausgaben gegenübergestellt. Maßgeblich ist dabei grundsätzlich der tatsächliche **Zeitpunkt des Zu- bzw. Abflusses der Betriebseinnahmen** und **-ausgaben**. Ausnahmen gelten jedoch bspw. für Wirtschaftsgüter des Anlagevermögens, bei denen nur die jeweiligen Abschreibungsbeträge berücksichtigt werden, oder für die Inanspruchnahme und spätere Rückzahlung von Darlehen.

Die einzelnen Geschäftsvorfälle werden im Rahmen der Einnahme-Überschuss-Rechnung in chronologischer Reihenfolge aufgrund der entsprechenden Buchungsbelege in einem sog. Journal aufgezeichnet. Dabei dürfte es z. B. sinnvoll sein, die Ausgaben nach Kostenarten zu trennen. Zudem sind bestimmte Wirtschaftsgüter in entsprechende Verzeichnisse aufzunehmen.

10.3.1.1.3 Betriebsvermögensvergleich (Bilanzierung)

Im Gegensatz zur Einnahme-Überschuss-Rechnung wird bei der Gewinnermittlung durch Betriebsvermögensvergleich gemäß §§ 4 Abs. 1 und 5 EStG das Betriebsvermögen am Schluss eines Wirtschaftsjahres mit dem Betriebsvermögen am Schluss des vorangegangenen Wirtschaftsjahres verglichen. Der sich dabei ergebene Unterschiedsbetrag, korrigiert um Entnahmen bzw. Einlagen, ist der Gewinn. Ergibt sich ein negativer Unterschiedsbetrag, so ist dies der Verlust.

Mit Betriebsvermögen ist hierbei das Eigenkapital gemeint, welches die nach Abzug der Passiva (Schulden) von den Aktiva (Vermögen) verbleibenden Größe darstellt (vgl. Tipke/Lang 2012, § 9, Rn. 13). Diese sind grundsätzlich – soweit sich aus dem Steuerrecht nichts anderes ergibt – nach den handelsrechtlichen Grundsätzen ordnungsgemäßer Buchführung zu ermitteln, § 5 Abs. 1 EStG. Danach sind alle Geschäftsvorfälle vollständig, richtig, zeitgerecht und geordnet zu erfassen, so dass sie insbesondere von einem sachverständigen Dritten, z. B. den Finanzbehörden, in ihrer Entstehung und Abwicklung nachvollzogen werden können (vgl. Birle u. a. 2013, Buchführung, Rn. 20 ff.). Dies erfordert zu Beginn der Tätigkeit u. a. auch die Durchführung einer Inventur und das Aufstellen einer Eröffnungsbilanz. Im Laufe eines Wirtschaftsjahres sind dann die einzelnen Geschäftsfälle im Wege der Buchführung zu erfassen. Dies erfolgt einmal auf Konten im Soll und einmal auf Konten im Haben, sodass man auch von einer **doppelten Buchführung** spricht. Hieraus wird dann am Ende eines Kalenderjahres die jeweilige Schlussbilanz – als Teil des Jahresabschlusses – erstellt. Mit dem Betriebsvermögensvergleich ist jeweils ein periodengerechter Gewinn zu ermitteln, d. h. Betriebseinnahmen und -ausgaben sind grundsätzlich in dem Zeitpunkt zu berücksichtigen, in dem sie – unabhängig vom Zu- bzw. Abfluss – auch entstanden sind. Dies erfordert neben Periodenabgrenzungen auch die Bildung von Rückstellungen sowie die Verbuchung von Forderungen und Verbindlichkeiten.

10.3.1.2 Einkommensteuer

Die **Bemessungsgrundlage** für die Einkommensteuer ist gemäß § 2 Abs. 5 EStG das zu versteuernde Einkommen einer natürlichen Person (hier also des Inhabers des Start-ups) innerhalb eines **Veranlagungszeitraums** (Kalenderjahres). Hierzu gehören neben weiteren Einkunftsarten auch die Gewinneinkünfte, also die Einkünfte aus Gewerbebetrieb nach § 15 EStG oder selbständiger Arbeit nach § 18 EStG. Beide ergeben sich aus dem gewerblichen oder freiberuflichen Gewinn, welcher entweder durch Einnahme-Überschuss-Rechnung oder durch Betriebsvermögensvergleich ermittelt wird (s. Kap. 10.3.1.1).

Nachdem alle Einkünfte der natürlichen Person gesondert ermittelt wurden, werden diese zusammengerechnet und sind um bspw. Sonderausgaben, außergewöhnliche Belastungen oder diverse Freibeträge zu mindern, bis letztlich das zu versteuernde Einkommen feststeht, § 2 Abs. 1 bis 5 EStG. Eine (vereinfachte) Darstellung der Ermittlung des zu versteuernden Einkommens kann Abb. 10.3 entnommen werden.

Der auf das zu versteuernde Einkommen anzuwendende Einkommensteuertarif ist **progressiv** ausgestaltet und berechnet sich nach einer mehr oder weniger komplizierten Formel (vgl. Birk 2012, Rn. 631 ff.). Hierbei entsteht z. B. bei einem zu versteuernden Einkommen unterhalb des Grundfreibetrages gar keine Einkommensteuer. Dieser beträgt für einzeln veranlagte Personen in 2013 8.130 EUR (Grundtabelle) und kann für Verheiratete 16.260 EUR (Splittingtabelle) betragen. Mit steigendem zu versteuerndem Einkommen kann sich der jeweilige **Steuertarif** für die Einkommensteuer jedoch von **14 %** bis hin zu **45 %** entwickeln.

Auf die Einkommensteuer wird zusätzlich der **Solidaritätszuschlag** in Höhe von 5,5 % erhoben, §§ 1, 4 Solidaritätszuschlaggesetz 1995 (SolZG). Dieser ist dann gemeinsam mit der Einkommensteuer an das Finanzamt abzuführen. Sofern der Einzelunternehmer kirchensteuerpflichtig ist, fällt ferner **Kirchensteuer** an. Diese beträgt je nach Bundesland zwischen 8 und 9 % der Einkommensteuer.

Für nicht entnommene Gewinne aus dem Einzelunternehmen besteht seit dem Jahr 2008 die Möglichkeit einer Tarifbegünstigung nach § 34a EStG (sog. **Thesaurierungsbegünstigung**). Danach werden diese Gewinne auf Antrag – anstatt mit dem tariflichen Steuersatz – ganz oder teilweise vorerst mit 28,25 % (zuzüglich 5,5 % Solidaritätszuschlag) der Besteuerung mit Einkommensteuer zugrunde gelegt. Bei einer späteren Entnahme der Gewinne müssen diese dann allerdings mit 25 % (zuzüglich 5,5 % Solidaritätszuschlag) nachversteuert werden. Es kann somit zweimal Steuer entstehen. Daher ergibt sich letztlich wohl nur dann eine Begünstigung für den Einzelunternehmer, wenn der persönliche Einkommensteuersatz im Spitzenbereich liegt und der Gewinn wegen der späteren Nach-

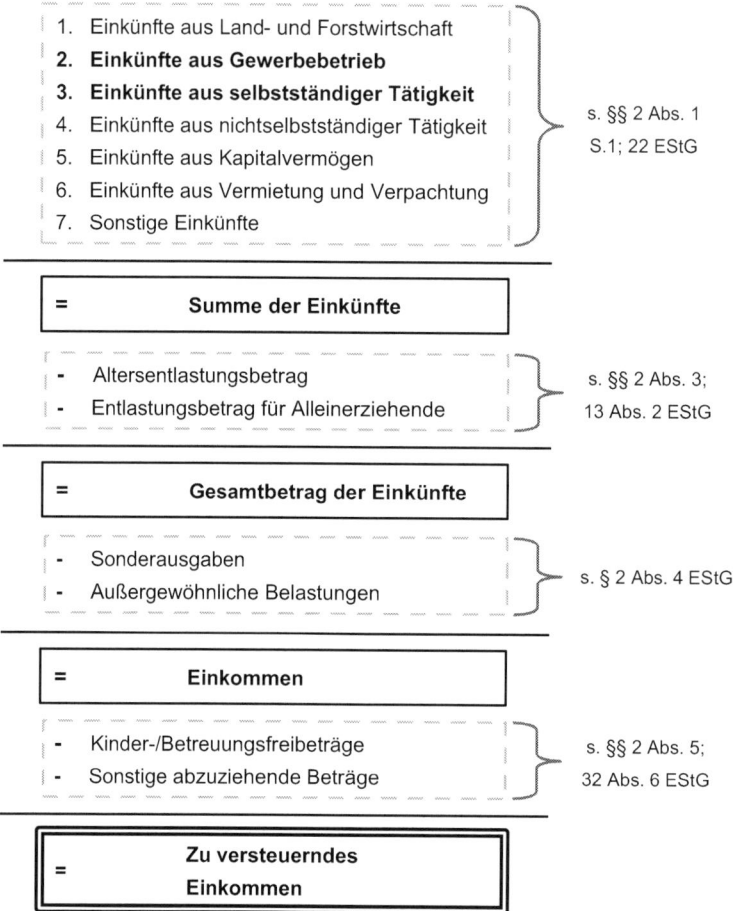

Abb. 10.3 Ermittlung des zu versteuernden Einkommens

versteuerung langfristig thesauriert wird. Eine Inanspruchnahme der Thesaurierungsbegünstigung sollte daher unbedingt mit fachkundiger Hilfe abgestimmt werden.

Die Einkommensteuer entsteht jeweils mit Ablauf des Veranlagungszeitraumes, d. h. eines Kalenderjahres und wird vom Finanzamt entsprechend der Angaben aus der Einkommensteuererklärung festgesetzt, § 25 Abs. 1 EStG. Diese Erklärung ist grundsätzlich am 31. Mai des folgenden Kalenderjahres beim Finanzamt einzureichen. Wird das Start-up von einem Steuerberater betreut, verlängert sich die Abgabefrist grundsätzlich bis zum 30. September bzw. sogar bis zum 31. Dezember des Folgejahres. In Ausnahmefällen kann die Frist vom Finanzamt auf Antrag auch weiter verlängert werden. Das Einzelunternehmen bzw. dessen Inhaber ist allerdings verpflichtet, auf die voraussichtliche Einkommensteuer, die für ein Jahr entsteht, quartalsweise Vorauszahlungen – d. h. am 10. März, 10. Juni, 10. September und 10. Dezember – zu leisten. Maßgebend sind die voraussichtlichen Einkünfte und insbesondere der voraussichtliche Gewinn des Einzelunternehmens (Start-ups), die im laufenden Kalenderjahr erzielt werden. Da sich die Einkünfte und insbesondere der Gewinn unterschiedlich entwickeln können, ist eine Änderung und mithin Anpassung der (quartalsweisen) Vorauszahlungen jederzeit auf Antrag möglich und sollte entsprechend mit dem zuständigen Finanzamt abgestimmt werden.

Die Vorauszahlungen beziehen sich selbstverständlich auch auf den Solidaritätszuschlag zur Einkommensteuer und einer etwaigen Kirchensteuer.

10.3.1.3   Gewerbesteuer

Sofern das Einzelunternehmen einen Gewerbebetrieb betreibt, kann neben der Einkommen- auch Gewerbesteuer entstehen. Bemessungsgrundlage hierfür ist der **Gewerbeertrag** des Einzelunternehmens eines Veranlagungszeitraumes, der sich wiederum aus dem nach dem EStG ermittelten Gewinn ableitet. Allerdings sieht das GewStG noch eine Vielzahl von Hinzurechnungen und Kürzungen vor. Diese sollen insbesondere der Ermittlung der objektiven Ertragskraft des Einzelunternehmens als Gewerbebetrieb und der Vermeidung von Doppelbelastungen aber auch der gewerbesteuerlichen Gleichstellung mit Personen- und Kapitalgesellschaften dienen (vgl. auch Birk 2012, Rn. 1384 ff., 1403 ff.).

Um die Gewerbesteuer zu ermitteln, wird der Gewerbeertrag zunächst auf volle 100 EUR abgerundet und um einen Freibetrag von 24.500 EUR, höchstens jedoch in Höhe des abgerundeten Gewerbeertrags, gemindert. Der so korrigierte Gewerbeertrag wird mit der Steuermesszahl von derzeit einheitlich 3,5 % multipliziert. Ergebnis dieser Rechnung ist der sog. **Steuermessbetrag**. Dieser wird nun mit dem Hebesatz der Gemeinde, in welcher das Einzelunternehmen betrieben wird, multipliziert, um letztlich die Gewerbesteuer zu erhalten. Der Hebesatz muss gemäß § 16 Abs. 4 Satz 2 GewStG mindestens 200 % betragen. Er kann zwischen den Gemeinden mitunter aber stark schwanken, sodass die Wahl des Unternehmenssitzes durchaus von gewisser strategischer Bedeutung ist. So beträgt der Hebesatz z. B. in Berlin 410 %, in Hamburg 470 % und in München sogar 490 %, was zu Folge hat, dass auf den gleichen Gewerbetrag in München eine höhere Gewerbesteuer zu zahlen ist, als in Hamburg oder Berlin.

Auch auf die Gewerbesteuer sind regelmäßig Vorauszahlungen zu leisten. Diese sind abhängig vom voraussichtlichen Gewerbeertrag und erfolgen an die zuständige Gemeinde am 15. Februar, 15. Mai, 15. August und 15. November des laufenden Kalenderjahres, § 19 GewStG. Die jährlichen Erklärungen zur Gewerbesteuer werden in der Regel zusammen mit den Einkommensteuererklärungen beim Finanzamt eingereicht.

▶   Die Gewerbesteuer ist seit 2008 nicht mehr als Betriebsausgabe abzugsfähig und kann damit den steuerlichen Gewinn des Start-ups nicht mehr mindern, § 4 Abs. 5b EStG. Allerdings kann eine Ermäßigung der tariflichen Einkommensteuer um gewerbliche Einkünfte gemäß § 35 Abs. 1 EStG erfolgen. Im Ergebnis kann die Gewerbesteuer dadurch doch unter bestimmen Umständen vollständig auf die Einkommensteuer angerechnet werden.

10.3.1.4 Verluste

Erzielt das Einzelunternehmen statt eines Gewinns einen Verlust, so kann auch dieser regelmäßig berücksichtigt werden – sowohl bei der Einkommen- als auch bei der Gewerbesteuer.

Bei der Einkommensteuer erfolgt der **Verlustausgleich** zunächst **innerhalb derselben Einkunftsart**, d. h. der Verlust des Einzelunternehmens ist mit anderen positiven gewerblichen bzw. freiberuflichen Einkünften des Inhabers des Einzelunternehmens auszugleichen. Anschließend kann ein Verlustausgleich mit den übrigen positiven Einkünften erfolgen. Ist der Verlustausgleich in einem Kalenderjahr nicht bzw. nicht vollständig möglich, so sind die Verluste gemäß § 10d Abs. 1 EStG (ab 2013) bis zu einem Betrag von 1 Mio. EUR (im Falle der Zusammenveranlagung von Ehegatten bis zu 2 Mio. EUR) in den vorangegangenen Veranlagungszeitraum zurückzutragen. Verluste, die unberücksichtigt bleiben, sind gemäß § 10d Abs. 2, 4 EStG in die folgenden Veranlagungszeiträume vorzutragen und können jeweils bis zu einem Betrag von 1 Mio. EUR (im Falle der Zusammenveranlagung von Ehegatten bis zu 2 Mio. EUR) unbeschränkt und darüberhinausgehend bis zu 60 % mit positiven Einkünften verrechnet werden. Verluste, die auch hiernach nicht verrechnet werden können, sind zeitlich unbeschränkt auf weitere Jahre vorzutragen, § 10d Abs. 4 EStG.

Gewerbesteuerliche Verluste können dagegen ausschließlich mit zukünftigen Gewerbeerträgen desselben Einzelunternehmens verrechnet werden, § 10a GewStG. Hierbei ist der Gewerbeertrag des Folgejahres bis zu einem Betrag von 1 Mio. EUR unbegrenzt und darüberhinausgehend bis zu 60 % zu verrechnen. Nicht zu berücksichtigende Verluste sind – wie bei der Einkommensteuer – auf die folgenden Jahre vorzutragen.

10.3.2 Bei einer Personengesellschaft

Bei der nachfolgenden Darstellung wird unterstellt, dass der einzelne Gesellschafter der Personengesellschaft auch Mitunternehmer ist und er sowohl über Mitunternehmerinitiative verfügt als auch Mitunternehmerrisiko trägt. Als Mitunternehmerinitiative wird dabei grundsätzlich die Teilhabe an den unternehmerischen Entscheidungen bzw. zumindest die Möglichkeit der Ausübung von Gesellschafterrechten wie Stimm-, Kontroll- und Widerspruchsrechten verstanden. Ein Mitunternehmerrisiko des Gesellschafters ist regelmäßig bei der Beteiligung am Gewinn und Verlust der Gesellschaft sowie an den stillen Reserven und einem etwaigen Geschäftswertes gegeben (vgl. H 15.8 Abs. 1 der Einkommensteuer-Hinweise 2011 (EStH 2011)).

10.3.2.1 Einkommen- und Körperschaftsteuer

Im Gegensatz zum Einzelunternehmen unterliegt die Personengesellschaft (Mitunternehmerschaft) als solche nicht der Einkommen- oder Körperschaftsteuer. **Steuerpflichtig** sind allein die einzelnen **Gesellschafter**, d. h. Mitunternehmer der Personengesellschaft, die ihren Anteil am Gewinn der Gesellschaft im Rahmen ihrer persönlichen Einkommensbesteuerung versteuern müssen. Handelt es sich beim Gesellschafter also um eine natürliche

Person, so unterliegt deren Anteil der Einkommensteuer nebst Solidaritätszuschlag und etwaiger Kirchensteuer. Ist der Gesellschafter dagegen eine Kapitalgesellschaft, so unterliegt deren Anteil der Körperschaftsteuer nebst Solidaritätszuschlag.

Um die Anteile der Gesellschafter korrekt zuordnen zu können, ist die Personengesellschaft verpflichtet, eine Erklärung zur gesonderten und einheitlichen Feststellung z. B. des Gewinns aus Gewerbebetrieb bei dem für die Personengesellschaft zuständigen Finanzamt abzugeben. Daraufhin wird dieses den Gewinn der Personengesellschaft und die entsprechenden Anteile der Gesellschafter hieran feststellen und den für die Gesellschafter zuständigen Finanzamt mitteilen. Für die Gesellschafter sind diese Feststellungen für die einkommen- bzw. körperschaftsteuerlichen Folgen bindend.

▶ Soweit Bedenken gegen die einzelnen Feststellungen bei der Personengesellschaft bestehen, muss gegen diese direkt vorgegangen werden. Bei der späteren Veranlagung der einzelnen Gesellschafter ist eine Änderung grundsätzlich nicht mehr möglich, unabhängig ob die Feststellungen richtig oder falsch sind.

Zu den gewerblichen Einkünften eines Gesellschafters gehören gemäß § 15 Abs. 1 Satz 1 Nr. 2 EStG neben dem Anteil am Gewinn der Personengesellschaft auch etwaige Vergütungen, die er von der Personengesellschaft z. B. für seine Tätigkeit in deren Diensten, für die Hingabe eines Darlehens oder für die Überlassung von Wirtschaftsgütern erhalten hat (sog. **Sonderbetriebseinnahmen**). Allerdings können auch Ausgaben, die der einzelne Gesellschafter wegen der Gesellschafterstellung zu tragen hat, dessen Gewinnanteil als sog. **Sonderbetriebsausgaben** mindern (vgl. Tipke/Lang 2012, § 10, Rn. 138).

Die Thesaurierungsbegünstigung des § 34a EStG für nicht entnommene Gewinne gilt grundsätzlich auch für die Gewinnanteile des Gesellschafters an einer Personengesellschaft. Voraussetzung ist jedoch, dass die Personengesellschaft ihren Gewinn durch Betriebsvermögensvergleich ermittelt und der Anteil des Gesellschafters daran mehr als 10 % beträgt oder 10.000 EUR übersteigt. Im Übrigen kann auf die Darstellung unter Kap. 10.3.1.2 verwiesen werden.

10.3.2.2   Gewerbesteuer

Ist die Personengesellschaft auch gewerblich tätig (zur Abgrenzung s. Kap. 9.1.), so unterliegt ihr Gewinn zusätzlich der Gewerbesteuer. Insoweit ist die Personengesellschaft auch Steuersubjekt und zur Zahlung der Gewerbesteuer und entsprechender Vorauszahlungen verpflichtet. Eine Zuweisung an die Gesellschafter der Personengesellschaft – wie für die Einkommen- oder Körperschaftsteuer – erfolgt hinsichtlich der Gewerbesteuer gerade nicht. Die Regelungen für die Berechnung der Gewerbesteuer entsprechen denen des Einzelunternehmens (s. Kap. 10.3.1.3) Der Personengesellschaft wird dabei gemäß § 11 Abs. 1 Satz 3 Nr. 1 GewStG ebenfalls – einmal – ein Freibetrag in Höhe von 24.500 EUR gewährt.

▶ Die Gewerbesteuer ist – wie beim Einzelunternehmen auch – nicht als Betriebsausgabe der Personengesellschaft abzugsfähig. Allerdings kann sich die Einkommensteuer der einzelnen Gesellschafter wiederum gemäß § 35 Abs. 1 EStG anteilig ermäßigen.

10.3.2.3 Verluste

Sofern bei der Personengesellschaft ein Verlust entstanden ist, kann dieser grundsätzlich im Rahmen der Einkommen- bzw. Körperschaftsteuerveranlagung des jeweiligen Gesellschafters berücksichtigt und verrechnet werden. Handelt es sich bei der Personengesellschaft um eine KG und ist der Gesellschafter ein Kommanditist, kann eine Berücksichtigung des Verlustanteils u. U. nur beschränkt, d. h. nach Maßgabe von § 15a EStG erfolgen.

Bei der Gewerbesteuer kann der Verlust wiederum nach Maßgabe des § 10a GewStG berücksichtigt werden (s. Kap. 10.3.1.4). Allerdings ist zu beachten, dass ein Wechsel des Gesellschafterbestandes in der Personengesellschaft oder eine Änderung der Beteiligungsquote Auswirkungen auf den gewerbesteuerlichen Verlustabzug haben und dieser mithin anteilig bzw. sogar vollständig entfallen kann (vgl. auch Birk 2012, Rn. 1411 ff.).

10.3.2.4 Exkurs: Stille Beteiligung

Im Gegensatz zu einer Mitunternehmerstellung ist der typisch stille Gesellschafter gemäß § 230 HGB allein mit einer Vermögenseinlage am Gewinn und je nach Vereinbarung auch am Verlust einer Gesellschaft beteiligt. Eine Teilhabe am Vermögen der Gesellschaft ist nicht gegeben.

Erhält der typisch stille Gesellschafter seinen **Anteil am Gewinn**, so liegen bei ihm **Einkünfte aus Kapitalvermögen** nach § 20 Abs. 1 Nr. 4 EStG vor. Diese unterliegen in der Regel der **Abgeltungsteuer von 25 %** (zuzüglich Solidaritätszuschlag und etwaiger Kirchensteuer). Soweit der Sparer-Pauschbetrag nach § 20 Abs. 9 EStG nicht verbraucht ist, kann er noch ergebnismindernd berücksichtigt werden. Ein Abzug tatsächlicher Werbungskosten, wie z. B. Finanzierungszinsen, ist nicht möglich. Allerdings kann die Anwendung der Abgeltungsteuer nach Maßgabe des § 32d Abs. 2 Nr. 1 EStG ausgeschlossen sein. In diesem Fall könnten den erzielten Einnahmen wiederum die tatsächlichen Werbungskosten gegengerechnet werden.

Werden dem stillen Gesellschafter dagegen so umfangreiche Vermögens- und Kontrollrechte eingeräumt, dass er im Sinne des § 15 EStG ein **Mitunternehmerrisiko** trägt und eine **Mitunternehmerinitiative** entfaltet, spricht man von einer **atypisch stillen Gesellschaft**. Hierbei ist der atypisch stille Gesellschafter nicht nur am Gewinn und Verlust, sondern insbesondere auch am Vermögen der Gesellschaft beteiligt, einschließlich des Anlagevermögens, der stillen Reserven und ggf. des Geschäftswerts. Als Mitunternehmer erzielt der Gesellschafter dann **Einkünfte aus Gewerbebetrieb**, die er mit seinem persönlichen Steuersatz zu versteuern hat (hierzu vgl. auch Kap. 10.3.2.1). Die Gewinnermittlung und -verteilung erfolgt hingegen unmittelbar auf Ebene der atypisch stillen Gesellschaft.

Sofern ein sog. Phantom Share Investment (diesbezüglich s. Kap. 10.2.2.2 und 7.2.1.3.4.3) als stille Beteiligung ausgestaltet ist, sind die vorstehenden Grundsätze auch hierauf anzuwenden.

10.3.3   Bei einer Kapitalgesellschaft

Die wohl häufigste Rechtsform eines Start-ups ist die einer GmbH oder einer UG (haftungsbeschränkt) und somit eine Kapitalgesellschaft. Kapitalgesellschaften mit Sitz oder Geschäftsleitung in der Bundesrepublik Deutschland erzielen gemäß § 8 Abs. 2 KStG **ausschließlich Einkünfte aus Gewerbebetrieb**, unabhängig davon woher diese Einkünfte stammen. Diese sind unterliegen daher sowohl der **Körperschaft- als auch der Gewerbesteuer**. Neben der Besteuerung auf Ebene der Kapitalgesellschaft ist jedoch auch die Besteuerung auf Ebene der Anteilseigener, d. h. der Gesellschafter zu beachten.

10.3.3.1   Körperschaftsteuer und Solidaritätszuschlag

Die Körperschaftsteuerpflicht einer Kapitalgesellschaft beginnt im Stadium der sog. Vorgesellschaft, also mit Abschluss des notariellen Gesellschaftsvertrages bzw. der notariellen Feststellung der Satzung der Gesellschaft. Dabei beträgt die **Körperschaftsteuer einheitlich 15 %** des zu versteuernden Einkommens der Kapitalgesellschaft, welches diese innerhalb eines Veranlagungszeitraums erzielt, § 23 Abs. 1 KStG. Dies ist grundsätzlich das Kalenderjahr. Es besteht aber auch die Möglichkeit, ein vom Kalenderjahr abweichendes Wirtschaftsjahr zu wählen. In diesem Fall bildet das abweichende Wirtschaftsjahr den Veranlagungszeitraum für die Körperschaftsteuer.

Maßgebend für das zu versteuernde Einkommender Kapitalgesellschaft ist deren steuerlicher Gewinn (Jahresüberschuss), der sich aus dem Betriebsvermögensvergleich nach den Vorschriften des EStG ergibt, gemindert und/oder erhöht um die Kürzungen und/oder Hinzurechnungen entsprechend der Vorschriften des KStG. Darunter sind insbesondere die speziellen Steuerbefreiungen des KStG, z. B. bei Gewinnausschüttungen, welche die Kapitalgesellschaft von einer anderen Kapitalgesellschaft bezieht, aber auch die nach dem KStG abziehbaren oder nichtabziehbaren Aufwendungen zu verstehen.

Abbildung 10.4 stellt die Ermittlung des zu versteuernden Einkommens der Kapitalgesellschaft gemäß R 29 Abs. 1 der Körperschaftsteuer-Richtlinien 2004 (KStR 2004) – vereinfacht – dar.

Auf die Körperschaftsteuer der Kapitalgesellschaft entfällt weiterhin noch der Solidaritätszuschlag in Höhe von 5,5 %, der gemeinsam mit der Körperschaftsteuer an das Finanzamt abgeführt werden muss. Wie bei der Einkommensteuer ist letztlich auch die Kapitalgesellschaft verpflichtet, Vorauszahlungen auf die Körperschaftsteuer nebst Solidaritätszuschlag zu leisten. Für die Abgabe der Körperschaftsteuererklärungen gelten grundsätzlich dieselben Fristen wie für Einkommensteuererklärungen (Kap. 10.3.1.2).

▶   Gemäß § 8 Abs. 3 S. 2 KStG dürfen sog. **verdeckte Gewinnausschüttungen** das Einkommen der Kapitalgesellschaft nicht mindern. Das bedeutet, dass Betriebsausgaben unter bestimmten Voraussetzungen im Ergebnis steuerlich nicht berücksichtigt werden dürfen.

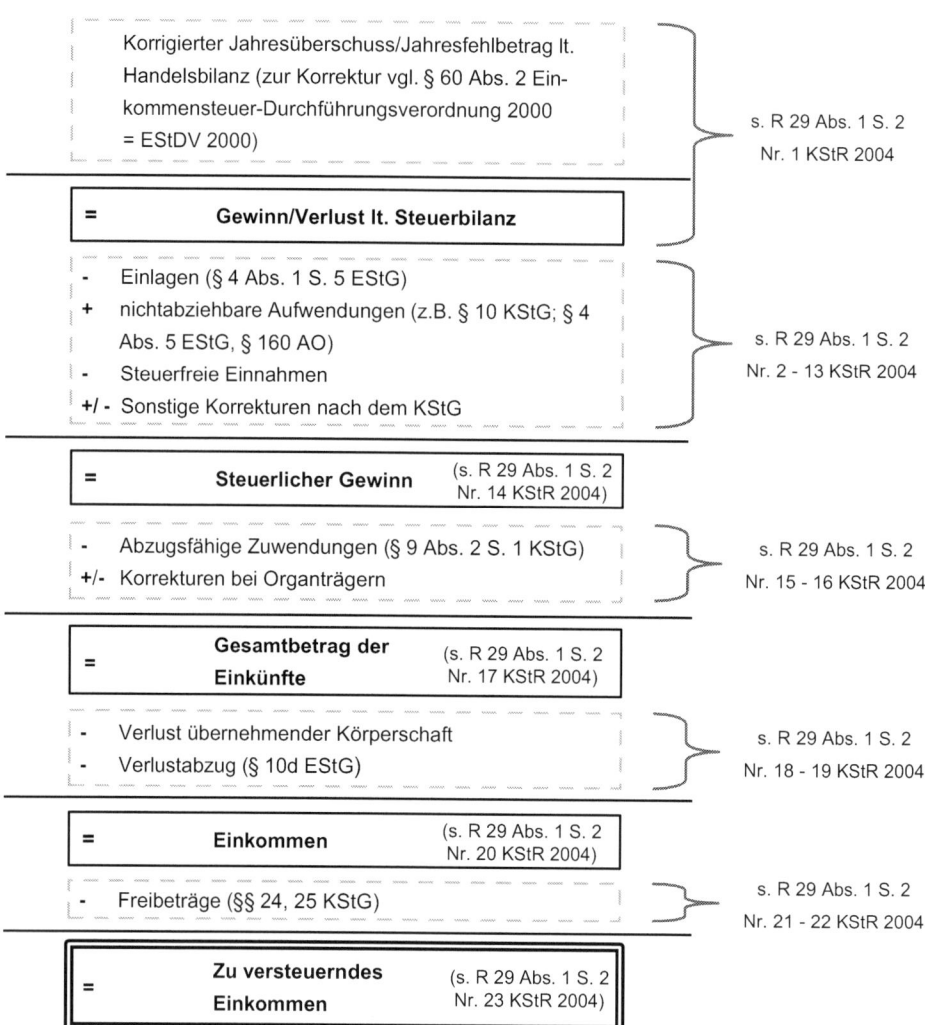

Abb. 10.4 Ermittlung des zu versteuernden Einkommens bei Kapitalgesellschaften

Als Beispiel hierfür sind zunächst die Gehälter des Gesellschafter-Geschäftsfüh-
rers zu nennen. Hier müssen vor der Aufnahme der Geschäftsführertätigkeit in
einem entsprechenden Geschäftsführervertrag klare und nachprüfbare Vereinbarungen getroffen werden, die darüber hinaus auch dem sog. Fremdvergleich
standhalten. Dies ist grundsätzlich der Fall, wenn das Gehalt des Gesellschaf-
ter-Geschäftsführers angemessen ist, d. h. sich u. a. nach Art und Umfang der
Kapitalgesellschaft richtet und dem entspricht, was ein ordentlicher und ge-
wissenhafter Geschäftsleiter der Gesellschaft mit einem Fremdgeschäftsführer
vereinbaren würde.

Aber auch Zins- oder Mietzahlungen, welche die Kapitalgesellschaft für in Anspruch genommene Darlehen oder für angemietete Wirtschaftsgüter an ihre Gesellschafter leistet, können verdeckte Gewinnausschüttungen sein, wenn sie einem sog. fremden Dritten nicht dergestalt und insbesondere nicht in dieser Höhe gezahlt worden wären.

10.3.3.2   Gewerbesteuer

Die Kapitalgesellschaft unterliegt bereits kraft Rechtsform der Gewerbesteuer mit der Folge, dass nicht nur ihre gewerbliche Tätigkeit, sondern jedwede Tätigkeit eine Gewerbesteuerpflicht auslöst, § 2 Abs. 2 GewStG. Damit ist die Kapitalgesellschaft zur Zahlung der Gewerbesteuer sowie entsprechender Vorauszahlungen verpflichtet. Die Regelungen für die Berechnung der Gewerbesteuer entsprechen im Wesentlichen denen des Einzelunternehmens bzw. der Personengesellschaft (s. Kap. 10.3.1.3 und 10.3.2.2). Allerdings ist ein Freibetrag für Kapitalgesellschaften nicht vorgesehen.

10.3.3.3   Verluste

Dadurch, dass die Kapitalgesellschaft selbst **Subjekt der Körper- und Gewerbesteuer** ist, können etwaige Verluste (Jahresfehlbeträge) auch nur auf deren Ebene berücksichtigt werden und ihr versteuerndes Einkommen in späteren Jahren mindern. Damit reduzieren Verluste allein die Steuerbelastung der Kapitalgesellschaft.

Bei der Körperschaftsteuer kann der Verlustabzug gemäß § 8 Abs. 1 KStG i. V. m. § 10d Abs. 1 EStG jährlich bis zu einem Betrag von 1 Mio. EUR unbeschränkt vorgenommenen werden. Darüber hinaus können lediglich 60 % des übersteigenden Betrages mit dem Verlustvortrag verrechnet werden. Somit verbleibt eine sog. Mindestbesteuerung in Höhe von 40 % des verbleibenden Gewinns je Veranlagungszeitraum. Sofern im Veranlagungszeitraum, welcher dem Verlustentstehungszeitraum vorangeht, Gewinne erzielt wurden, können die Verluste auch bis zu einem Betrag von 1 Mio. EUR zurückgetragen und mit diesen Gewinnen verrechnet werden.

Bei der Gewerbesteuer können Verluste – wie beim Einzelunternehmen oder einer Personengesellschaft – allein nach Maßgabe des § 10a GewStG berücksichtigt werden (s. Kap. 10.3.1.4 und 10.3.2.3). Das bedeutet, dass der Gewerbeertrag des dem Verlust nachfolgenden Jahres bis zu einem Betrag von 1 Mio. EUR unbegrenzt und darüberhinausgehend bis zu 60 % verrechnet werden kann. Nicht zu berücksichtigende Verluste sind auf die folgenden Jahre vorzutragen.

Allerdings ist zu beachten, dass ein Wechsel des Gesellschafterbestandes in der Kapitalgesellschaft oder eine Änderung der Beteiligungsquote Auswirkungen auf den Verlustabzug haben kann. Werden nämlich innerhalb von fünf Jahren mehr als 25 % des gezeichneten Kapitals, der Mitglieds-, Beteiligungs- oder Stimmrechte an der Kapitalgesellschaft mittelbar oder unmittelbaren einen Erwerber oder einer dem Erwerber nahe stehenden Person übertragen, so ist der vorgetragene Verlust bei der Körperschaftsteuer insoweit nicht mehr abziehbar und mithin verloren gegangen. Erfolgt eine solche Übertragung zu mehr als 50 %, so entfällt der vorgetragene Verlust dagegen vollständig. Dies gilt gemäß

§ 8c Abs. 1 KStG und § 10a S. 10 für die Körperschaft- und die Gewerbesteuer gleichermaßen. Daher sollten jedwede Anteilsveräußerungen wie auch die Aufnahme weiterer Gesellschafter stets mit einer fachkundigen Person abgestimmt werden.

10.3.3.4 Exkurs: Besteuerung auf Ebene der Anteilseigner

Der Anteilseigener, d. h. Gesellschafter der Kapitalgesellschaft wird regelmäßig an deren
positiven Ergebnissen partizipieren und demzufolge **Gewinnausschüttungen (Dividenden)** erhalten. Die steuerliche Behandlung dieser Dividenden ist wiederum von mehreren
Faktoren abhängig:

Befinden sich die Anteile an der Kapitalgesellschaft **im Privatvermögen** eines Anteilseigners (natürliche Person), dann gehören die Dividenden gemäß § 20 Abs. 1 Nr. 1 EStG
zu seinen Einkünften aus Kapitalvermögen. Sie unterliegen dabei grundsätzlich den Regelungen der sog. **Abgeltungsteuer** und sind von dem Anteilseigner mit einem Steuersatz
von 25 % (zuzüglich 5,5 % Solidaritätszuschlag und etwaiger Kirchensteuer) zu versteuern.
Liegt dessen persönlicher Einkommensteuersatz unter 25 %, so besteht auch die Möglichkeit, die Dividenden letztlich doch nur mit diesem niedrigeren persönlichen Steuersatz
zu besteuern. Hierbei werden für alle Einkünfte aus Kapitalvermögen insgesamt pauschal
801 EUR als Werbungskosten (sog. Sparer-Pauschbetrag) abgezogen. Dies hat zur Folge,
dass z. B. laufende Zinsen, die dem Anteilseigner aufgrund der Fremdfinanzierung der
Anschaffungskosten für die Beteiligung entstehen, nicht weiter steuermindernd geltend
machen können, § 20 Abs. 9 S. 1 EStG.

Ist der Anteilseigner allerdings unmittelbar oder mittelbar zu mindestens 25 % an der
Kapitalgesellschaft beteiligt oder zu mindestens 1 % beteiligt und für die Kapitalgesellschaft beruflich tätig, so kann er auf die Anwendung der Abgeltungsteuer auf Antrag verzichten, § 32d Abs. 2 Nr. 3 EStG. In diesem Fall unterliegen die Dividenden dem sog.
Teileinkünfteverfahren und müssen zu 60 % bei den Einnahmen aus Kapitalvermögen
angesetzt werden. Die übrigen 40 % sind dagegen steuerfrei, § 3 Nr. 40d EStG. Zudem ist
der Werbungskostenabzug auch nicht mehr auf die 801 EUR beschränkt. Vielmehr können die in wirtschaftlichen Zusammenhang mit der Beteiligung an der Kapitalgesellschaft
stehenden Werbungskosten, z. B. die oben angesprochenen Finanzierungszinsen, ebenfalls
zu 60 % berücksichtigt werden und die Einnahmen entsprechend mindern. Diese Differenz würde der Anteilseigner letztlich mit seinem persönlichen Einkommensteuersatz versteuern. Die Option, auf die Abgeltungsteuer zu verzichten, kann daher insbesondere bei
hohen Werbungskosten sinnvoll sein.

Werden die Anteile an der Kapitalgesellschaft dagegen **im Betriebsvermögen** – einer
natürlichen Person oder einer Personengesellschaft an der ausschließlich natürliche Personen beteiligt sind, – gehalten, so gehören die Dividenden grundsätzlich zu den Einkünften
aus Gewerbebetrieb, §§ 20 Abs. 1 Nr. 1, Abs. 8 i. V. m. § 15 EStG. Das bedeutet, dass das
Teileinkünfteverfahren hierauf anzuwenden ist. Die Dividenden sind – wie dargestellt
– zu 40 % steuerfrei und „nur" zu 60 % der Besteuerung zugrunde zu legen. Etwaige in
unmittelbarem Zusammenhang stehende Werbungskosten bzw. Betriebsausgaben können
wiederum zu 60 % mindernd berücksichtigt werden.

Befinden sich die Anteile an der Kapitalgesellschaft jedoch **im Betriebsvermögen einer anderen Kapitalgesellschaft**, so sind die Dividenden bei dieser im Ergebnis zu 95 % von der Körperschaftsteuer befreit, § 8b Abs. 1, 5 KStG. Dies gilt für nach dem 23. Februar 2013 zufließende Dividenden allerdings nur, sofern es sich hierbei nicht um eine sog. **Streubesitzbeteiligung** handelt und mithin eine unmittelbare Beteiligung von mindestens 10 % besteht (s. sogleich Kap. 10.3.3.5).

> Beim steuerlichen Abzug von Finanzierungsaufwendungen, die im Zusammenhang mit zum Betriebsvermögen gehörenden Beteiligungen stehen, ist rechtsformübergreifend stets die sog. **Zinsschranke** zu beachten, § 4h EStG, § 8a KStG. Danach ist für Zinsaufwendungen grundsätzlich nur der bis zur Höhe der Zinserträge des Unternehmens, darüber hinaus nur bis zur Höhe von 30 % des um Zinsaufwendungen erhöhten und die Zinserträge verminderten Gewinns ein Betriebsausgabenabzug möglich (vgl. auch Römermann 2009, § 1, Rn. 77).

Werden Gewinnausschüttungen an die Anteilseigner vorgenommen, so hat die Kapitalgesellschaft – unter Berücksichtigung etwaiger Freistellungsaufträge des Anteilseigners im Rahmen des Sparer-Pauschbetrages – die darauf entfallende **Kapitalertragsteuer** nebst Solidaritätszuschlag einzubehalten und für Rechnung des Anteilseigners an das Finanzamt abzuführen, §§ 43 ff. EStG. Bei der Kapitalertragsteuer handelt es sich um keine eigene Steuerart, sondern um eine Erhebungsform der Einkommen- bzw. Körperschaftsteuer. Sie beträgt 25 % (zuzüglich 5,5 % Solidaritätszuschlag) der Gewinnausschüttung und hat gemäß § 43 Abs. 5 EStG, ggf. i. V. m. 31 Abs. 1 KStG dem Grunde nach eine abgeltende Wirkung (sog. Abgeltungsteuer). Die Einkommen- bzw. Körperschaftsteuer gilt als damit endgültig erhoben, so dass die Gewinnausschüttungen grundsätzlich auch nicht mehr in die Veranlagung des Anteilseigners einbezogen werden. Eine Erhebung der Kapitalertragsteuer erfolgt trotz der Steuerbefreiungen nach § 3 Nr. 40d EStG bzw. § 8b KStG (i. V. m. § 43 Abs. 1 Satz 3 und ggf. § 31 Abs. 1 Satz 1 KStG). Hierüber wird die Kapitalgesellschaft dem Anteilseigner sodann eine Steuerbescheinigung ausstellen, da dieser die einbehaltene Kapitalertragsteuer und den entsprechenden Solidaritätszuschlag regelmäßig – und ggf. sofern er auf die Abgeltungsteuer verzichtet hat – auf seine Einkommen- bzw. Körperschaftsteuerschuld anrechnen lassen kann. Bei ausländischen Anteilseignern können ferner besondere Regelungen gelten, die sich z. B. aus dem jeweiligen Doppelbesteuerungsabkommen ergeben.

10.3.3.5   Exkurs: Streubesitzbeteiligung

Bis zur teilweisen Neuregelung der steuerlichen Behandlung beim Empfänger von Gewinnausschüttungen (Dividenden) waren Erträge, die eine Körperschaft und mithin eine Kapitalgesellschaft aus Beteiligungen an einer anderen Körperschaft in Form von Dividenden oder Veräußerungsgewinnen beim Verkauf erzielte, gemäß § 8b KStG grundsätzlich steuerfrei. Lediglich 5 % hiervon galten als pauschale Ausgaben, die nicht als Betriebsausgaben abgezogen werden durften. Im Ergebnis lag somit eine 95 %-ige Steuerbegünstigung vor, unabhängig von der Höhe der Beteiligungsquote. Zwar wurde bei der Ausschüttung von Dividenden auf den Bruttobetrag zunächst die Kapitalertragsteuer in Höhe von 25 % nebst Solidaritätszuschlag von 5,5 % einbehalten und an das Finanzamt abgeführt. Allerdings wurde diese bei inländischen unbeschränkt steuerpflichtigen Körperschaften (Sitz oder Geschäftsleitung in der Bundesrepublik Deutschland) als Dividendenempfänger im Rahmen des Veranlagungsverfahrens mit der tatsächlichen Steuerlast verrechnet und ein entsprechender Überhang erstattet. Somit wurde letztlich eine 95 %-ige Steuerbegünstigung erreicht.

Für die Empfängerkörperschaften, die weder ihren Sitz oder ihre Geschäftsleitung in der Bundesrepublik Deutschland haben und Beteiligungen von weniger als 10 % halten, hat die abgeführte Kapitalertragsteuer dagegen zumindest in Höhe von 15 % eine abgeltende Wirkung und kann insoweit nicht erstattet werden. Darin hat der Europäische Gerichtshof eine Schlechterstellung ausländischer Empfänger von Dividenden mit einer Beteiligungsquote von unter 10 % gegenüber inländischen Dividendenempfängern gesehen und mithin einen Verstoß gegen die Kapitalverkehrsfreiheit festgestellt.

Aufgrund dieser europarechtlichen Vorgaben musste der deutsche Gesetzgeber reagieren, um inländische und ausländische Empfänger von Dividenden gleich zu behandeln. Gemäß dem neuen § 8b Abs. 4 EStG gilt die obige Steuerbefreiung nun nicht mehr für Dividenden aus Beteiligungen unter 10 %, den sog. **Streubesitzdividenden**, unabhängig davon, ob es sich um eine inländische oder ausländische Empfängergesellschaft handelt. Veräußerungsgewinne sind von der Neuregelung jedoch nicht betroffen und unterliegen somit weiterhin der Steuerbefreiung des § 8b KStG.

Die Neuregelung ist auf Gewinnausschüttungen, die nach dem 28. Februar 2013 zufließen, anzuwenden. Damit sind die nach diesem Stichtag z. B. von Kapitalgesellschaften empfangene Dividenden in vollem Umfang körperschaftsteuerpflichtig, wenn eine Beteiligung von unter 10 % besteht. Maßgeblich für die Beteiligungshöhe sind grundsätzlich die Verhältnisse zu Beginn eines Kalenderjahres. Dabei gilt der Erwerb einer Beteiligung von mindestens 10 % als zu Beginn eines Kalenderjahres erfolgt. Bei der Ermittlung der Beteiligungshöhe werden nur unmittelbare Beteiligungen am Grund- oder Stammkapital berücksichtigt. Anteile, die über eine Mitunternehmerschaft gehalten werden, gelten dabei allerdings anteilig als eine unmittelbare Beteiligung des Mitunternehmers.

10.3.4 Rechtsformvergleich

Wie dargestellt, gibt es eine Vielzahl von Faktoren, die das steuerliche Ergebnis des Start-ups, sei es als Einzelunternehmen, Personen- oder Kapitalgesellschaft beeinflussen. Daher lässt sich keine pauschale Aussage treffen, welche Rechtsform nun die „Beste" für ein Start-up ist. Diesbezüglich soll Tab. 10.1 noch einmal einen Überblick über die wichtigsten steuerlichen Aspekte der Rechtsformwahl geben und könnte somit ggf. zur Entscheidungsfindung beitragen:

Tab. 10.1 Rechtsformvergleich Einzelunternehmung, Personen- und Kapitalgesellschaften

	Einzelunternehmen	Personengesellschaft	Kapitalgesellschaft
Gewinnermittlung	Betriebsvermögensvergleich/ Einnahme-Überschuss-Rechnung		Betriebsvermögens- vergleich
Vergütung des Unternehmers/der Gesell-schafter	Lohn/Gehalt nicht als Betriebsausgabe abziehbar		Lohn/Gehalt der Gesellschafter als Betriebsausgabe abziehbar
Ertragsteuer	Einkommensteu-erpflichtig ist der Betriebsinhaber	Einkommensteuerpflich-tig ist jeder Gesellschafter (Mitunternehmer)	Gewinn der Gesellschaft unterliegt Kör-perschaftsteuer
	Progressiver Tarif	Progressiver Tarif	Steuersatz: 15 %
	Thesaurierungsbegünsti-gung möglich	Thesaurierungsbegünsti-gung möglich	Kein Grundfreibetrag
Umsatzsteuer	Umsatzsteuerpflichtig ist der Betriebsinhaber	Umsatzsteuerpflichtig ist die Gesellschaft	
Gewerbesteuer	Gewerbesteuerpflichtig ist der Betriebsinhaber	Gewerbesteuerpflichtig ist die Gesellschaft	
	Steuermesszahl: 3,5 %		Steuermesszahl: 3,5 %
	Freibetrag: € 24.500,00		Kein Freibetrag
	Anrechnung auf Einkommensteuer möglich !!! Keine Gewerbesteuerpflicht für Freiberufler !!!		Keine Anrech-nung auf Körper-schaftssteuer
Verlustverrechnung	Verrechnung von Verlusten mit anderen Einkunfts-arten möglich		Nur Ausgleich mit Verlusten der Gesellschaft möglich
Steuerschuldner/ Haftung	Betriebsinhaber mit sei-nem gesamten Vermögen	Jeder vollhaftende Gesellschafter mit seinem gesamten Vermögen	Gesellschaft mit ihrem Vermögen

„Steuerfallen" 11

Nino Ron Waberski

Auf dem Weg zum erfolgreichen Start-up gilt es oft eine Vielzahl von Hürden zu meistern. Eine davon ist regelmäßig das Steuerrecht. Dabei sollte insbesondere auf folgende potenzielle „Steuerfallen" geachtet werden.

11.1 Gründungsaufwand

Aufwendungen, die bereits in der Vorbereitungsphase der eigentlichen Start-up-Gründung entstehen, können in der Regel steuerlich berücksichtigt werden und als **Betriebsausgaben** den späteren **Gewinn mindern**. Darunter fallen bspw. die Kosten für einen Berater, für Reisen oder für die Bewirtung.

Vorsicht ist jedoch bei der Gründung des Start-ups als GmbH oder UG (haftungsbeschränkt) und deren Entstehung in drei Phasengeboten (Vorgründungsgesellschaft, Vorgesellschaft und die eigentliche GmbH bzw. UG (haftungsbeschränkt)). Denn auf Ebene dieser Gesellschaften können die Gründungsaufwendungen nur dann berücksichtigt werden, wenn sie nach Abschluss des Gesellschaftsvertrages (sog. Vorgesellschaft) entstehen. Aufwendungen, die davor entstanden sind, können ggf. auf Ebene der Gesellschafter berücksichtigt werden (vgl. Winnefeld 2006, Kapitel N, Rn. 112).

Bei Vorliegen der weiteren Voraussetzungen kann die in den Gründungsaufwendungen enthaltene Umsatzsteuer ggf. auch vom Start-up als Vorsteuer geltend gemacht werden (s. Kap. 10.2.1.3).

N. R. Waberski
Luther Rechtsanwaltsgesellschaft mbH, Grimmaische Straße 25,
04109 Leipzig, Deutschland
E-Mail: nino.waberski@luther-lawfirm.com

C. Hahn (Hrsg.), *Finanzierung und Besteuerung von Start-up-Unternehmen*,
DOI 10.1007/978-3-658-01371-4_11, © Springer Fachmedien Wiesbaden 2014

11.2   Steuervorauszahlungen

Eine stets ausreichende Liquidität ist für das Unternehmen lebensnotwendig. Allerdings veranlasst dies einige Gründer bzw. Gesellschafter dazu, Steuervorauszahlungen nicht in ausreichender Höhe anzusetzen und an das Finanzamt abzuführen. Folge hiervon sind zumeist **hohe Steuernachzahlungen,** welche die für das operative Geschäft des Unternehmens erforderliche Liquidität schnell entziehen und eine finanzielle Schieflage begünstigen können. Dies kann nicht zuletzt bis zur Insolvenz des Unternehmens führen. Aber auch die Gesellschafter eines Start-ups selbst, z. B. Mitunternehmer einer Personengesellschaft, können von unerwartet hohen Steuernachzahlungen betroffen sein.

▶   Um hohen Steuernachzahlungen von Anfang an zu entgehen, sollten die
         monatlichen bzw. quartalsweise anfallenden Vorauszahlungen regelmäßig
         überprüft und ggf. auch freiwillig angepasst werden. Um letztlich einer Überra-
         schung durch das Finanzamt zu entgehen, könnten auch etwas höhere Steuer-
         vorauszahlungen in Erwägung gezogen werden. Dies kann dann sogar zu
         späteren Steuerrückzahlungen führen.

11.3   Verträge zwischen nahen Angehörigen

Grundsätzlich können Verträge auch mündlich geschlossen werden. Allerdings müssen dann besondere Formerfordernisse beachtet werden, wenn Verträge zwischen nahen Angehörigen (zum Begriff vgl. § 15 AO) geschlossen werden. Hierbei wird von den Finanzbehörden häufig unterstellt, dass Vermögenszuwendungen oder Leistungen unter nahen Angehörigen auf familiäre Beziehungen beruhen, ohne dass ihnen rechtlich wirksame Verträge zugrunde gelegt werden können (vgl. auch Klein, Abgabenordnung, 11. Aufl. 2012, § 41 Rn. 9 ff.). In diesen Fällen werden regelmäßig die steuerlichen Folgen, z. B. ein Betriebsausgabenabzug verneint. Dies kann gerade in der Gründungsphase des Start-ups von Bedeutung sein, wenn die unterstützende Hilfe der nahen Angehörigen auch steuerwirksam berücksichtigt werden möchte.

Damit Verträge zwischen nahen Angehörigen steuerlich berücksichtigt werden können, müssen sie wirksam sein, inhaltlich dem zwischen fremden Dritten Üblichen entsprechen und auch tatsächlich durchgeführt werden (sog. Fremdvergleich, vgl. auch BFH, BStBl. II 2011, S. 20). Dies gilt insbesondere für Arbeits-, Darlehens-, Miet- und Gesellschaftsverträge (vgl. Birk 2012, Rn. 338 f.). Zu Dokumentationszwecken sollten diese stets auch schriftlich festgehalten werden.

Tab. 11.1 Wichtige Fälligkeitsregelungen im Steuerrecht

Steuer	Fälligkeit
Lohnsteuer	Zehnter Tag nach Ablauf des Lohnsteuer-Anmeldungszeitraums
Einkommensteuer-Vorauszahlung	10. März, 10. Juni, 10. September, 10. Dezember
Einkommensteuer-Vorauszahlung/rückwirkende Erhöhung (Anpassung)	Ein Monat nach Bekanntgabe des Änderungsbescheids
Einkommensteuer-Abschlusszahlung	Ein Monat nach Bekanntgabe des Einkommensteuerbescheids
Körperschaftsteuer-Vorauszahlung	10. März, 10. Juni, 10. September, 10. Dezember
Körperschaftsteuer-Abschlusszahlung	Ein Monat nach Bekanntgabe des Körperschaftsteuerbescheids
Gewerbesteuer-Vorauszahlung	15. Februar, 15. Mai, 15. August, 15. November
Gewerbesteuer-Abschlusszahlung	Ein Monat nach Bekanntgabe des Gewerbesteuerbescheids
Umsatzsteuer-Vorauszahlung	Zehnter Tag nach Ablauf des Umsatzsteuer-Anmeldungszeitraums
Umsatzsteuer-Abschlusszahlung	Ein Monat nach dem Eingang der Jahressteuererklärung

11.4 Fehlende Absprachen mit einem (steuer-)rechtlichen Berater

Um in der Anfangsphase Geld zu sparen, neigen Gründer eines Start-ups oft dazu, sich die Beratungskosten bei einem Rechtsanwalt oder Steuerberater zu ersparen. In vielen Fällen kann sich dies jedoch als kostspieliger Fehler erweisen, der durch eine kompetente Steuerplanung und -beratung hätte vermieden werden können. Um mögliche Alternativen, z. B. zur Rechtsformwahl, und Einsparungen zu eruieren, sollte daher frühzeitig Kontakt zu einem (steuer-)rechtlichen Berater aufgenommen werden. Die Kosten hierfür können in den meisten Fällen als **Gründungsaufwendungen** wiederum **steuermindernd** berücksichtigt werden.

11.5 Versäumnis von Fristen

Gerade in der Gründungszeit werden oft die steuerlichen Fristen vergessen. Abgesehen von möglichen Steuerschätzungen entstehen häufig auch teure „Mahngebühren", die gerade zu Beginn das vorhandene Kapital des Start-ups unnötig belasten. Daher kann nur empfohlen werden, die steuerlichen Fristen, z. B. bei der Abgabe der Steuererklärung einzuhalten bzw. frühzeitig Kontakt zu den Finanzbehörden aufzunehmen, um so unnötigen Ärger zu vermeiden. Tab. 11.1 stellt diesbezüglich die Fälligkeit wichtiger Steuerfristen dar, die die Gründer stets im Blickfeld behalten sollten.

Fazit

Die **Besteuerung** des Start-ups richtet sich regelmäßig danach, in welcher **Rechtsform** das Start-up betrieben wird, d. h. als Einzelunternehmung, Personen- oder Kapitalgesellschaft. Allerdings gibt es auch Steuern, die unabhängig von der Rechtsform entstehen – die **Umsatz-** und die **Lohnsteuer.**

Bei einem **Einzelunternehmen** und einer **Personengesellschaft** ist – gerade mit Blick auf die **Gewerbesteuer** – eine Abgrenzung zwischen **gewerblicher** und **freiberuflicher** Tätigkeiten vorzunehmen. Bei **Kapitalgesellschaften** liegen dagegen bereits **kraft Gesetzes gewerbliche Einkünfte** vor. Der gewerbliche oder freiberufliche Gewinn wird dann entweder durch **Einnahme-Überschuss-Rechnung** oder durch **Betriebsvermögensvergleich** ermittelt.

Entsteht statt eines Gewinns ein **Verlust,** so kann dieser auf unterschiedlichste Weise berücksichtigt, d. h. verrechnet werden. Bei Personen- und Kapitalgesellschaft ist jedoch zu beachten, dass die gewerbe- und körperschaftsteuerlichen Verluste durch einen **Gesellschafterwechsel** teilweise oder sogar vollständig entfallen können.

Mit der **Gründung** des Start-ups ist eine Vielzahl weiterer steuerlicher Pflichten einzuhalten. Neben der Anmeldung des Unternehmens sind dies insbesondere eine fristgerechte Abgabe von **Steueranmeldungen** und **-erklärungen** sowie die Tilgung fälliger **Steuervoraus-** bzw. **Abschlusszahlungen.** Die Gründer bzw. das Unternehmen sollten darüber hinaus potenzielle „**Steuerfallen**" vermeiden. Daher ist es regelmäßig auch unerlässlich, sich bspw. von einem Steuerberater eine fachkundige Beratung einzuholen.

Literatur

Birk, D. 2012. *Steuerrecht*. Heidelberg: C. F. Müller.
Birle, J. P., A. Fey, R. Haas, M. Heil, I. Heß, J. Hottmann, A. Jantezko, T. Kremer, S. Lahme, E. Leicht, W. Maier, J. Melchior, W. Rauh, L. Rohrlack-Soth, T. Scheel, E. Vogel, V. Walter, S. Weber, N. Wirfler, und P. Zimmermann-Hübner. 2013. *Beck'sches Steuer- und Bilanzrechtslexikon*. München: Verlag C. H. Beck.
Blümich, W. 2013. *Einkommensteuergesetz. Körperschaftsteuergesetz. Gewerbesteuergesetz*. München: Verlag Franz Vahlen.
Gosch, D. 2009. *Körperschaftsteuergesetz*. München: Verlag C. H. Beck.
Römermann, V. 2009. *Münchner Anwalts Handbuch GmbH-Recht*. München: Verlag C. H. Beck.
Tipke, K., und Lang, J. 2012. *Steuerrecht*. Köln: Verlag Dr. Otto Schmidt.
Winnefeld, R. 2006. *Bilanz-Handbuch. Handels- und Steuerbilanz. Rechtsformspezifisches Bilanzrecht. Bilanzielle Sonderfragen. Sonderbilanzen. IAS/US-GAAP*. München: Verlag C. H. Beck

Teil V
Einblicke erfolgreicher Gründer
(Christopher Hahn)

Bigpoint (Heiko Hubertz)

12

Christopher Hahn

12.1 Unternehmen

Die Bigpoint GmbH (www.bigpoint.net) ist ein Software-Unternehmen, das sich auf Entwicklung und Vertrieb von Browser- und Online-Spielen spezialisiert hat. Bigpoint wurde 2002 von Heiko Hubertz in Hamburg gegründet. Mittlerweile gehört Bigpoint zu den größten Herstellern von Browserspielen der Welt und hat über 300 Mio. registrierte User.

12.2 Einblick von Heiko Hubertz, Gründer

Auf welche Finanzierungsquellen hast Du in der Seed-, Startup- bzw. Wachstumsphase zurückgegriffen, um ein derartig leistungsfähiges Unternehmen zu entwickeln?

Die Anfangsphase von Bigpoint habe ich aus eigenen Mitteln finanziert. Später haben uns Investoren wie die Samwers, NBC Universal und Summit Partners unterstützt.

Welche Rechtsform hast Du für dein Startup gewählt? Warum? Spielten die steuerlichen Vor- und/oder Nachteile der entsprechenden Rechtsform eine Rolle bei deiner Entscheidung?

Bigpoint habe ich als GmbH gegründet. Der ausschlaggebende Grund war, dass ich damit privat nicht haftbar bin.

C. Hahn (✉)
Luther Rechtsanwaltsgesellschaft mbH, Friedrichstraße 140,
10117 Berlin, Deutschland
E-Mail: christopher.hahn@luther-lawfirm.com

C. Hahn (Hrsg.), *Finanzierung und Besteuerung von Start-up-Unternehmen*,
DOI 10.1007/978-3-658-01371-4_12, © Springer Fachmedien Wiesbaden 2014

Hast Du einen Businessplan verwendet? Wenn ja, welche Tipps würdest Du einem jungen Gründer, der an die von Dir erreichten Erfolge anknüpfen will, für die Erstellung des Businessplans geben?

Nein, zu Anfang hatte ich keinen Businessplan, denn Bigpoint ist ein reines Spaßprojekt gewesen. Erst nachdem ich gemerkt habe, dass das ein richtig erfolgreiches Business werden kann, habe ich einen Businessplan erstellt. Dieser war notwendig, um die Investoren zu überzeugen.

Inwiefern war Venture Capital für die Finanzierung Deines Startups von Bedeutung? In welcher Form (z. B. Kapitalerhöhung) hast Du den VC-Geber beteiligt?

Venture Capital war ausschlaggebend für den internationalen schnellen Erfolg bei Bigpoint. Das Geld, das über Kapitalerhöhungen reinkam, haben wir für Wachstum genutzt, in erster Linie in Form von Marketing und Internationalisierung.

Hast Du Erfahrungen mit Inkubatoren und/oder Business Angels gemacht? Wenn ja, welche?

Nein, nicht bei Bigpoint. Ich selber betätige mich aber in einzelnen Fällen als Business Angel und unterstütze junge Start-ups in der ersten Phase.

Welche Rolle spielt(e) Crowdinvesting für dich? Hältst Du Crowdfunding/Crowdinvesting für eine geeignete Finanzierungsquelle für Startups?

Ich finde Crowdfunding sehr interessant; spannend gerade für Menschen, die gerne in Start-ups investieren wollen, denen aber für ein direktes Investment das Geld fehlt. Für Start-ups ist es eine Riesenchance, relativ unkompliziert an eine große Summe Geld zu kommen. Ich denke, dass wir in diesem Bereich erst am Anfang stehen und mit den Erfahrungen und Erfolgen lernen werden. Wichtig ist, dass die Verträge so aufgesetzt sind, dass sie bei späteren VC-Runden das Wachstum nicht behindern.

Hattest Du von Anfang an einen festen Finanzierungsplan, oder hast Du Finanzierungsfragen spontan „aus dem Bauch heraus" entschieden? Hast Du bei Finanzierungsentscheidungen externe Beratung in Anspruch genommen? Warum?

Ich habe das zu Anfang immer aus dem Bauch heraus entschieden. Später haben wir mit M&A-Beratern zusammengearbeitet, die uns bei dem Prozess unterstützt haben.

DailyDeal (Fabian und Ferry Heilemann)

13

Christopher Hahn

13.1 Unternehmen

Die DailyDeal GmbH (www.dailydeal.de) wurde im September 2009 von den Brüdern Fabian und Ferry Heilemann gegründet und Ende 2011 vom US-Internetunternehmen Google für 114 Mio. US-Dollar übernommen. Anfang 2013 kauften die Gründer „ihr" Unternehmen von Google zurück.

13.2 Einblick von Fabian Heilemann, CEO

Auf welche Finanzierungsquellen hast Du in der Seed-, Start-up- bzw. Wachstumsphase zurückgegriffen, um ein derartig leistungsfähiges Unternehmen zu entwickeln?

Wir haben mit Michael Brehm und Stefan Glänzer früh Business Angels gefunden, die den Start von DailyDeal und die weitere Entwicklung mit Kapital, Knowhow und Kontakten ermöglicht haben. In späteren Phasen konnten wir auch institutionelle Investoren wie AdInvest und Insight Venture Partners gewinnen.

Welche Rechtsform hast Du für dein Start-up gewählt? Warum? Spielten die steuerlichen Vor- und/oder Nachteile der entsprechenden Rechtsform eine Rolle bei deiner Entscheidung?

DailyDeal ist als Gesellschaft mit beschränkter Haftung gestartet, also mit einer klassischen Gesellschaftsform. Ausschlaggebend für diese Entscheidung waren das Finanz-

C. Hahn (✉)
Luther Rechtsanwaltsgesellschaft mbH, Friedrichstraße 140,
10117 Berlin, Deutschland
E-Mail: christopher.hahn@luther-lawfirm.com

C. Hahn (Hrsg.), *Finanzierung und Besteuerung von Start-up-Unternehmen*,
DOI 10.1007/978-3-658-01371-4_13, © Springer Fachmedien Wiesbaden 2014

volumen der Investitionen sowie planerische Sicherheit. Wir wollten eine kosten- und zeitintensive Umfirmierung der Gesellschaft während des laufenden Geschäftsbetriebs vermeiden.

Hast Du einen Businessplan verwendet? Wenn ja, welche Tipps würdest Du einem jungen Gründer, der an die von Dir erreichten Erfolge anknüpfen will, für die Erstellung des Businessplans geben?

Businesspläne sind für die Ansprache von Investoren essentiell. Wir, mein Bruder Ferry und ich, haben uns frühen Investoren jedoch zuerst als Team vorgestellt und die Details unseres Geschäftsmodells im nächsten Schritt illustriert. Beides, Team und durchdachtes, marktfähiges Konzept, sind heute auch für uns als Business Angels die Basis jeder Investitionsentscheidung.

Inwiefern war Venture Capital für die Finanzierung Deines Start-ups von Bedeutung? In welcher Form (z. B. Kapitalerhöhung) hast Du den VC-Geber beteiligt?

Venture Capital war für die Entwicklung von DailyDeal zwingend nötig. Wir haben Investoren in der Regel durch Kapitalerhöhungen am Unternehmen beteiligt.

Hast Du Erfahrungen mit Inkubatoren und/oder Business Angels gemacht? Wenn ja, welche?

Wir haben sehr gute Erfahrungen mit Business Angels gemacht und sind namentlich Michael Brehm und Stefan Glänzer sehr dankbar für das Vertrauen in uns als Gründer-Team und ihr vielfältiges Engagement für DailyDeal.

Welche Rolle spielt(e) Crowdinvesting für dich? Hältst Du Crowdfunding/ Crowdinvesting für eine geeignete Finanzierungsquelle für Start-ups?

DailyDeal ist 2009, also zu einem Zeitpunkt gestartet, als es deutsche Crowdinvesting-Portale wie Seedmatch noch nicht gab. Wir haben deshalb keine eigenen Erfahrungen mit Crowdinvesting gesammelt. Das Konzept sehen wir differenziert: Sicher eignen sich Crowdfunding und -investment gerade in Frühphasen, um Kapital aufzunehmen. Mindestens genauso entscheidend wie das Kapital sind jedoch das Knowhow und Netzwerk, mit dem Investoren ein Unternehmen unterstützen können.

Hattest Du von Anfang an einen festen Finanzierungsplan, oder hast Du Finanzierungsfragen spontan „aus dem Bauch heraus" entschieden? Hast Du bei Finanzierungsentscheidungen externe Beratung in Anspruch genommen? Warum?

Rentabilitätsvorschau und Finanzierungsplan waren integraler Bestandteil unseres Business-Plans, mussten angesichts des schnellen Wachstums und der Konkurrenzsituation zu anderen, ähnlich stark finanzierten Playern jedoch kontinuierlich aktualisiert werden.

Finanzierungsfragen haben wir im Gesellschafterkreis diskutiert. An der Entscheidungsfindung waren also alle stimmberechtigten Gesellschafter beteiligt. Bei komplexeren Finanzierungsrunden und später beim Verkauf an Google haben wir zusätzlich auf den Rat und Support spezialisierter Rechtsanwaltskanzleien und Finanzierungsberater gesetzt.

HitFox Group (Jan Beckers) 14

Christopher Hahn

14.1 Unternehmen

Der „Game Distribution Company Builder" HitFox Group (www.hitfoxgroup.com) wurde im Mai 2011 von dem Serienunternehmer Jan Beckers gegründet. Zuvor gründete Jan Beckers die Start-ups SponsorPay, Madvertise und Absolventa. HitFox beschäftigt aktuell knapp 100 Mitarbeiter und hat Standorte in Berlin, San Francisco, Seoul und Paris.

14.2 Einblick von Jan Beckers, CEO

Auf welche Finanzierungsquellen hast Du in der Seed-, Start-up- bzw. Wachstumsphase zurückgegriffen, um ein derartig leistungsfähiges Unternehmen zu entwickeln?

Ich habe sämtliche „klassischen" Finanzierungsquellen in Anspruch genommen, also Eigenmittel in der Seedphase, das Kapital von Business Angels v. a. in der Seed- und Start-up-Phase bzw. Venture Capital in späteren Unternehmensphasen zur Wachstumsfinanzierung.

Welche Rechtsform hast Du für dein Start-up gewählt? Warum? Spielten die steuerlichen Vor- und/oder Nachteile der entsprechenden Rechtsform eine Rolle bei deiner Entscheidung?

Ich habe mich für eine GmbH entschieden:

C. Hahn (✉)
Luther Rechtsanwaltsgesellscha ft mbH, Friedrichstraße 140,
10117 Berlin, Deutschland
E-Mail: christopher.hahn@luther-lawfirm.com

C. Hahn (Hrsg.), *Finanzierung und Besteuerung von Start-up-Unternehmen*,
DOI 10.1007/978-3-658-01371-4_14, © Springer Fachmedien Wiesbaden 2014

In Frage kommen eigentlich nur GmbHs oder AGs, da dies die anerkannten Formen von Kapitalgesellschaften in Deutschland sind und somit ohne weiteren (rechtlichen Umstrukturierungs-) Aufwand für Investoren in Frage kommen.

Mit Hilfe des Stamm- (GmbH) bzw. Grundkapitals (AG) können auch komplexe Gesellschafterstrukturen gut abgebildet werden und die Gesellschafter sind vor persönlichen Haftungsansprüchen bestmöglich geschützt. Die GmbH ist im Gegensatz zur AG deutlich einfacher in der Handhabung und hat auch geringere rechtliche Anforderungen als die AG.

Hast Du einen Businessplan verwendet? Wenn ja, welche Tipps würdest Du einem jungen Gründer, der an die von Dir erreichten Erfolge anknüpfen will, für die Erstellung des Businessplans geben?

Ich habe versucht, Businesspläne möglichst kurz und einfach zu halten und möglichst viel Zeit in das eigentliche Business zu investieren.

Inwiefern war Venture Capital für die Finanzierung Deines Start-ups von Bedeutung? In welcher Form (z. B. Kapitalerhöhung) hast Du den VC-Geber beteiligt?

Venture Capital ist meist die einzige Möglichkeit, signifikante Investitionssummen zu bekommen. Die VCs haben die nach einer Kapitalerhöhung neu ausgegebenen Geschäftsanteile erworben.

Hast Du Erfahrungen mit Inkubatoren und/oder Business Angels gemacht? Wenn ja, welche?

Ich habe sowohl mit Inkubatoren, als auch mit Business Angels zusammen gearbeitet. Beide können viel Mehrwert für das Unternehmen und die Gründer mitbringen, da sie oft wertvolle Tipps und Kontakte mitbringen.

Welche Rolle spielt(e) Crowdinvesting für dich? Hältst Du Crowdfunding/Crowdinvesting für eine geeignete Finanzierungsquelle für Start-ups?

Mit Crowdinvesting habe ich mich bisher nicht in der Tiefe auseinandergesetzt. Meines Wissens nach sind die rechtlichen Rahmenbedingungen hier aber noch so limitierend, dass dies in den meisten Fällen keine wirkliche Alternative zu VCs oder Business Angels ist. Auch stellt sich die Frage, wie eine Folgefinanzierung etwa durch VCs rechtlich und v. a. praktisch sauber umgesetzt wird.

Hattest Du von Anfang an einen festen Finanzierungsplan, oder hast Du Finanzierungsfragen spontan „aus dem Bauch heraus" entschieden? Hast Du bei Finanzierungsentscheidungen externe Beratung in Anspruch genommen? Warum?

Ich habe normalerweise keinen ganz festen Finanzierungsplan, sondern überlege mir eine Bandbreite von möglichen Optionen. Die genauen Details ergeben sich dann aus den Verhandlungen mit den VCs oder Business Angels.

Ich habe bei Finanzierungsentscheidungen hauptsächlich die Beratung von befreundeten Unternehmern in Anspruch genommen. Für die vertragliche Umsetzung der Finanzierungen nehme ich natürlich die Hilfe von spezialisierten Anwälten und Steuerberatern in Anspruch.

Sedo (Tim Schumacher)

15

Christopher Hahn

15.1 Unternehmen

Tim Schumacher gründete während seines Studiums der Betriebswirtschaft an der Universität Köln und an der Stockholm School of Economics die Sedo GmbH (www.sedo.de). die sämtliche Tools für den Kauf, Verkauf und die Monetarisierung von Domains anbietet. Er führte Sedo elf Jahre als CEO zuletzt als börsennotiertes Unternehmen mit 350 Mitarbeitern und 120 Mio. € Umsatz. Im Jahr 2012 wechselte er bei Sedo in den Aufsichtsrat.

15.2 Einblick von Tim Schumacher, Gründer

Auf welche Finanzierungsquellen hast Du in der Seed-, Start-up- bzw. Wachstumsphase zurückgegriffen, um ein derartig leistungsfähiges Unternehmen zu entwickeln?

Wir haben die ersten ca. 30.000 € selbst finanziert aus den Erlösen für die Programmierung von Webseiten. Das war damals (1999/2000) für uns viel Geld, wir waren noch Studenten und dementsprechend hatten wir außer den zum Glück lukrativen Programmieraufträgen keine Erlöse.

C. Hahn (✉)
Luther Rechtsanwaltsgesellscha ft mbH, Friedrichstraße 140,
10117 Berlin, Deutschland
E-Mail: christopher.hahn@luther-lawfirm.com

C. Hahn (Hrsg.), *Finanzierung und Besteuerung von Start-up-Unternehmen*,
DOI 10.1007/978-3-658-01371-4_15, © Springer Fachmedien Wiesbaden 2014

Welche Rechtsform hast Du für dein Start-up gewählt? Warum? Spielten die steuerlichen Vor- und/ oder Nachteile der entsprechenden Rechtsform eine Rolle bei deiner Entscheidung?

Unsere Rechtsform war die GmbH. Dies war eine einfache Entscheidung, da wir eine Kapitalgesellschaft wollten. UGs gab's damals noch nicht, und eine AG wäre eine Nummer zu groß für uns gewesen. Also Sedo GmbH. Steuerliche Aspekte waren hierbei zweitranging.

Hast Du einen Businessplan verwendet? Wenn ja, welche Tipps würdest Du einem jungen Gründer, der an die von Dir erreichten Erfolge anknüpfen will, für die Erstellung des Businessplans geben?

Ja, wir hatten einen Businessplan. Die Erstellung eines Businessplans ist eine gute Übung, um viele Dinge wirklich sauber durchzudenken. Ich würde jedem Gründer empfehlen, einen zu schreiben, aber keine 50 Seiten, sondern lieber 10–20 Seiten. Hierfür sollte man aber die wesentlichen Annahmen und Schlussfolgerungen gründlich durchdenken und den Businessplan Leuten zeigen, die selbst erfolgreich sind und in der Lage sind, konstruktive und kritische Fragen zu stellen. Dann ist das Ganze sinnvoll. Super ist es, wenn man einen Preis bei einem Businessplan-Wettbewerb gewinnen kann. Aber in jedem Fall gilt: „Fokus aufs Geschäft!"

Inwiefern war Venture Capital für die Finanzierung Deines Start-ups von Bedeutung? In welcher Form (z. B. Kapitalerhöhung) hast Du den VC-Geber beteiligt?

Wir hatten bereits bei der Gründung der Sedo GmbH einen „Corporate VC", also ein Unternehmen, welches bereit war, Risikokapital zu investieren – für 40 % des Unternehmens. Das war damals die 1&1 Internet AG, heute auch unter United Internet AG bekannt. Das hat uns nicht nur Geld gebracht, sondern auch einen wertvollen Verbündeten im Domain-Markt.

Hast Du Erfahrungen mit Inkubatoren und/ oder Business Angels gemacht? Wenn ja, welche?

Damals (im Jahr 2000) gab es das noch viel weniger, sprich nein, wir haben damit auch keine eigenen Erfahrungen gemacht.

Welche Rolle spielt(e) Crowdinvesting für dich? Hältst Du Crowdfunding/Crowdinvesting für eine geeignete Finanzierungsquelle für Start-ups?

Crowdfunding gab es damals noch nicht. Ich finde aber Crowdfunding in vielen Fällen gut. Gerade wenn es Produkte sind, wo die Crowdfunder selber eine Rolle spielen können als Multiplikatoren oder gar als spätere Kunden.

Hattest Du von Anfang an einen festen Finanzierungsplan, oder hast Du Finanzierungsfragen spontan „aus dem Bauch heraus" entschieden? Hast Du bei Finanzierungsentscheidungen externe Beratung in Anspruch genommen? Warum?

Wir hatten keine Beratung diesbezüglich (außer mal einen Anwalt). Wir haben viel aus dem Bauch heraus entschieden, was oft goldrichtig war, aber an anderen Stellen auch total falsch.

Sachverzeichnis

C. Hahn (Hrsg.), *Finanzierung und Besteuerung von Start-up-Unternehmen*,
DOI 10.1007/978-3-658-01371-4, © Springer Fachmedien Wiesbaden 2014

Printed in Germany
by Amazon Distribution
GmbH, Leipzig